Technische Laufwerke

einschließlich Uhren

Von

Dipl.-Ing. Friedrich Aßmus

Direktor der Staatl. Ingenieurschule für Feinwerktechnik
Furtwangen

Mit 273 Abbildungen

Springer-Verlag

Berlin / Göttingen / Heidelberg

1958

ISBN 978-3-642-50180-7   ISBN 978-3-642-50179-1 (eBook)
DOI 10.1007/978-3-642-50179-1

Vorwort

Die fortschreitende Automatisierung unserer Technik bringt es mit sich, daß Fragen der Steuerung und Regelung immer mehr zum Arbeitsbereich des Ingenieurs gehören. Die einschlägigen Geräte weisen in den meisten Fällen Bauteile mechanischer und elektrischer Natur auf. Ihr Anwendungsgebiet ist heute so verzweigt, daß die Kenntnis ihres Aufbaues wie auch ihrer Funktion nicht nur für einen großen Kreis der bereits in der Praxis stehenden Ingenieure, sondern noch mehr für den Studierenden der Hoch- oder Ingenieurschule unumgänglich erscheint. Es wird dabei nicht ausbleiben, daß neben dem „Spezialisten“ auch derjenige, der nur am Rande damit zu tun hat, sich immer mehr mit dieser Materie vertraut machen muß.

Eine gründliche Einarbeitung in ein Fachgebiet setzt das Vorhandensein der entsprechenden Literatur voraus. Diese Fachliteratur ist auf dem Gebiet der Feinmechanik und Elektrotechnik sehr umfangreich, auf dem speziellen Gebiet der technischen Laufwerke (auch Uhren) jedoch nur in geringem Umfange vorhanden.

Das vorliegende Buch soll mithelfen, diese Lücke zu schließen.

Dabei ist noch an die Erfüllung einer weiteren Aufgabe gedacht. Oft wirkt für den weniger Geübten das Anfertigen der Nachschrift im Kolleg ablenkend und gefährdet das sichere Auffassen des Stoffes. Auch wird es bei der im allgemeinen beschränkt zur Verfügung stehenden Zeit nicht ausbleiben, daß trotz sorgfältiger Stoffauswahl manches nicht in der notwendigen Breite behandelt werden kann. Die Nachschrift bedarf daher erfahrungsgemäß der Ergänzung durch das Buch. Die Behandlung des Stoffes fast ausschließlich in Zeitschriftenabhandlungen hatte bisher dem Studierenden ein selbständiges Eindringen sehr erschwert.

Dem Ingenieur der Feinwerktechnik, dem ja in der Hauptsache die Konstruktion von technischen Laufwerken obliegt, soll ein Überblick über das Bekannte, Bewährte und technisch Mögliche gegeben werden. Aus diesem Grunde wurden hier auch Bauelemente bzw. Baugruppen behandelt, die, wie es zunächst scheinen mag, mehr lokales oder nur historisches Interesse haben. Da sie aber in dem einen oder anderen

Falle als Ausgang für Neukonstruktionen dienen können, sollte auf sie nicht verzichtet werden.

Um den Rahmen des Buches nicht zu weit zu spannen, mußte eine strenge Begrenzung des Stoffes vorgenommen werden. Die Zahl der Beispiele wurde auf das unumgänglich Notwendige reduziert, auf die Behandlung ganzer Aggregate verzichtet. Auch konnte der heute bereits umfangreichen Meßmethodik nur ein bescheidener Platz zugewiesen und die Herstellungsverfahren nur in Kapitel II, das die Verzahnungen behandelt, soweit gestreift werden, als es zum Verständnis des Stoffes notwendig erschien. Hierüber steht indes eine hervorragende Literatur zur Verfügung.

Es wird wohl nicht zu vermeiden sein, daß trotz sorgfältiger Korrektur Fehler übersehen worden sind. Für etwaige Hinweise in dieser Hinsicht, aber auch für Anregungen für eine spätere Überarbeitung, wäre der Verfasser dankbar.

Es ist mir ein Bedürfnis, allen denjenigen, die mir bei der Abfassung des Manuskriptes behilflich waren, zu danken. Besonders wertvoll war mir die Mithilfe von Herrn Fachschuloberlehrer E. Kirner, unter dessen Leitung eine Reihe von Versuchsapparaturen hergestellt wurden und der mir eine Anzahl Entwürfe und Zeichnungen zur Verfügung stellte. Nicht minder wertvoll war mir die Mithilfe der Herren Studienrat A. Kärcher und Dipl.-Phys. R. Genähr, denen ich manchen wichtigen Hinweis verdanke und die mir vor allem beim Lesen der Korrekturbogen behilflich waren. Besonderen Dank noch dem Springer-Verlag, der in der bekannten Weise für gediegene Ausstattung und guten Druck sorgte.

Furtwangen, im Juni 1958

Fr. Aßmus

Inhaltsverzeichnis

Drittes Kapitel

Über Reibung, Verluste und Lagergestaltung

Viertes Kapitel
Antrieb und Erzeugung des Antriebsmomentes

Fünftes Kapitel
Die Anzeige

Einleitung

Grundsätzliches über technische Laufwerke

Das technische Laufwerk ist charakterisiert durch eine oder mehrere Arbeitswellen, denen eine bestimmte Drehmomentsabgabe und eine bestimmte Drehzahl vorgeschrieben sind. Technische Laufwerke werden meist bei Steuerungs- und Regelvorgängen, zu Registrierzwecken eingesetzt, wobei die Zeit als wesentlicher Faktor auftritt. Durch die hierbei geforderte Drehzahlkonstanz unterscheiden sie sich von den Kraft- und Arbeitsmaschinen. Je nach Vorschrift über die Drehzahltoleranz dienen zur Regelung des Ablaufes Regler der verschiedensten Gattungen. Die Energiezufuhr erfolgt in den überwiegenden Fällen durch einen Kraftspeicher[1], z. B. durch Gewicht und Rolle oder eine Zugfeder. Auch Elektromotoren können, Frequenzkonstanz vorausgesetzt, als wartungslose Antriebselemente dienen. In diesem Falle entfällt der Regler.

Die Größe des technischen Laufwerkes wird durch das an den Arbeitswellen verlangte Drehmoment bestimmt. Davon abhängig ist 1. die Größe des Antriebes, die bei Ausführung als Kraftspeicher noch eine Funktion der Laufzeit ist, 2. die Dimensionierung der Zwischenglieder.

Kraftspeicher, Arbeitswellen und Regler sind durch Zahnräder, Kegelräder, Schneckenräder, in einer weniger gebräuchlicheren Form durch Ketten verbunden. Diese Verbindungselemente bilden in ihrer Gesamtheit das Getriebe.

Die Genauigkeit der Ausführung ist eine Funktion von Verwendungszweck und Preis, wobei jedoch die Grenzen keineswegs durch das Spielzeug — auch diese rechnen zu den technischen Laufwerken — und das Präzisionsmeßgerät gezogen sind. Höchstentwickelten technischen Spielwaren stehen billigste und einfachste technische Gebrauchsinstrumente gegenüber und umgekehrt.

Als das älteste „Technische Laufwerk" dürfte wohl das Zeitmeßgerät gelten. Wenn wir auch über die frühesten Einrichtungen dieser Art nur beschränkt Kenntnis haben — ihr Ursprung verliert sich im Dunkel der Zeit —, so wissen wir doch mit Sicherheit, daß um die Wende

---

[1] Auch Energiespeicher gebräuchlich. Da jedoch DIN 868 der Begriff Kraftfluß und Kraftflußrichtung eingeführt hat (siehe S. 4), soll in Analogie hierzu die Bezeichnung Kraftspeicher verwendet werden.

des 13. zum 14. Jahrhundert die erste Uhr entstand, die als Räderuhr mit den wesentlichen Attributen angesehen werden kann. Von hier aus hat eine Entwicklung ihren Ausgang genommen, die zu den verschiedensten Geräten, die wir heute unter dem Sammelbegriff „Technische Laufwerke" zusammenfassen, geführt hat.

Die Feinmechanik, insbesondere die Uhrentechnik, war bis vor einigen Jahrzehnten mit nur geringen Ausnahmen eine Domäne der Praktiker. Die Grundgesetze der Mechanik waren in etwa bekannt, die Größenverhältnisse wurden im Laufe der Jahrhunderte durch Erfahrung festgelegt. Hinzu kam, daß Berechnungen, wie sie z. B. der Maschinenbau für die Festigkeit von Wellen und Rädern benötigte, bei der Übertragung der relativ minimalen Kräfte z. B. in Uhren — mit Ausnahme der Teile unmittelbar nach dem Kraftspeicher — zu einer Größenordnung führen, die schon aus Gründen der Eigenstabilität unmöglich ist. Begünstigt wurde dieses Sammeln von Erkenntnis auf dem Erfahrungswege durch die relativ geringe Größe des Objektes. Mit wenig Material, mit wenig Arbeitsaufwand und einem geringen Maschinenpark, allein mit dem Geschick des Ausführenden, konnten Versuchsmodelle angefertigt werden.

Solche Arbeitsmethoden mußten dann eine Änderung erfahren, als der Mengenbedarf nur durch die Serienfabrikation gedeckt werden konnte und die Anforderungen hinsichtlich der Genauigkeit sich immer weiter steigerten. Die Schaffung exakter Grundlagen war dazu die Voraussetzung.

Nachfolgend der Versuch einer Gruppierung der heute im Gebrauch befindlichen technischen Laufwerke. Es liegt im Wesen der Sache, daß genaue Grenzen nicht gezogen werden können. Die aufgeführten Gruppen kommen sowohl einzeln als auch in Kombinationen vor.

Zu den technischen Laufwerken kann man rechnen

1. die Uhren als Zeitweiser, wie Groß-, Taschen- und Armbanduhren mit ihren Sondertypen wie Stoppuhren, Weckeruhren, astronomische Uhren usw.,

2. alle Arten von Registriergeräten, z. B. Ein- und Mehrfachschreiber für die Messung und Registrierung mechanischer, thermischer, elektrischer, optischer und chemischer Größen,

3. Schaltwerke, die zu einer bestimmten Zeit mechanische, elektrische usw. Vorgänge einleiten oder unterbrechen,

4. Spielzeuge und Spielwerke wie Spielzeugeisenbahnen, bewegliche Figuren und Musikautomaten, soweit sie in der Hauptsache auf mechanischer Grundlage beruhen,

5. Meß- und Zähleinrichtungen mechanischer Art wie Wassermesser, Gasmesser usw., die insofern eine Sonderstellung einnehmen, als bei ihnen der Kraftspeicher entfällt.

Aus diesen verschiedenen Laufwerktypen lassen sich die folgenden allgemeinen Betriebsbedingungen aufstellen:

1. An einer oder mehreren Wellen soll ein Drehmoment abgegeben werden. Wir sprechen von Laufwerken mit einer oder mehreren Ableitungen.

2. Einer oder mehreren Wellen wird eine bestimmte Drehzahl bzw. ein bestimmter Drehwert vorgeschrieben.

3. Die Laufzeit (mit Ausnahme der Meßgeräte) soll einen vorgeschriebenen Wert nicht unterschreiten.

Laufwerke mit einer Ableitung (der Regler als Arbeitswelle nicht berücksichtigt):

	Antrieb	Arbeitswelle	Regler
Schlagwerk einer Uhr	Feder oder Gewicht	Hebnägelrad	Windfang
Musikdose	Feder	Spielwalze	Windfang
Eisenbahn	Feder	Radachse	Hemmregler
Photoverschluß	Feder	Steuernocken	Hemmregler

Laufwerke mit zwei und mehr Abteilungen:

	Antrieb	I. Abl.	II. Abl.	III. Abl.
Mehrfachschreiber	Feder	Papiervorschub	Farbbandfortschaltung	Fallbügelbetätigung
Kontrolluhr	Feder oder Gewicht	Signalabgabe	Zeitmarkengeber	

Erstes Kapitel

Das Getriebe

1. Das Übersetzungsverhältnis

Dreht sich ein Körper mit konstanter Winkelgeschwindigkeit ω um eine Achse, so wird er in der Zeiteinheit eine bestimmte Anzahl Umdrehungen machen. Wir nennen diese Anzahl der Umdrehungen pro Zeiteinheit (Sekunde, Minute) die Drehzahl, die mit dem Buchstaben n bezeichnet wird[1].

---

[1] Diese Drehzahldefinition bedarf einer Ergänzung.

a) Wie wir später sehen werden, kann die Anzahl der Umdrehungen einer Welle bzw. eines Rades auf andere Zeitabschnitte, z. B. beim Aufzugsvorgang auf die Aufzugszeit, bezogen werden. Hier wäre also mit dem Verhältnis

$$\frac{\text{Anzahl der Umdrehungen}}{\text{Aufzugszeit}}$$

zu rechnen. (Fortsetzung auf S. 4)

Stehen zwei Zahnräder miteinander im Eingriff, so besteht zwischen den Drehzahlen, den Teilkreisdurchmessern und den Zähnezahlen die bekannte Beziehung

$$\frac{n_1}{n_2} = \frac{d_2}{d_1} = \frac{z_2}{z_1} = i_{1,2}. \tag{1,01}$$

Das Verhältnis $i_{1,2}$ ist eine für das Getriebe charakteristische Größe, die wir Übersetzungsverhältnis oder auch kurz Übersetzung nennen. Sie umfaßt sämtliche Werte von Null bis ∞.

In älteren Lehrbüchern — vor allem der Uhrentechnik — findet man vielfach auch den Kehrwert als Übersetzungsverhältnis definiert.

$$\frac{n_2}{n_1} = \frac{d_1}{d_2} = \frac{z_1}{z_2} = i_{1,2}. \tag{1,02}$$

Ursache jeder Drehbewegung in einem Laufwerk ist die Energie, die vom Kraftspeicher aus in Form eines Drehmomentes durch das Getriebe nach den einzelnen Arbeitswellen und dem Regler übertragen wird. Wir sprechen von einem Kraftfluß und von der Kraftflußrichtung.

In Angleichung an die internationalen Abmachungen ist durch DIN 868 die endgültige Übersetzungsdefinition unter Einbeziehung des Kraftflusses geschaffen worden:

Das Übersetzungsverhältnis, kürzer die Übersetzung i, oder *das Verhältnis der Drehzahl des ersten Rades zu der des zweiten Rades in Richtung des Kraftflusses,* ist durch die Zähnezahl festgelegt.

$$i = \frac{n_1}{n_2} = \frac{z_2}{z_1}.$$

Trotz des etwas mißlichen Umstandes, daß sich in der überwiegenden Zahl der Rechnungen für das Übersetzungsverhältnis bei Laufwerksberechnungen — kleine Drehzahlen der Kraftspeicher und daher Drehzahlsteigerung in der Kraftflußrichtung — ein Wert < 1 ergibt, soll

---

b) Bei einer Reihe von technischen Laufwerken (z. B. Mengenmessern) ist die Anzahl der Umdrehungen der Anzeigewelle der gemessenen Stoffmenge proportional, wobei es gleichgültig ist, in welcher Zeit diese Stoffmenge gemessen wird. Hier tritt das Verhältnis

$$\frac{\text{Anzahl der Umdrehungen}}{\text{Stoffmengeneinheit}}$$

auf.

Um Verwechslungen mit der genau definierten „Drehzahl", die auf die Sekunde, Minute usw. bezogen wird, zu vermeiden, soll der Begriff

$$\text{„Drehwert" } (n^*)$$

für Verhältnisangaben obiger Art eingeführt werden.

Die Einführung des Begriffes „Drehwert" ist für die Anwendung der Formeln wie Übersetzungsverhältnis usw. ohne Belang.

auch hier die Definition nach DIN 868 ausschließlich Verwendung finden.

Die Gl. (1,01) berücksichtigt in der dargestellten Form die Drehzahlen, nicht jedoch den Drehsinn der Wellen. Würde man den Drehsinn mit einbeziehen, so würde das Übersetzungsverhältnis sämtliche Zahlenwerte von $-\infty$ bis $+\infty$ umfassen.

Da jedoch bei zusammengesetzten Getrieben bei einer geraden Anzahl von Teilgetrieben gleicher Drehsinn, bei einer ungeraden Anzahl von Teilgetrieben entgegengesetzter Drehsinn zwischen der ersten und letzten Welle des betrachteten Getriebes resultiert, kann man auf die Einführung des Minus-Zeichens verzichten. Eine Ausnahme hiervon machen die Umlaufgetriebe.

I. Stirnradgetriebe

2. Die Winkelkette

Sollen Drehzahlen in ihrer Größe eine wesentliche Änderung erfahren, so kann die durch ein erstes Teilgetriebe erreichte Transformation durch Hinzuschalten eines weiteren Teilgetriebes, das mit der transformierten Winkelgeschwindigkeit angetrieben wird, noch gesteigert werden. Der Antrieb des zweiten Teilgetriebes erfolgt von der zweiten Welle des ersten Teilgetriebes aus, indem man beide Räder auf eine gemeinsame Welle setzt. Diese „Transformation in Stufen" kann beliebig wiederholt werden. Getriebe dieser Art nennen wir „Winkelketten".

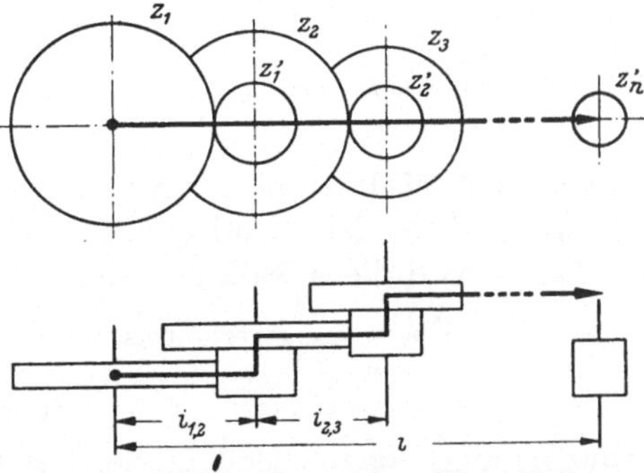

Abb. 1. Getriebeschema einer W_{plus}-Kette

Nach dem Energieprinzip hat eine Drehzahlsteigerung eine Drehmomentsminderung zur Folge und umgekehrt. Winkelketten stellen also in Analogie zur Elektrotechnik „Drehzahltransformatoren" oder auch „Momententransformatoren" dar.

Je nach Radanordnung erhält man

a) die Winkelkette mit steigender Drehzahl (Abb. 1), die W_{plus}-Kette (W_{p}-Kette). Ihr Gesamtübersetzungsverhältnis ist ein echter Bruch, oder $i < 1$.

b) die Winkelkette mit fallender Drehzahl (Abb. 2), die W_{min}-Kette (W_m-Kette). Ihr Gesamtübersetzungsverhältnis ist ein unechter Bruch oder eine ganze Zahl, d. h. $i > 1$.

Für das Gesamtübersetzungsverhältnis einer Winkelkette, die n Teilgetriebe umfaßt, gilt:

$$i_{1,n+1} = i = i_{1.2} \cdot i_{2.3} \cdots i_{n,n+1},$$

oder

$$i = \frac{n_1}{n_n} = \frac{z_1'}{z_1} \cdot \frac{z_2'}{z_2} \cdots \frac{z_n'}{z_n} = \frac{\Pi(z')}{\Pi(z)}. \tag{1,03}$$

Nach Gl. (1,03) gibt es viele Möglichkeiten, die Gesamtübersetzung i zu erreichen. Entscheidend ist nur, daß der Quotient der Produkte $z_1' \cdots z_n'$ und $z_1 \cdots z_n$ konstant bleibt.

Es liegt nahe, zur Vermeidung von Reibungsverlusten die Größe der einzelnen Teilübersetzungen so zu bemessen, daß man mit einem Minimum an Zahnrädern auskommt. Zweckmäßigerweise geht man jedoch pro Teilgetriebe nicht über $i = 10$ hinaus bzw. unter $i = 1/10$ herunter, da sonst das Großrad zu viele Zähne (was einem großen Teilkreisdurchmesser gleichkommt) oder umkehrt das Kleinrad eine zu geringe Zähnezahl erhalten würde.

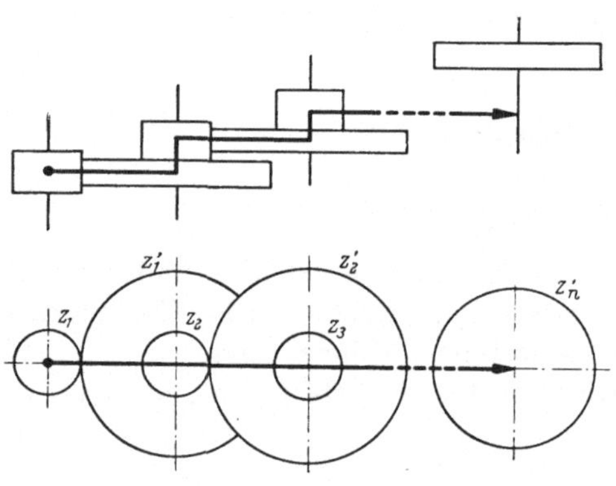

Abb. 2. Getriebeschema einer W_{min}-Kette

Damit wird die Anzahl der Teilgetriebe bei einem

Übersetzungsverhältnis bis 10:1   bzw. 1:10   = 1
100:1 bzw. 1:100 = 2
1000:1 bzw. 1:1000 = 3 usw.

Abweichungen davon sind in Sonderfällen möglich.

Setzen wir in Gl. (1,03)

$$z_1' = z_2,$$

$$z_2' = z_3,$$

$$\vdots \qquad \vdots$$

$$z_{n-1}' = z_n,$$

wobei wir in praxi uns die entsprechenden gleichen Räder als ein Rad denken können, so erhalten wir die sogenannte *Geradeauskette*. Auf jeder Welle einer Wellenfolge befindet sich je *ein* Zahnrad, das mit den Rädern der benachbarten Wellen im Eingriff steht (Abb. 3).

Wir erhalten für das Gesamtübersetzungsverhältnis unter Berücksichtigung der sich ändernden Schreibweise

$$i_{1,n} = \frac{n_1}{n_n} = \frac{z_n}{z_1} \, . \tag{1,04}$$

Dies besagt, daß das Gesamtübersetzungsverhältnis einer Geradeauskette unabhängig von der Größe der zwischen der ersten und letzten

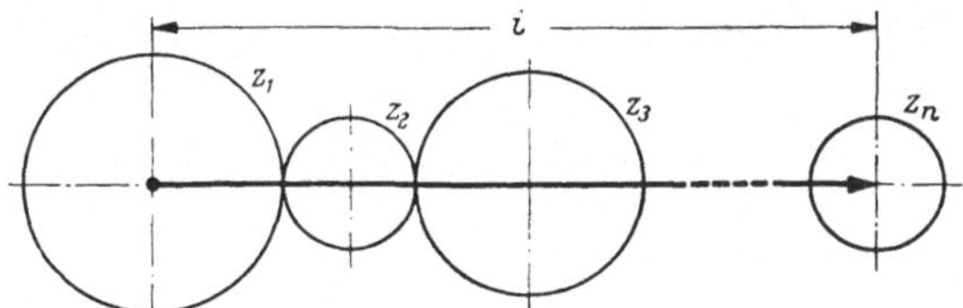

Abb. 3. Getriebeschema einer Geradeauskette

Welle liegenden Räder ist. Es ist lediglich gleich dem Verhältnis der Zähnezahlen des letzten und ersten Rades. Die einfachste Geradeauskette stellt Rad und Gegenrad dar.

Von der Geradeauskette macht man Gebrauch, wenn Drehmomente ohne wesentliche Größenänderung zu übertragen sind.

Die Kopplung einer Winkelkette mit einer Geradeauskette gibt die *gemischte Kette*.

3. Beispiele

Sollen bei einem vorgegebenen Übersetzungsverhältnis die Radzahnzahlen des Getriebes nach Gl. (1,03) ermittelt werden, so muß man zunächst eine der beiden Variablengruppen z oder z' festlegen. Im allgemeinen sind dies die Kleinräder. Ihre Wahl erfolgt entsprechend dem verlangten Qualitätsgrad. Kleinzahnzahlige Räder sind in der Herstellung billiger, Räder mit höheren Zahnzahlen ergeben — wie später noch gezeigt wird — einen besseren Überdeckungsgrad und damit einen ruhigeren Lauf.

1. Beispiel: Die Radzahnzahlen einer W_p-Kette mit dem Übersetzungsverhältnis 1:480 sind zu bestimmen. Die Kleinräder sollen die Zähnezahlen 8, 10 und 12 erhalten.

$$i = \frac{1}{480} = \frac{8}{z_1} \cdot \frac{10}{z_2} \cdot \frac{12}{z_3} \, ,$$

somit

$$z_1 \cdot z_2 \cdot z_3 = 480 \cdot 8 \cdot 10 \cdot 12,$$
$$= 2 \cdot 2 \cdot 2 \cdot 2 \cdot 2 \cdot 3 \cdot 5 \, \cdot \, 2 \cdot 2 \cdot 2 \, \cdot \, 2 \cdot 5 \, \cdot \, 2 \cdot 2 \cdot 3$$

Die rechts stehenden Primzahlen können in beliebiger Weise zusammengefaßt
werden, so daß sich z. B. folgende Kombinationen ergeben:

z_1	z_2	z_3
60	80	96
64	72	100
64	75	96 usw.

Von dieser Möglichkeit des Kombinierens wird man Gebrauch machen, wenn auf
die Größe der einzelnen Räder geachtet werden muß (Durchgang an benachbart
liegenden Wellen).

2. Beispiel: Die Radzahnzahlen einer W_p-Kette mit $i = \dfrac{21}{440}$ sind zu ermitteln.
Es ist

$$i = \frac{21}{440} = 0{,}04772;$$

es sind also zwei Teilgetriebe notwendig.

$$z_1 z_2 = \frac{440\, z_1'\, z_2'}{21}\,.$$

Hier muß z_1' und z_2' so angenommen werden, daß gegen 21 im Nenner gekürzt
werden kann, z. B. $z_1' = 6$ und $z_2' = 7$.

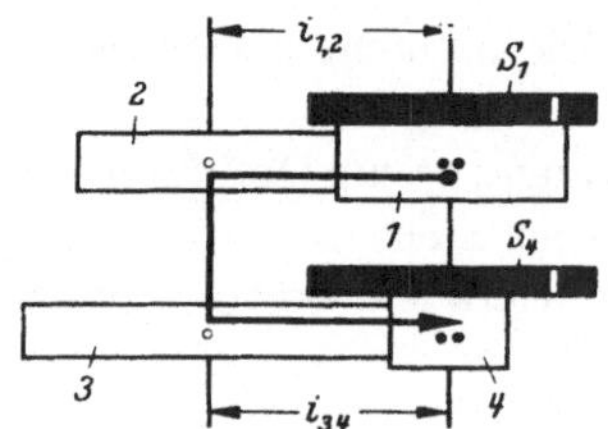

Abb. 4. Zur Berechnung eines
Rückkehrgetriebes. Kraftfluß vom
ersten Rade ausgehend

3. Beispiel: Zwei Scheiben, S_1 und S_4,
je mit einer Öffnung versehen, sind auf einer
gemeinsamen Welle unabhängig voneinander
beweglich. Sie sind über ein Vorgelege miteinander gekoppelt. Der Antrieb soll a) von S_1
über das Vorgelege nach S_4, b) vom Vorgelege
aus nach S_1 und S_4 so erfolgen, daß in beiden
Fällen die Öffnungen nach einer Drehung von
S_1 um 30°, 60°, 90° usw. wieder übereinander
zu stehen kommen, wobei S_4 jeweils noch eine
zusätzliche Umdrehung gemacht hat (S_4 soll
also die größere Winkelgeschwindigkeit haben).

a) Kraftfluß von S_1 über das Vorgelege nach S_4 gehend (Abb. 4)[1]:

$$\text{Drehwert der Scheibe } S_1\!: \; n_1^* = \frac{1}{12}\, T^{-1}.$$

$$\text{Drehwert der Scheibe } S_4\!: \; n_4^* = \frac{13}{12}\, T^{-1}.$$

Damit wird

$$i_{1,2} = \frac{n_1^*}{n_2^*} = \frac{1}{12\, n_2^*} = \frac{z_2}{z_1}\,,$$

$$i_{3,4} = \frac{n_3^*}{n_4^*} = \frac{12\, n_3^*}{13} = \frac{z_4}{z_3}\,.$$

Da $n_2^* = n_3^*$ sein muß, z. B. $= 1\, T^{-1}$ wird

$$i_{1,2} = \frac{1}{12}\,,$$

---

[1] In der Zeichnung bedeuten: Zwei Punkte seitlich der Welle = Rad auf der
Welle frei beweglich. Ein kleiner Kreis auf der Welle = Rad auf der Welle fest.

daraus
$$z_2 = 10,$$
$$z_1 = 120$$

und
$$i_{3,4} = \frac{12}{13}$$
$$z_4 = 12,$$
$$z_3 = 13 \text{ bzw. ganze Vielfache hiervon.}$$

b) Kraftfluß von der Vorgelegewelle ausgehend (Abb. 5):

$$i_{2,1} = \frac{n_2^*}{n_1^*} = \frac{12\,n_2^*}{1} = \frac{z_1}{z_2}\,,$$

$$i_{3,4} = \frac{n_3^*}{n_4^*} = \frac{12\,n_2^*}{13} = \frac{z_4}{z_3}\,.$$

Für $n_2 = n_3^* = 1\,T^{-1}$ wird
$$i_{2,1} = 12,$$

daraus z. B.
$$z_1 = 120,$$
$$z_2 = 10$$

und
$$i_{3,4} = \frac{12}{13},$$
$$z_4 = 12,$$
$$z_3 = 13 \quad \text{oder Vielfache hiervon.}$$

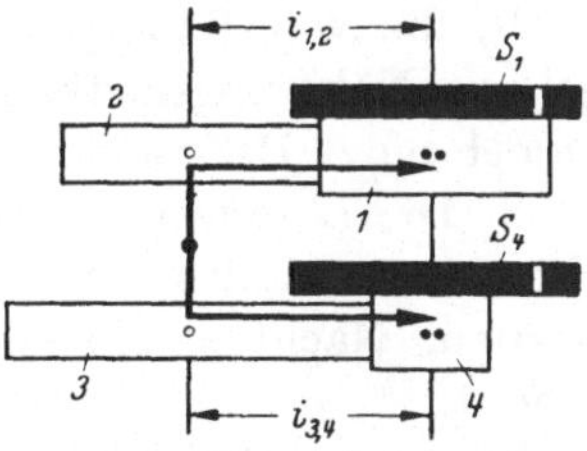

Abb. 5. Zur Berechnung eines Getriebes entspr. Abb. 4. Kraftfluß von der Vorgelegewelle ausgehend

Andere Wahl von $n_2^* = n_3^*$ ergibt weitere Zahnzahlgruppen.

Beide Wege, a) und b), müssen natürlich zu denselben Zahnzahlen führen. Man beachte, daß der Ansatz je nach Richtung des Kraftflusses ein anderer ist. *Für eine exakte Durchrechnung komplizierter Anordnungen ist die Beachtung der Kraftflußrichtung unbedingt notwendig.*

4. Übersetzungsverhältnisse, deren Zähler bzw. Nenner höherstellige Primzahlen sind

Die bisher geübte Methode des Zerlegens in Primfaktoren muß versagen, sobald Zähler oder Nenner bzw. Zähler und Nenner aus höherstelligen Primzahlen bestehen.

Wollte man solche Getriebe als einfache Stirnradgetriebe ausführen, so müßten diese Primzahlen als Radzahnzahlen aufgenommen werden. Die Räder erhielten dadurch, selbst bei Wahl einer sehr kleinen Teilung, einen sehr großen Durchmesser.

Typische Beispiele solcher Übersetzungsverhältnisse treten z. B. beim Bau von astronomischen Uhren auf. So beträgt beim Mondlauf

der siderische Monat: 27 Tage, 7 Std., 43 Min., 12 Sek.,

der synodische Monat: 29 Tage, 12 Std., 44 Min., 3 Sek..

Die letzte Datumsangabe ergibt, in eine Dezimalzahl umgewandelt, 29,5305902 Tage, die als Getriebe mit möglichst hoher Genauigkeit einzubringen ist.

Zwei Möglichkeiten gibt es, dieser Schwierigkeiten mehr oder minder Herr zu werden:

1. Da es nicht immer unbedingt erforderlich ist, das verlangte Übersetzungsverhältnis genau einzuhalten, kann eventuell die Lösung der Aufgabe in einer guten Näherung gesucht werden. Hier führen folgende zwei Methoden zu recht brauchbaren Ergebnissen:

a) das Rechnen mit Kettenbrüchen. Das ursprünglich verlangte Übersetzungsverhältnis wird auf einen Bruch mit niedrigeren Zahnzahlen zurückgeführt.

b) die von BROCOT (Calcul des rouages par approximation) angegebene Näherungsmethode, die wesentlich bessere Ergebnisse bringt, jedoch einer Hilfstafel bedarf[1].

2. Die Lösung mittels Stirnrad- bzw. Kegelraddifferentialgetrieben. Hiermit kann das verlangte Übersetzungsverhältnis genau hergestellt werden. Nachteil: ein erhöhter mechanischer Aufwand, den man meist scheut.

Die erste Möglichkeit ist im folgenden besprochen; die Umlaufgetriebe werden in Abschnitt 5 bis 8 dieses Kapitels behandelt.

a) Das Rechnen mit Kettenbrüchen

Auf die Theorie soll hier nicht eingegangen werden. Sie kann in der einschlägigen mathematischen Literatur eingesehen werden. Die Durchrechnung des nachfolgenden Beispieles läßt den Rechengang eindeutig erkennen.

Gegeben sei ein Übersetzungsverhältnis $i = \dfrac{347}{439} = \dfrac{z_2}{z_1}$.

Rechenschema:

$$439 : 347 = 1 = a$$
$$\underline{347}$$
$$92 \quad 347 : 92 = 3 = b$$
$$\underline{276}$$
$$71 \quad 92 : 71 = 1 = c$$
$$\underline{71}$$
$$21 \quad 71 : 21 = 3 = d$$
$$63$$
$$\underline{8} \quad 21 : 8 = 2 = e$$
$$16$$
$$\underline{5} \quad 8 : 5 = 1 = f$$
$$5 : 3 = 1 = g$$
$$3 : 2 = 1 = h$$

[1] Hütte, Hilfstafel, Berlin: Ernst & Sohn. $$2 : 1 = 2 = i.$$

Aus den so gefundenen Koeffizienten a bis h lassen sich zugeordnete Zahnzahlen finden, die zunehmend größer werden, und deren Quotient dem wirklichen Wert immer näher kommt.

$$z_1 = A' = a\ 1 + 0 = \quad 1 \qquad z_2 = A = a\ 0 + 1 = \quad 1$$
$$B' = b\ A' + 1 = \quad 4 \qquad B = b\ A + 0 = \quad 3$$
$$C' = c\ B' + A' = \quad 5 \qquad C = c\ B + A = \quad 4$$
$$D' = d\ C' + B' = \quad 19 \qquad D = d\ C + B = \quad 15$$
$$E' = e\ D' + C' = \quad 43 \qquad E = e\ D + C = \quad 34$$
$$F' = f\ E' + D' = \quad 62 \qquad F = f\ E + D = \quad 49$$
$$G' = g\ F' + E' = 105 \qquad G = g\ F + E = \quad 83$$
$$H' = h\ G' + F' = 167 \qquad H = h\ G + F = 132$$
$$I' = i\ H' + G' = 439 \qquad I = i\ H + G = 347.$$

Damit erhalten wir für die verschiedenen Näherungswerte $\dfrac{z_2}{z_1}$:

$$\frac{A}{A'} = \frac{1}{1} = 1,$$
$$\frac{B}{B'} = \frac{3}{4} = 0{,}75,$$
$$\frac{C}{C_,} = \frac{4}{5} = 0{,}80,$$
$$\frac{D}{D'} = \frac{15}{19} = 0{,}7894736,$$
$$\frac{E}{E'} = \frac{34}{43} = 0{,}7906976,$$
$$\frac{F}{F'} = \frac{49}{62} = 0{,}7903225,$$
$$\frac{G}{G'} = \frac{83}{105} = 0{,}7904762,$$
$$\frac{H}{H'} = \frac{132}{167} = 0{,}7904191,$$
$$\frac{I}{I'} = \frac{347}{439} = 0{,}7904328.$$

b) Die Brocotsche Näherungsmethode

Beispiel wie oben: $i = \dfrac{347}{439} = 0{,}7904328.$

Aus der Tafel entnehmen wir die beiden Näherungswerte

$$\frac{34}{43} = 0{,}7906976$$

und

$$\frac{49}{62} = 0{,}7903225,$$

von denen der eine größer, der andere kleiner als der genaue Wert 0,7904328 ist. Wie man sieht, können diese Näherungswerte auch ohne die Tafel ermittelt werden. Sie sind in der oben stehenden Reihe (E/E' und F/F') enthalten. Tatsächlich stellt die BROCOTsche Methode auch eine Erweiterung der Zahnzahlermittlung mittels Kettenbrüchen dar.

Wir setzen

$$\frac{34}{43} = \frac{a}{b} \quad \text{und} \quad \frac{49}{62} = \frac{c}{d}.$$

Diese beiden Näherungswerte haben gegenüber dem genauen Wert die Differenz

$$\frac{a}{b} - i = \varepsilon_1 \quad \text{und} \quad i - \frac{c}{d} = \varepsilon_2.$$

Aus den Größen b, d, ε_1 und ε_2 bildet man den Quotienten

$$k = \frac{d\,\varepsilon_2}{b\,\varepsilon_1},$$

der zunächst einen Doppelbruch ergibt (Zähler und Nenner Dezimalbruch). Dieser Doppelbruch wird mit 10, 100 usw. so erweitert, daß Zähler und Nenner zu einer möglichst niedrigen Dezimalzahl > 1 werden, die durcheinander dividiert, den Wert k_1 ergeben würden. Durch beliebiges Auf- oder Abrunden (evtl. auch durch zusätzliches Erhöhen um eins, sowohl des Zählers oder auch des Nenners) kommt man schließlich zu einem gewöhnlichen Bruch x, mit dem man den korrigierten Wert

$$\frac{a\,x + c}{b\,x + d}$$

berechnet, der, bei geschickter Wahl von x, dem ursprünglichen i-Wert beträchtlich näher kommt als die beiden ursprünglichen Näherungswerte a/b bzw. c/d.

Auf unser Beispiel angewendet:

$$\varepsilon_1 = \frac{a}{b} - i = 0{,}7906976 - 0{,}7904328,$$

$$= 0{,}0002648.$$

$$\varepsilon_2 = i - \frac{c}{d} = 0{,}7904328 - 0{,}7903225,$$

$$= 0{,}0001103.$$

$$k = \frac{62 \cdot 0{,}0001103}{43 \cdot 0{,}0002648} \approx \frac{6{,}8}{11{,}4}.$$

Für $x = \dfrac{7}{12}$

wird

$$i = \frac{34 \cdot 7 + 49 \cdot 12}{43 \cdot 7 + 62 \cdot 12} = \frac{14 \cdot 59}{19 \cdot 55} = 0,7904306.$$

Da die BROCOTsche Tafel nur für echte Brüche, deren Zähler und Nenner höchstens bis 99 (zweistellige Zahlen) gehen, berechnet ist, wird man durch Wahl noch höherstelliger Brüche, wie sie die Kettenbruchmethode liefert (z. B. F/F' und G/G' oder G/G' und H/H' als Grenzen), die Annäherung noch weiter treiben können.

Die Differenz gegenüber dem genauen Wert $i = 0,7904328$ beträgt bei Rechnung mittels der Kettenbrüche für

$$F/F' = \frac{49}{62} \qquad 0,0001103,$$

$$G/G' = \frac{83}{105} \qquad 0,0000434,$$

$$H/H' = \frac{132}{167} \qquad 0,0000237,$$

nach der BROCOTschen Methode   0,0000022.

Allerdings werden im letzten Falle auch zwei Teilgetriebe notwendig.

II. Stirnradumlaufgetriebe

5. Grundgleichungen

Die einfache Geradeauskette — aus zwei Rädern bestehend — ist dadurch charakterisiert, daß zwei Wellen, die in feststehenden Lagern laufen, durch zwei Zahnräder gekoppelt sind. Außer der Drehbewegung der Räder und Wellen um ihre Achsen treten keine weiteren Drehbewegungen auf. Die Lage der Zentralen (Abstand Wellenmitte zu Wellenmitte) in bezug auf das Werkgestell, der Platine, bleibt unverändert.

Denken wir uns nun einen Teil des Werkgestelles so herausgeschnitten, daß die Abstände der beiden Lager durch die herausgeschnittene Verbindungsbrücke (Steg) erhalten bleiben, das eine Rad aber mittels des herausgeschnittenen Steges um das zweite Rad herumgeschwenkt werden kann, so erhalten wir ein sogenanntes Umlaufgetriebe.

Das Zentralrad, das seinen Ort gegenüber dem Werkgestell nicht ändert, wird Hauptglied genannt. Zu den Hauptgliedern zählt der Steg, der z. B. die Form eines Rades, auch Zahnrades, haben kann.

Das Rad, das eine Ortsveränderung vorgenommen hat, wird Umlaufrad oder auch Planetenrad genannt.

Wie wir später sehen werden, gibt es zusammengesetzte Getriebe, die drei Hauptglieder, ebenso (in der Hauptsache aus Symmetriegründen) zwei und mehr Planetenräder haben können.

Nur Hauptglieder eines Umlaufgetriebes können als An- und Abtrieb Verwendung finden.

Als *Planetengetriebe* bezeichnen wir solche Getriebe, bei denen ein Hauptglied still steht ($n = 0$).

Als *Differentialgetriebe* bezeichnen wir diejenigen Getriebe, bei denen alle Hauptglieder in Bewegung sind.

Das nunmehr zu behandelnde einfache Umlaufgetriebe besteht aus einem Zentralrad (Hauptglied), einem Steg (Hauptglied) und dem umlaufenden Planetenrad. Dabei kann das Planetenrad auf oder in dem

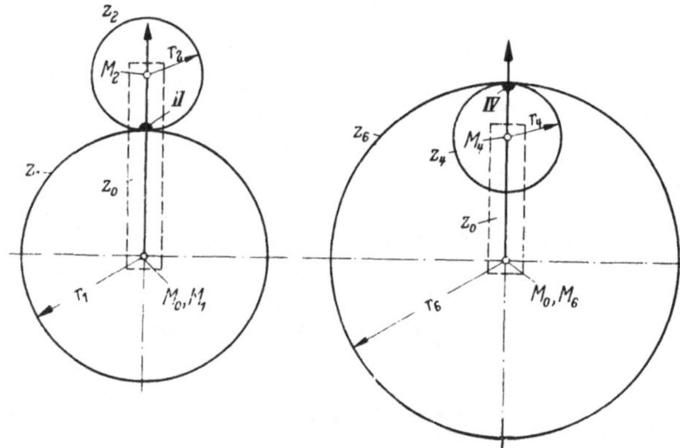

<table>
<tr><td>Abb. 6a. Schematische Darstellung
eines Umlauf-Außengetriebes.
Grundstellung</td><td>Abb. 6b. Schematische Darstellung
eines Umlauf-Innengetriebes.
Grundstellung</td></tr>
</table>

Zentralrad umlaufen. Deshalb die Unterscheidung: Außen- und Innenradgetriebe (Abb. 6a und 6b).

Da wir es nun nicht mehr mit sogenannten Standgetrieben zu tun haben, bei denen die Räder lediglich Drehbewegungen um ihre Achsen ausführen, muß ein Bezugspunkt bzw. eine Orientierung festgelegt werden. Dies soll der Mittelpunkt M_0 sowie der hiervon ausgehende vertikale Pfeil sein.

Außengetriebe	*Innengetriebe*
Zunächst sei das Rad z_1 fest (Abb. 7a). z_2 bewege sich aus seiner Lage der Grundstellung durch Drehung des Steges z_0 in	Es gelten hier die analogen Betrachtungen wie beim Außenradgetriebe.

negativem Sinne.[1] Dabei beschreibt der Mittelpunkt M_2 einen Kreis um M_0. Die Drehzahl des Steges sei n_0.

Hat sich das Rad z_2 einmal um M_2 gedreht, so daß die Markierung *II* wieder senkrecht unter M_2 zu liegen kommt (Abb. 7a), so hat der Steg den Winkel φ_0 überstrichen. Dabei ist ein Teilstück des Teilkreisumfanges von z_2 auf dem Teilkreis von z_1 abgerollt.

Hier ist zu beachten, daß z_4 zunächst einmal in z_6 abrollt, bis die Markierung *IV* wieder z_6 berührt. Dabei ist z_4 in die eingezeichnete Zwischenstellung (Abb. 7b) gelangt. Damit die Markierung *IV* in bezug auf M_4 wieder in die der Grundstellung entsprechende Lage kommt, ist eine zusätzliche Abwicklung um den Betrag $\varphi_0 \cdot r_4$ notwendig.

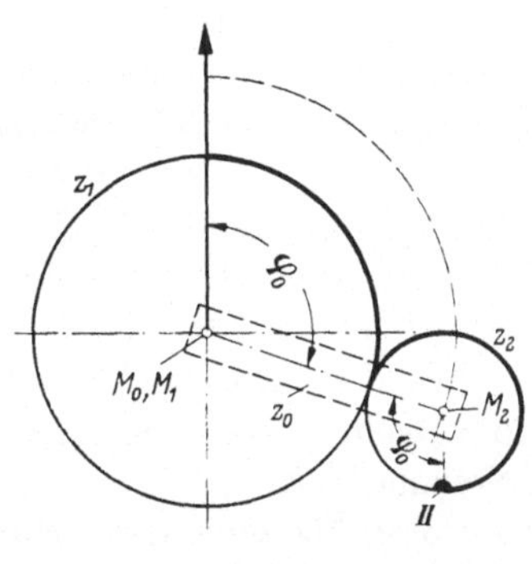

Abb. 7a. Umlauf-Außengetriebe, ausgeschwenkt

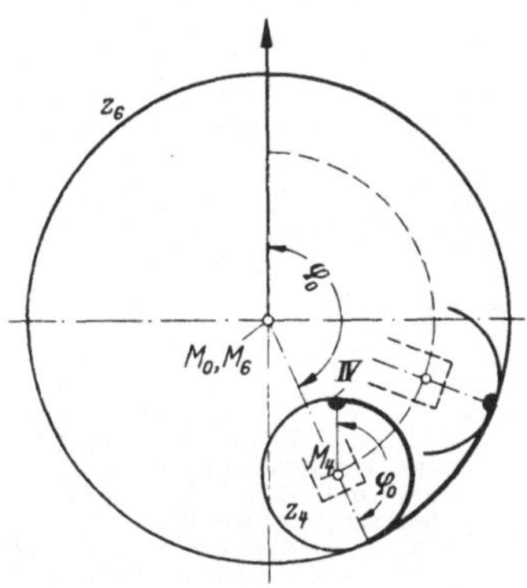

Abb. 7b. Umlauf-Innengetriebe, ausgeschwenkt

Aus der Abwicklungsbedingung folgt:

$$\varphi_0\, r_1 = (2\,\pi - \varphi_0)\, r_2, \qquad\qquad \varphi_0\, r_6 = 2\,\pi\, r_4 + \varphi_0\, r_4,$$

$$\varphi_0 = \frac{r_2}{r_1 + r_2}\, 2\,\pi, \qquad\qquad \varphi_0 = \frac{r_4}{r_6 - r_4}\, 2\,\pi.$$

Radien und Zähnezahlen sind bei zwei zusammenarbeitenden Rädern direkt proportional. Daher ist

$$\varphi_0 = \frac{z_2}{z_1 + z_2}\, 2\,\pi, \qquad\qquad \varphi_0 = \frac{z_4}{z_6 - z_4}\, 2\,\pi.$$

Positiver Drehsinn: Drehbewegung entgegengesetzt dem Uhrzeiger.
Negativer Drehsinn: Drehbewegung in Richtung des Uhrzeigers.

Es verhält sich aber

$$\frac{\varphi_0}{2\,\pi} = \frac{-\,n_0}{-\,n_2}, \qquad\qquad \frac{\varphi_0}{2\,\pi} = \frac{-\,n_0}{n_4}.$$

(In den obigen Gleichungen ist für n auf die Vorzeichen entsprechend der Definition des Drehsinnes zu achten).

Damit wird

$$n_2 = n_0\,\frac{z_1 + z_2}{z_2}, \qquad\qquad n_4 = -\,n_0\,\frac{z_6 - z_4}{z_4},$$

$$n_2 = n_0\Big(1 + \frac{z_1}{z_2}\Big), \qquad (1{,}05\mathrm{a}) \qquad\qquad n_4 = n_0\Big(1 - \frac{z_6}{z_4}\Big). \qquad (1{,}05\mathrm{b})$$

(1,05a) und (1,05b) sind die Bewegungsgleichungen für das jeweils entsprechende *Planetengetriebe*.

Zwischenbetrachtung: Die obigen Gl. (1,05a) und (1,05b) ergeben die Drehzahlen n_2 bzw. n_4 in bezug auf das Radzentrum. Bei praktischen Ausführungen kann jedoch die relative Bewegung gegenüber der Lagerschale von Wichtigkeit sein.

In Abb. 8a und 8b sind die hierbei auftretenden Verhältnisse für das Außengetriebe nochmals vergrößert dargestellt.

In der Grundstellung liegen die beiden Markierungen (0 = Stegmarkierung, II = Radmarkierung) übereinander. Hat sich der Steg so weit gedreht, daß die Radmarkierung wieder senkrecht unterhalb dem Punkte M_2 zu liegen kommt, so ist die Stegmarkierung nach der eingezeichneten Stellung gewandert. Es ist leicht einzusehen, daß die zum Lager relative Drehzahl des Rades durch Subtraktion der Stegdrehzahl n_0 von der ursprünglichen Randdrehzahl n_2 erhalten wird:

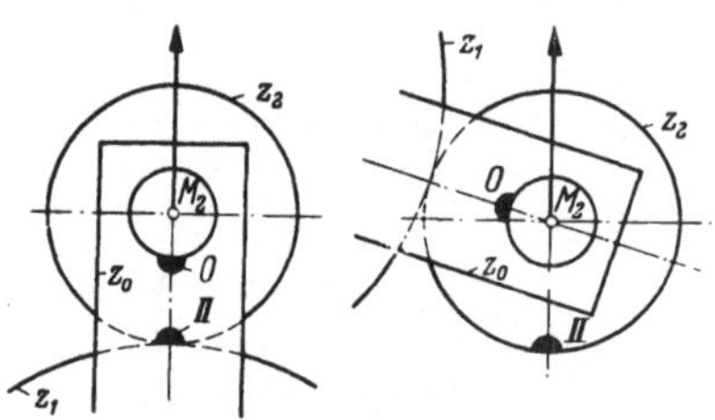

Abb. 8a. Welle und Lager des Umlaufrades, Grundstellung
Abb. 8b. Welle und Lager des Umlaufrades, ausgeschwenkt

$$n_{2_L} = n_2 - n_0.$$

Eine analoge Betrachtung für das Innengetriebe führt zu der Gleichung

$$n_{4_L} = n_4 + n_0.$$

Weiterentwicklung der Gleichungen (1,05a) und (1,05b)

Für den Übergang zum Differentialgetriebe muß sich z_1 bzw. z_6 ebenfalls drehen.

Annahme: z_1 drehe sich in positivem Sinne. Dadurch wird die Drehzahl von z_2 um n_2' vergrößert. Aus der Beziehung für das Standgetriebe folgt:

Annahme: Drehsinn von z_6 negativ. Dann ist die zusätzliche Drehung n_4' von z_4 ebenfalls negativ.

$$\frac{n_1}{-n_2'} = \frac{z_2}{z_1}, \qquad\qquad \frac{-n_6}{-n_4'} = \frac{z_4}{z_6},$$

$$n_2' = -n_1 \frac{z_1}{z_2}. \qquad\qquad n_4' = n_6 \frac{z_6}{z_4}.$$

Die Gesamtdrehzahl ist dann

$$n_{2\,\text{Ges}} = n_0\left(1 + \frac{z_1}{z_2}\right) + n_2', \qquad n_{4\,\text{Ges}} = n_0\left(1 - \frac{z_6}{z_4}\right) + n_4',$$

$$n_{2\,\text{Ges}} = n_0\left(1 + \frac{z_1}{z_2}\right) - n_1 \frac{z_1}{z_2}, \qquad n_{4\,\text{Ges}} = n_0\left(1 - \frac{z_6}{z_4}\right) + n_6 \frac{z_6}{z_4},$$

oder wenn wir

$$n_{2\,\text{Ges}} = n_2, \qquad\qquad n_{4\,\text{Ges}} = n_4$$

setzen:

$$\frac{n_2 - n_0}{n_0 - n_1} = \frac{z_1}{z_2}. \qquad (1{,}06a) \qquad\qquad \frac{n_4 - n_0}{n_6 - n_0} = \frac{z_6}{z_4}. \qquad (1{,}06b)$$

Diese beiden Grundgleichungen genügen, um die Bewegungsgesetze einfacher und zusammengesetzter Getriebe abzuleiten.

Für $n_0 = 0$ wird:

$$\frac{n_2}{-n_1} = \frac{z_1}{z_2} \qquad \text{Standgetriebe mit Außenverzahnung.}$$

$n_1 = 0$:

$$n_2 = n_0\left(1 + \frac{z_1}{z_2}\right) \qquad \text{Planetengetriebe. Steg und Planetenrad}$$

laufen um.

$n_2 = 0$:

$$n_1 = \frac{z_2}{z_1} n_0\left(1 + \frac{z_1}{z_2}\right) \qquad \text{Steg und Zentralrad laufen gleich-}$$

sinnig um.

Genügt dann n_1 bei vorgegebenem n_0 der obigen Gleichung, dann dreht sich das Planetenrad — bezogen auf das Werkgestell — nicht, obwohl sich sein Mittelpunkt M_2 auf einem Kreis um M_1 bewegt.

Analoge Gleichungen gelten für das Innengetriebe.

6. Zusammengesetzte Getriebe

Erste Anwendung

Ein Getriebe, das aus dem einfachen Außen- und Innengetriebe besteht, wobei z_0 für beide Getriebeteile gemeinsam ist (Abb. 9).

3 Hauptglieder: z_0, z_3 und z_6.

1 Umlaufrad: z_4.

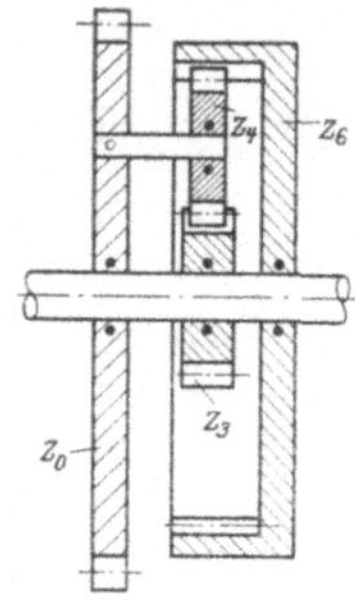

Abb. 9. Zusammengesetztes Umlaufgetriebe, aus einem einfachen Außen- und Innengetriebe bestehend

Sinngemäßes Umschreiben der Indizes in Gl. (1,06a) ergibt für das Außengetriebe:

$$\frac{n_4 - n_0}{n_0 - n_3} = \frac{z_3}{z_4} \, . \tag{1,07}$$

Ebenso Gl. (1,06b) für das Innengetriebe:

$$\frac{n_4 - n_0}{n_6 - n_0} = \frac{z_6}{z_4} \, . \tag{1,08}$$

Division von Gl. (1,08) durch Gl. (1,07) ergibt die allgemeine Bewegungsgleichung dieses Getriebes:

$$\frac{n_0 - n_3}{n_6 - n_0} = \frac{z_6}{z_3} \, , \tag{1,09}$$

die zur Berechnung der meisten praktisch vorkommenden Fälle genügt.

Gl. (1,09) gibt auch über den Drehsinn der Räder Auskunft. Beispiel: Bei einem Getriebe mit $z_3 = 90$ Zähnen und $z_6 = 270$ Zähnen wird für

$$n_0 = + 1\,T^{-1} \text{ und } n_3 = + 1\,T^{-1} : n_6 = + 5/3\,T^{-1},$$
$$n_0 = - 2\,T^{-1} \text{ und } n_3 = + 3\,T^{-1} : n_6 = - 11/3\,T^{-1},$$
$$n_0 = + 1\,T^{-1} \text{ und } n_3 = + 1\,T^{-1} : n_6 = + 1\,T^{-1}.$$

Im letzten Fall ($n_0 = n_3$) ist n unabhängig von z_3 und z_6. Das Getriebe läuft als starres System um die Zentralwelle. (Weiteres Anwendungs- und Rechenbeispiel s. Abschn. 58e.)

Die Dreh- und Zähnezahl des Umlaufrades. Die Drehzahl kann bei gegebenen Bedingungen für die Hauptglieder aus einer der beiden Gln. (1,07) und (1,08) ermittelt werden.

Hierbei ist so vorzugehen, daß bei Vorgabe von n_3 und n_6 zunächst die Zähnezahlen von z_3 und z_6 unter Berücksichtigung des hieraus resultierenden n_0 zu bestimmen sind; entsprechend ist bei Vorgabe von z_0, z_3 bzw. z_0, z_6 zu verfahren.

Mit z_3 und z_6 ist aber auch z_4 festgelegt, da die Räder z_3, z_4 und z_6 unmittelbar miteinander im Eingriff stehen, also gleichen Modul haben müssen, und die Zentralen nicht beliebig gewählt werden können, da z_6 ein innenverzahntes Rad ist.

Aus Abb. 9 folgt

$$\frac{d_6}{2} - \frac{d_3}{2} = d_4$$

oder
$$z_6 - z_3 = 2\,z_4.$$

Die Differenz der Zähnezahlen von z_6 und z_3 muß also eine durch 2 teilbare Zahl ergeben.

An dieser Stelle soll noch der Zusammenhang der drei Drehzahlen n_3, n_4 und n_6 abgeleitet werden, der für die Berechnung von Beispielen wichtig sein kann.

Hierzu rechnet man aus Gl. (1,09) und (1,07) die Größe n_0 aus und setzt die erhaltenen Brüche gleich:

$$\frac{n_3 z_3 + n_6 z_6}{z_3 + z_6} = \frac{n_3 z_3 + n_4 z_4}{z_3 + z_4},$$

$$\frac{n_3 z_3 + n_6 z_6}{n_3 z_3 + n_4 z_4} = \frac{z_3 + z_6}{z_3 + z_4}.$$

Setzt man $\dfrac{z_3}{z_6} = a$ und $\dfrac{z_3}{z_4} = b$, so wird

$$\frac{n_3 a + n_6}{n_3 b + n_4} = \frac{a + 1}{b + 1}. \qquad (1,10)$$

Zweite Anwendung (Abb. 10)

Dieses Getriebe besteht aus zwei einfachen Außengetrieben.

3 Hauptglieder: z_0, z_1 und z_3.

2 Umlaufräder: z_2 und z_4, die auf einer gemeinsamen Welle sitzen, die in z_0 drehbar gelagert ist.

Gl. (1,06a) auf den ersten Teil angewendet:

$$\frac{n_2 - n_0}{n_0 - n_1} = \frac{z_1}{z_2}, \qquad (1,11)$$

ebenso für den zweiten Teil:

$$\qquad (1,12)$$

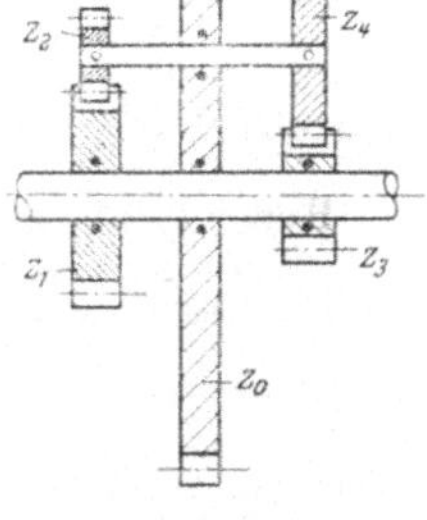

Abb. 10. Zusammengesetztes Umlaufgetriebe, aus zwei Außengetrieben bestehend

Division von Gl. (1,11) und (1,12) ergibt wieder die allgemeine Form der Bewegungsgleichung (unter Beachtung, daß $n_2 = n_4$):

$$\frac{n_0 - n_3}{n_0 - n_1} = \frac{z_1\, z_4}{z_2\, z_3}. \qquad (1,13)$$

Bei der Berechnung von Getrieben der vorstehenden Art ist darauf zu achten, daß die Räder z_1, z_2 und z_3, z_4 gemeinsame Zentrale haben, die Zähnezahlen aber außerdem noch den Bedingungen der Gl. (1,13) genügen müssen.

Wir wollen annehmen, daß n_0, n_1 und n_3 bekannt sind. Mit diesen Größen erhält man

$$\frac{n_0 - n_3}{n_0 - n_1} = e_1 = \frac{z_1\, z_4}{z_2\, z_3}.$$

Für die gemeinsame Zentrale, unter weiterer Annahme gemeinsamen Moduls, gilt dann

$$m\,z_1 + m\,z_2 = 2\,c, \qquad [c = \text{Zentrale, s. Abschn. 17c, Gl. (2,05a)}]$$

$$m\,z_3 + m\,z_4 = 2\,c;$$

$$z_2 = \frac{2\,c - m\,z_1}{m},$$

$$z_4 = \frac{2\,c - m\,z_3}{m}.$$

Damit wird

$$e_1 = \frac{\dfrac{2\,c - m\,z_3}{m}\,z_1}{\dfrac{2\,c - m\,z_1}{m}\,z_3} = \frac{2\,c\,z_1 - m\,z_1\,z_3}{2\,c\,z_3 - m\,z_1\,z_3},$$

$$2\,c\,e_1\,z_3 - m\,e_1\,z_1\,z_3 = 2\,c\,z_1 - m\,z_1\,z_3,$$

$$2\,c\,e_1\,z_3 + m\,z_1\,z_3\,(1 - e_1) = 2\,c\,z_1,$$

$$z_3 = \frac{2\,c\,z_1}{2\,c\,e_1 + m\,z_1\,(1 - e_1)} = \frac{\dfrac{z_1}{1 - e_1}}{\dfrac{e_1}{1 - e_1} + \dfrac{m\,z_1}{2\,c}}.$$

Wir setzen $\dfrac{m\,z_1}{2\,c} = \alpha$. Damit z_3 ganzzahlig wird, muß z_1 den Quotienten

$$\frac{\left(\dfrac{e_1}{1 - e_1} + \alpha\right)}{\alpha} = k_1$$

enthalten.

Beispiel: Es sei $e_1 = 0{,}7$, $m = 1\,\text{mm}$.

1. Ansatz: $\alpha = \dfrac{1}{2}$.

Dann ist

$$1 - e_1 = 0{,}3\,, \qquad \frac{e_1}{1 - e_1} = \frac{7}{3}\,, \qquad k_1 = \frac{17}{3}\,.$$

Da k_1 nicht ganzzahlig ist, wird man ein Vielfaches hiervon (z. B. das 9fache) als Zähnezahl für z_1 wählen:

$$z_1 = 51,$$

$$2\,c = 102\,\text{mm}, \qquad \left(\text{aus } \frac{m\,z_1}{2\,c} = \alpha\right),$$

$$z_3 = \frac{\dfrac{51}{0{,}3}}{\dfrac{7}{3} + \dfrac{1}{2}} = 60,$$

$$z_2 = 102 - 51 = 51,$$

$$z_4 = 102 - 60 = 42.$$

Die oben berechneten Zähnezahlen sind für die Herstellung eines Getriebes bereits brauchbar (Zentrale $c = 51$ mm).

2. Ansatz: $\alpha = \dfrac{1}{6}$.

$$k_1 = 15 \text{ (bereits ganzzahlig)},$$
$$z_1 = 15,$$
$$2\,c = 90 \text{ mm},$$
$$z_3 = 20,$$
$$z_2 = 75,$$
$$z_4 = 70.$$

Beide Gruppen genügen der Bedingung

$$z_1 + z_2 = z_3 + z_4, \quad \text{(gemeinsame Zentrale mit gemeinsamem Modul)}$$

und

$$\frac{z_1\,z_4}{z_2\,z_3} = e_1 = 0{,}7 .$$

(Weiteres Anwendungs- und Rechenbeispiel s. Abschn. 61 b).

Drehzahl der Planetenradwelle. n_2 bzw. n_4 ergibt sich unmittelbar aus einer der beiden Gleichungen (1,11) bzw. (1,12), vorausgesetzt, daß z_1, z_2, z_3 und z_4 bereits bestimmt sind.

Allgemeine Bewegungsgleichung für n_1, n_2 und n_3. (Analog abgeleitet wie bei Anwendung 1.)

$$\frac{f\,n_1 + n_2}{b\,n_3 + n_2} = \frac{f + 1}{b + 1}, \tag{1,14}$$

wobei $f = \dfrac{z_1}{z_2}$ und $b = \dfrac{z_3}{z_4}$ gesetzt ist .

Dritte Anwendung (Abb. 11)

Ein Getriebe aus zwei einfachen Innengetrieben bestehend.

3 Hauptglieder: z_0, z_5 und z_6.

2 Umlaufräder: z_2 und z_4, die auf einer in z_0 frei gelagerten gemeinsamen Welle sitzen. Für die beiden Teilgetriebe gilt:

$$\frac{n_2 - n_0}{n_5 - n_0} = \frac{z_5}{z_2}, \tag{1,15}$$

$$\frac{n_4 - n_0}{n_6 - n_0} = \frac{z_6}{z_4}, \tag{1,16}$$

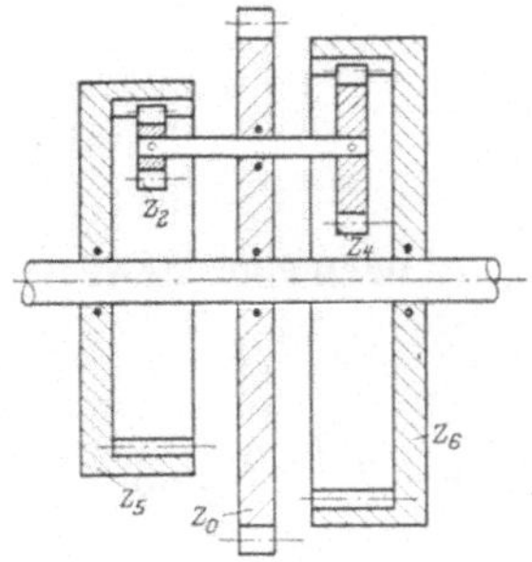

Abb. 11. Zusammengesetztes Umlaufgetriebe, aus zwei einfachen Innengetrieben bestehend

Allgemeine Bewegungsgleichung durch Division von Gl. (1,16) und (1,15) ($n_2 = n_4$):

$$\frac{n_5 - n_0}{n_6 - n_0} = \frac{z_2\,z_6}{z_5\,z_4} = e_2 . \tag{1,17}$$

Auch hier muß berücksichtigt werden, daß die Räder z_2, z_5 und z_4, z_6 gemeinsame Zentrale haben. Außerdem muß, da es sich um zwei Inradgetriebe handelt,

$$z_2 < \frac{z_5}{2} \quad \text{und} \quad z_4 < \frac{z_6}{2}$$

sein (ohne Berücksichtigung der Wellenstärke), da das außenverzahnte Rad sonst in die Hauptwelle eindringen würde.

Für gemeinsame Zentrale und gemeinsamen Modul ist zu setzen:

$$m\,z_5 - m\,z_2 = 2\,c, \qquad m\,z_6 - m\,z_4 = 2\,c.$$

Eine analoge Ableitung wie bei Anwendung 2 führt zu dem Ergebnis

$$z_5 = \frac{\dfrac{z_6}{1 - e_2}}{\dfrac{e_2}{1 - e_2} + \dfrac{m\,z_6}{2\,c}},$$

und

$$\frac{\dfrac{e_2}{1 - e_2} + \beta}{\beta} = k_2, \quad \text{mit} \quad \beta = \frac{m\,z_6}{2\,c}.$$

Von k_2 hängt die Erfüllung der beiden Bedingungen

$$z_2 < \frac{z_5}{2}, \qquad z_4 < \frac{z_6}{2}$$

ab.

Beispiel: $e_2 = 0{,}7$, $m = 1$ mm.
Ansatz: $\beta = \dfrac{3}{2}$:

$$k_2 = \frac{23}{9},$$
$$z_6 = 207,$$
$$2\,c = 138\ \text{mm},$$
$$z_5 = 180,$$
$$z_2 = 42,$$
$$z_4 = 69.$$

Allgemeine Bewegungsgleichung für n_2, n_5 und n_6:

$$\frac{h\,n_5 - n_2}{g\,n_6 - n_2} = \frac{h - 1}{g - 1}, \tag{1,18}$$

worin $h = \dfrac{z_5}{z_2}$ und $g = \dfrac{z_6}{z_4}$.

Vierte Anwendung (Abb. 12)

Dieses Getriebe setzt sich aus einem einfachen Außen- und Innengetriebe zusammen. Im Aufbau ist es mit dem Getriebe Anwendung 1 verwandt.

3 Hauptglieder: z_0, z_1 und z_6.

2 Umlaufräder: z_2 und z_4 auf gemeinsamer Welle.

Gleichung für das Außengetriebe:

$$\frac{n_2 - n_0}{n_0 - n_1} = \frac{z_1}{z_2}. \qquad (1,19)$$

Gleichung für das Innengetriebe:

$$\frac{n_4 - n_0}{n_6 - n_0} = \frac{z_6}{z_4}. \qquad (1,20)$$

Aus diesen beiden Gleichungen erhält man die allgemeine Bewegungsgleichung unter Berücksichtigung, daß $n_2 = n_4$ ist:

$$\frac{n_0 - n_1}{n_6 - n_0} = \frac{z_2\, z_6}{z_1\, z_4} = e_3. \qquad (1,21)$$

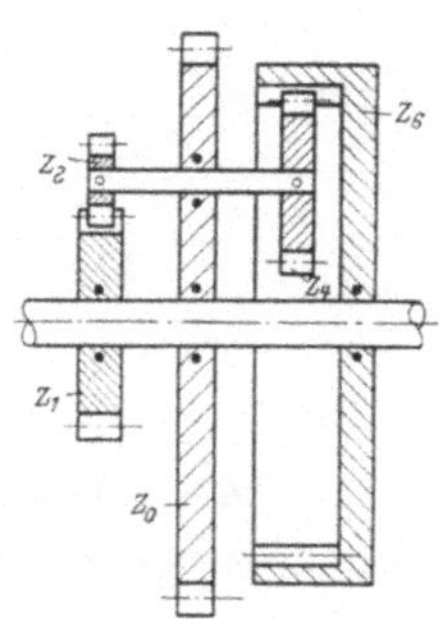

Abb. 12. Zusammengesetztes Umlaufgetriebe, aus einem einfachen Außen- und Innengetriebe bestehend

Für gemeinsame Zentrale und gleichen Modul sind die beiden Gleichungen

$$m\, z_1 + m\, z_2 = 2\, c, \qquad m\, z_6 - m\, z_4 = 2\, c$$

zur Weiterrechnung zu verwenden, wodurch sich für z_1 die Beziehung ergibt:

$$z_1 = \frac{2\, c\, z_6}{m\, z_6\, (e_3 + 1) - 2\, c\, e_3} = \frac{\dfrac{z_6}{e_3 + 1}}{\dfrac{m\, z_6}{2\, c} - \dfrac{e_3}{e_3 + 1}}$$

und mit

$$\frac{m\, z_6}{2\, c} = \gamma : \quad \frac{\gamma - \dfrac{e_3}{e_3 + 1}}{\gamma} = k_3.$$

Beispiel: $e_3 = 0{,}7$, $m = 1\,\text{mm}$.

Ansatz: $\gamma = \dfrac{3}{2}$.

Damit wird

$$k_3 = \frac{37}{51}.$$

Nimmt man

$$z_6 = 37 \cdot 51$$

an, so erhält man für

$$z_1 = 30 \cdot 34,$$
$$2\, c = 34 \cdot 37 \,\text{mm},$$
$$z_2 = 34 \cdot 7,$$
$$z_4 = 37 \cdot 17.$$

Wie man sieht, enthalten sämtliche Zähnezahlen den Faktor 17, so daß wir als eine endgültige Lösung erhalten:

$$\frac{z_2\, z_6}{z_1\, z_4} = \frac{14 \cdot 111}{60 \cdot 37}.$$

Allgemeine Bewegungsgleichung für n_1, n_2 und n_6:

$$\frac{f\,n_1 - n_2}{g\,n_6 - n_2} = \frac{f+1}{g-1}\,,$$

(1,22)

worin $f = \dfrac{z_1}{z_2}$, $g = \dfrac{z_6}{z_4}$.

III. Umlaufgetriebe mit Kegelrädern

7. Grundgleichung

Aufbau: Dieses Getriebe besteht aus den beiden Hauptgliedern, den „Sonnenrädern" (*1*) und (*1'*) (Abb. 13), die auf der sogenannten

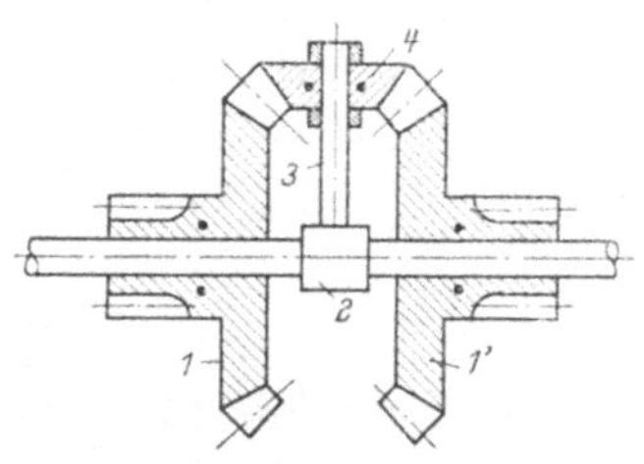

Kreuzwelle (*2*) frei beweglich sind. Auf der seitlichen Welle (*3*) der Kreuzwelle läuft, ebenfalls frei, das „Planetenrad" (*4*), in das die beiden Sonnenräder eingreifen.

Beim Umlaufgetriebe mit Kegelrädern kennen wir folgende zwei Betriebsarten:

Abb. 13. Schematische Darstellung
eines Kegelradumlaufgetriebes

1. Antrieb der Kreuzwelle. Der Kraftfluß geht über Kreuzwelle, Planetenrad nach den beiden Sonnenrädern. Wird eines der beiden Sonnenräder in seiner Bewegung gehemmt, so kann sich das zweite Sonnenrad ungehindert weiter drehen. Dabei rollt das Planetenrad auf dem stillstehenden Sonnenrad unter Mitnahme des beweglichen Sonnenrades ab. Verwendung bei zweifachem Abtrieb, z. B. bei Laufwerken, bei denen periodisch wechselnde Abläufe vorliegen (s. Beispiel 73, d).

2. der Antrieb der Sonnenräder mit Abnahme an der Kreuzwelle. Anwendung beim Messen von Drehzahldifferenzen (Differentialgetriebe, Differential).

Eine weitere Verwendung hat diese Getriebeart dort gefunden, wo das Übersetzungsverhältnis höherstellige Primzahlen aufweist, z. B. beim Bau von astronomischen Uhren.

Erfolgt der Antrieb von der Kreuzwelle aus, so wird die Drehzahl der Sonnenräder entweder von der jeweiligen Belastung oder durch den in der zugehörigen Kette liegenden Regler bestimmt. Steht das eine Sonnenrad fest, so macht das andere Sonnenrad bei einer Umdrehung der Kreuzwelle zwei Umdrehungen. In beiden Fällen ist der Drehsinn der Sonnenräder gleich dem der Kreuzwelle.

Werden die Sonnenräder angetrieben, so macht die Kreuzwelle, falls die Drehzahlen der beiden Sonnenräder gleich sind und die Drehrichtung gleichsinnig ist, bei einer Umdrehung der Sonnenräder ebenfalls eine

Umdrehung. Dabei ist der Drehsinn der Kreuzwelle gleich dem der Sonnenräder. Steht ein Sonnenrad still, so macht die Kreuzwelle bei einer Umdrehung des zweiten Sonnenrades eine halbe Umdrehung: Der Drehsinn der Kreuzwelle ist gleich dem des treibenden Sonnenrades. Drehen sich die beiden Sonnenräder in verschiedener Richtung, so wird der Drehsinn der Kreuzwelle durch das Sonnenrad mit größerer Drehzahl bestimmt. Ist der Drehsinn der beiden Sonnenräder entgegengesetzt (bei gleichen Drehzahlen), so steht die Kreuzwelle still. Anwendung bei Uhrenvergleich durch Kopplung der beiden Zeigerwerke mit je einem Sonnenrad.

Bezeichnen wir

die Drehzahl der ersten Sonnenrades (1) mit n_1,
die Drehzahl des zweiten Sonnenrades (2) mit n_1',
die Drehzahl der Kreuzwelle mit n_{R_1},

so ist

$$n_{R_1} = \frac{n_1 + n_1'}{2}. \tag{1,23}$$

8. Anwendung auf Übersetzungsverhältnisse mit höherstelligen Primzahlen

a) Das einfache Kegelradumlaufgetriebe

Die beiden Sonnenräder stehen in diesem Falle (Abb. 14) über zwei Teilgetriebe mit einer Vorgelegewelle in Verbindung.

Der Kraftfluß geht von n_0 über die beiden Sonnenräder nach n_{R_1} oder umgekehrt.

Es ist

$$\frac{n_0}{n_1} = i_1 \quad \text{und} \quad \frac{n_0}{n_1'} = i_1',$$

oder

$$n_1 = \frac{n_0}{i_1} \quad \text{bzw.} \quad n_1' = \frac{n_0}{i_1'}.$$

Lassen wir diese Werte in die Grundgleichung (1,23) eingehen, so ergibt dies

$$n_{R_1} = \frac{n_0}{2}\left(\frac{1}{i_1} + \frac{1}{i_1'}\right).$$

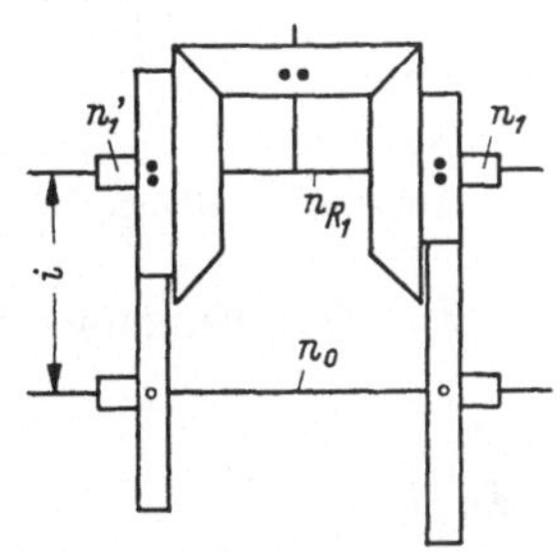

Abb. 14. Einfaches Kegelradumlaufgetriebe mit Vorgelegewelle

Gesamtübersetzungsverhältnis $\quad i = \dfrac{n_0}{n_{R_1}} = \dfrac{2\,i_1\,i_1'}{i_1 + i_1'}.$ $\hfill (1,24)$

Da entsprechend dem hier vorliegenden Verwendungszweck n_0 und n_{R_1} gegeben sind, läuft die Aufgabe auf das Aufsuchen der beiden Teilübersetzungsverhältnisse i_1 bzw. i_1' hinaus. Dabei hat man es offenbar in der Hand, eine der beiden Größen willkürlich festzulegen.

Aus Gl. (1,24) folgt

$$i_1' = \frac{i_1 n_0}{2 i_1 n_{R_1} - n_0}.$$
(1,25)

Die letzte Gleichung läßt erkennen, daß mit **einem** Kegelradgetriebe nur auszukommen ist, wenn n_0 zerlegbar und n_{R_1} die höherstellige Primzahl ist. (Falls n_0 Primzahl ist, wird n_0 und n_{R_1} vertauscht und das Getriebe umgekehrt betrieben.)

Beispiel: $\qquad n_0 = 442\ T^{-1}, \qquad n_{R_1} = 727\ T^{-1}$ (Primzahl).

Bereits mit der einfachen Annahme $i_1 = 1$ erhält man für i_1'

$$i_1' = \frac{442}{2 \cdot 727 - 442} = \frac{26}{44} \cdot \frac{17}{23}.$$

Weitere brauchbare Werte erhielte man auch mit $i_1 = 2, 3$ usw.

b) Das zweifache Kegelradumlaufgetriebe (Abb. 15)

Hier erfolgt der Antrieb von der Kreuzwelle (n_{R_1}) aus. Der Kraftfluß geht über die gemeinsame Zwischenwelle n_0 über ein zweites Getriebe zu dessen Kreuzwelle n_{R_2}.

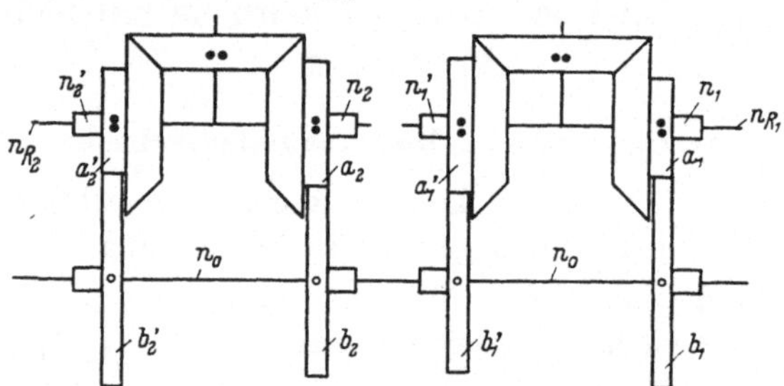

Abb. 15. Zweifaches Kegelradumlaufgetriebe mit gemeinsamer Vorgelegewelle

Für den Eingang gilt:

$$\frac{n_1}{n_0} = i_1, \qquad \frac{n_1'}{n_0} = i_1'$$

bzw.

$$n_1 = n_0 i_1, \qquad n_1' = n_0 i_1',$$

was in die Grundgleichung

$$n_{R_1} = \frac{n_1 + n_1'}{2}$$

eingesetzt und umgeformt

$$\frac{n_{R_1}}{n_0} = \frac{1}{2} (i_1 + i_1')$$

ergibt.

Entsprechend für den Ausgang:

$$\frac{n_0}{n_2} = i_2, \qquad \frac{n_0}{n_2'} = i_2',$$

$$n_2 = \frac{n_0}{i_2}, \qquad n_2' = \frac{n_0}{i_2'},$$

$$n_{R_2} = \frac{n_2 + n_2'}{2},$$

$$\frac{n_{R_2}}{n_0} = \frac{1}{2}\left(\frac{1}{i_2} + \frac{1}{i_2'}\right).$$

Damit wird das Gesamtübersetzungsverhältnis

$$i = \frac{n_{R_1}}{n_{R_2}} = \frac{i_1 + i_1'}{\dfrac{1}{i_2} + \dfrac{1}{i_2'}}. \qquad (1{,}26)$$

Setzen wir für die Teilübersetzungsverhältnisse die Zähnezahlen

$$i_1 = \frac{b_1}{a_1}, \quad i_1' = \frac{b_1'}{a_1'}, \quad i_2 = \frac{a_2}{b_2}, \quad i_2' = \frac{a_2'}{b_2'},$$

dann wird

$$i = \frac{\dfrac{b_1}{a_1} + \dfrac{b_1'}{a_1'}}{\dfrac{b_2}{a_2} + \dfrac{b_2'}{a_2'}} = \frac{\dfrac{b_1 a_1' + a_1 b_1'}{a_1 a_1'}}{\dfrac{b_2 a_2' + a_2 b_2'}{a_2 a_2'}},$$

$$i = \frac{b_1 a_1' + a_1 b_1'}{b_2 a_2' + a_2 b_2'} \cdot \frac{a_2 a_2'}{a_1 a_1'}. \qquad (1{,}27)$$

Von diesen 8 Größen können 4 festgelegt werden. Es empfiehlt sich, die Werte des zweiten Bruches zu wählen. Dabei kommt man auf eine Bruchgleichung, bei der Zähler und Nenner je zwei Unbekannte enthalten. Die Bestimmung der jeweiligen Unbekannten (Zähnezahlen) der gesondert zu behandelnden Zähler- und Nennergleichung erfolgt — da die Zähnezahlen ganzzahlig sein müssen — mit den Methoden der diophantischen Analysis. Der Rechengang sei an einem Beispiel erläutert.

Beispiel:

$$i = \frac{347}{439}.$$

Wählt man

$$a_1 = 32, \qquad a_2 = 24,$$
$$a_1' = 36, \qquad a_2' = 27,$$

dann wird

$$\frac{347}{439} = \frac{36\, b_1 + 32\, b_1'}{27\, b_2 + 24\, b_2'} \cdot \frac{24 \cdot 27}{32 \cdot 36},$$

$$\frac{347}{439} \cdot \frac{16}{9} = \frac{5552}{3951} = \frac{36\, b_1 + 32\, b_1'}{27\, b_2 + 24\, b_2'}.$$

Zählergleichung:

$$5552 = 36\, b_1 + 32\, b_1',$$

$$b_1 = \frac{5552 - 32\, b_1'}{36} = 154 + \frac{8 - 32\, b_1'}{36}.$$

Man setzt

$$\frac{8 - 32\, b_1'}{36} = \alpha$$

und erhält

$$b_1' = \frac{8 - 36\,\alpha}{32} = -\alpha + \frac{8 - 4\,\alpha}{32}\,.$$

Entsprechend setzt man

$$\frac{8 - 4\,\alpha}{32} = \beta\,.$$

Damit wird

$$\alpha = \frac{8 - 32\,\beta}{4} = 2 - 8\,\beta\,.$$

Da α bereits ganzzahlig ist, kann die Entwicklung hier abgebrochen werden. Für die Zähnezahlen b_1 und b_1' erhält man dann

$$b_1' = \frac{8 - 36\,\alpha}{32} = \frac{8 - 36\,(2 - 8\,\beta)}{32} = -2 + 9\,\beta\,,$$

$$b_1 = 154 + \frac{8 - 32\,b_1'}{36} = 154 + \frac{8 - 32\,(-2 + 9\,\beta)}{36} = 156 - 8\,\beta\,.$$

Entsprechend ist der Rechengang bei der Nennergleichung:

$$3951 = 27\,b_2 + 24\,b_2'\,,$$

$$b_2 = \frac{3951 - 24\,b_2'}{27} = 146 + \frac{9 - 24\,b_2'}{27}\,,$$

$$\frac{9 - 24\,b_2'}{27} = \alpha'\,,$$

$$b_2' = \frac{9 - 27\,\alpha'}{24} = -\alpha' + \frac{9 - 3\,\alpha'}{24}\,,$$

$$\frac{9 - 3\,\alpha'}{24} = \beta'\,,$$

$$\alpha' = \frac{9 - 24\,\beta'}{3} = 3 - 8\,\beta'\,.$$

Damit wird

$$b_2' = \frac{9 - 27\,\alpha'}{24} = \frac{9 - 27\,(3 - 8\,\beta')}{24} = -3 + 9\,\beta'\,,$$

$$b_2 = 146 + \frac{9 - 24\,b_2'}{27} = 146 + \frac{9 - 24\,(-3 + 9\,\beta')}{27} = 149 - 8\,\beta'\,.$$

Man kann nur für β und β' verschiedene Werte wählen, die je nach Wahl zu mehr oder minder brauchbaren Ergebnissen führen.

	$\beta = 10$	$\beta = 9$
$a_1 = 32$ (Annahme)	$a_1 = 32$	$a_1 = 32$
$b_1 = 156 - 8\,\beta$	$b_1 = 76$	$b_1 = 84$
$a_1' = 36$ (Annahme)	$a_1' = 36$	$a_1' = 36$
$b_1' = -2 + 9\,\beta$	$b_1' = 88$	$b_1' = 79$
	$\beta' = 10$	$\beta' = 9$
$a_2 = 24$ (Annahme)	$a_2 = 24$	$a_2 = 24$
$b_2 = 149 - 8\,\beta'$	$b_2 = 69$	$b_2 = 77$
$a_2' = 27$ (Annahme)	$a_2' = 27$	$a_2' = 27$
$b_2' = -3 + 9\,\beta'$	$b_2' = 87$	$b_2' = 78$

IV. Beispiele

9. Berechnung eines Rückkehrgetriebes

Wir verstehen hierunter eine Winkelkette, bei der das letzte Rad auf der Welle des ersten Rades drehbar ist (s. Abb. 16).

Das gegebene Übersetzungsverhältnis setzt sich aus den beiden Teilübersetzungen

$$i_{1,1'} = i_1, \qquad i_{2,2'} = i_2$$

zusammen.

Dann ist

$$\frac{z_1'}{z_1}\,\frac{z_2'}{z_2} = i = i_1\,i_2.$$

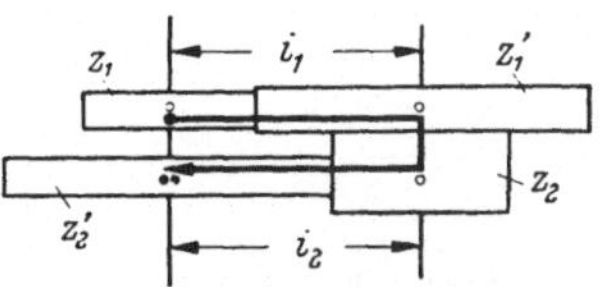

Abb. 16. Zur Berechnung eines Rückkehrgetriebes

Aus den Bedingungen für gleiche Zentrale

$$c_1 = c = m_1\frac{z_1 + z_1'}{2}\,, \qquad c_2 = c = m_2\frac{z_2 + z_2'}{2}$$

folgt

$$m_1\,(z_1 + z_1') = m_2\,(z_2 + z_2')\,.$$

Machen wir weiterhin zur Vorschrift, daß $m_1 = m_2$ sein soll, eine Voraussetzung, die dann gegeben ist, wenn alle Räder mit demselben Abwälzfräser geschnitten werden sollen, dann muß sein:

$$z_1 + z_1' = z_2 + z_2'. \tag{1,28}$$

Da aber

$$z_1' = i_1\,z_1, \tag{1,29}$$

$$z_2' = i_2\,z_2 \tag{1,30}$$

ist, erhalten wir für Gl. (1,28):

$$z_1 + i_1\,z_1 = z_2 + i_2\,z_2\,,$$

und mit

$$i_1 = \frac{i}{i_2}$$

$$z_1 + \frac{i}{i_2}\,z_1 = z_2 + i_2\,z_2\,,$$

woraus man durch Umformen

$$z_2 = \frac{\left(1 + \dfrac{i}{i_2}\right)}{1 + i_2}\,z_1$$

bzw.

$$z_2 = A\,z_1 \tag{1,31}$$

erhält.

Bei einem gegebenen i wird man also diesen Wert in i_1 und i_2 zerlegen und mit i_2 den Faktor A bestimmen. Nach Wahl von z_1 kann dann mittels Gl. (1,31) z_2 berechnet werden. z_1' und z_2' werden aus den beiden Gln. (1,29) und (1,30) ermittelt.

Beispiel: $i = 12$ (Zeigerwerk in Uhren).

1. $i_2 = 2,4$, $i_1 = 5$, $A = 6/3,4$.

z_1 (angenommen)	z_2 [Gl. (1,31)]	z_1' [Gl. (1,29)]	z_2' [Gl. (1,30)]
17	30	85	72

bzw. Vielfache hiervon

2. $i_2 = 3$, $i_1 = 4$, $A = 1,25$.

z_1	z_2	z_1'	z_2'
4	5	16	15
8	10	32	30

bzw. Vielfache hiervon. Die Gruppe 8/10/32/30 ist die in Zeigerwerken allgemein gebräuchliche.

Für alle Gruppen gilt:

$$z_1 + z_1' = z_2 + z_2'.$$

10. Berechnung dreier Geradeausketten mit gemeinsamer Zentrale
(Abb. 17)

Anwendung z. B. bei Ziehkeilgetrieben. (z_1', z_2' und z_3' können mit ihrer Welle einzeln in feste Verbindung gebracht werden.)

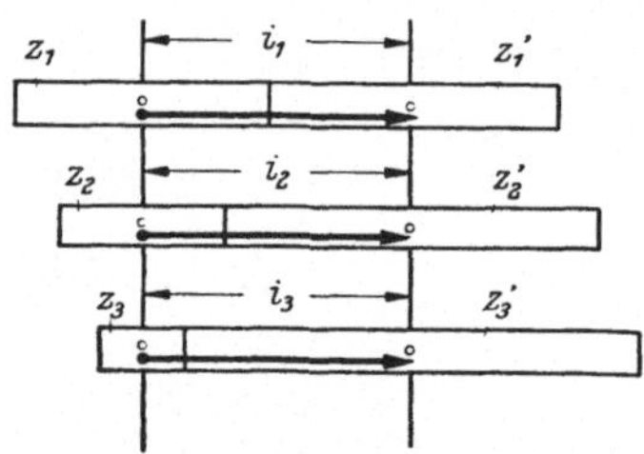

Abb. 17. Zur Berechnung dreier Geradeausketten mit gemeinsamer Zentrale

Es sei

$$\frac{z_1'}{z_1} = i_1, \quad \frac{z_2'}{z_2} = i_2, \quad \frac{z_3'}{z_3} = i_3. \qquad (1,32)$$

Gemeinsame Zentrale setzt voraus:

$$2c = m_1(z_1 + z_1') = m_2(z_2 + z_2')$$
$$= m_3(z_3 + z_3'). \quad (1,33)$$

Setzt man die aus Gl. (1,32) gewonnenen Größen von z_1', z_2' und z_3' in die Gln. (1,33) ein, so ergibt dies

$$c = m_1 z_1 \frac{i_1 + 1}{2} = m_2 z_2 \frac{i_2 + 1}{2} = m_3 z_3 \frac{i_3 + 1}{2}.$$

Die Weiterbehandlung dieser drei Gleichungen soll an einem Beispiel gezeigt werden.

Es sei

$$i_1 = 1,5, \quad i_2 = 2,8 \quad \text{und} \quad i_3 = 5,4.$$

Somit muß sein

$$c = 1,25\, m_1 z_1, \quad \text{oder auch} \quad c = 12,5\, m_1 z_1,$$
$$c = 1,9\, m_2 z_2, \qquad\qquad c = 19\, m_2 z_2,$$
$$c = 3,2\, m_3 z_3, \qquad\qquad c = 32\, m_3 z_3.$$

Stellt man die drei letzten Gleichungen mit $m = 1,0$ mm, $1,1$ mm usw. als Parameter graphisch dar, so erhalten wir damit drei Kurvenscharen (Abb. 18).

In diesem Diagramm sucht man eine beliebige Horizontale so mit einer beliebigen Geraden einer jeden Schar zum Schnitt zu bringen, daß die

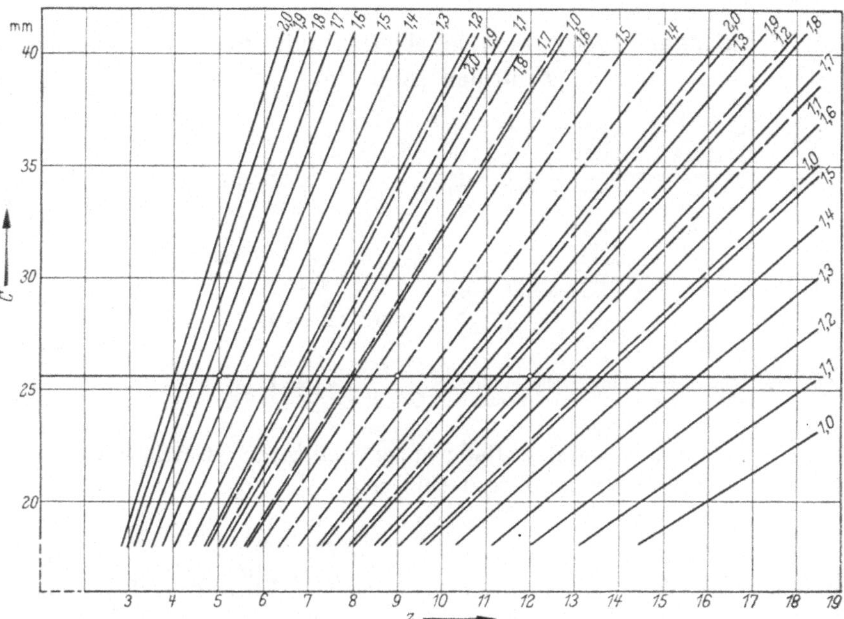

Abb. 18. Schaubild zur Ermittlung der Einzelwerte $c = m_i z_i$ mit m_i als Parameter

Schnittpunkte jeweils ganze z-Werte ergeben. Die Ordinate gibt die zugehörige Zentrale. Im Diagramm sind drei solche Schnittpunkte eingetragen:

$$m_1 = 1,7 \text{ mm}, \; z_1 = 12 \quad \text{und da} \quad i_1 = 1,5, \text{ folgt} \; z_1' = 18.$$
$$m_2 = 1,5 \text{ mm}, \; z_2 = 9 \qquad\qquad i_2 = 2,8, \qquad z_2' = 25,2.$$
$$m_3 = 1,6 \text{ mm}, \; z_3 = 5 \qquad\qquad i_3 = 5,4, \qquad z_3' = 27.$$

Da $z_2' = 25,2$ nicht möglich ist, multiplizieren wir in der zweiten Gleichung die z_2'- und z_2-Werte mit 5 (dann wird, da die Zentrale erhalten bleiben muß, $m = 0,3$ mm). Dann dividieren wir, um nicht zu große Unterschiede im Modul zu erhalten, wieder durch 3 (dann wird $m = 0,9$ mm).

$$m_1 = 1,7 \text{ mm}, \quad z_1 = 12, \quad z_1' = 18,$$
$$m_2 = 0,9 \text{ mm}, \quad z_2 = 15, \quad z_2' = 42,$$
$$m_3 = 0,8 \text{ mm}, \quad z_3 = 10 \quad z_3' = 54.$$

Eine Nachrechnung der einzelnen Zentralen ergibt

$$c_1 = 25{,}5 \text{ mm}, \qquad c_2 = 25{,}65 \text{ mm}, \qquad c_3 = 25{,}6 \text{ mm}.$$

Bei Evolventenverzahnung kann die Zentralenabweichung von $\pm\, 0{,}075$ mm in Kauf genommen werden.

11. Berechnung von zwei Winkelketten mit zwei gemeinsamen Zentralen (Abb. 19)

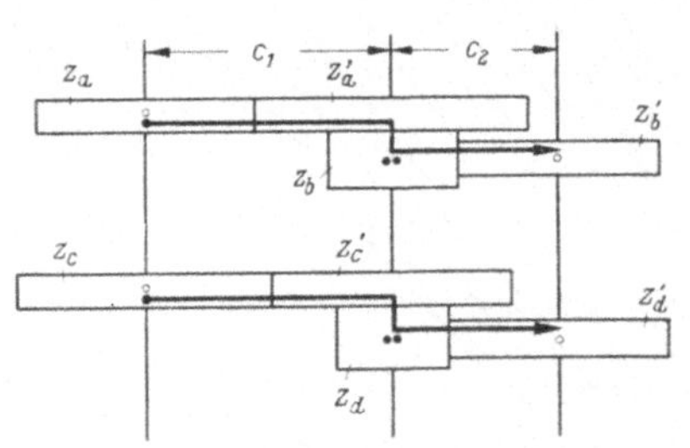

Abb. 19. Zur Berechnung zweier Winkelketten mit zwei gemeinsamen Zentralen

Es ist

$$\left. \begin{aligned} \frac{z_a'}{z_a}\,\frac{z_b'}{z_b} &= i_1\,, \\[2mm] \frac{z_c'}{z_c}\,\frac{z_d'}{z_d} &= i_2\,. \end{aligned} \right\} \tag{1,34a}$$

bzw.

$$\left. \begin{aligned} z_a' &= i_1\,\frac{z_a\,z_b}{z_b'}\,, \\[2mm] z_c' &= i_2\,\frac{z_c\,z_d}{z_d'}\,. \end{aligned} \right\} \tag{1,34b}$$

Da die ersten und zweiten Radgruppen der beiden Getriebe gleiche Zentrale haben sollen, muß weiterhin sein

$$\left. \begin{aligned} m_a(z_a' + z_a) &= 2\,c_1\,, \\ m_c(z_c' + z_c) &= 2\,c_1\,. \end{aligned} \right\} \tag{1,34c}$$
bzw.
$$\left. \begin{aligned} m_b(z_b' + z_b) &= 2\,c_2\,, \\ m_d(z_d' + z_d) &= 2\,c_2\,. \end{aligned} \right\} \tag{1,34d}$$

Aus Gl. (1,34d) erhält man

$$\left. \begin{aligned} z_b &= \frac{2\,c_2}{m_b} - z_b'\,, \\[2mm] z_d &= \frac{2\,c_2}{m_d} - z_d'\,. \end{aligned} \right\} \tag{1,34e}$$

Setzen wir die Werte von z_a' und z_c' aus Gl. (1,34b) in Gl. (1,34c) ein, so erhalten wir

$$\left. \begin{aligned} m_a\!\left(i_1\,\frac{z_a\,z_b}{z_b'} + z_a\right) &= 2\,c_1\,, \\[2mm] m_c\!\left(i_2\,\frac{z_c\,z_d}{z_d'} + z_c\right) &= 2\,c_1\,. \end{aligned} \right\} \tag{1,34f}$$

z_c und z_d aus Gl. (1,34e) in Gl. (1,34f) eingesetzt, ergibt

$$\left. \begin{aligned} m_a\!\left[\frac{i_1\,z_a}{z_b'}\left(\frac{2\,c_2}{m_b} - z_b'\right) + z_a\right] &= 2\,c_1\,, \\[2mm] m_c\!\left[\frac{i_2\,z_c}{z_d'}\left(\frac{2\,c_2}{m_d} - z_d'\right) + z_c\right] &= 2\,c_1\,. \end{aligned} \right\} \tag{1,34g}$$

Nach Gleichsetzen und Auflösen nach c_2 erhält man schließlich die Beziehung

$$c_2 = \frac{m_a z_a (i_1 - 1) - m_b z_c (i_2 - 1)}{2 \left(\dfrac{m_a z_a i_1}{m_b z_b'} - \dfrac{m_c z_c i_2}{m_d z_d'} \right)} \, .$$

Für $m_a = m_b = m_c = m_d = 1$ mm wird

$$c_2 = \frac{z_a (i_1 - 1) - z_c (i_2 - 1)}{2 \left(\dfrac{z_a i_1}{z_b'} - \dfrac{z_c i_2}{z_d'} \right)} \, .$$

Beispiel: $i_1 = 37$, $i_2 = 12{,}6$.

Die nunmehr festzulegenden Zähnezahlen von z_a, z_c, z_b' und z_d' werden zweckmäßigerweise so angenommen, daß für die Zentrale möglichst ein runder Wert entsteht, z. B.

$$z_a = 10, \qquad z_b' = 37 \cdot 2 = 74,$$
$$z_c = 15, \qquad z_d' = 12{,}6 \cdot 5 = 63.$$

(Man beachte, daß die Zähnezahlen von z_b' und z_d' Vielfache von i_1 bzw. i_2 sind.) Mit den obigen Zähnezahlen erhält man eine Zentrale von

$$c_2 = 46{,}5 \text{ mm.}$$

Hiermit ermittelt man die noch fehlenden Zähnezahlen

$$z_d \text{ (aus Gl. 1,34e)} = 30 \text{ Zähne,}$$
$$z_c' \text{ (aus Gl. 1,34b)} = 90 \quad ,, \quad ,$$
$$z_b \text{ (aus Gl. 1,34e)} = 19 \quad ,, \quad ,$$
$$z_a' \text{ (aus Gl. 1,34b)} = 95 \quad ,, \quad .$$

Zusammenstellung:

$$z_a = 10, \qquad z_b = 19, \qquad z_c = 15, \qquad z_d = 30,$$
$$z_a' = 95, \qquad z_b' = 74, \qquad z_c' = 90, \qquad z_d' = 63.$$

Wie man sieht, ist auch hier

$$z_a + z_a' = z_c + z_c' ,$$

bzw.

$$z_b + z_b' = z_d + z_d' \, .$$

Außerdem können sämtliche Räder mit demselben Fräser geschnitten werden.

12. Berechnung eines Wechselrädersatzes mit vier auswechselbaren Rädern

der bei einem Minimum an Rädern eine größtmögliche Variation der Übersetzungsverhältnisse zwischen $i = 1{,}0$ und $i = 1{,}01$ auf vier Dezimalen nach dem Komma gestattet. (Anwendung als Ausgleichsgetriebe für Tankstellenmeßuhren, Abb. 20.)

Die allgemeine Bedingungsgleichung lautet

$$i = \frac{z_1'}{z_1} \frac{z_2'}{z_2}.$$

Führen wir zur Veränderung der Übersetzungsverhältnisse die Variable x ein, so geht die obige Gleichung über in

$$i = \frac{z_1'}{z_1} \frac{b + x}{a + x}.$$

Da die verlangten Übersetzungsverhältnisse nur wenig von eins abweichen sollen, darf z_1' nur um ein geringes größer als z_1, und a nur um

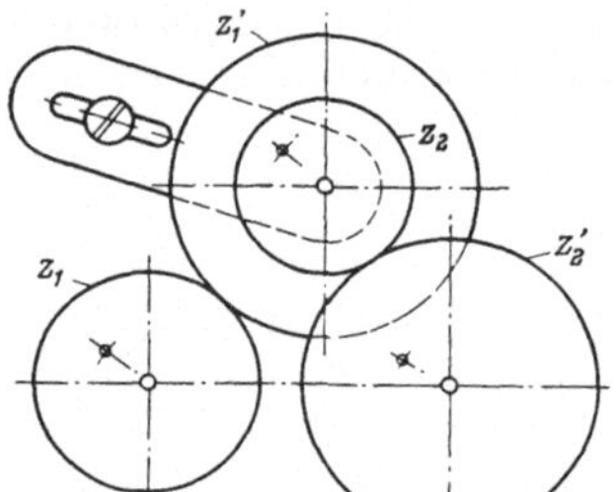

Abb. 20. Zur Berechnung eines Wechselrädersatzes mit vier auswechselbaren Rädern

einen geringen Betrag kleiner als b sein. Diese Werte müssen so gewählt werden, daß

1. für $x = 0$ der Bruch gleich 1 wird, d. h., es muß $z_1' = a$ und $z_1 = b$ sein, also

$$i = \frac{a}{b} \frac{b + x}{a + x},$$

2. für $x = 1, 2, 3, \ldots$ der Wert des Bruches wenig über eins liegt. Dies ist der Fall, wenn man hohe Zahnzahlen nimmt.

Um die Anzahl der Möglichkeiten noch zu vergrößern, kann man

3. die beiden Werte a und b um eine konstante Zahl $n = 1, 2, \ldots$ erhöhen. Damit wird

$$i = \frac{(a + n)(b + n + x)}{(b + n)(a + n + x)}, \tag{1,35}$$

worin

$$a + n = z_1',$$
$$b + n = z_1,$$
$$b + n + x = z_2'$$

und

$$a + n + x = z_2$$

ist.

4. die Differenz zwischen a und b verschieden groß annehmen, z. B. $a - b = 1$, $a - b = 2$ usw.

Zum raschen Aufsuchen eines verlangten i-Wertes kann man — um nicht alle Werte ausrechnen zu müssen — i in Abhängigkeit von x mit n und $a - b$ als Parameter graphisch darstellen. Man erhält so Kurvenbüschel, die vom Punkte $x = 0$, $i = 1$ ausgehen (Abb. 21). Die einzelnen Büschel unterscheiden sich durch die Differenz $a - b$. Sie verlaufen um so steiler, je größer diese Differenz ist. Innerhalb der Kurvenbüschel unterscheiden sich die einzelnen Kurven durch ihre n-Werte, und zwar liegt eine Kurve um so höher, je niedriger ihr n-Wert ist.

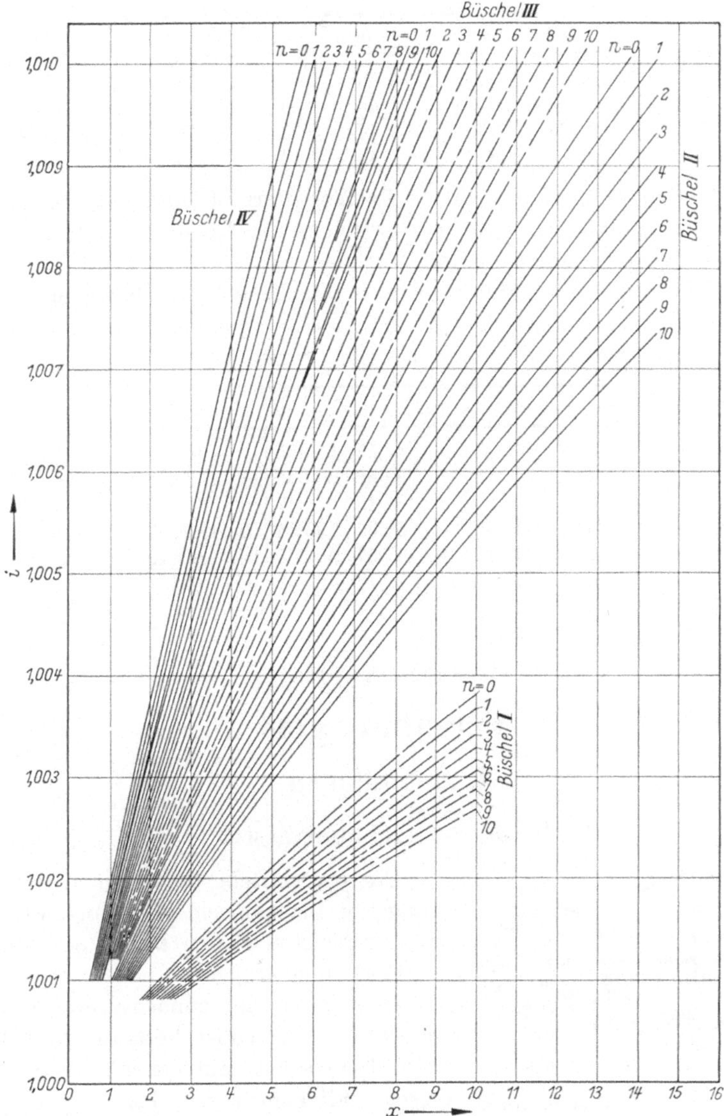

Abb. 21. Graphische Darstellung der Büschel I bis IV

Die Größe a (in dem Beispiel Abb. 21, $a = 47$) bestimmt die Lage des Gesamtfächers. Je größer a ist, um so näher liegen die für i erhaltenen

3*

Werte der Zahl eins, d. h., um so mehr ist der Fächer nach der Abszisse hin gedrückt.

Numerische Angaben zu Abb. 21:

Büschel	a	$a-b$	b	n	x
I	47	1	46	0—10	2—10
II	47	2	45	0—10	2—15
III	47	3	44	0—10	2—13
IV	47	4	43	0—10	1— 9

Da jede Kurve im Durchschnitt 10 Werte ergibt, und jedes Büschel 10 Kurven umfaßt, erhalten wir zwischen $i = 1,0$ und $i = 1,01$ rund 400 verschiedene Möglichkeiten.

Selbstverständlich kann man auch sämtliche Werte berechnen und tabellarisch zusammenstellen. Einen Ausschnitt aus einer solchen Vertafelung gibt die nachfolgende Tabelle (Werte um $i = 1,00540$).

Büschel	a	b	n	x	z_1'	z_1	z_2'	z_2	i
IV	47	43	8	4	55	51	55	59	1,00531
II	47	45	5	8	52	50	58	60	1,00533
IV	47	43	1	3	48	44	47	51	1,00534
III	47	44	5	5	52	49	54	57	1,00537
II	47	45	10	10	57	55	65	67	1,00542
II	47	45	1	7	48	46	53	55	1,00553

Zweites Kapitel

Verzahnungen

I. Grundlagen

13. Das Verzahnungsgesetz

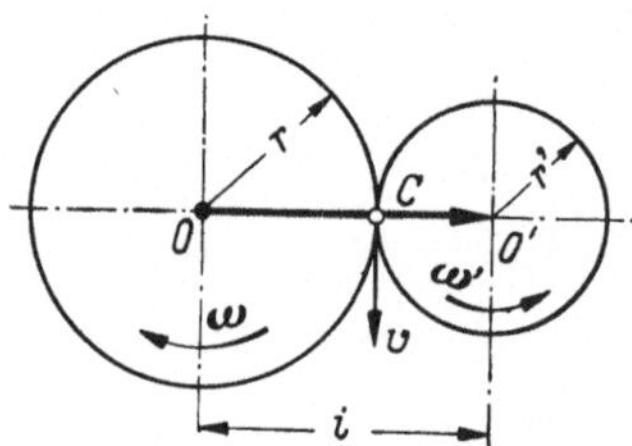

Abb. 22. Zum Verzahnungsgesetz

Ein Radgetriebe dient zur Übertragung von mechanischer Leistung, wobei in den meisten Fällen auch eine Drehzahländerung erfolgt.

Denken wir uns zunächst zwei Reibräder (Abb. 22), so ist die Bedingung für den gleitlosen Ablauf gleiche Umfangsgeschwindigkeit v der beiden Räder.

Diese Voraussetzung gilt insbesondere auch für den Berührungspunkt C, den Wälzpunkt.

Hier ist

$$\frac{\omega}{\omega'} = \frac{v\,r'}{r\,v} = \frac{r'}{r} = i.$$

Da Reibräder, um ein Gleiten zu vermeiden, einen starken Anpreßdruck erfordern (Riemen und Kettenverbindungen sind in der Feinwerktechnik wenig gebräuchlich), hierdurch aber große Lagerdrucke
entstehen, erfolgt die Energie- und Bewegungsübertragung besser durch
Zahnräder.

Es ist offensichtlich, daß die obige Voraussetzung — gleiche Umfangsgeschwindigkeit — nur bei Reibrädern strenge Gültigkeit hat. Während
bei Reibrädern der Berührungspunkt immer an der Stelle liegt, in der

die Strecke OO', die sogenannte
Zentrale, im Verhältnis r'/r geteilt wird, wandert dieser Berührungspunkt bei Verzahnungen auf einer Kurve, die die Zentrale schneidet. Hieraus ergibt
sich, daß zur Erhaltung der
Winkeltreue ($\omega : \omega' = $ const) wie
auch der Momententreue be-
stimmte Voraussetzungen erfüllt werden müssen.

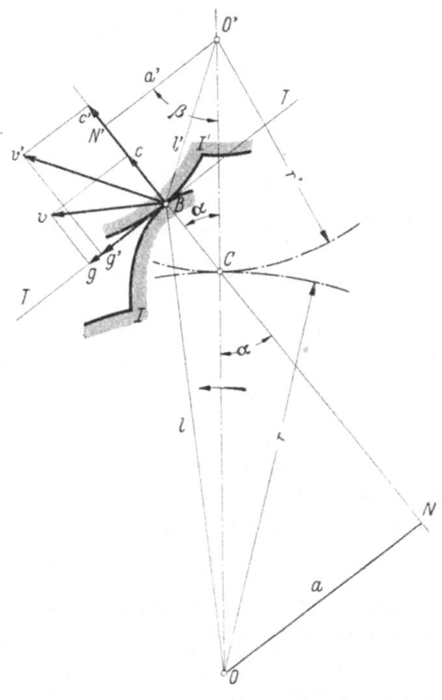

Abb. 23. Geschwindigkeitsplan eines
Zahnpaares

Die beiden Zahnflanken berühren sich im Punkte B (Abb.
23). Dreht sich Rad I mit der
Winkelgeschwindigkeit ω, so
soll sich Rad I' mit der Winkelgeschwindigkeit ω' drehen, die
je nach der Radzahnzahl größer,
gleich oder kleiner als ω sein
kann. Die Momentangeschwindigkeiten der beiden Räder im
Punkte B sind

$$v = \omega\, l,$$
$$v' = \omega'\, l'. \qquad (2{,}01)$$

Diese beiden Momentangeschwindigkeiten können in je zwei Komponenten, g und c bzw. g' und c', zerlegt werden. g und g' ergeben die
spezifischen Gleitwerte; ihre Differenz ist ein Maß für die Abnutzung.
Diese Differenz sollte möglichst klein gehalten werden.

Sollen die beiden Räder während des Laufes in Berührung bleiben,
so muß

$$c = c'$$

sein. Bei $c > c'$ würde Rad I in Rad I' eindringen, bei $c < c'$ würde
Rad I' davoneilen.

Es ist
$$\frac{c}{v} = \frac{a}{l}, \qquad \frac{c'}{v'} = \frac{a'}{l'} \qquad \text{(ähnl. Dreiecke)},$$
$$c = v\,\frac{a}{l}, \qquad c' = v'\,\frac{a'}{l'},$$

und da $c = c'$ sein soll:
$$v\,\frac{a}{l} = v'\,\frac{a'}{l'}.$$

Setzen wir die Werte von v bzw. v' aus Gl. (2,01) hier ein, so wird
$$\omega\, l\,\frac{a}{l} = \omega'\, l'\,\frac{a'}{l'},$$
$$\frac{\omega'}{\omega} = \frac{a}{a'}.$$

Da weiterhin
$$\frac{a}{a'} = \frac{r}{r'} \quad \text{ist (ähnl. Dreiecke } CON \text{ und } CO'N'),$$

erhalten wir für den Momentanwert des Übersetzungsverhältnisses

$$i = \frac{\omega}{\omega'} = \frac{n}{n'} = \frac{r'}{r}. \tag{2,02}$$

Soll das Übersetzungsverhältnis während der gesamten Bewegung konstant sein, so muß auch das Verhältnis r'/r konstant bleiben, d. h., der Punkt C, der sogenannte Wälzpunkt, muß seine Lage beibehalten.

Die Umfangsgeschwindigkeit im Punkte C ist $\omega \cdot r = \omega' r'$. Die durch den Punkt C von O bzw. O' gezogenen Kreise haben gleiche Umfangsgeschwindigkeit. Sie rollen, ohne zu gleiten, aufeinander ab und heißen deshalb Wälz- oder auch Teilkreise, da auf ihnen die Teilung gemessen wird (s. Abschn. 17b).

Das allgemeine Verzahnungsgesetz lautet somit: *Zwei gegebene Kurven sind dann als Zahnflanken brauchbar, wenn die Berührungsnormalen durch einen Punkt C, den Wälzpunkt, gehen, der die gemeinsame Zentrale in dem festen Verhältnis der beiden Winkelgeschwindigkeiten teilt. Die Zentralenabschnitte bilden die Radien der Teilkreise.*

In Wirklichkeit handelt es sich bei Verzahnungen nicht um Kurven, sondern um Flächen. D. h., bei paralleler Achsenlage entspricht dem Wälzpunkt eine Wälzgerade, die die zwei sogenannten Teilrißzylinder tangiert. Auf den beiden Teilrißzylindern hat man sich das Abrollen der beiden Verzahnungen vorzustellen.

14. Die Eingriffslinie und die Gegenkurve

Zu einer gegebenen Kurvenform läßt sich, unter Beachtung des Verzahnungsgesetzes, diejenige Gegenkurve ermitteln, die mit der gegebenen Zahnkurve einen einwandfreien Eingriff ergibt. Die Konstruktion dieser

Gegenkurve ist, wie wir später sehen werden, für die Werkzeugherstellung des Abwälzverfahrens von besonderer Wichtigkeit.

Es sei in Abb. 24 P_1 ein Punkt auf der gegebenen Kurve F, deren zugehöriger Teilkreis mit r bezeichnet sei. Die Größe des damit zusammenarbeitenden Teilkreises r' ist durch das Übersetzungsverhältnis festgelegt. Dieser Punkt P_1 steht dann im Eingriff mit dem entsprechenden Punkt der Gegenflanke, wenn die Normale in P_1 durch den Wälzpunkt C geht. Sie schneide den zugehörigen Teilkreis r im Punkte D_1. Drehen wir F und damit P_1 samt der zugehörigen Normalen $P_1 D_1$ um den Radmittelpunkt O so weit, daß D_1 in den Wälzpunkt C zu liegen kommt, dann ist P_1 in Stellung E_1, dem Eingriffspunkt, angelangt.

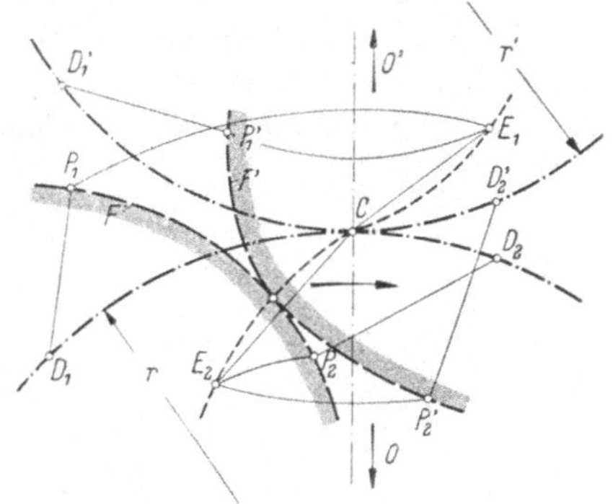

Abb. 24. Konstruktion der Gegenkurve

Die sinngemäße Anwendung dieses Verfahrens auf mehrere Punkte von F ergibt die sogenannte *Eingriffslinie*. (In Abb. 24 gestrichelt eingezeichnet.)

Hieraus ergibt sich bereits die erste Einschränkung für die Möglichkeit der Konstruktion der Gegenkurve: Die angenommene Zahnkurve muß eine solche Form haben, daß die Normalen in den einzelnen Kurvenpunkten überhaupt noch zum Schnitt mit dem zugehörigen Teilkreis kommen.

Der entsprechende Punkt der Gegenkurve F': Im Punkte E_1, dem Eingriffspunkt, müssen sich die beiden Kurven berühren. Die Strecke CE_1 ist also ihre gemeinsame Normale. Wir erhalten somit als ersten geometrischen Ort des Gegenpunktes auf F' einen Kreis um den Drehpunkt O' mit dem Radius $O'E_1$ und als zweiten geometrischen Ort einen Kreis um D_1' mit dem Radius CE_1, also mit der gemeinsamen Normalenlänge. D_1' ergibt sich durch Abwickeln der Bogenlänge D_1C auf dem Teilkreisumfang von r', da während des Eindrehens von D_1 nach C ein gleich großes Bogenstück auf dem Gegenkreis eingedreht werden muß (Abrollbedingung).

In Abb. 24 ist für einen weiteren Punkt P_2 der Flanke F der zugehörige Punkt P_2' ermittelt worden.

Als Einschränkung für die Gestaltung der Eingriffslinie hat weiterhin zu gelten:

a) Die Eingriffslinie darf keinen schlingenartigen Verlauf nehmen
(Abb. 25a). Schreitet der Berührungspunkt der beiden Zahnflanken
während der Drehbewegung vom Wälzpunkt C aus auf der Eingriffslinie fort, so muß der Eingriff bei Punkt E bzw. E' beendet sein. E und
E' sind die Punkte größter Entfernung vom Wälzpunkt.

b) Haben die beiden Äste der Eingriffslinie eine konkave Krümmung
zu den Radmittelpunkten hin (Abb. 25b), so ist der Eingriff nur bis zu
den Punkten E und E', die den Radmittelpunkten am nächsten liegen,
brauchbar. Eine Verwendung von Eingriffspunkten über E bzw. E'
hinaus würde zu einer unzulässigen Kurvenform führen.

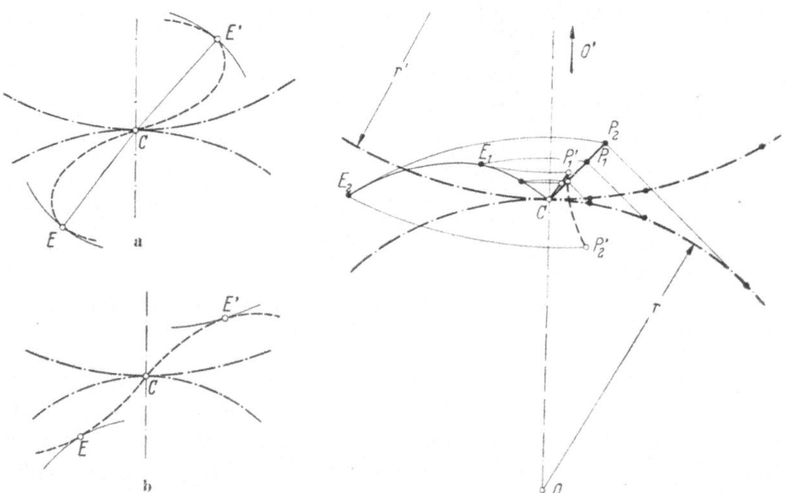

Abb. 25a u. b. Zulässige und
unzulässige Form der Eingriffslinie

Abb. 26. Beispiel zu Abb. 25b

Hierzu ein **Beispiel:** Es sei das Gegenprofil zu einer Geraden CP_2 (Abb. 26)
aufzuzeichnen. Der dem Punkte P_1 entsprechende Eingriffspunkt ist E_1. Der
zugehörige Kurvenpunkt des Gegenprofils ist P_1'. E_1 ist der dem Mittelpunkt O'
zunächst liegende Punkt der Eingriffslinie. Damit ist P_1 der äußerste Punkt der
Geraden CP_2, der noch mit dem Gegenprofil einwandfrei zusammenarbeitet. Der
restlichen Strecke P_1P_2 entspricht der Ast E_1E_2 der Eingriffslinie; das Gegenprofil
hat die eingezeichnete gestrichelte Form.

Es liegt nun nahe, als Eingriffslinien Kurven der elementaren Geo-
metrie wie Gerade und Kreis anzunehmen und die diesen Eingriffslinien zugeordneten Zahnkurven aufzusuchen.

II. Die Zykloidenverzahnung (Stirnräder mit geraden Zähnen)

15. Der Kreis als Eingriffslinie, die Zykloide als zugehörige Zahnform

In Abb. 27 sei r der Teilkreis, R' ein zweiter Kreis, der der vorgegebenen Eingriffslinie entsprechen möge. E_1, E_2 und E_3 seien drei Punkte dieser Eingriffslinie, a_1, a_2 und a_3 die Verbindungsgeraden mit dem Wälzpunkt C; t_1, t_2 und t_3 die dazugehörigen Normalen, die Tangenten an der Zahnkurve in den entsprechenden Stellungen sein müssen. Um aus diesen gegebenen Bedingungen die zugehörige Zahnkurve zu bestimmen, sind die Strecken a_1, a_2 und a_3 so rückwärts zu drehen, daß die Normalen t_1, t_2 und t_3 Umhüllende der Zahnkurve werden. Der erste geometrische Ort der den Eingriffspunkten E_1, E_2 und E_3 entsprechen-

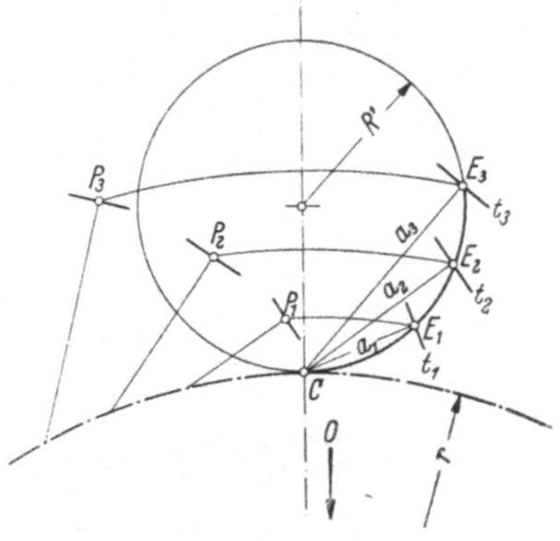
Abb. 27. Der Kreis als Eingriffslinie. Entstehung der Zahnkurve

den Zahnkurvenpunkte P_1, P_2 und P_3 sind Kreise um O. Eine zeichnerische Lösung für das Auffinden des zweiten geometrischen Ortes gibt es nicht.

Die mathematische Lösung ist schwierig, da es sich um zyklische Funktionen handeln wird. Sie ist aber nicht unbedingt erforderlich.

Zeichnet man die verschiedenen Tangentenstücke t_1, t_2 usw. in einer Reihe von Stellungen auf (Abb. 28), was z. B. dadurch erreicht wird, daß man den Kreis R' um den Mittelpunkt O so schwenkt, daß R' nicht rollt, sondern gleitet, so erhält man ein Richtungsfeld, dem Kurven der eingezeichneten Art entsprechen. Offenbar

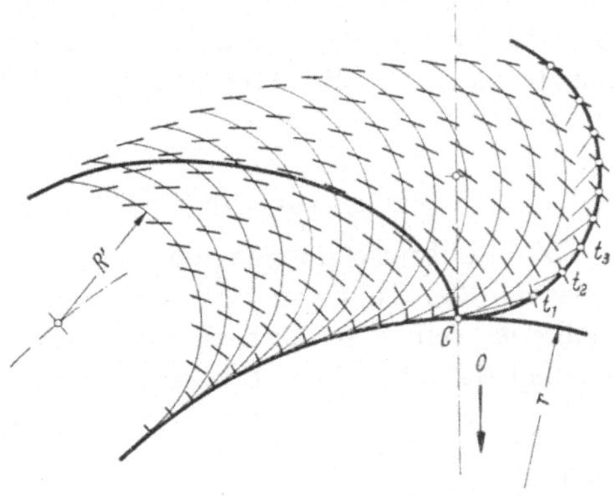
Abb. 28. Richtungsfeld der Zykloide. Radkopf

hätte man diese Kurve aber auch erhalten, wenn man den Kreis R' auf r abgerollt und dabei die Bahn des Punktes C beobachtet hätte.

Die Zahnkurve ist also in diesem Falle eine Epizykloide, die durch Abrollen der Eingriffslinie (Rollkreis) auf dem Teilkreis erzeugt wird.

Zur Gewinnung der Gegenkurve, die der Zahnfußkurve auf Rad r' entspricht, könnte man das in Abschnitt 14 gezeigte Verfahren heranziehen, aber auch das Richtungsfeld, wie bereits bei der Zahnkopfkurve von r geschehen, aufzeichnen (Abb. 29).

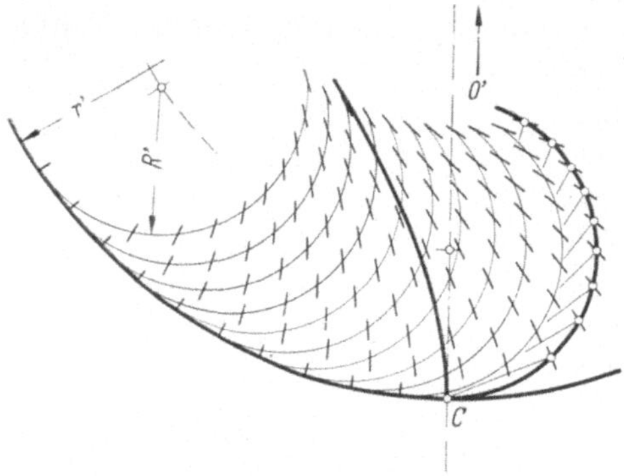

In beiden Fällen kommt man zu dem Ergebnis, daß die Eingriffslinie im Teilkreis r' abgerollt, die Zahnfußkurve ergibt. Diese Kurve ist eine Hypozykloide.

Es ergibt also:

Rollkreis R' auf Teilkreis r abgerollt, die Kopfflanke des Rades r, Rollkreis R' in Teilkreis r' abgerollt, die Fußflanke des Rades r'.

Abb. 29. Richtungsfeld der Zykloide. Radfuß (Gegenrad)

Die Kopfflanke des Rades r' und die Fußflanke des Rades r erhält man in analoger Weise durch Abrollen eines Rollkreises R auf r' bzw. in r.

Rollkreis R auf Teilkreis r' abgerollt, ergibt die Kopfflanke des Rades r', Rollkreis R in Teilkreis r abgerollt, ergibt die Fußflanke des Rades r.

Die Kopfform eines Zykloidenrades ist also immer vom Rollkreis des Gegenrades abhängig. Die Konstruktion eines Einzelrades ohne Kenntnis der Größe des mit ihm kämmenden Gegenrades ist also unmöglich (wichtig für die Satzrädereigenschaft).

16. Die Größe der Rollkreise

Die Rollkreise können, da sie (zum Erhalt der Fußflanken) auch innerhalb der Teilkreise abgerollt werden müssen, nicht größer als die Teilkreise selbst gewählt werden. Auch besteht zunächst keine Notwendigkeit, die beiden Rollkreise unter sich gleich groß anzunehmen.

Beim Abrollen des Rollkreises auf dem Teilkreis entsteht eine Epizykloide, die je nach Größe des Rollkreises eine mehr oder minder starke Krümmung aufweist.

Beim Abrollen des Rollkreises innerhalb des Teilkreises entsteht eine Hypozykloide — auch Inradlinie genannt —, deren Form wesentlich von dem Verhältnis Teilkreisdurchmesser/Rollkreisdurchmesser abhängt.

Hierbei kann man vier Fälle unterscheiden:

a) Rollkreisdurchmesser kleiner als der Teilkreisradius (Abb. 30a). Es entsteht eine Hypozykloide, die nach der Seite der Drehrichtung des Rollkreismittelpunktes verläuft.

b) Rollkreisdurchmesser gleich dem Teilradius (Abb. 30b). Es entsteht eine Hypozykloide, deren Krümmungsradius unendlich ist. Die Hypozykloide artet in eine Gerade aus (Anwendung bei Geradführungen).

c) Rollkreisdurchmesser größer als der Teilkreisradius (Abb. 30c). Es entsteht eine Hypozykloide, die entgegengesetzt der Drehrichtung des Rollkreismittelpunktes verläuft.

d) Rollkreisdurchmesser gleich dem Teilkreisdurchmesser (Abb. 30d). In diesem Falle schrumpft die Hypozykloide zu einem Punkt zusammen. Anwendung bei der Punkt- oder Hohltriebverzahnung.

Theoretisch können alle vier Fälle zur Konstruktion von Zahnkurven herangezogen werden.

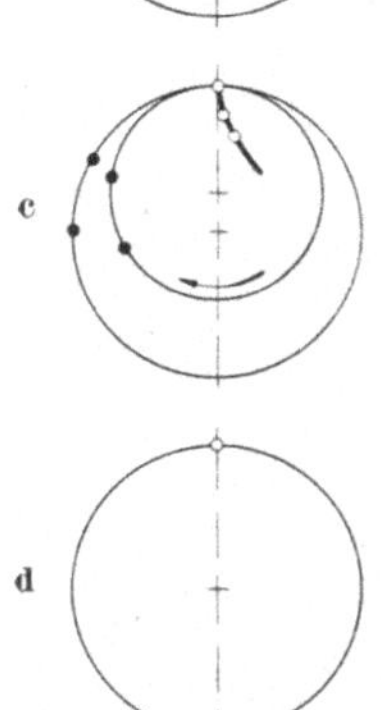

Abb. 30a—d. Die Hypozykloide in Abhängigkeit des Rollkreisdurchmessers

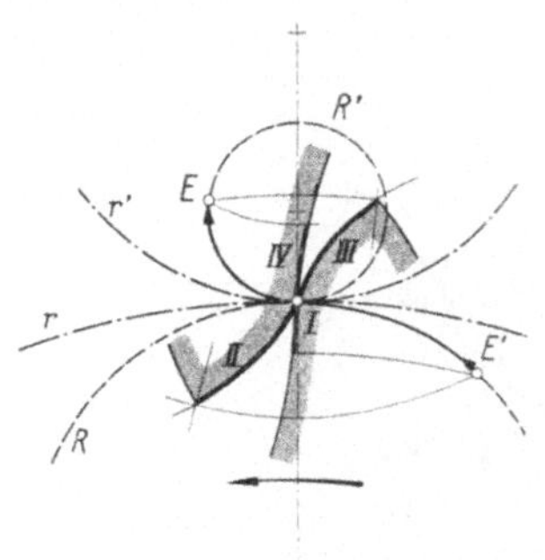

Abb. 31. Eingriffsabschnitt und Größe der zusammenarbeitenden Zahnflanken bei einem Rollkreisdurchmesser kleiner als der Teilkreisradius

Zu a) (Abb. 31). Die Zahnspitze des Rades r' schneidet den Rollkreis R im Punkte E', in dem der Eingriff, unter der Voraussetzung, daß Rad r das treibende Rad ist, beginnt. Die Zeichnung gibt die Zentralstellung wieder. Der Eingriff endigt im Punkte E, dem Schnittpunkt des Kopfkreises des Rades r mit dem Rollkreis R'. Das durch die Punkte E' und E begrenzte Stück der Eingriffslinie soll in folgendem *Eingriffsabschnitt* genannt werden.

Vor der Mittellinie arbeiten die beiden (stark ausgezogenen) Flanken I und II, die unterhalb des Wälzpunktes liegen, zusammen, hinter der Mittellinie die oberhalb liegenden Flanken III und IV.

Dies bedeutet, daß vor der Mittellinie ein relativ kurzes Stück der Fußflanke von r mit der gesamten Kopfflanke von r' zusammenarbeitet. Dieses kurze Stück muß, um vom Eingriffsbeginn in die Mittelstellung zu gelangen, auf der Kopfflanke von r' entlanggleiten. Durch die hierbei entstehende Reibung geht ein Teil der zu übertragenden Energie verloren. Diese Verhältnisse sind ungünstig, da es sich außerdem um die sogenannte stemmende Reibung (Reibung vor der Mittellinie) handelt. Man sucht sie durch Kürzung des Kopfes von Rad r', wie später noch gezeigt werden wird, zu vermeiden. Bessere Verhältnisse treffen wir im oberen Teil, also nach der Mittellinie an. Die beiden sich entsprechenden Kurvenstücke sind zwar nicht gleich, das Längenverhältnis ist jedoch günstiger geworden.

Zu b). Abb. 32 zeigt das Bild der in der Feinmechanik üblichen Verzahnungsart, mit Rollkreisdurchmessern gleich den Teilkreisradien. Die Fußkurven sind Geraden (einfache Werkzeugherstellung). Das Längenverhältnis der jeweils zusammenarbeitenden Zahnflanken und damit auch die Reibungsverhältnisse sind ungünstiger geworden. Dagegen ist

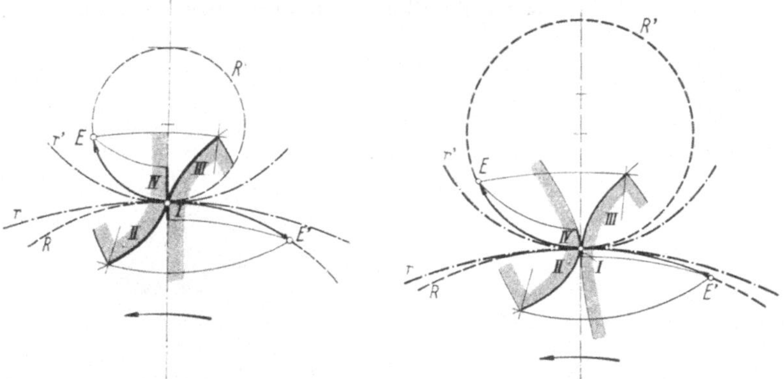

Abb. 32. Eingriffsabschnitt und Größe der zusammenarbeitenden Zahnflanken bei einem Rollkreisdurchmesser gleich dem Teilkreisradius

Abb. 33. Eingriffsabschnitt und Größe der zusammenarbeitenden Zahnflanken bei einem Rollkreisdurchmesser größer als der Teilkreisradius

der Eingriffsabschnitt $E'E$ größer geworden. Da diese Länge für den Überdeckungsgrad von Wichtigkeit ist (s. 17e) — größerer Überdeckungsgrad gibt ruhigeren Lauf —, ist eine Verlängerung von $E'E$ von Vorteil.

Zu c). Macht man die Rollkreisdurchmesser größer als die Teilkreisradien, so erhält man eine Verzahnung nach der Art der Abb. 33. Die Reibungsverhältnisse haben sich weiter verschlechtert, der Zahn selbst wird sehr stark unterschnitten. Trotz der sehr großen Länge des Eingriffsabschnittes gegenüber den vorherigen Beispielen ist diese Verzahnung unbrauchbar.

Über die Reibungsverhältnisse der Verzahnung a) bis c) gibt die analytische Berechnung der jeweiligen Gleitkomponenten Aufschluß. Nach Abb. 23 ist

$$\frac{g}{v} = \frac{\overline{NB}}{l}, \qquad\qquad \frac{g'}{v'} = \frac{\overline{N'B}}{l'},$$

$$g = v\,\frac{\overline{NB}}{l}, \qquad\qquad g' = v'\,\frac{\overline{N'B}}{l'},$$

$$g = \omega\, l\,\frac{\overline{NB}}{l}, \qquad\qquad g' = \omega'\, l'\,\frac{\overline{N'B}}{l'},$$

$$g = \omega\,\overline{NB}, \qquad\qquad g' = \omega\,\overline{N'B},$$

$$g - g' = \omega\,\overline{NB} - \omega'\,\overline{N'B}.$$

Berechnung von NB: (Punkt B habe die Koordinaten x_1, y_1 Ursprung des Koordinatensystems in C).

Es ist $\cos\alpha = \dfrac{\overline{NC}}{r}$, bzw. $\cos\alpha = \dfrac{y_1}{\sqrt{x_1^2 + y_1^2}}$.

Damit ist

$$\frac{\overline{NC}}{r} = \frac{y_1}{\sqrt{x_1^2 + y_1^2}},$$

$$\overline{NC} = \frac{r\,y_1}{\sqrt{x_1^2 + y_1^2}}.$$

Außerdem ist $\overline{BC} = \sqrt{x_1^2 + y_1^2}$, und man erhält

$$\overline{NB} = \overline{NC} + \overline{CB} = \frac{r\,y_1}{\sqrt{x_1^2 + y_1^2}} + \sqrt{x_1^2 + y_1^2},$$

$$\overline{NB} = \frac{r\,y_1 + x_1^2 + y_1^2}{\sqrt{x_1^2 + y_1^2}}.$$

Entsprechend verläuft die Berechnung von $\overline{N'B}$:

$$\sin\beta = \frac{\overline{N'C}}{r'}\,; \qquad \sin\beta = \frac{y_1}{\sqrt{x_1^2 + y_1^2}},$$

$$\frac{\overline{N'C}}{r'} = \frac{y_1}{\sqrt{x_1^2 + y_1^2}},$$

$$\overline{N'C} = \frac{r'\,y_1}{\sqrt{x_1^2 + y_1^2}}.$$

$$\overline{CB} = \sqrt{x_1^2 + y_1^2},$$

$$\overline{N'B} = \overline{N'C} - \overline{CB} = \frac{r'\,y_1}{\sqrt{x_1^2 + y_1^2}} - \sqrt{x_1^2 + y_1^2},$$

$$\overline{N'B} = \frac{r'\,y_1 - x_1^2 - y_1^2}{\sqrt{x_1^2 + y_1^2}}.$$

Berücksichtigen wir, daß $\omega' = \dfrac{\omega\,r}{r'}$ ist, so wird

$$g - g' = \omega\, \overline{NB} - \omega\, \frac{r}{r'}\, \overline{N'B}\,,$$

$$= \omega \left(\overline{NB} - \frac{r}{r'}\, \overline{N'B} \right),$$

$$= \omega \left(\frac{x_1^2 + y_1^2 + r\, y_1}{\sqrt{x_1^2 + y_1^2}} - \frac{r}{r'}\, \frac{r'\, y_1 - x_1^2 - y_1^2}{\sqrt{x_1^2 + y_1^2}} \right),$$

$$= \frac{\omega}{\sqrt{x_1^2 + y_1^2}} \left(x_1^2 + y_1^2 + r\, y_1 - r\, y_1 + \frac{r}{r'}\,(x_1^2 + y_1^2) \right),$$

$$= \frac{\omega}{\sqrt{x_1^2 + y_1^2}} \left((x_1^2 + y_1^2)\left(1 + \frac{r}{r'}\right) \right),$$

$$g - g' = \omega\, \sqrt{x_1^2 + y_1^2}\left(1 + \frac{r}{r'}\right).$$

Der Wurzelausdruck stellt den Abstand des Berührungspunktes zweier Zahnflanken vom Wälzpunkt dar. Die Differenz der beiden Gleitkomponenten ist also bei einem festen Verhältnis r/r' (d. h. bei gegebenem Übersetzungsverhältnis) und unter Voraussetzung von konstantem ω nur von diesem Abstand abhängig.

Eine zeichnerische Bestätigung dieser Aussage finden wir in Abb. 34. Hier ist $\overline{B_1 C} = \overline{B_2 C}$ wobei B_1 auf einem Rollkreis entsprechend c) und B_2 auf einem Rollkreis entsprechend a) liegt.

Da gleiches ω vorausgesetzt ist, ist

$$\frac{v_1}{l_1} = \frac{v_2}{l_2}\,.$$

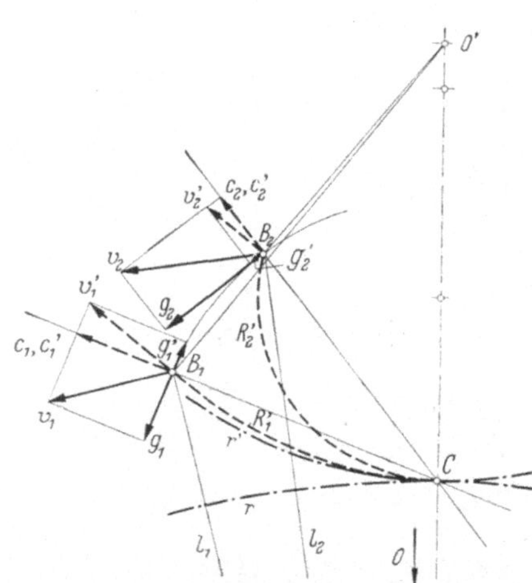

Abb. 34. Geschwindigkeitsplan für zwei Punkte gleichen Abstandes vom Wälzpunkt, die auf zwei Rollkreisen verschiedenen Durchmessers liegen

In der Tat sind die beiden Differenzen $g_1 - g_1'$ und $g_2 - g_2'$ gleich. (Bei der Berechnung wird g_1' negativ!)

Die Verzahnung Index 1 ist hinsichtlich der Reibungsverhältnisse ungünstiger, da der Kopfkreis des Rades den zugehörigen größeren Rollkreis R_1' in einem größeren Abstand vom Wälzpunkt schneidet, als dies beim kleineren Rollkreis R_2' der Fall ist.

Zu d). Läßt man die Rollkreisdurchmesser gleich den Teilkreisdurchmessern werden (Abb. 35) ($R = r$, $R' = r'$), so schrumpft die Fußflanke I von Rad r und die Fußflanke IV des Rades r' zu einem Punkt zusammen. Vor der Mittellinie wird also lediglich ein Punkt mit der zykloidenförmigen Kopfflanke des Rades r' (Flanke II) längs des Teilkreises des Rades r zusammenarbeiten, wohingegen nach der Mittellinie die zykloidenförmige Kopfflanke des Rades r (Flanke III) mit einem Punkt (Flanke IV) des Rades r' ebenfalls längs des Teilkreises r in Eingriff steht.

Von dieser eigenartigen Verzahnungsart macht man bei der Punkt- oder Hohltriebverzahnung Gebrauch. Dabei verzichtet man vollständig auf die Flanke II. Dadurch entfällt der Eingriff vor der Mittellinie.

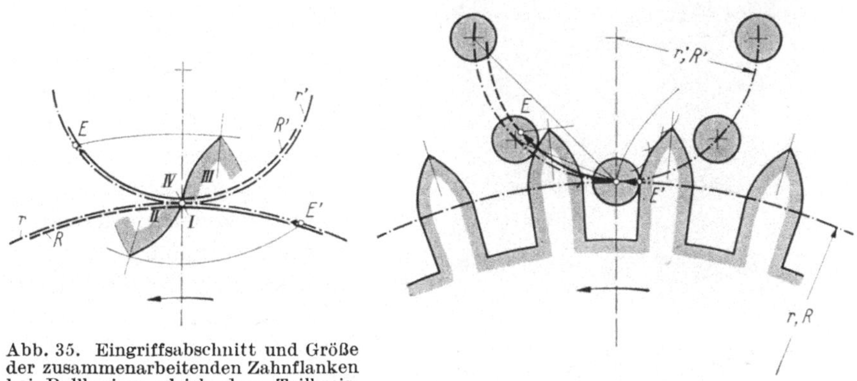

Abb. 35. Eingriffsabschnitt und Größe der zusammenarbeitenden Zahnflanken bei Rollkreisen gleich dem Teilkreisradius

Abb. 36. Hohltriebverzahnung

Bei der praktischen Anwendung wird der „Punkt" der Flanke IV (Fuß des Rades r') durch kleine Stahlrollen ersetzt, die im sogenannten Käfig zur Vermeidung der hier besonders auftretenden Reibung drehbar gelagert sein sollten. Da vor der Mittellinie kein Eingriff erfolgt, ist die Gestaltung des Zahnfußes von Rad r belanglos. Aus Gründen der einfacheren Herstellung wählt man die gerade Form.

Abb. 36 zeigt die wesentlichen Konstruktionsmerkmale einer Hohltriebverzahnung. Da die Rollen des „Triebstockes" eine endliche Ausdehnung haben müssen, erfolgt der Eingriff nicht genau entlang des Teilkreises von r', sondern auf einer Kurve, die die Schnittpunkte der Geraden von der Rollenmitte zum Wälzpunkt mit dem Rollenzylinder zum geometrischen Ort hat. Aus demselben Grunde ist auch die Kopfkurve des Rades r nicht die durch Abrollen von r' auf r erzeugte Zykloide, sondern die hierzu im Abstande der halben Rollenstärke verlaufende Äquidistante.

Gebräuchliche Werte: Rollenstärke $s = 0,4\,t$, ($t =$ Teilung).

Radzahnstärke $= 0,5\,t$.

Die Hohltrieb- oder Triebstockverzahnung gehört mit zu den ältesten Verzahnungsarten, wofür zwei Umstände maßgebend sind:

1. Der freiliegende Zahngrund des Kleinrades (Hohltriebes) ist gegen Verschmutzen praktisch unempfindlich. Man findet diese Verzahnungsart deshalb auch heute noch zum Teil in Weckern, die durch die Herausführung der Zeiger- und Weckerstellknöpfe sowie der beiden Aufzugswellen dem Verstauben besonders ausgesetzt sind.

Abb. 37. Laufwerk einer alten Schwarzwälder Uhr mit Holzrädern und Hohltriebverzahnung

2. Die nicht allzu schwierige Herstellung, die auch mit einfacheren Mitteln möglich ist (alle Teile sind Drehteile). Abb. 37 zeigt eine der ältesten im Schwarzwald gefertigten Uhren mit Hohltriebverzahnung, die, verursacht durch den Holzreichtum und der damit verbundenen manuellen Geschicklichkeit der Bewohner in der Holzbearbeitung, mit Holzrädern und Holzplatinen zusammengebaut wurde.

17. Radgrößen

a) Bezeichnungen (Abb. 38a und Abb. 38b)

d = Teilkreisdurchmesser		s = Zahnstärke	
r = Teilkreisradius		l = Zahnlücke	
D = Rollkreisdurchmesser		k = Zahnkopfhöhe	
R = Rollkreisradius		f = Zahnfußhöhe	
t = Teilung		h = Zahnhöhe	
m = Modul		b = Zahnbreite	
d_k = Kopfkreisdurchmesser		S_F = Flankenspiel (Zahnluft)	
d_f = Fußkreisdurchmesser		S_K = Kopfspiel	

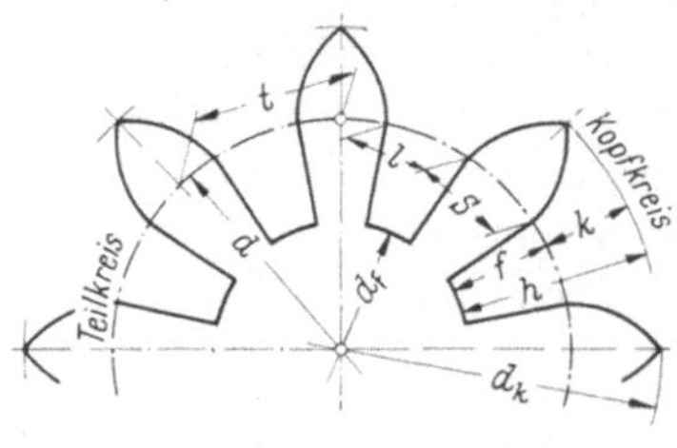

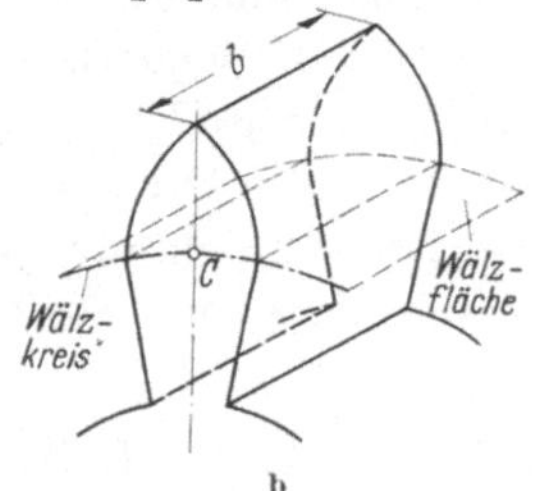

Abb 38a u. b. Bezeichnungen

Die Bezeichnungen des Gegenrades werden mit einem Indexstrich versehen.

b) Teilung und Modul

Teilt man den Teilkreisumfang in z ($=$ Zähnezahl) gleiche Teile, so erhält man die sogenannte Teilung t des Rades. Die Teilung umfaßt eine Zahnstärke und eine Zahnlücke; sie entspricht also der Bogenlänge von Linksflanke zu Linksflanke oder entsprechend von Rechtsflanke zu Rechtsflanke zweier benachbarter Zähne, gemessen auf dem Teilkreis. Es gilt somit für jedes Rad:

$$d\,\pi = z\,t. \tag{2,03}$$

Da z immer eine ganze Zahl ist, erhält man für t bei gegebenem d einen irrationalen Wert. Da jedoch die Verzahnungswerkzeuge (z. B. Stichelfräser) einer gewissen Normung unterliegen, wobei runde Maße um jeweils 0,05 mm oder 0,1 mm steigend Verwendung finden, ist es zweckmäßiger, von der Teilung auszugehen.

Durch Umformung der obigen Gleichung erhält man

$$d = \frac{t}{\pi}\,z.$$

Der Quotient $\dfrac{t}{\pi}$ wird der Modul m genannt:

$$d = m\,z. \tag{2,04}$$

Da die Modulreihe genormt ist, werden die Maßzahlen der Teilkreisdurchmesser rationale Zahlen. Die Rechnung wird damit einfacher. Sie hat im Maschinenbau frühzeitig Eingang gefunden und wird von der Feinmechanik immer mehr übernommen, obwohl damit die Unbequemlichkeit, die durch das Auftreten der Zahl π entsteht, nicht aus der Welt geschafft ist. Die Aufgabe ist nun dem Werkzeughersteller gestellt, die Zahl π in dem zu fertigenden Werkzeug auszumessen.

DIN 780 schreibt folgende Modulreihe vor:

$$0,3\ (0,35)\ 0,4\ (0,45)\ 0,5\ \text{mm usw.}$$

Dem Modul 0,3 mm entspricht eine Teilung von 0,942 mm. Diese Teilung mag für den Maschinenbau klein erscheinen, in der Verzahnungstechnik der Feinmechanik (man denke an die Kleinuhr) ist eine solche Verzahnung schon beachtlich groß.

Die Schweizer Normung NHS 56701 legt folgende Modulreihe fest:

Beginnend bei 0,08 mm steigend um je 0,005 mm bis 0,13 mm,

von 0,13 mm steigend um je 0,01 mm bis 0,5 mm.

c) Die Zentrale

Für jedes Räderpaar gelten folgende Beziehungen:

Außenverzahnung (Abb. 39a)   Innenverzahnung (Abb. 39b)

$$i = \frac{z'}{z} = \frac{d'}{d} = \frac{r'}{r}.$$

$$\text{Zentrale } c$$

$$c = \frac{d + d'}{2} = \frac{z + z'}{2}\, m \,. \quad (2{,}05\,\text{a}) \qquad c = \frac{d - d'}{2} = \frac{z - z'}{2}\, m \,. \quad (2{,}05\,\text{b})$$

Setzt man für $d' = i\,d$, so wird

$$c = \frac{d}{2}\,(1 + i)\,, \qquad\qquad c = \frac{d}{2}\,(1 - i)\,.$$

oder

$$\left.\begin{aligned} d &= \frac{2\,c}{1 + i}\,, \\[6pt] d' &= \frac{2\,c\,i}{1 + i}\,. \end{aligned}\right\} \quad (2{,}06\,\text{a}) \qquad\qquad \left.\begin{aligned} d &= \frac{2\,c}{1 - i}\,, \\[6pt] d' &= \frac{2\,c\,i}{1 - i}\,. \end{aligned}\right\} \quad (2{,}06\,\text{b})$$

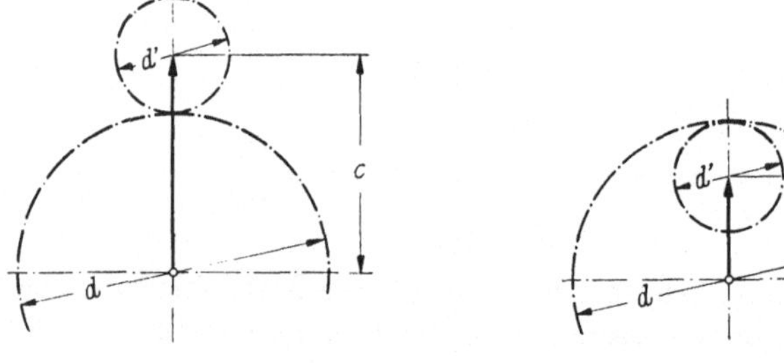

a   b

Abb. 39 a u. b. Bezeichnungen bei Außen- und Innenverzahnung

Die beiden letzten Gleichungsgruppen können, falls ein genormter Modul verwendet werden soll, nur beschränkt Anwendung finden, da dann die Zentrale nicht willkürlich angenommen werden kann (Ausnahme z. B. bei einer Zykloidenverzahnung, bei der die Werkzeuge nach Vorlage bzw. Zeichnung angefertigt werden).

d) Führungsbogen und Führungswinkel

Rad r (Abb. 40) trifft in E' das Gegenprofil und führt Rad r' während der Drehung nach E. Dabei ist der auf dem Teilkreis von r liegende Punkt A' nach A gewandert.

Den Bogen $A'CA$ nennen wir den Führungsbogen, den zugehörigen Winkel α_F den Führungswinkel des Großrades.

Analog finden wir für das Kleinrad den Führungswinkel in dem Bogen $B'CB$.

Wie aus der Abrollbedingung hervorgeht, sind die Teilstücke des Führungsbogens vor und nach der Mittellinie gleich den zugehörigen

Anteilen des Eingriffsabschnittes:

$$\overset{\frown}{A'C} = \overset{\frown}{B'C} = \overset{\frown}{E'C}$$

$$\overset{\frown}{CA} = \overset{\frown}{CB} = \overset{\frown}{CE},$$

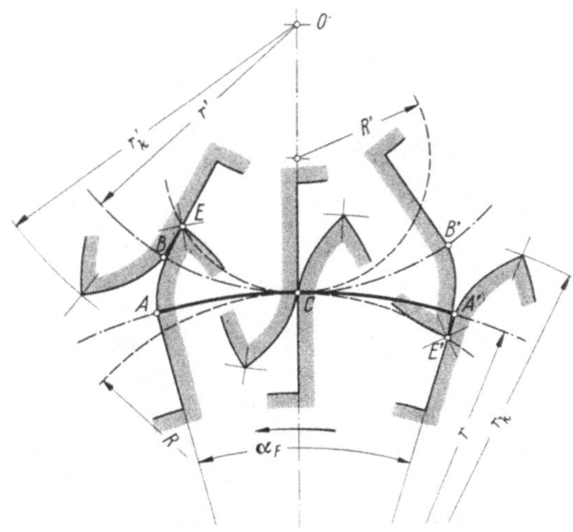

Abb. 40. Zykloidenverzahnung. Stellung der beiden zusammenarbeitenden Zähne
zu Beginn, in der Mitte und zu Ende des Eingriffes

so daß wir zu der Aussage kommen: Die Länge des Führungsbogens
ist gleich dem Eingriffsabschnitt[1].

e) Überdeckungsgrad

Während des Kämmens sollte mindestens ein Zahnpaar in Eingriff
stehen, d. h., das nächstfolgende Zahnpaar soll bereits zum Eingriff
kommen, ehe das vorhergehende Zahnpaar den Eingriff verläßt. Diese
Forderung ist dann erfüllt, wenn der Führungsbogen größer als die
Teilung ist. Das Verhältnis Führungsbogen f zu Teilung t nennt man
den Überdeckungsgrad.

$$\text{Überdeckungsgrad } U = \frac{\text{Führungsbogen}}{\text{Teilung}} = \frac{f}{t} \qquad (2,07)$$

oder auch

$$\text{Überdeckungsgrad } U = \frac{\text{Eingriffsabschnitt}^2}{\text{Teilung}}. \qquad (2,08)$$

Liegt der Überdeckungsgrad unter 1, so tritt Radfall auf.

Bei einem gegebenen Radpaar ist die Größe des Überdeckungsgrades und damit auch die des Führungsbogens abhängig vom Über-

[1,2] Gilt nur für die Zykloidenverzahnung.

setzungsverhältnis i und von der Anzahl der Zähne des Kleinrades z'. In Abb. 41 ist der Überdeckungsgrad (Anteil nach der Mittellinie) in Abhängigkeit von z' für die gebräuchlichsten Übersetzungsverhältnisse zusammengestellt.

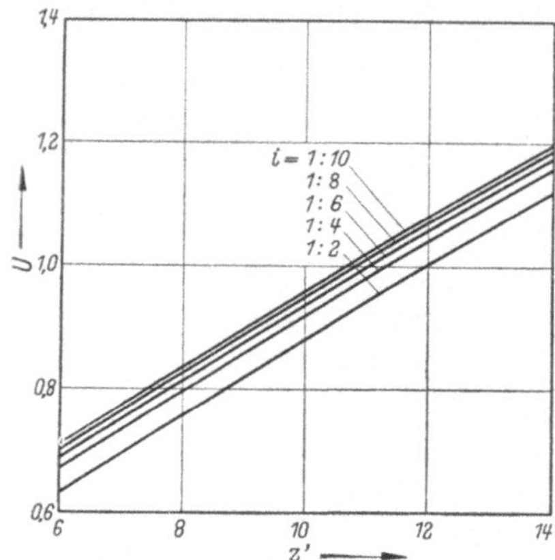

Abb. 41. Überdeckungsgrad bei der Zykloidenverzahnung. Anteil nach der Mittellinie

f) Kopf- und Zahnflankenspiel, Zahnstärke

Zwischen der eindringenden Zahnspitze und dem Zahngrund muß genügend Kopfspiel vorhanden sein, da sonst die Gefahr besteht, daß im Falle des Festsetzens von Schmutz im Zahngrunde der Durchgang gehemmt wird. Eine allzu große Tiefe des Zahngrundes sollte jedoch vermieden werden, da sonst der Zahn unnötig geschwächt wird.

Das Kopfspiel ist gegeben als Abstand der Schnittpunkte von Kopfkreis des Rades und Fußkreis des Gegenrades, gemessen auf der Zentralen.

Macht man bei Rad und Gegenrad die Zahnstärke gleich der Zahnlücke (gemessen auf dem Teilkreis), so erhält man den spielfreien Eingriff

$$s = l = \frac{t}{2}. \qquad (2{,}09)$$

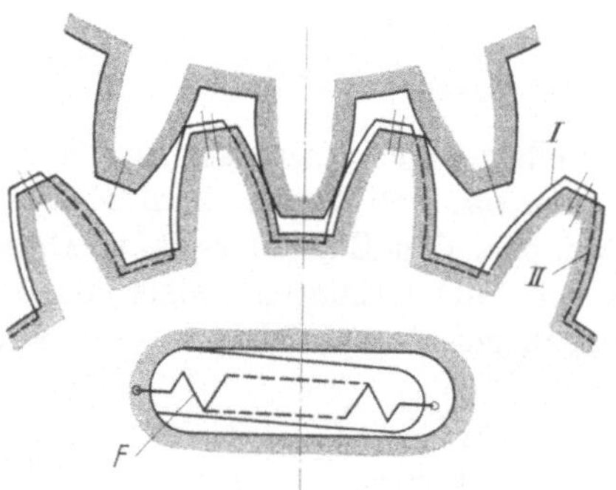

Abb. 42. Spielfreier Eingriff

Er findet nur in besonderen Fällen Anwendung, insbesondere, wenn bei Vor- und Rücklauf kein Spiel sein darf. Er erfordert in dieser Form genaueste Bearbeitung der Räder und Lager.

Einfacher in der Herstellung und betriebssicherer ist folgende Anordnung (Abb. 42): Eines der beiden miteinander kämmenden Räder wird aus zwei Einzelrädern I und II zusammengesetzt, die durch eine Feder F eine Vorspannung erhalten. Hierdurch legt sich eine Linksflanke des Rades I und eine Rechtsflanke des Rades II mit einem der Federspannung entsprechenden Druck an den eingreifenden Zahn. Es ist dabei Sorge zu tragen, daß für den Durchgang die entsprechende

Zahnluft auf dem Einzelrad, auf dem Doppelrad, oder auf dem Einzelrad und Doppelrad gleichmäßig verteilt, vorhanden ist. Durch die Feder F erfolgt der Ausgleich etwaiger Ungenauigkeiten.

Eine andere Methode, bei vorhandener Zahnluft das Spiel zu beseitigen, die allerdings nur dann zur Anwendung kommen kann, wenn die Anzahl der Umdrehungen des spielfrei zu machenden Systems begrenzt ist, ist folgende: Man setzt auf die Welle des am Ende des Kraftflusses liegenden Rades eine Spirale auf. Diese erzeugt ein Gegenmoment, das in Richtung des Kraftflusses wirkend, die Zahnflanken der jeweils im Eingriff stehenden Räder dauernd in Berührung hält. Bei dem in Abb. 43 gezeigten Beispiel, einer Meßuhr, sitzt die das Gegenmoment erzeugende Spirale auf der Welle eines nicht unmittelbar zum Meßsystem gehörenden Rades, das in das letzte Rad, ein Kleinrad, dessen Welle den Zeiger trägt, eingreift. Da der Meßuhrzeiger höchstens einige Umdrehungen macht, ist die Winkelverdrehung der Spirale nur unbedeutend.

Abb. 43. Federvorspann bei einer Meßuhr als Beispiel eines spielfreien Eingriffes

Da man bei der Massenfabrikation immer mit Herstellungsungenauigkeiten, z. B. Unrundlaufen der Räder, Lagerluft, nicht genaues Einhalten der Zentralen, rechnen muß, außerdem auch bei offenen Getrieben durch Schmutz eine Sperrung eintreten kann, gibt man den Zahnrädern bewußt etwas Zahnflankenspiel, sogenannte Zahnluft.

Bestehen Rad und Gegenrad (Großrad und Kleinrad) eines Getriebes aus verschiedenem Material (gebräuchlich Großrad aus Messing, Kleinrad aus Stahl), so wird beim Großrad die Zahnstärke gleich der Zahnlücke gemacht und am Kleinrad (Stahltrieb) seiner höheren Festigkeit wegen von der Zahnstärke ein Teil abgenommen.

Für das Zahnflankenspiel nimmt man im allgemeinen

für Kleinräder bis 9 Zähne $\quad S_F = t/6,$

für 10 Zähne und mehr $\quad\quad S_F = t/10$ bis $t/20$:

$$\text{Großrad} \quad s = t/2 \quad\quad l = t/2, \tag{2,10}$$

$$\text{Kleinrad} \quad s = t/2 - S_F \quad l = t/2 + S_F. \tag{2,11}$$

Bestehen Großrad und Kleinrad aus gleichem Material, so gibt man das Zahnflankenspiel je zur Hälfte dem Groß- und Kleinrad.

$$\text{Rad I:} \quad s = \frac{t - S_F}{2}, \qquad l = \frac{t + S_F}{2}, \tag{2,12}$$

$$\text{Rad II:} \quad s = \frac{t - S_F}{2}, \qquad l = \frac{t + S_F}{2}. \tag{2,13}$$

g) Kopfkreisdurchmesser

Für die Fertigung eines Rades ist die Kenntnis des Kopfkreisdurchmessers d_k wichtig. Die genaue Ermittlung von d_k erfolgt am einfachsten durch Zeichnung.

Die Kopfhöhe k ist bei der Zykloidenverzahnung vom Übersetzungsverhältnis und von der verwendeten Zähnezahl des Großrades bzw. des Kleinrades abhängig.

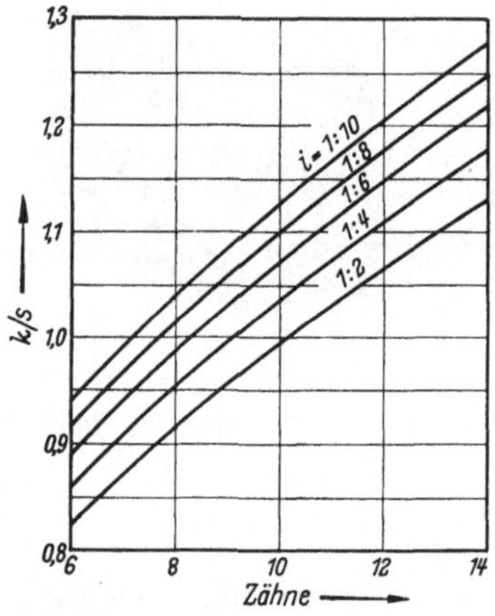

In Abb. 44 ist das Verhältnis Kopfhöhe k zu Zahnstärke s eines Großrades über der Zähnezahl des Kleinrades mit i als Parameter aufgetragen. Wie man sieht, hat die vielfach angewandte Faustformel

$$k = r_k - r = s$$

nur beschränkt Gültigkeit. Allerdings sind k/s-Werte, die stark von eins abweichen, auch weniger gebräuchlich. (Übersetzungsverhältnisse, wie z. B. $i = 1:10$, wird man im allgemeinen nicht mit einem Kleinrad von 14 Zähnen ausstatten, sondern meist 7—10 Zähne wählen. Ebenso wird man für ein Übersetzungsverhältnis $i = 1:2$ niemals Kleinräder mit 6 Zähnen wählen. Durch diese Einschränkung arbeitet man im Bereich $k/s \approx 1$.)

Abb. 44. Abbängigkeit des Verhältnisses k/s von der Zähnezahl des Kleinrades

h) Der Zahnfuß

Der Anschluß des Zahnfußes an den Fußkreis sollte nach Möglichkeit keine Ecke bilden, sondern durch einen Bogen abgerundet werden. Damit wird gleichzeitig die Bruchgefahr (gefährlicher Querschnitt) vermindert. Die Abrundung wird insbesondere dort angebracht sein, wo ein großes Drehmoment zu übertragen ist, z. B. an Federhäusern. Es ist jedoch darauf zu achten, daß die Rundung außerhalb der relativen Kopfbahn des Gegenrades bleibt.

i) Die Wälzung

Um die sogenannte „eingehende oder stemmende Reibung" und den hierdurch entstehenden hohen Reibungsverlust zu vermeiden, verlegt man den Eingriffsbeginn (Großrad treibend) möglichst kurz vor oder auf die Zentrale. Man beseitigt die zu frühe Führung, indem man an der Zykloide (Kopfflanke) des Kleinrades so viel abnimmt, „wälzt", daß noch ein brauchbarer Überdeckungsgrad bleibt. Dabei ersetzt man die Zykloide durch Kreisbögen.

Man macht den Abrundungsradius bei der

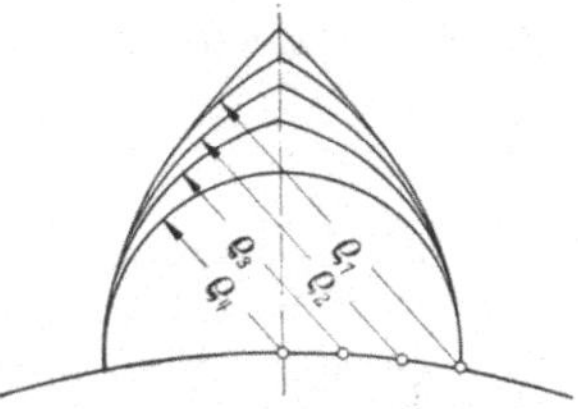

spitzen Wälzung $\qquad \varrho_1 = s$ (Abb. 45),

halbspitzen Wälzung $\qquad \varrho_2 = 5/6\,s$,
(deutsche Form)

halbspitzen Wälzung $\qquad \varrho_3 = 2/3\,s$,
(Schweizer Form)

runden Wälzung $\qquad \varrho_4 = 1/2\,s$.

Mit kleiner werdendem Krümmungsradius ϱ wandert der Eingriffsbeginn nach dem Wälzpunkt zu.

Abb. 45. Wälzungsradien

18. Das vollständige Getriebebild einer Zykloidenaußenverzahnung

Beim Entwurf eines Getriebes liegt meistens als wesentliche Angabe das Übersetzungsverhältnis sowie der ungefähre Abstand der Rädermitten (Zentrale) vor. Das zu übertragende Moment bestimmt die Teilung des Groß- und Kleinrades. Diese Teilung, die sich im allgemeinen als ungerader Wert ergibt, wird nach der nächstliegenden Größe auf- oder abgerundet. (Handelsübliche Formfräser für Zykloidenverzahnung sind um jeweils 0,05 mm gestaffelt.) Mit der korrigierten Teilung werden die beiden Teilkreisdurchmesser bzw. Radien ermittelt und die zugehörigen Rollkreise (bei geraden Fußflanken Rollkreisdurchmesser = Teilkreisradius) eingezeichnet. Ge-

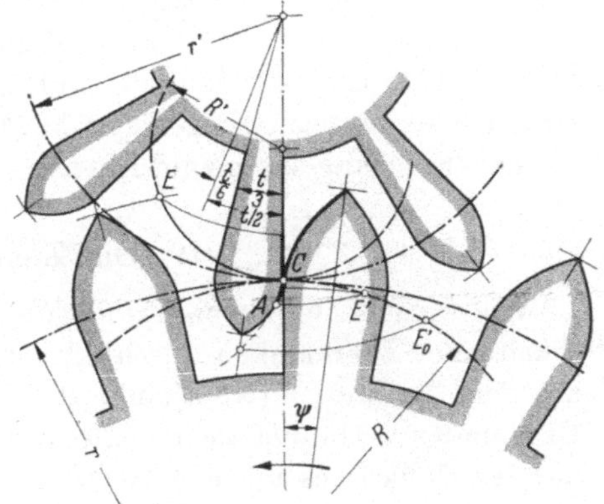

Abb. 46. Vollständiges Getriebebild einer Zykloidenverzahnung

bräuchliche Art der Darstellung: Berührung zweier Radflanken im Wälzpunkt (Abb. 46, $i = 1:2$, $z = 16$, $z' = 8$). Die Spitze des ersten Großradzahnes rechts der Zentrale erhalten wir als Schnittpunkt der

Zykloiden mit der Radzahnmittellinie, die mit der Zentralen den Winkel

$$\psi = \frac{360^\circ}{4\,z} = \frac{t}{4\,r}$$

einschließt. Das Kleinrad hat in dem gezeichneten Beispiel spitze Wälzung, die Zahnluft beträgt $t/6$.

Der Eingriff würde bei idealer Zahnform des Kleinrades in E_0' beginnen und in E endigen. Infolge der spitzen Wälzung wird der Eingriffsbeginn nach E' verlegt. Die Lage von E' kann nur ungefähr ermittelt werden, da der Punkt A, von dem ab der Kopfkreis des Kleinrades von der idealen Zahnform der Zykloide abweicht, selbst bei stark vergrößerten Zeichnungen ebenfalls nur ungefähr angegeben werden kann.

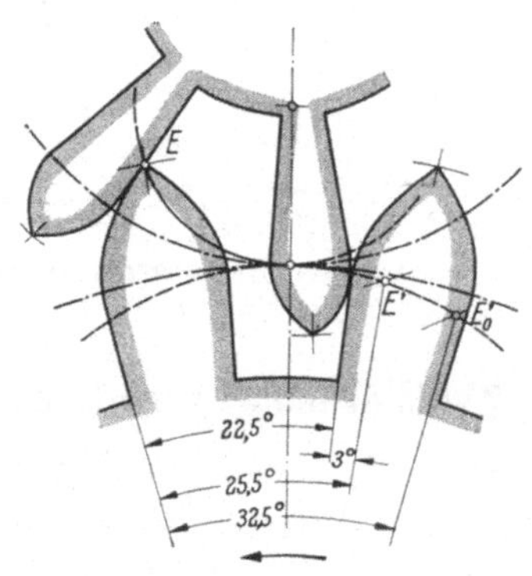

Abb. 47. Führungswinkel in Abhängigkeit von der Kleinradwälzung

Der Überdeckungsgrad beträgt in dem gewählten Beispiel für den Eingriff

$$E_0'\,E \triangleq 1{,}44,$$
$$E'\,E \triangleq 1{,}12.$$

Der Führungswinkel beträgt im ersten Falle 32,5°, beim verkürzten Eingriff 25,5° (s. Abb. 47). Entsprechend dieser relativ geringen Gesamtführung beträgt der Winkel, über den doppelte Führung vorhanden ist, nur 3°, da der Teilungswinkel 22,5° beträgt. Nur längs dieser 3° stehen jeweils zwei Zahnpaare im Eingriff. Wird dieser Winkel kleiner als Null, d. h. $E'E$ kleiner als t, so tritt „Radfall" auf, d. h., der linke Großradzahn verläßt den endseitigen Eingriffspunkt E, ohne daß bereits ein weiteres Zahnpaar eingangsseitig zum Eingriff gekommen ist.

19. Die Zahnstange

Wie wir gesehen haben, erfolgt die Konstruktion zweier zusammenarbeitender Zahnflanken durch Abrollen ein und desselben Rollkreises auf dem Teilkreis r (Kopfflanke des Rades) und in dem Teilkreis des Gegenrades r' (Fußflanke des Gegenrades) sowie durch Abrollen eines zweiten Rollkreises auf dem Teilkreis r' des Gegenrades (Kopfflanke des Gegenrades) und im Teilkreis r (Fußflanke des Rades). Die Größe dieser Rollkreise ist bei der im allgemeinen üblichen geraden Fußflanke gleich den halben Teilkreisdurchmessern.

Damit werden die Rollkreise verschieden groß, ihre Größe hängt von der Zähnezahl des Rades und der Teilung ab (Normungsfeindlichkeit der Zykloidenverzahnung).

Wird die Zähnezahl des einen Rades $z = \infty$, so erhalten wir die Zahnstange. Teilkreis und zugehöriger Rollkreis haben die Größe $r = \infty$ (Teilrißgerade) und $R = \infty$.

Die Kopfkurve der Zahnstange erhält man durch Abrollen des Rollkreises R' auf der Teilrißgeraden MM (Abb. 48); die Fußflanke der Zahnstange wird eine Gerade. Die Kopfkurve des Rades wird durch Abrollen von R, also der Teilrißgeraden, auf dem Teilkreis r' erhalten. Diese Kopfkurve ist somit eine *Evolvente*.

Abb. 48 gibt das Bild eines Zahnstangeneingriffes in ein 10zähniges Rad (spielfreier Eingriff). Der Eingriff beginnt (Zahnstange treibend) bei E'; er geht der Geraden MM entlang über C nach E. Der Überdeckungsgrad ist außerordentlich groß. Der Wirkungsgrad ist sehr schlecht, da auf der Strecke $E'C$ immer derselbe Punkt der Zahnstange, der Punkt auf der Teilrißgeraden, mit der gesamten Kopfkurve des Rades zusammenarbeiten muß. Durch starke Wälzung auf dem Rade kann dieser Nachteil behoben werden. Wesentlich besser sind die Gleitverhältnisse nach der Mittellinie.

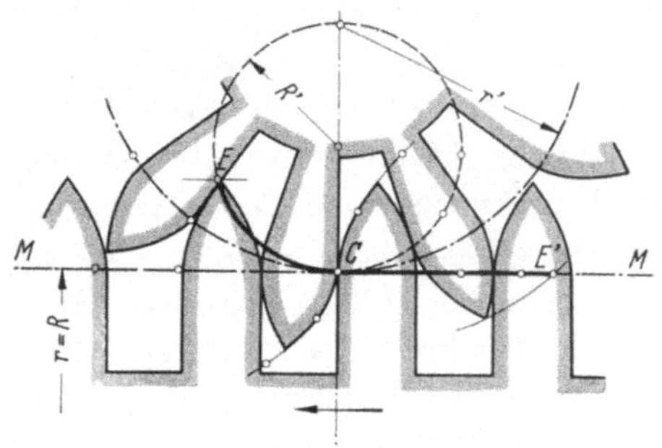

Abb. 48. Zahnstangeneingriff bei ungleich großen Rollkreisradien

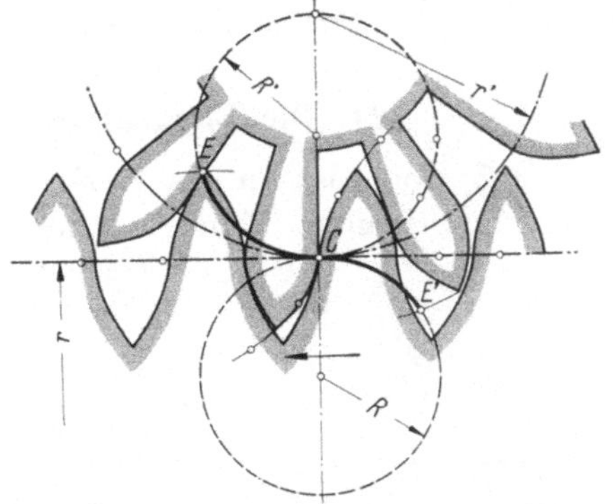

Abb. 49. Zahnstangeneingriff bei gleichen Rollkreisradien

Es besteht jedoch keine Notwendigkeit, für den Rollkreis der Zahnstange $R = \infty$ zu nehmen. Da auch jeder Rollkreis anderer Größe dem Verzahnungsgesetz gehorchende Zahnflanken gibt, kann der Rollkreis der Zahnstange genau so groß wie der Rollkreis R' des Gegenrades genommen werden (Abb. 49).

Der Eingriffsabschnitt $E'E$ ist verkürzt, die Gleitverhältnisse vor der Mittellinie sind wesentlich günstiger geworden.

20. Satzräder

Sollen zwei Räder gleicher Teilung dem Verzahnungsgesetz gehorchen, so müssen, bei geradem Zahnfuß, die Kopfkurven durch Rollkreise halber Teilkreisgröße erzeugt werden. Ist ein solches Getriebe gegeben, so ist es im allgemeinen nicht möglich, eines der Räder gegen ein Rad anderer Zähnezahl (gleiche Teilung vorausgesetzt) auszutauschen, da das neue Rad, falls es ebenfalls geradflankig ist, einen anderen Rollkreisdurchmesser hat. Dieser Rollkreis würde mit dem Teilkreis des verbliebenen Rades eine andere Kopfkurve erzeugen.

Räder, die einen Austausch gestatten, nennt man Satzräder. Die Bedingung für Satzräder ist offenbar, daß für sämtliche Räder die Rollkreise gleiche Größe haben müssen, d. h. daß die Eingriffslinie zum Wälzpunkt symmetrisch verläuft (Punktsymmetrie).

Die Größe dieses gemeinsamen Rollkreises wird durch das kleinste noch zum Eingriff zu bringende Rad bestimmt. Wird er halb so groß wie der Teilkreis dieses kleinsten Rades angenommen, so erhält dieses Rad gerade Fußflanken, während die der übrigen Räder mit steigender Zähnezahl immer stärker gekrümmt werden.

Für $r = \infty$ erhält man die Zahnstange (Abb. 49). Das Profil dieser Zahnstange ist gleichzeitig Werkzeugprofil (Bezugsprofil) für die Herstellung im Abwälzverfahren (s. a. Abschn. 31 b).

21. Die Ersatzkreise für die Kopfkurve

Die Zykloide ist für die Werkzeugherstellung ein schwieriges geometrisches Gebilde. Man versucht sie deshalb durch Kreisbögen zu ersetzen.

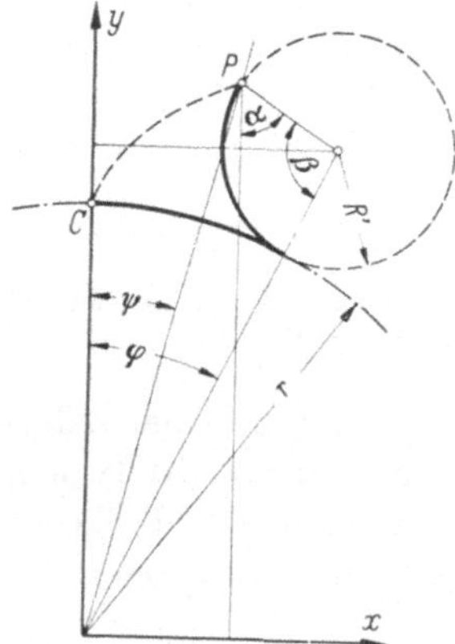

Abb. 50. Zur Ableitung der Ersatzkreisradien

Es ist aussichtslos, einen einzigen Kreisbogen zu finden, der der Zykloide gerecht wird, der den Teilkreis senkrecht verläßt, durch die Zahnspitze geht und im Zwischenstück sich der Zykloide möglichst weitgehend anschmiegt.

Man wird leicht feststellen, daß *ein* Kreis diesen Forderungen nicht genügen kann. Er wird entweder keinen einwandfreien Übergang zur Fußflanke geben oder aber außerhalb der Zykloide verlaufen.

Ein wesentlich besseres Ergebnis erhält man, wenn man die Zykloide durch zwei Kreisbögen ersetzt, von denen der dem Teilkreis näher liegende eine stärkere Krümmung, der weiter entfernte eine schwächere Krümmung hat.

Zur Berechnung des Radius des Annäherungskreises sowie der Koordinaten seines Mittelpunktes ist zunächst die allgemeine Gleichung der

Zykloide aufzustellen. Es ist nach Abb. 50 für einen Punkt P des Kreises R'

$$x = (r + R') \sin \varphi - R' \sin \alpha,$$

$$y = (r + R') \cos \varphi + R' \cos \alpha.$$

Der Winkel α muß auf den Drehwinkel φ bezogen werden:

$$\alpha = 180° - \varphi - \beta.$$

Aus der Abrollbedingung

$$r \varphi = R' \beta$$

erhalten wir für β:

$$\beta = \frac{r \varphi}{R'}$$

und somit für

$$\alpha = 180° - \varphi - \frac{r \varphi}{R'}$$

bzw.

$$\alpha = 180° - \frac{r + R'}{R'} \varphi \,.$$

Damit wird

$$x = (r + R') \sin \varphi - R' \sin \left(180° - \frac{r + R'}{R'} \varphi\right),$$

$$y = (r + R') \cos \varphi + R' \cos \left(180° - \frac{r + R'}{R'} \varphi\right).$$

Als Abkürzung führen wir ein:

$$r + R' = M \qquad \text{und} \qquad \frac{M}{R'} = a;$$

damit werden die beiden Koordinaten

$$\left. \begin{array}{l} x = M \sin \varphi - R' \sin a \varphi, \\[2mm] y = M \cos \varphi - R' \cos a \varphi. \end{array} \right\} \qquad (2{,}14)$$

Dies ist die allgemeine Gleichung der Hypozykloide in Parameterform. Der Krümmungsradius ist

$$\varrho = \frac{\sqrt{(x'^2 + y'^2)^3}}{x' y'' - x'' y'}, \qquad (2{,}15)$$

und die Koordinaten des Krümmungsmittelpunktes sind

$$\zeta = x_0 + \frac{y' (x'^2 + y'^2)}{x' y'' - x'' y'}, \qquad (2{,}16)$$

$$\eta = y_0 + \frac{x' (x'^2 + y'^2)}{x' y'' - x'' y'} \,. \qquad (2{,}17)$$

Dabei bedeuten x' und y' bzw. x'' und y'' jeweils die Ableitungen nach dem Parameter φ, x_0 und y_0 die Koordinaten des Kurvenpunktes P, für den der Annäherungskreis zu berechnen ist. Führt man die Differentiation aus, so erhält man

$$x' = M (\cos \varphi - \cos a\, \varphi), \quad x'' = M (a \sin a\, \varphi - \sin \varphi),$$

$$y' = M (\sin a\, \varphi - \sin \varphi), \quad y'' = M (a \cos a\, \varphi - \cos \varphi).$$

In die Formel für den Krümmungsradius eingesetzt, ergibt

$$\varrho = \frac{\sqrt{[M^2 ((\cos \varphi - \cos a\, \varphi)^2 + (\sin a\, \varphi - \sin \varphi)^2)]^3}}{M^2 [(\cos \varphi - \cos a\, \varphi)(a \cos a\, \varphi - \cos \varphi) - (a \sin a\, \varphi - \sin \varphi)(\sin a\, \varphi - \sin \varphi)]} = \frac{Z}{N}\,,$$

$$Z = [M^2 (\cos^2 \varphi - 2 \cos \varphi \cos a\, \varphi + \cos^2 a\, \varphi + \sin^2 a\, \varphi - 2 \sin a\, \varphi \sin \varphi + \sin^2 \varphi)]^{3/2}\,,$$

$$Z = \{M^2 [2 - 2 (\cos \varphi \cos a\, \varphi + \sin \varphi \sin a\, \varphi)]\}^{3/2}\,,$$

$$Z = [2 M^2 (1 - \cos (\varphi - a\, \varphi))]^{3/2}\,,$$

$$N = M^2 (a \cos \varphi \cos a\, \varphi - \cos^2 \varphi - a \cos^2 a\, \varphi + \cos a\, \varphi \cos \varphi - a \sin^2 a\, \varphi + a \sin a\, \varphi \sin \varphi + \sin \varphi \sin a\, \varphi - \sin^2 \varphi)\,,$$

$$N = - M^2 [1 + a - a (\cos \varphi \cos a\, \varphi + \sin \varphi \sin a\, \varphi) - (\cos \varphi \cos a\, \varphi + \sin \varphi \sin a\, \varphi)]\,,$$

$$N = - M^2 [(1 - \cos (\varphi - a\, \varphi)) + a (1 - \cos (\varphi - a\, \varphi))]\,,$$

$$N = - M^2 (1 - \cos (\varphi - a\, \varphi)) (1 + a)\,.$$

Damit wird

$$\varrho = - \sqrt{\frac{8 M^6 (1 - \cos (\varphi - a\, \varphi))}{M^4 (1 - \cos (\varphi - a\, \varphi))^2 (1 + a)^2}}\,,$$

$$\varrho = - \frac{M}{1 + a} \sqrt{8 (1 - \cos (\varphi - a\, \varphi))}\,,$$

$$\varrho = - \frac{R' M}{R' + M} \sqrt{8 (1 - \cos (\varphi - a\, \varphi))}\,. \tag{2,18}$$

Und die Koordinaten ζ und η:

$$\zeta = x_0 + \frac{M (\sin a\, \varphi - \sin \varphi)\, 2 M^2 (1 - \cos (\varphi - a\, \varphi))}{- M^2 (1 - a) (1 - \cos (\varphi - a\, \varphi))}\,,$$

$$\zeta = x_0 - \frac{2 M (\sin a\, \varphi - \sin \varphi)}{1 - a}\,. \tag{2,19}$$

Analog

$$\eta = y_0 - \frac{2 M (\cos \varphi - \cos a\, \varphi)}{1 - a}\,. \tag{2,20}$$

Die obigen Gleichungen sind alle auf den Drehwinkel φ bezogen. Zur Berechnung eines praktischen Beispieles muß aber vom Kurvenpunktswinkel ψ ausgegangen werden. Er ist gegeben durch

$$\operatorname{tg} \psi = \frac{x}{y}$$

oder

$$\operatorname{tg} \psi = \frac{M \sin \varphi - R' \sin a\,\varphi}{M \cos \varphi - R' \cos a\,\psi}.$$

Dividiert man Zähler und Nenner der rechten Seite der obigen Gleichung durch R' und berücksichtigt, daß $M/R' = a$ ist, so wird

$$\operatorname{tg} \psi = \frac{a \sin \varphi - \sin a\,\varphi}{a \cos \varphi - \cos a\,\varphi}, \tag{2,21}$$

worin also

$$a = \frac{M}{R'} = \frac{r + R'}{R'} = \frac{r}{R'} + 1$$

ist.

Nehmen wir an, daß es sich im Anwendungsfalle um die allgemein verwendete gerade Fußflanke handelt (Rollkreis R' halb so groß wie der zugehörige Teilkreisradius r'), bei der

$$\frac{r}{2\,R'} = \frac{1}{i}$$

ist, dann wird

$$a = \frac{2}{i} + 1.$$

Die Gl. (2,21) ist transzendent. Lösungen können deshalb nur durch Vertafelung oder mittels graphischer Darstellung gefunden werden.

Ein solches Diagramm stellt Abb. 51 (S. 62) mit a bzw. i als Parameter dar, und zwar für die gängigsten Übersetzungsverhältnisse $i = 1/2$ bis $i = 1/10$, die einem $a = 3$ und $a = 21$ entsprechen.

Zwei Anwendungen der oben entwickelten Gleichungen: *a) auf die Berechnung der Zahnkopfhöhe bzw. den Kopfkreisradius.* Die Gleichung der Radkopfkurve (Zykloide) gestattet auf einfache Weise die Ermittlung des Kopfkreisradius auf analytischem Wege. Man erhält ihn als Wurzel aus den Quadraten der Zahnspitzenkoordinaten.

$$r_K = \sqrt{x^2 + y^2},$$

$$r_K = \sqrt{(M \sin \varphi - R' \sin a\varphi)^2 + (M \cos \varphi - R' \cos a\varphi)^2},$$

$$r_K = \sqrt{\begin{aligned} &M^2 \sin^2 \varphi - 2\,R'\,M \sin \varphi \sin a\,\varphi + R'^2 \sin^2 a\,\varphi \\ &+ M^2 \cos^2 \varphi - 2\,R'\,M \cos \varphi \cos a\,\varphi + R'^2 \cos^2 a\,\varphi \end{aligned}},$$

$$r_K = \sqrt{M^2 + R'^2 - 2\,R'\,M\,(\sin \varphi \sin a\,\varphi + \cos \varphi \cos a\,\varphi)},$$

was

$$r_K = \sqrt{M^2 + R'^2 - 2\,R'\,M \cos (\varphi - a\,\varphi)}$$

ergibt.

b) auf den Überdeckungsgrad. Die Beziehung zwischen Kurvenpunktswinkel ψ und dem Drehwinkel φ des Rollkreismittelpunktes

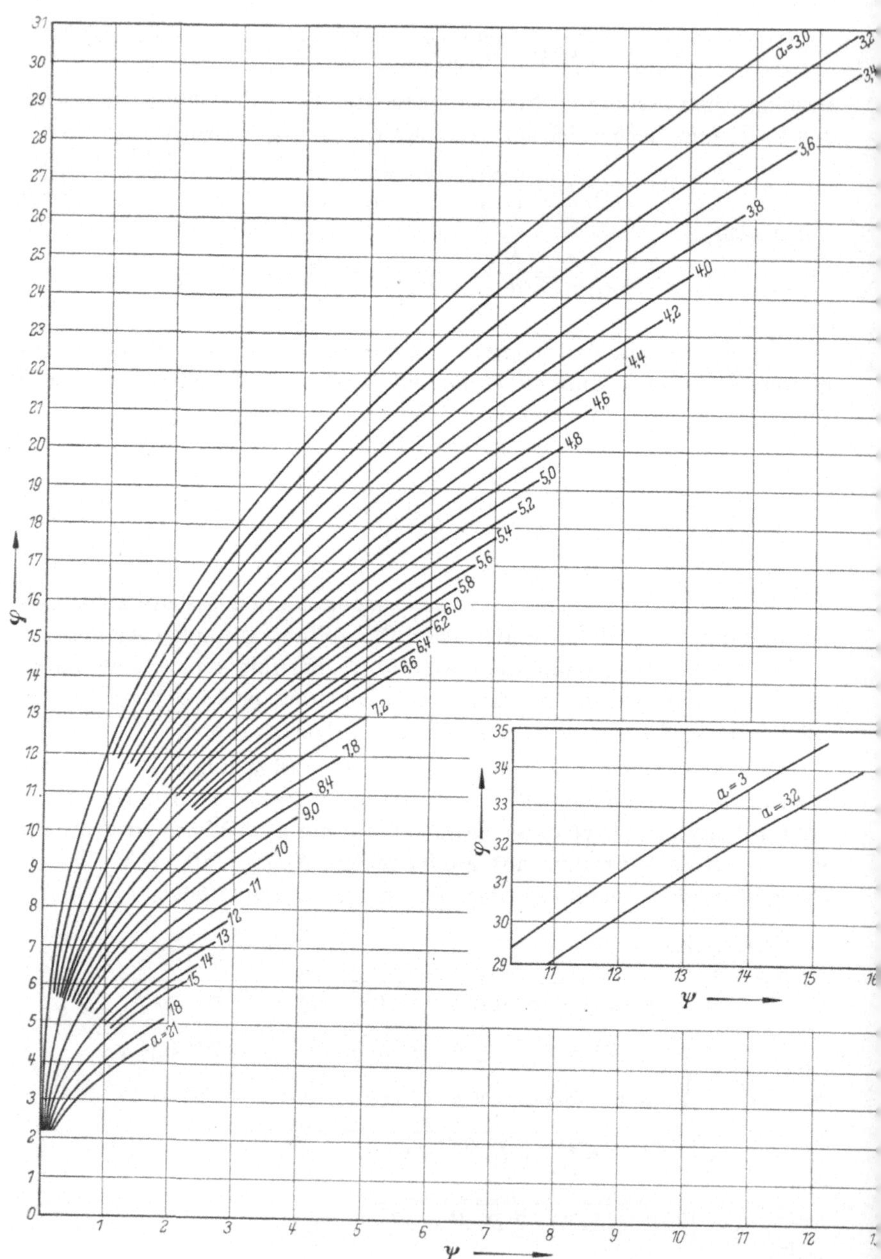

Abb. 51. Darstellung der Funktion $\varphi = f(\psi)$

[Gl. (2,21)] gibt uns weiterhin die Möglichkeit, den Überdeckungsgrad rechnerisch zu bestimmen.

Wie aus Abb. 52 ersichtlich, ist der der Zahnspitze P zugeordnete abgerollte Kreisbogen $\overset{\frown}{AP}$ gleich dem Abschnitt $\overset{\frown}{BC}$ auf der Eingriffslinie (die mit dem Rollkreis identisch ist).

Da definitionsgemäß der Überdeckungsgrad

$$U = \frac{\text{Eingriffsabschnitt}}{\text{Teilung}}$$

ist, der Teileingriffsabschnitt $\overset{\frown}{BC}$ (für den Eingriff nach der Mittellinie) aber gleich $\overset{\frown}{PA}$ gleich $\overset{\frown}{AC}$ ist, erhält man für den Überdeckungsgrad nach der Mittellinie, wenn man berücksichtigt, daß die Teilung

$$t = r \cdot 4\,\psi$$

ist, die einfache Formel

$$U_n = \frac{r \cdot \varphi}{r \cdot 4\,\psi} = \frac{\varphi}{4\,\psi}\;.$$

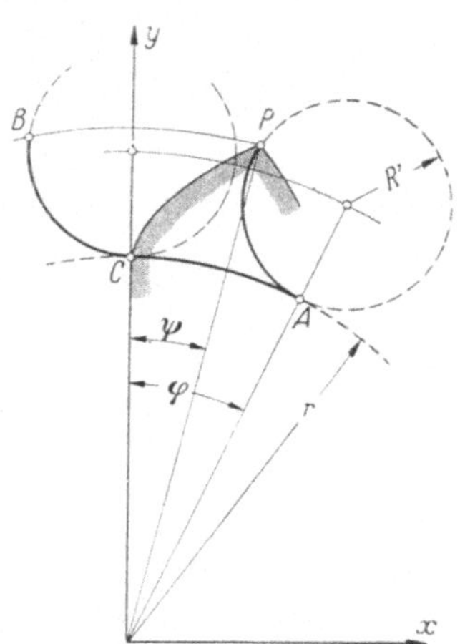

Abb. 52. Zur Ableitung des Überdeckungsgrades

Mittels obiger Beziehung wurden z. B. die Werte des Diagrammes Abb. 41 berechnet.

Auf ähnliche Weise läßt sich der Anteil vor der Mittellinie ermitteln.

III. Die Evolventenverzahnung (Stirnräder mit geraden Zähnen)

22. Die Gerade als Eingriffslinie, die Kreisevolvente als zugehörige Zahnform

Als zweite wichtige Verzahnungsform, der die Gerade als Eingriffslinie zugrunde liegt, soll in den nachfolgenden Abschnitten die Evolventenverzahnung behandelt werden.

Es sei in Abb. 53 der Teilkreis r, der die Mittellinie in C schneidet, gegeben. $E_0 \cdots E_{10}$ seien Punkte auf der angenommenen Eingriffsgeraden, deren Verbindungsgeraden mit dem Punkt C mit der Eingriffsgeraden zusammenfallen, $t_0 \cdots t_{10}$ die jeweils zugehörigen Normalen, die wiederum Tangenten an der zugeordneten Zahnkurve nach dem Eindrehen sein müssen.

Auch hier ergibt sich nach dem Eindrehen dieser Tangentenstücke in verschiedene Stellungen ein Richtungsfeld, woraus auf die zugehörige Kurve leicht geschlossen werden kann. Es ist eine Kreisevolvente, die

von einem Kreis ausgeht, der die Eingriffsgerade zur Tangente hat.
Dieser Kreis wird Grundkreis (Radius r_g) genannt.

Die Eingriffsgerade stehe unter dem Winkel α, dem sog. Eingriffswinkel, zur Horizontalen MM. Dann ergibt sich der Radius des Grundkreises zu

$$r_g = r \cos \alpha. \qquad (2,22)$$

Der Eingriffswinkel α ist genormt. Er beträgt nach DIN 867 20 Grad. Abweichungen sind für spezielle Fälle möglich.

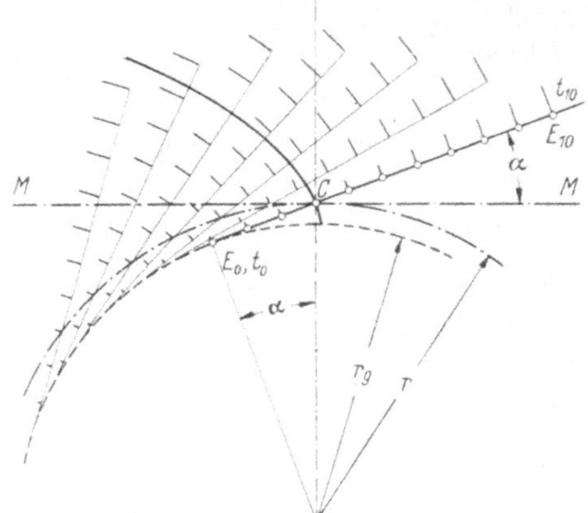

Abb. 53. Die Gerade als Eingriffslinie.
Die Entstehung der Kreisevolvente

23. Die Konstruktion des Evolventenrades

Wie wir in Abschnitt 15 sahen, war zur Festlegung eines Zykloidenrades die Annahme zweier Rollkreise not-
wendig. Bei der am meisten
verbreiteten geraden Fußform mußte der Rollkreis, der die Fußkurve
erzeugte (Inradlinie als Gerade), halb so groß wie der Teilkreis genommen
werden. Weiterhin konnte der die Kopfform erzeugende Rollkreis, falls
das Gegenrad ebenfalls eine gerade Fußflanke erhalten sollte, nicht
beliebig gewählt werden; er mußte halb so groß wie der Teilkreis des
Gegenrades sein.

Diese Einschränkung ist die Ursache für die Normungsfeindlichkeit
der Zykloide. Sie entfällt hier, da die die Zahnform erzeugende Eingriffslinie eine Gerade ist, die für alle Räder gleich ist. Sie erfüllt automatisch die Bedingung für Satzräder: symmetrischer Verlauf der Eingriffslinie in bezug auf den Wälzpunkt C.

Für die Charakterisierung eines Evolventenrades ist also bei vorgegebenem z und unter Annahme des genormten Eingriffswinkels
lediglich die Festlegung der Teilung bzw. des Moduls notwendig.

Zur Konstruktion: Obwohl es durchaus möglich ist, die Radkon-
struktion an einem Einzelrad zu erläutern, ist es zweckmäßiger, den
Eingriff eines Radpaares zu zeichnen, da eine Reihe von Größen wie
Zahnkopfhöhe, Fußtiefe usw. mittelbar miteinander in Beziehung steht.

Bei gegebenem Übersetzungsverhältnis erhält man die beiden Teilkreisdurchmesser aus

$$d = m\,z,$$
$$d' = m\,z'.$$

Die beiden Teilkreisradien bestimmen den Wälzpunkt C (Abb. 54), durch den die Eingriffslinie geht. Die Eingriffslinie ist Tangente an die beiden Grundkreise r_g und r_g', von denen aus die beiden Evolventen E_v und E_v' entwickelt werden.

Auf den beiden Teilkreisen wird die Teilung t aufgetragen. Die halbe Teilung gibt, spielfreier Eingriff vorausgesetzt, die jeweilige Zahnstärke.

Die Zahnkopfhöhe (Radius r_k bzw. r_k') wird, wenn wir zunächst von der Normvorschrift absehen, vom Grundkreis des Gegenrades (r_g' bzw. r_g)

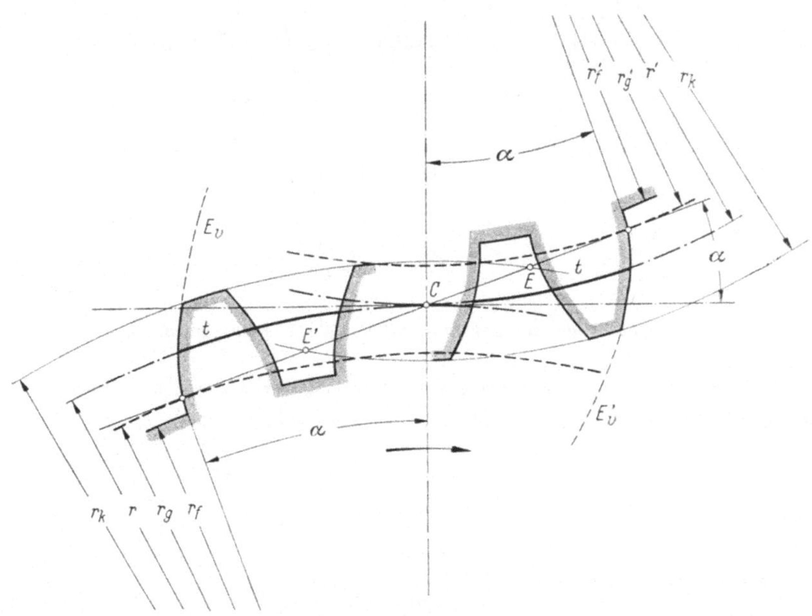

Abb. 54. Zur Konstruktion des Evolventenrades

bestimmt. r_k bzw. r_k' sind so zu wählen, daß sie mit r_g' bzw. r_g mindestens zum Schnitt kommen, um den Überdeckungsgrad (s. Abschn. 29) nicht unnötig zu verringern.

r_f bzw. r_f' sind so zu wählen, daß genügend Kopfspiel vorhanden ist.

24. Führungsbogen und Überdeckungsgrad

Rad r trifft in E' (Abb. 55) auf das Gegenprofil und führt Rad r' während der Drehung in die Endlage E (zugehöriger Führungswinkel α_F). Da der Eingriffsabschnitt $E'E$ hier auf einer Geraden liegt, wird er auch mit *Eingriffsstrecke* bezeichnet. Sie wird durch die Kopfkreise r_k' bzw. r_k begrenzt.

Der Führungsbogen: Rad r drehe sich mit der Winkelgeschwindigkeit ω. Dann ist die Momentangeschwindigkeit v auf dem Teilkreis

$$v = \omega\, r,$$

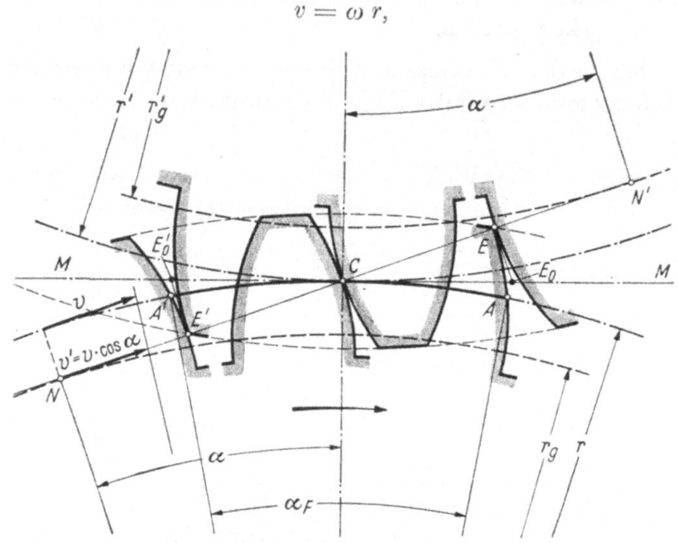

Abb. 55. Rad und Gegenrad bei der Evolventenverzahnung

und die Momentangeschwindigkeit auf der Eingriffsgeraden, die mit der Momentangeschwindigkeit auf dem Grundkreis identisch ist:

$$v' = \omega\, r_g,$$
$$v' = \omega\, r \cos \alpha,$$
$$v' = v \cos \alpha.$$

Außerdem verhält sich

$$\frac{v}{v \cos \alpha} = \frac{\widehat{A'C}}{\overline{E'C}},$$

oder

$$\widehat{A'C} = \frac{\overline{E'C}}{\cos \alpha}$$

und analog

$$\widehat{CA} = \frac{\overline{CE}}{\cos \alpha}.$$

Damit ergibt sich für den gesamten Führungsbogen $A'CA$:

$$\widehat{A'CA} = \frac{\overline{E'E}}{\cos \alpha} = \overline{E_0'E_0}.$$

Die Strecke $E_0'E_0$ wird Eingriffslänge genannt ($\overline{E'E_0'}$ und $\overline{EE_0}$ senkrecht auf $\overline{NN'}$).

Der Überdeckungsgrad. Definition wie bei der Zykloidenverzahnung: Verhältnis von Führungsbogen zur Teilkreisteilung t.

$$\text{Überdeckungsgrad} = \frac{\overline{E'E}}{t \cos \alpha}.$$

Der Nenner ist gleich der Grundkreisteilung t_g; sie ist identisch mit der sogenannten Eingriffsteilung t_e (Abb. 56).

$$t_e = t_g = t \cos \alpha. \qquad (2,23)$$

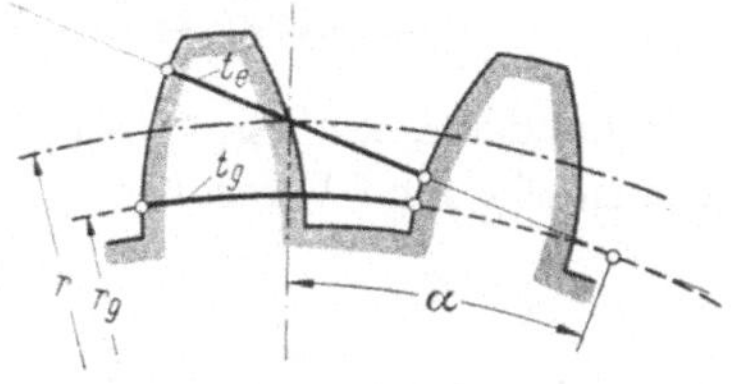

Abb. 56. Grundkreisteilung und Eingriffsteilung

25. Die Zahnstange. Das Bezugsprofil

Der Teilkreis des Rades r kann, je nach der Radzahnzahl, von einer Mindestgröße an jeden beliebigen Wert annehmen. Ist $z = \infty$, d. h. auch $r = \infty$, so wird die Zahnflanke zu einer ebenen Fläche, ihr Riß zu einer Geraden, die zur Zentrale unter dem Winkel α steht.

In Abb. 57 sehen wir den Aufbau einer solchen Zahnflanke, die durch Verschieben einzelner, zur Eingriffslinie gehörender Normalenstücke,

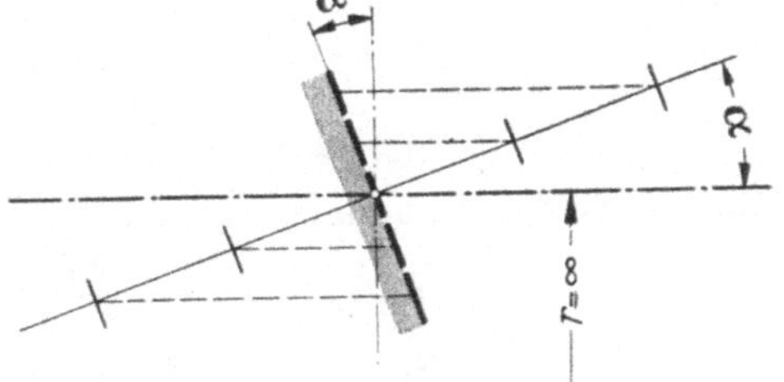

Abb. 57. Die Entstehung des Zahnstangenprofils

die Tangenten an der Zahnkurve sein müssen, erzeugt wird. Da $r = \infty$ ist, artet der Teilkreis zur Teilrißgeraden aus, wodurch die Tangenten mit der Zahnkurve identisch werden.

Zahnräder mit $z = \infty$ und $r = \infty$ kennen wir unter der Bezeichnung Zahnstange. Sie dient, wie wir später sehen werden, als Ausgangsprofil für die Werkzeugherstellung (Wälzfräser) beim Abwälzverfahren. Da alle Radgrößen sich hieraus ableiten, ist auch die Bezeichnung „Bezugsprofil" üblich.

Im Normblatt DIN 867 sind die wesentlichen Größen festgelegt.

Zu Abb. 58, die einen Auszug aus DIN 867 wiedergibt, ist noch nachzutragen, daß das Kopfspiel

$$S_k = 0{,}1 \, m \ \text{bis} \ 0{,}3 \, m$$

betragen soll und die Kopfspielrundung

$$r_k = \frac{S_k}{1 - \sin \alpha}$$

genommen wird.

Zahnflankenspiel. Macht man die Zahnstärke gleich der Zahnlücke, so erhält man den spielfreien Eingriff.

$$\text{Zahnstärke} = \text{Zahnlücke} = \frac{t}{2} = \frac{\pi}{2}\,m \approx 1{,}6\,m.$$

Wie bei der Zykloidenverzahnung kann auch hier durch Verringern der Zahnstärke (und Vergrößern der Zahnlücke) die entsprechende Zahnluft

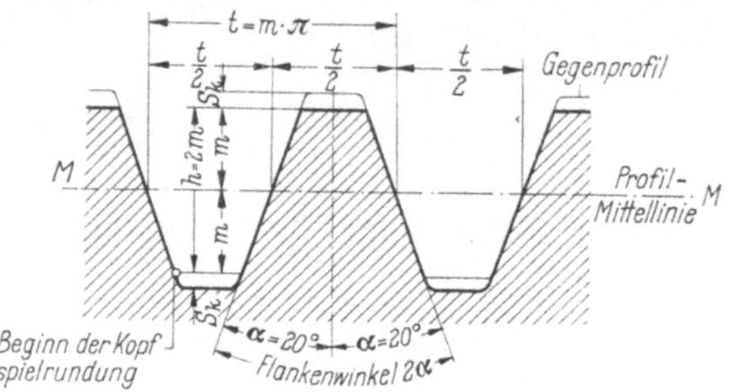

Abb. 58. Das Zahnstangenprofil

gegeben werden. Bei der Evolventenverzahnung gibt man jedem Rad die Hälfte des Zahnflankenspiels:

$$\text{Rad 1:} \quad s = \frac{t - S_F}{2}, \quad l = \frac{t + S_F}{2}. \tag{2,24}$$

$$\text{Rad 2:} \quad s = \frac{t - S_F}{2}, \quad l = \frac{t + S_F}{2}. \tag{2,25}$$

26. Die Änderung des Achsenabstandes

Eine Verzahnung gilt dann als abstandsunempfindlich, wenn nach dem Vergrößern oder Verkleinern der Zentrale die Normalen in sämtlichen Berührungspunkten zweier Zahnflanken wiederum durch einen gemeinsamen Punkt, der auf der Zentrale liegen muß, gehen. Dieser neue Wälzpunkt braucht nicht identisch mit dem ursprünglichen Wälzpunkt zu sein.

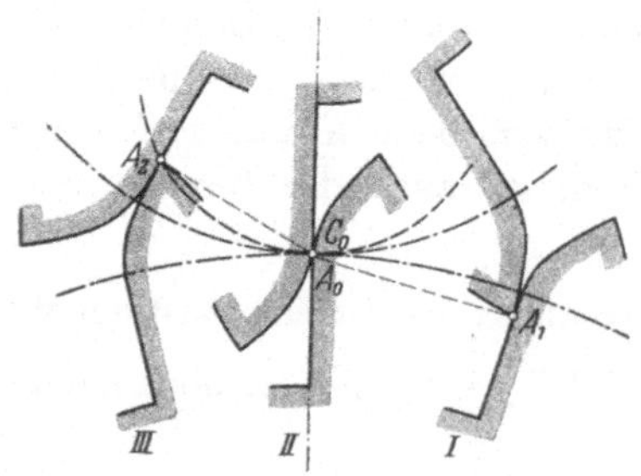

Abb. 59a. Lage der Berührungsnormalen und des Wälzpunktes bei der Zykloidenverzahnung

Abb. 59a zeigt einen Zykloideneingriff eines 20zähnigen Großrades mit einem 10zähnigen Kleinrad entsprechend dem üblichen Konstruktionsverfahren. Die Berührungspunkte A_1, A_0 und A_2 sind für die drei Stellungen, Beginn des Eingriffes (I), Berührung im Wälzpunkt (II) und Ende des Eingriffes (III), gezeichnet. Die Normalen gehen in jedem Falle durch den Wälzpunkt.

Bei Abb. 59b sind die beiden Räder um einen bestimmten Betrag auseinandergezogen. Dabei erleidet die Eingriffslinie eine Deformation. Sie ist kein Kreis mehr. Die Schnittpunkte der Berührungsnormalen mit der Zentralen fallen nicht mehr zusammen. Hierbei geht sowohl die Winkeltreue als auch die Momententreue verloren. Ähnliche Verhältnisse treten beim Zusammenschieben der beiden Räder auf.

Bei der Evolventenverzahnung hängt die Zahnform lediglich von den Maßen des Grundkreises bzw. des Eingriffswinkels ab, da die zweite Erzeugende, eine Gerade, für jedes Rad gleich ist (Abb. 60a).

Beim Vergrößern der Zentrale behalten die Normalen sämtlicher Berührungspunkte ihre Richtung bei und decken sich. Sie bilden wiederum eine Gerade, die aller-

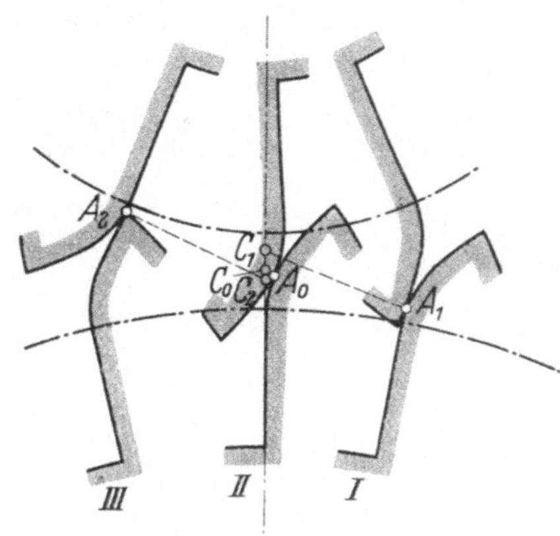

Abb. 59b. Einfluß der Abstandsänderung auf die Lage der Berührungsnormalen und der Wälzpunkte bei der Zykloidenverzahnung

dings unter einem anderen Winkel, dem neuen Betriebseingriffswinkel α_1, zur Zentralennormalen steht (Abb. 60b). Diese Gerade schneidet die Zentrale in dem neuen Betriebswälzpunkt C_1. Seine Lage ist vom Betrag der Abstandsänderung

$$a = x + x$$

abhängig. Durch den neuen Betriebswälzpunkt C_1 gehen die neuen Betriebswälzkreise r_n und r'_n.

Bei vorliegendem a lassen sich r_n und r'_n sowie α_1 berechnen:

$$\cos \alpha_1 = \frac{r_g}{r_n} = \frac{r_g}{r + x} = \frac{r'_g}{r'_n} = \frac{r'_g}{r' + x'}.$$

Damit ist

$$\frac{r_g}{r + x} = \frac{r'_g}{r' + x'},$$

$$r_g\, r' + r_g\, x' = r'_g\, r + r'_g\, x,$$

und da

$$x + x' = a, \quad x' = a - x,$$

wird

$$r_g\, r' + r_g\,(a - x) = r'_g\, r + r'_g\, x.$$

$$x = \frac{r_g\, r' + r_g\, a - r'_g\, r}{r_g + r'_g},$$

$$x' = \frac{r'_g\, r + r'_g\, a - r_g\, r'}{r_g + r'_g}.$$

Der neue Betriebswälzkreis ist

$$r_n = r + x$$

$$= r + \frac{r_g\, r' + r_g\, a - r_g'\, r}{r_g + r_g'},$$

$$r_n = \frac{r_g\,(r + r' + a)}{r_g + r_g'},$$

analog
$$r_n' = \frac{r_g'\,(r + r' + a)}{r_g + r_g'}.$$

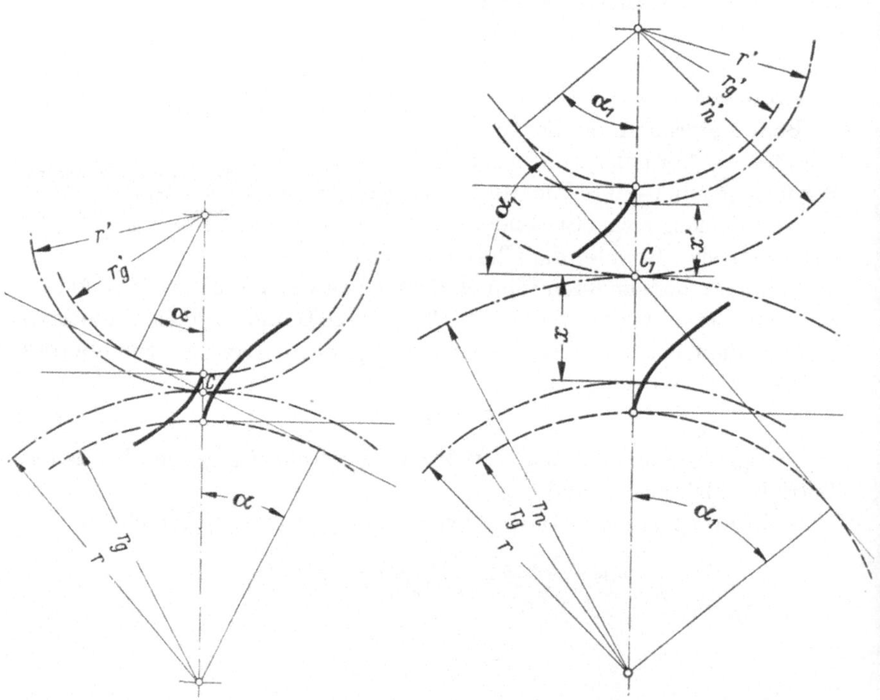

Abb. 60a. Lage der Eingriffslinie (Berührungsnormale) und des Wälzpunktes bei der Evolventenverzahnung

Abb. 60b. Einfluß der Abstandsänderung auf die Lage der Eingriffslinie (Berührungsnormale) und des Betriebswälzpunktes bei der Evolventenverzahnung

Entsprechend der neue Betriebseingriffswinkel:

$$\cos \alpha_1 = \frac{r_g}{r_n} = \frac{r_g'}{r_n'} = \frac{r_g + r_g'}{r + r' + a}.$$

Abb. 61a und 61b
zeigen drei Zahnstel-
lungen vor und nach
Veränderung der Zen-
trale. Aus dem ur-
sprünglichen Wälz-
punkt C ist der neue
Betriebswälzpunkt C_1
geworden. Mit der
Veränderung des Ein-
griffswinkels erfolgte
indessen auch eine Ver-
ringerung des Über-
deckungsgrades, die
aber nur gering ist.

Wesentlich ist der
Erhalt des für alle
Flankenstellungen ge-
meinsamen Betriebs-
wälzpunktes, was als
Vorteil der Evolven-
tenverzahnung gegen-
über der Zykloiden-
verzahnung zu werten
ist.

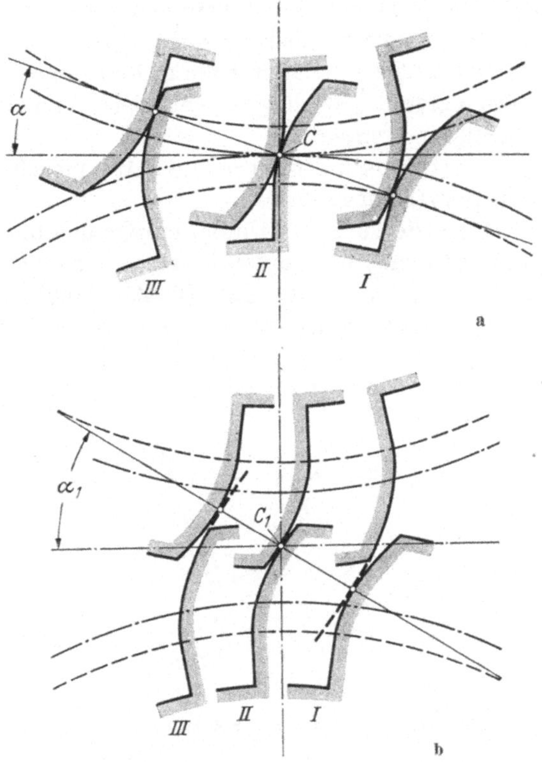

Abb. 61a u. b. Das Getriebebild der Evolventenverzahnung vor und nach Änderung der Zentrale

27. Zahnunterschnitt und Grenzrad

Zykloidengroßräder werden im Teilverfahren, in geringerem Maße
im Abwälzverfahren, Zykloidenkleinräder fast ausschließlich im Teilverfahren hergestellt. Die Fräser für das Teilverfahren, als Formfräser
ausgebildet, sind leicht herstellbar und gestatten, Räder mit geraden
Fußflanken bis herunter zu sechs Zähnen einwandfrei zu schneiden.

Die einfache Form der Evolventenzahnstange, deren Profil dem
Werkzeugprofil des Abwälzfräsers entspricht, ist der Grund, warum
Evolventenräder ausschließlich mit diesem Verfahren hergestellt werden.
Das Schneiden mit Formfräsern ist auf den Musterbau beschränkt.
Bei festgelegtem Eingriffswinkel erhält jedoch das Evolventenrad
unterhalb einer Mindestzähnezahl (Grenzzähnezahl) einen Unterschnitt,
der den Zahnfuß nicht unwesentlich schwächt. Damit ist eine Eingriffs-
minderung verbunden, die bei dem an und für sich schon geringen
Überdeckungsgrad von besonderem Nachteil ist.

Für die Feinmechanik könnte der erste Nachteil in Kauf genommen
werden, da die zu übertragenden Momente meist von einer Größe sind,
der die geringere Zahnfußstärke immer noch genügt. Geringer Überdeckungsgrad jedoch gibt unruhigen Lauf, evtl. Radfall, und sollte
vermieden werden.

Der Unterschnitt rührt in der Hauptsache von der Ecke des Zahnstangenwerkzeuges her.

Über die Form des Unterschnittes und die hierdurch hervorgerufene
Eingriffsminderung unterrichtet man sich am besten an einem Evolventen-
rad mit 6 Zähnen (Abb. 62). Die Zahnkopfkurve (Kurve I), wie sie vom
Wälzfräser geschnitten wird, ist (in der Zeichnung) durch Abrollen der

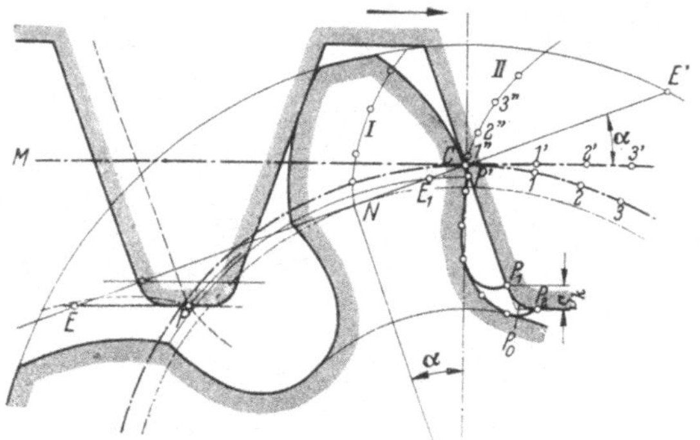

Abb. 62. Konstruktion der Zahnfußkurve bzw. des Unterschnittes bei Rädern
unterhalb der Grenzzähnezahl

Eingriffsgeraden auf dem zugehörigen Grundkreis erzeugt. Die beiden
Zahnflanken berühren die beiden Flanken des Bezugsprofils, schneiden
auf dem Teilkreis die halbe Teilung aus und sollten auf dem Grundkreis
anstehen.

Die *Form des Zahnfußes*, wie er sich durch Bearbeitung mittels Wälzfräsers ergibt, kann ebenfalls zeichnerisch ermittelt werden. Man erhält sie durch Aufzeichnen der relativen Bahn einiger Punkte der unteren
Hälfte des Bezugsprofils, z. B. der Punkte P_1 und P_2.

Zum Auffinden dieser relativen Bahn (dieses Verfahren gilt allgemein) wird die *Teilrißgerade MM* mit dem Bezugsprofil längs des *Teilkreises abgerollt*.

Zeichnungsanweisung: Man teilt sowohl den Teilkreis als auch die
Teilrißgerade in eine bestimmte Anzahl (nicht unbedingt gleicher) Teile
und erhält so die Punktfolge $1, 2, 3 \ldots$ bzw. $1', 2', 3' \ldots$. Dann ist
das Dreieck $C\,1'\,P_0$ für das Aufsuchen der Bahn von P_0 (Profilecke) so
zu drehen, daß $1'$ den Punkt 1 berührt, wobei die Teilrißgerade Tangente
am Teilkreis sein muß. Dabei dreht sich Punkt C aus seiner ursprünglichen Lage nach $1''$. Kommt $2'$ mit 2 zur Berührung, so hat sich Punkt C

nach $2''$ bewegt. C beschreibt also ebenfalls eine Evolvente, die aber nicht mit der Zahnkopfkurve identisch ist, da in diesem Fall die *Teilrißgerade* auf dem *Teilkreis* abgerollt wird. Die einzelnen Punkte der Bahn von P_0 erhält man also, indem man mit $1'P_0$ um 1 einen Kreis und mit CP_0 einen Kreis um $1''$ schlägt usw.

Diese Konstruktion kann man vereinfachen, indem man lediglich mit $1'P_0$ einen Kreis um 1, mit $2'P_0$ einen Kreis um 2 usw. schlägt. Die Umhüllende dieser Kreise ergibt die gesuchte Kurve.

In Abb. 62 sind die relativen Kurven der beiden Punkte P_1 und P_2 gezeichnet, denn das Bezugsprofil mit dem Kopfspiel s_k ist im allgemeinen nicht scharfkantig, sondern mit dem Radius

$$r_k = \frac{s_k}{1 - \sin \alpha}$$

abgerundet. Die beiden Bahnen von P_1 und P_2 gehen ineinander über. Sie treffen die Zahnkopfkurve nicht auf dem Grundkreis, sondern im Punkte P', der zwischen Teilkreis und Grundkreis liegt. Diese Kurve, die zugleich Fußkurve ist, ist stark unterschnitten. Bei scharfkantigem Profil wäre dieser Unterschnitt noch größer, der Punkt P' läge dem Teilkreis noch näher.

Theoretisch müßte der Eingriff von Rad und Zahnstange bei E, dem Schnittpunkt der Zahnstangenkopfgeraden mit der Eingriffsgeraden, beginnen und bei E', dem Schnittpunkt des Kleinradkopfkreises mit der Eingriffsgeraden, endigen. Wie man aber aus der Zeichnung ersieht, berühren sich die beiden Zahnflanken im Punkte E überhaupt nicht. Erst im Punkte P setzt die Berührung unter Voraussetzung von scharfkantigem Profil ein. Bei abgerundetem Profil erfolgt die Berührung etwas später auf dem Kreisbogen durch P', dem Einmündungspunkt der Zahnfußkurve in die Zahnkopfkurve.

Werden Rad und Zahnstange (unter Voraussetzung gleicher Momentangeschwindigkeit von Teilrißgerade und Teilkreis) weitergedreht, so arbeitet die linke Seite des Zahnstangenwerkzeuges von P ab an der rechten Radseite zunächst den Zahnfuß aus. Erst vom Punkte E_1 an erfolgt der Schnitt der einwandfreien Kopfkurve.

Abb. 63 zeigt die einzelnen Herstellungsphasen der linken Zahnflanke. Das Material, im Außendurchmesser etwas größer als der entgültige Kopfkreisdurchmesser, wird von der rechten Schneidkante des Wälzfräsers angeschnitten (Stellung I). In E' beginnt das Schneiden der Kopfflanke (II). Sie ist in E_1 (IV) fertiggeschnitten. Gleichzeitig hat der Fräsergrund beim Durchgang durch die Mittellinie die Zahnhöhe durch Wegnahme des überschüssigen Materials auf das verlangte Maß gebracht.

Von E_1 an beginnt das Schneiden des Fußes vom Zahngrund her. Über Stellung V gleitet die Werkzeugkante relativ zum Rade nach außen und erreicht in Stellung VI den Punkt P (s. Abb. 62, bei der Punkt P den Beginn des Schneidens des Zahnfußes der rechten Flanke andeutet).

Im vorliegenden Fall ist gegen die Aussage von Abschnitt 14 verstoßen, wonach für einen Eingriff lediglich dasjenige Stück einer Eingriffslinie brauchbar ist, das einerseits durch den Wälzpunkt, anderer-

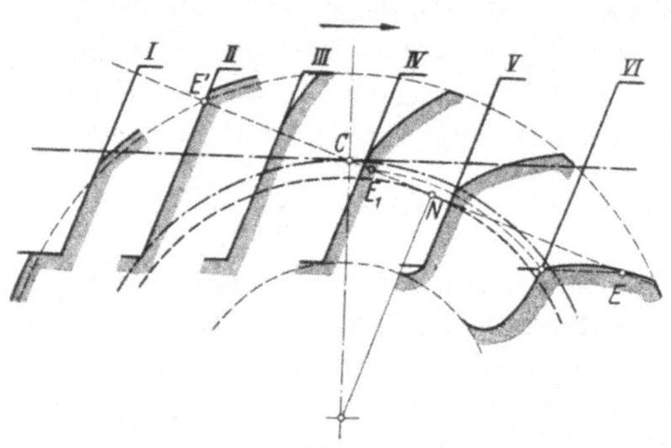

Abb. 63. Entstehung des Unterschnittes beim Abwälzverfahren

seits durch denjenigen Punkt der Eingriffslinie, der dem Radmittelpunkt am nächsten liegt, begrenzt wird.

Der Unterschnitt wird vermieden, wenn N (Abb. 64) den gleichen Abstand von der Teilrißgeraden hat wie die Zahnstangenkopfhöhe beträgt. Sie ist beim Normprofil $= m$.

Bezeichnen wir den Abstand des Punktes N von der Teilrißgeraden mit x, so erhalten wir für

$$m - x \text{ positiv: Unterschnitt,}$$

$$m - x \text{ negativ: keinen Unterschnitt.}$$

Es ist

$$\overline{NC} = r \sin \alpha ,$$

sowie

$$\overline{NC} = \frac{x}{\sin \alpha} .$$

Damit wird

$$x = r \sin^2 \alpha.$$

Das Rad wird also so lange nicht unterschnitten, als $r \sin^2 \alpha$ größer als m ist.

Das Auftreten des Unterschnittes hängt also vom Eingriffswinkel α und von der Größe des Teilkreisradius ab.

Je größer α ist, um so kleiner kann r (also auch z) sein. Vergrößerung des Eingriffswinkels bedeutet Verschieben des Unterschnittbeginnes nach kleinerer Zähnezahl hin.

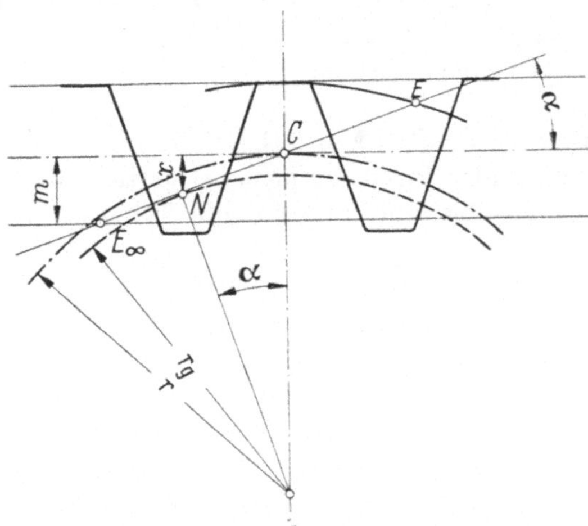

Abb. 64. Zur Berechnung der Grenzzähnezahl

Bei festem α beginnt der Unterschnitt für

$$x = m = \frac{m\,z}{2}\sin^2\alpha$$

oder

$$z = z_g = \frac{2}{\sin^2\alpha}\,. \tag{2,26}$$

z_g wird Grenzzähnezahl, das zugehörige Rad Grenzrad genannt. Grenzradgrößen:

$$\alpha = 15° \quad z_g = 30$$
$$\alpha = 20° \quad z_g = 17$$
$$\alpha = 30° \quad z_g = 8\,.$$

28. Die Profilverschiebung

a) Profilverschiebungsfaktor

Auftretender Unterschnitt kann vermieden werden, wenn man das Bezugsprofil so legt, daß $x = m$ wird, d. h. das Bezugsprofil nach außen rückt, also eine Profilverschiebung vornimmt. Hierdurch ändern sich nicht:

1. die Evolvente der Zahnkopfkurve, da die Flanken des Bezugsprofils weiterhin denselben Winkel mit der Profilmittellinie bilden,

2. die Teilkreisteilung,

3. die Grundkreisteilung.

Es ändern sich aber

1. die Zahnstärke, gemessen auf dem Teilkreis. Sie wird mit abrückendem Bezugsprofil größer.

2. die Zahnstärke, gemessen auf dem Grundkreis (Abhängigkeit wie unter 1),

3. mit Verbreiterung der Zahnstärke die Kopfform insofern, als der Zahn mit zunehmender Profilverschiebung spitzer wird.

Die notwendige Profilverschiebung v ergibt sich zu

$$v \geqq m - \frac{m\,z}{2}\sin^2\alpha\,,$$

oder da

$$\frac{\sin^2\alpha}{2} = \frac{1}{z_g}$$

ist:

$$v \geqq m - \frac{m\,z}{z_g}\,,$$

$$v \geqq m\left(1 - \frac{z}{z_g}\right). \tag{2,27}$$

Den Klammerausdruck bezeichnet man als den *Profilverschiebungsfaktor*.

Je nach der Zähnezahl der beiden kombinierten Räder unterscheiden wir drei Getriebegruppen: Null-Getriebe, V-Null-Getriebe, V-Plus-Getriebe.

b) Das Null-Getriebe

Dieses Getriebe liegt vor, wenn beide Radzahnzahlen über der Grenzzähnezahl liegen. Die beiden Teilkreise berühren sich in Punkt C (Abb. 65 und 66. Bezugsprofil ohne Zahnkopfspiel gezeichnet). Punkt C ist Betriebswälzpunkt. Der Eingriff beginnt, der eingezeichnete Drehsinn vorausgesetzt, in E' und endigt in E.

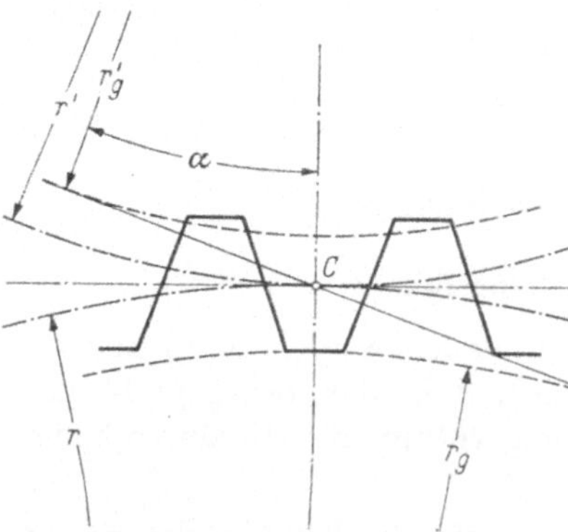

Abb. 65. Lage des Bezugsprofils in bezug auf die Teilkreise bei Null-Getrieben

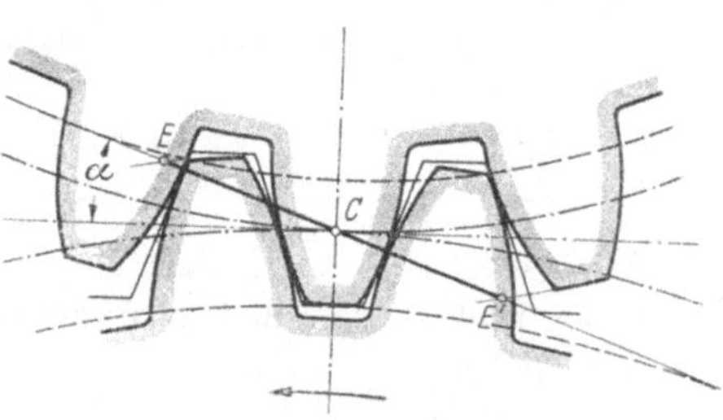

Abb. 66. Getriebebild eines Null-Getriebes

Daten für Abb. 66:

$$z = 35, \qquad m = 1\,\text{mm},$$
$$z' = 25, \qquad \alpha = 20°.$$

c) Das V-Null-Getriebe

Liegt die Zahnzahl eines Rades unter der Grenzzähnezahl, so ist für dieses Rad Profilverschiebung notwendig (Abb. 67 und 68). Die beiden Teilkreise berühren sich im Punkte C, der Betriebswälzpunkt ist.

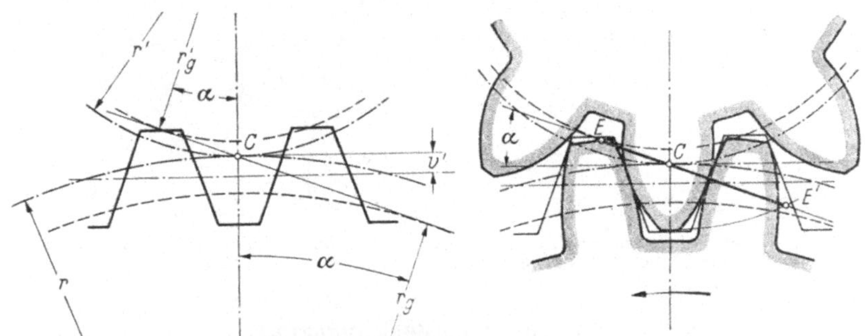

Abb. 67. Lage des Bezugsprofiles in bezug auf die Teilkreise bei V-Null-Getrieben

Abb. 68. Getriebebild eines V-Null-Getriebes

Das Bezugsprofil ist um die Strecke v' vom Kleinrad abgerückt und dabei in das Großrad hineinverschoben. Wir erhalten also für das Großrad eine negative Profilverschiebung, die im allgemeinen zulässig ist, da die Zähnezahl des Großrades meist so groß ist, daß kein Unterschnitt entsteht. Eingriffsbeginn bei E', Eingriffsende bei E.

Daten für Abb. 68:

$$z = 25, \qquad \alpha = 20°,$$
$$z' = 10, \qquad v' = 0{,}41\,\text{mm},$$
$$m = 1\,\text{mm}.$$

d) Das V-Plus-Getriebe

Es entsteht, wenn beide Radzahnzahlen unter der Grenzzähnezahl liegen. Positive Profilverschiebung ist dann für beide Räder notwendig (Abb. 69 und 70). Die beiden Teilkreise berühren sich nicht mehr. Sie sind um die Strecken v bzw. v' von der Profilmittellinie abgerückt. Es entsteht eine neue Eingriffsgerade, die Tangente an den beiden Grundkreisen ist. In ihrem Schnittpunkt mit der Zentrale liegt der neue Betriebswälzpunkt C_1. Die Zahnflanken beider Räder stehen im Schnittpunkt mit der neuen Eingriffsgeraden senkrecht auf dieser, berühren sich aber nicht mehr. Es tritt Flankenspiel auf.

Daten für Abb. 70:

$$z = 12, \qquad \alpha = 20°,$$
$$z' = 10, \qquad v = 0{,}295 \text{ mm},$$
$$m = 1 \text{ mm}, \qquad v' = 0{,}41 \text{ mm}.$$

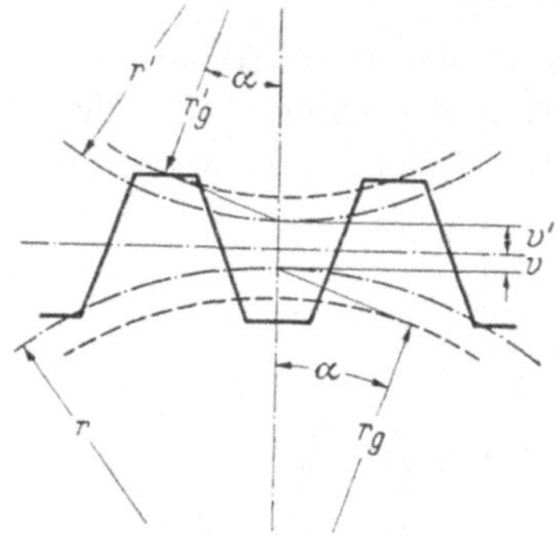

Abb. 69. Lage des Bezugsprofiles in bezug auf die Teilkreise bei V-Plus-Getrieben

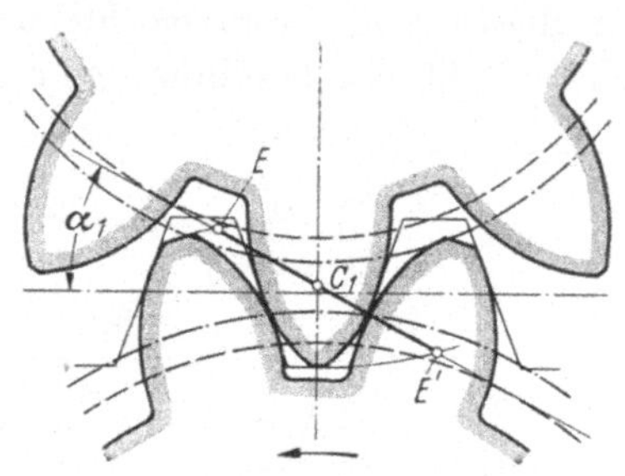

Abb. 70. Getriebebild eines V-Plus-Getriebes

29. Der Überdeckungsgrad

a) Bei Null-Rädern

Die beiden Kopfkreise, gegeben durch das Zahnstangenprofil mit den Radien

$$r_k = r + m$$

und

$$r'_k = r' + m,$$

schneiden die Eingriffsgerade in den beiden Punkten E' und E (Abb. 71).

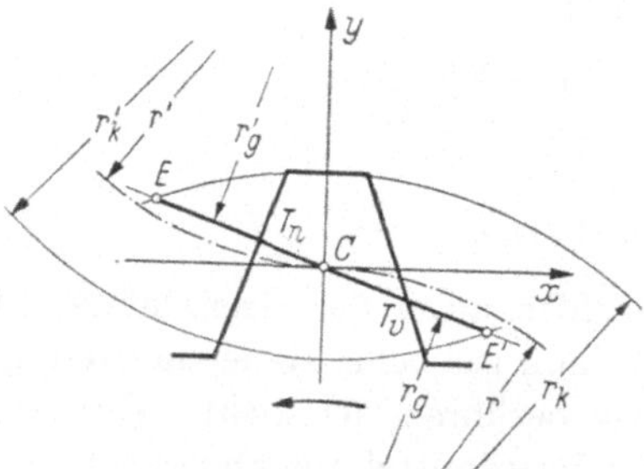

Abb. 71. Zur Berechnung des Überdeckungsgrades bei Null-Rädern

Hierdurch erhalten wir auf der Eingriffsgeraden die beiden Teilstrecken

$$\overline{E'C} = T_v ,$$

$$\overline{CE} = T_n .$$

T_v entspricht dem Anteil vor, T_n dem Anteil nach der Mittellinie. Den Schnittpunkt E erhalten wir aus der Kopfkreisgleichung des Großrades und der Gleichung der Eingriffsgeraden:

$$(y + r)^2 + x^2 = (m + r)^2, \quad \text{(Kopfkreisgleichung)}$$

$$y = - x \operatorname{tg} \alpha. \quad \text{(Eingriffsgeradengleichung)}$$

Umgeformt:

$$y^2 + 2\,r\,y + r^2 + x^2 = m^2 + r^2 + 2\,m\,r,$$

$$x^2 = \frac{y^2}{\mathrm{tg}^2\,\alpha}\,.$$

Durch Einsetzen der letzten Gleichung in die umgeformte Kreisgleichung erhält man

$$y^2 + 2\,r\,y + \frac{y^2}{\mathrm{tg}^2\,\alpha} = m^2 + 2\,m\,r\,,$$

$$y^2\left(1 + \frac{1}{\mathrm{tg}^2\,\alpha}\right) + 2\,r\,y - (m^2 + 2\,m\,r) = 0\,,$$

und da

$$1 + \frac{1}{\mathrm{tg}^2\,\alpha} = \frac{1}{\sin^2\,\alpha}$$

ist, folgt

$$y^2 + y\,2\,r\,\sin^2\alpha - (m^2 + 2\,m\,r)\sin^2\alpha = 0\,,$$

$$y = -\,r\sin^2\alpha \pm \sqrt{r^2\sin^4\alpha + (m^2 + 2\,m\,r)\sin^2\alpha}\,.$$

Da die Koordinate y_E positiv ist, muß auch vor der Wurzel das positive Vorzeichen genommen werden:

$$y_E = -\,r\sin^2\alpha + \sqrt{r^2\sin^4\alpha + (m^2 + 2\,m\,r)\sin^2\alpha}\,.$$

Da aber

$$T_n = \frac{y_E}{\sin\alpha}$$

ist, wird

$$T_n = -\,r\sin\alpha + \sqrt{r^2\sin^2\alpha + m^2 + 2\,m\,r}\,.$$

Wir ergänzen die Wurzel mit $+\,r^2$ und $-\,r^2$:

$$T_n = -\,r\sin\alpha + \sqrt{-\,r^2\cos^2\alpha + (m + r)^2}\,, \qquad (2,28)$$

$$T_n = -\,r\sin\alpha + \sqrt{r_k^2 - r_g^2}\,.$$

Bei der Ableitung von T_v ist darauf zu achten, daß α im 4. Quadranten liegt, $\sin\alpha$ also negativ wird.

Man erhält:

$$y_{E'} = +\,r'\sin^2\alpha - \sqrt{r'^2\sin^4\alpha + (m^2 + 2\,m\,r')\sin^2\alpha}\,,$$

$$T_v = \frac{r'\sin^2\alpha - \sqrt{r'^2\sin^4\alpha + (m^2 + 2\,m\,r')\sin^2\alpha}}{-\sin\alpha}\,.$$

$$T_v = -\,r'\sin\alpha + \sqrt{-\,r'^2\cos^2\alpha + (m + r')^2}\,, \qquad (2,29)$$

$$T_v = -\,r'\sin\alpha + \sqrt{r_k'^2 - r_g'^2}\,.$$

Da

$$r = \frac{m\,z}{2} \qquad \text{bzw.} \qquad r' = \frac{m\,z'}{2}$$

ist, können die Gl. (2,28) und (2,29) auch in der folgenden Form geschrieben werden:

$$T_n = -\frac{m\,z}{2}\sin\alpha + m\sqrt{\frac{z^2\sin^2\alpha}{4} + 1 + z}\,, \qquad (2,30)$$

$$T_v = -\frac{m\,z'\sin\alpha}{2} + m\sqrt{\frac{z'^2\sin^2\alpha}{4} + 1 + z'}\,. \qquad (2,31)$$

Hier ist auch bei T_v α positiv zu nehmen, da das negative Vorzeichen schon bei der Ableitung berücksichtigt wurde.

Numerische Größe des Überdeckungsgrades. Aus den beiden Teilstrecken T_n und T_v erhalten wir die beiden Teilbeträge U_n und U_v des Überdeckungsgrades durch Division mit $t\cos\alpha$.

Da $t = \pi\,m$, wird

$$U_{v,n} = \frac{-\dfrac{z}{2}\sin\alpha + \sqrt{\dfrac{z^2\sin^2\alpha}{4} + 1 + z}}{\pi\cos\alpha}\,, \qquad (2,32)$$

$$U_{v,n} = -\frac{z}{2\pi}\operatorname{tg}\alpha + \sqrt{\left(\frac{z}{2\pi}\operatorname{tg}\alpha\right)^2 + \frac{1+z}{\pi^2\cos^2\alpha}}\,, \qquad (2,33)$$

worin sinngemäß zum Erhalt von U_v z' und für U_n z zu setzen ist.

In Abb. 72 sind diese beiden Anteile für die beiden Eingriffswinkel $\alpha = 20°$ und $\alpha = 30°$ graphisch dargestellt.

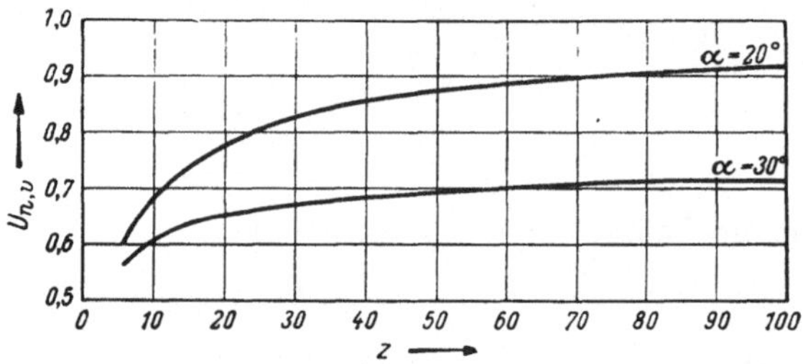

Abb. 72. Der Überdeckungsgrad in Abhängigkeit von der Zähnezahl und des Eingriffswinkels bei Null-Rädern

Nimmt man, wie es in feinmechanischen Geräten meist vorkommt, ein Großrad als treibendes Rad und ein Kleinrad als getriebenes Rad, so entspricht

das Intervall $z = 6$ bis $z = 14$ dem Anteil der Kleinräder, somit dem Anteil vor der Mittellinie,

das Intervall $z = 14$ bis $z = 100$ dem Anteil der Großräder, somit dem Anteil nach der Mittellinie.

Wie man aus dem Schaubild entnehmen kann, beträgt der Anteil nach der Mittellinie bei einem Eingriffswinkel von 20 Grad für ein Rad mit 20 Zähnen $U_n = 0,775$ und für ein Rad mit 100 Zähnen $U_n = 0,92$. Dies allerdings nur, wenn Räder miteinander im Eingriff stehen, die keinen schädlichen Unterschnitt aufweisen. Dies ist jedoch bei Drehzahländerungen ins Schnelle meistens der Fall. Je nach der Zahnzahl fällt ein mehr oder minder großer Anteil des Überdeckungsgrades nach der Mittellinie dem Unterschnitt zum Opfer.

Die hierbei entstehenden Verhältnisse sollen an Hand eines besonderen Beispiels (Abb. 73) genauer erläutert werden. Hier greift ein

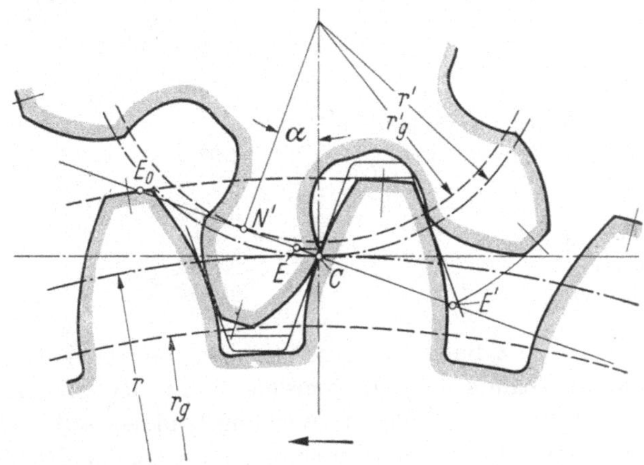

Abb. 73. Die Verringerung des Überdeckungsgrades durch den Unterschnitt

Großrad mit 30 Zähnen in ein Kleinrad mit 6 Zähnen ein. Eingriffswinkel 20°. Der Eingriff beginnt vor der Mittellinie im Punkte E' und würde, falls das Kleinrad unterschnittsfrei wäre, im Punkte E_0 nach der Mittellinie enden. Der Anteil vor der Mittellinie beträgt nach dem Diagramm (Abb. 72) $U_v = 0,6$. Der Anteil nach der Mittellinie beträgt, da es sich um ein Rad mit 30 Zähnen handelt, $U_n = 0,825$. Gesamtüberdeckungsgrad somit $U = 1,425$, mit einem 42proz. Anteil vor der Mittellinie. Infolge des starken Unterschnittes des 6er Rades endigt der Eingriff aber bereits im Punkte E. U_n ist dadurch auf 0,125 reduziert, wodurch ein Gesamtüberdeckungsgrad von $U = 0,725$ erhalten wird.

Der Anteil nach der Mittellinie vergrößert sich mit zunehmender Zähnezahl des Kleinrades und erreicht bei einem Kleinrad mit 17 Zähnen (Grenzrad) den theoretischen Wert.

TRIER[1] hat diesen Anteil zu

$$T_n = N'C - \overline{EC},$$
$$T_n = r' \sin \alpha - r'_g \varphi$$

[1] TRIER, H.: Die Zahnformen der Zahnräder, 4. Aufl. Berlin/Göttingen/Heidelberg: Springer 1954.

angegeben, worin φ die sogenannte Konstante der Eingriffsminderung bedeutet. Sie beträgt nach TRIER für einen Eingriff mit einer Zahnstange:

z	φ		T_n	U_n
6	0,23294		0,3696	0,1252
7	0,19132			
8	0,15788		0,7752	0,2685
9	0,13007			
10	0,10646		1,110	0,3830
11	0,08596	und hieraus unter Berück-		
12	0,06794	sichtigung von $m = 1$:	1,6752	0,5780
13	0,05188			
14	0,03739		2,1481	0,7420
15	0,02432			
16	0,01217		2,5386	0,8750
17	0,00103		2,8987	≈ 1, (genau 0,991)

Ein Großrad von 20 Zähnen kann also hiernach günstigenfalls mit einem Kleinrad von 15 Zähnen gepaart werden, wenn der volle Anteil des Großrades nach der Mittellinie zur Wirkung kommen soll, wohingegen ein Großrad mit 140 Zähnen unbedingt mit einem Kleinrad von 17 Zähnen in Eingriff gebracht werden müßte, wenn der Anteil nach der Mittellinie nicht beeinträchtigt werden soll. Bringt man ein Großrad von 20 Zähnen, wie auch ein Großrad mit 140 Zähnen mit einem 6zähnigen Kleinrad in Eingriff, so beträgt der Anteil in beiden Fällen $U_n = 0,1272$ oder bei einem Kleinrad von 10 Zähnen $U_n = 0,383$ usw.

Wie in Abschnitt 27 gezeigt wurde, kann der Unterschnitt durch Vergrößern des Eingriffswinkels vermindert bzw. vermieden werden. Wir erhalten z. B. bei einem Eingriffswinkel von 30 Grad Kleinräder bis herunter zur Zähnezahl 6 unterschnittsfrei, so daß hierbei der volle Anteil U_n zur Wirkung kommt. Allerdings ist dieser Anteil nach der Mittellinie, obwohl er voll zur Geltung kommt, kleiner geworden. Bei einem 20zähnigen Rad beträgt er nur noch $U_n = 0,65$ und bei einem 140zähnigen Rad noch 0,725. Wir hätten z. B. bei einem Eingriff 30/6 einen Gesamtüberdeckungsgrad von 1,225, wovon allerdings rund 47% auf den Anteil vor der Mittellinie entfallen, was unerwünscht ist.

b) Bei V-Null-Rädern (Abb. 74)

Es ist

$$(y + r)^2 + x^2 = (m - v + r)^2 \text{ (Kopfkreisgleichung d. Großrades),}$$

$$y = - x \operatorname{tg} \alpha \text{ (Eingriffsgeradengleichung).}$$

Entsprechend wieder umgeformt:

$$y^2 + r^2 + 2\,r\,y + x^2 = (m - v + r)^2,$$

$$x^2 = \frac{y^2}{\mathrm{tg}^2\,\alpha}\,,$$

$$y^2\left(1 + \frac{1}{\mathrm{tg}^2\,\alpha}\right) + 2\,r\,y - (m - v + r)^2 + r^2 = 0,$$

$$y^2 + 2\,r\,y\sin^2\alpha - (m - v + r)^2\sin^2\alpha - r^2\sin^2\alpha = 0,$$

$$y = -\,r\sin^2\alpha \pm \sqrt{r^2\sin^4\alpha + (m - v + r)^2\sin^2\alpha - r^2\cdot\sin^2\alpha}\,,$$

$$y_E = r\sin^2\alpha + \sqrt{r^2\sin^4\alpha + (m - v + r)^2\sin^2\alpha - r^2\cdot\sin^2\alpha}\,,$$

$$T_n = \frac{y_E}{\sin\alpha}\,,$$

$$T_n = -\,r\sin\alpha + \sqrt{r^2\sin^2\alpha - r^2 + (m - v + r)^2}\,,$$

$$T_n = -\,r\sin\alpha + \sqrt{-\,r^2\cos^2\alpha + (m - v + r)^2}\,,$$

$$T_n = -\,r\sin\alpha + \sqrt{r_k^2 - r_g^2}\,.$$

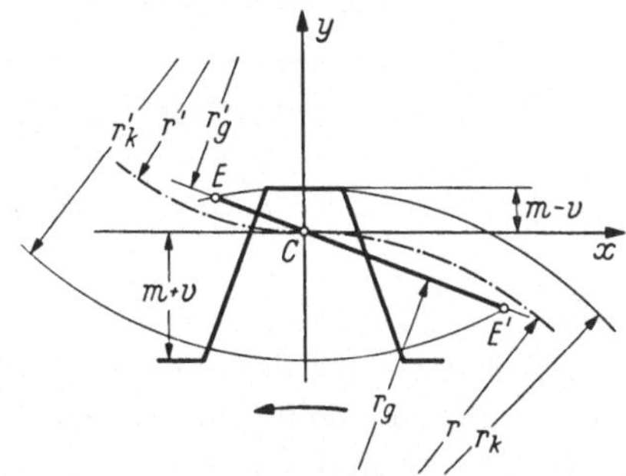

Abb. 74. Zur Berechnung des Überdeckungsgrades
bei V-Null-Rädern

In analoger Weise erhalten wir wie unter a) für die beiden Teilstrecken
der Eingriffsgeraden die beiden Gleichungen

$$T_n = -\,\frac{m\,z}{2}\sin\alpha + \sqrt{-\,\frac{m^2\,z^2}{4}\cos^2\alpha + \left(m - v + \frac{m\,z}{2}\right)^2}\,, \qquad (2{,}34)$$

$$T_v = -\,\frac{m\,z'}{2}\sin\alpha + \sqrt{-\,\frac{m^2\,z'^2}{4}\cos^2\alpha + \left(m + v + \frac{m\,z'}{2}\right)^2}\,. \qquad (2{,}35)$$

Die beiden Gleichungen unterscheiden sich (hervorgerufen durch die
Profilverschiebung) durch das Vorzeichen von v.

Numerische Größe des Überdeckungsgrades. Wie unter a) erhält
man auch hier die beiden wirklichen Anteile des Überdeckungsgrades
durch Division mit $t\cos\alpha$. Für die Berechnung ist es jedoch in diesem

Falle unzweckmäßig, die beiden Gln. (2,34) und (2,35) in eine andere Form überzuführen, da sie hierdurch nicht einfacher werden.

Graphisch dargestellt, ergibt der Anteil vor der Mittellinie *eine* Kurve. Für ein bestimmtes z' gibt es nur ein zugehöriges v.

Für den Anteil nach der Mittellinie erhalten wir die jedem v zugehörige Kurve (Abb. 75).

Wie der Vergleich zwischen Abb. 72 und Abb. 75 zeigt, wird der Anteil vor der Mittellinie größer, der Anteil nach der Mittellinie kleiner als bei reinen Null-Getrieben. Dies ist der Grund, warum man in der Feinmechanik V-Null-Getriebe nach Möglichkeit vermeidet.

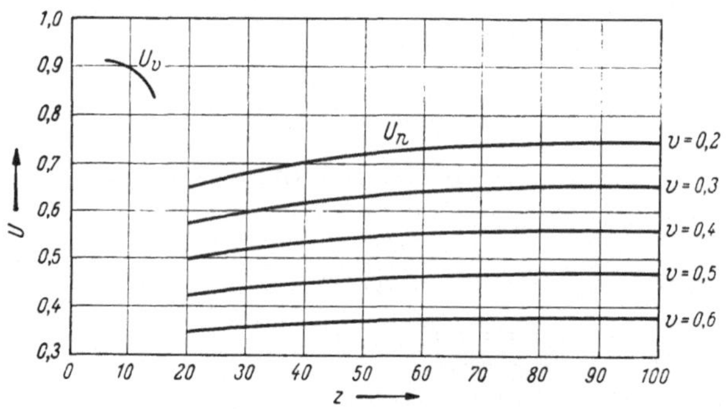

Abb. 75. Der Überdeckungsgrad in Abhängigkeit von der Zähnezahl und der Profilverschiebung bei V-Rädern.　$\alpha = 20$ Grad

Bei einem Getriebe 30/8 würde der Anteil vor der Mittellinie rund $U_v = 0,9$ betragen. Den Anteil nach der Mittellinie erhält man für eine Profilverschiebung von 0,52 (notwendig um ein 8er Rad unterschnittsfrei zu schneiden) zu $U_n = 0,42$ und somit einen Gesamtüberdeckungsgrad von $U = 1,32$, wovon ca. 68% auf den Anteil vor der Mittellinie entfallen. Günstigere Werte erhält man mit höherzähnigen Kleinrädern, weil für diese keine so große Profilverschiebung notwendig ist und damit der Anteil des Großrades nach der Mittellinie steigt.

c) Bei V-Plus-Rädern

Diese Getriebeart hat in der Feinmechanik, insbesondere im Laufwerksbau, keine besondere Bedeutung erlangt. Übersetzungsverhältnisse von 1:1 bis 1:3 müssen nicht unbedingt mit kleinzahnzahligen Rädern hergestellt werden, die beide eine Profilverschiebung zur Vermeidung des Unterschnittes verlangen. Da im allgemeinen keine nennenswerten Kräfte übertragen werden, die aus Festigkeitsgründen evtl. einen größeren Modul vorschreiben, können diese Übersetzungsverhältnisse mit höherzähnigen Rädern ausgeführt werden.

30. Vergleich von Zykloiden- und Evolventenverzahnung

	Zykloide	*Evolvente*
Abstandsempfindlichkeit	stark vorhanden	keine
Überdeckungsgrad	Großer Anteil nach der Mittellinie. Kürzung des Anteils vor der Mittellinie durch Kopfkürzung des Kleinrades möglich.	Anteile vor und nach der Mittellinie ungefähr gleich. Bei Profilverschiebung vergrößert sich der Anteil vor der Mittellinie.
Zahnform	Beim Kleinrad schmaler Zahnfuß. Der tiefe Zahnfuß ist für Schmutzablagerung besonders günstig.	Stabile Zahnform.
Beanspruchung des Zahnes	Beanspruchung der Zykloidenflanke durch das spezifische Gleiten ist gering.	
Herstellung	Herstellung von Einzelrädern (auch Räderpakete) mit Formfräser im Teilverfahren möglich. Auch bei Herstellung größerer Serien gebräuchlich.	Herstellung von Einzelrädern (auch Räderpakete) mit Formfräser im Teilverfahren möglich. (Auf den Musterbau beschränkt.)
	Abwälzverfahren erfordert a) falls gerade Fußflanken erzeugt werden sollen, für jedes Rad einen besonderen Wälzfräser. b) zur Herstellung von Satzrädern einen einzigen Fräser. Nur ein Rad, zu dem der Wälzfräser das Gegenprofil bildet, kann gerade Fußflanken erhalten.	Abwälzverfahren erfordert für sämtliche Räder gleichen Moduls nur einen Fräser. Kleinräder ohne Profilverschiebung nicht einwandfrei zu erhalten.
Werkzeuge	Formfräser: Zwei gerade Fußflanken, zwei Zykloidenflanken. Wälzfräser 4 Zykloidenflanken. Teure und schwierige Herstellung.	Geradflankiges Werkzeug, Formfräser ausgenommen.

Die unbestreibaren Vorzüge der Evolventenverzahnung wie

    die Unempfindlichkeit gegen kleine Änderungen der Zentralen, Satzrädereigenschaft, leichte Herstellung des Fräserprofils und einfache Herstellung durch Abwälzen

haben immer wieder Anlaß gegeben, Wege zu suchen, die die bestehenden Nachteile überbrücken.

Vorschlag von GITTINGER[1]:

	Eingriffs-winkel α	Zahnkopf-höhe k, k'	Zahnfuß-höhe f, f'	Zahn-stärke s
Rad-Rad-Eingriffe mit $z > 20$	20°	1,0 m	1,2 m	0,45 t
Rad-Trieb-Eingriffe $z' = 11$ bis 20	25°	1,0 m	1,2 m	0,45 t
Rad-Trieb-Eingriffe $z' = 8$ bis 10	28°	0,9 m	1,1 m	0,45 t
Rad-Trieb-Eingriffe $z' = 6$ und 7	32° 30′	0,9 m	1,1 m	0,45 t

Wie aus der Zusammenstellung ersichtlich ist, wurde der Eingriffs-winkel jeweils so gewählt, daß die Kleinräder keinen Unterschnitt aufweisen. Die beiden ersten Gruppen mit ihrer Fußhöhe von 1,2 m entsprechen einem Normprofil $\alpha = 20°$ bzw. einem abgeänderten Norm-profil mit $\alpha = 25°$ und einem Zahnflankenspiel von 0,1 t. Die Vermin-derung der Zahnkopfhöhen bei den beiden letzten Gruppen hat eine Verringerung des Gesamtüberdeckungsgrades von rund 1,3 auf 1,17 bei einem Übersetzungsverhältnis von 1:4 (nach Angabe von GITTINGER) zur Folge. Nicht umgangen ist bei diesem Vorschlag der nach wie vor bestehende große Anteil vor der Mittellinie. Auch steht die Vielzahl der notwendigen Fräser für einen einzigen Satz von 6 bis über 20 Zähnen einer Einführung dieses Vorschlages hindernd im Wege.

Vorschlag von GÖTTSCHING[2]: Schneidet man das Kleinrad mit einem größeren Eingriffswinkel α_2 wie das Großrad (α_1) (Abb. 76), so wird beim Kämmen der beiden Räder der ursprüngliche Wälzpunkt C nach C'

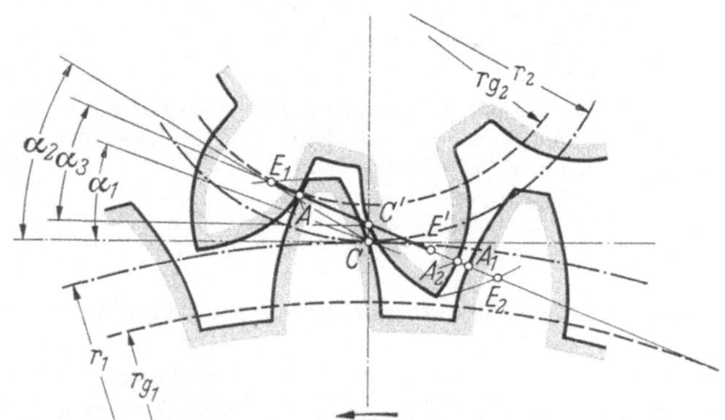

Abb. 76. Getriebebild zweier Räder mit verschiedener Eingriffsteilung

[1] GITTINGER, P.: Dtsch. Uhrm.-Ztg. 1935, H. 16, S. 197.
[2] GÖTTSCHING, H: Die Uhr 1949, H. 10.

verschoben, durch den die tatsächliche Eingriffslinie, unter dem Betriebs-eingriffswinkel α_3, geht. Nach Angabe von GÖTTSCHING soll

$$\alpha_1 = 27,5° \quad (\text{Großrad})$$

$$\alpha_2 = 30° \quad (\text{Kleinrad})$$

betragen. Die Folge ist eine größere Eingriffsteilung am Großrad.

$$t_{e_1} = t \cos \alpha_1 \quad (\text{Strecke } AA_1),$$

$$t_{e_2} = t \cos \alpha_2 \quad (\text{Strecke } AA_2).$$

Der Eingriff, der theoretisch bei E_2 beginnen müßte und bei E_1 endigt, ist dadurch nach E' zurückverlegt. Hierdurch wird ein einzahniger Eingriff bis zur allmählichen Übernahme der Führung durch den näch-sten Zahn erreicht. Außer der Verringerung der sogenannten stauchenden oder stemmenden Reibung durch Verkürzung des Eingriffes vor der Mittellinie wird das gefürchtete Aufsetzen der Kleinradzahnspitzen auf die Radflanken des Großrades vermieden.

Wie Abb. 77 zeigt, kann dies durch einfache Vergrößerung des Eingriffswinkels, wie es entsprechend der GITTINGERschen Vorschläge

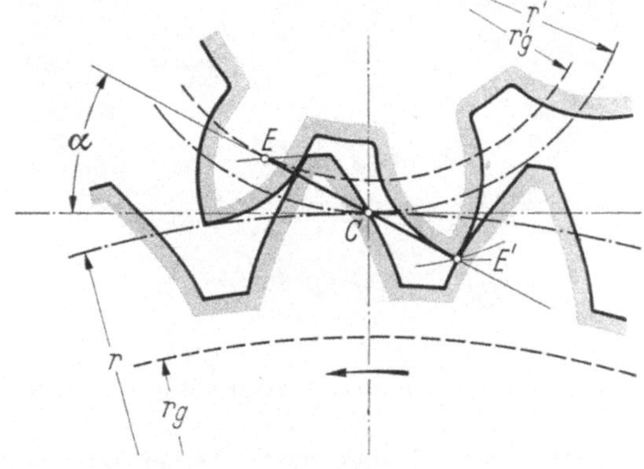

Abb. 77. Getriebebild zweier Räder mit einem Eingriffswinkel $\alpha = 30°$

zur Erzielung eines unterschnittfreien Kleinrades notwendig ist, nicht erreicht werden.

Daß der Vorschlag, zwei verschiedene Eingriffsteilungen zu verwen-den, auch tatsächlich verwertbar ist, geht aus Abb. 78 hervor, die ein vollständiges Weckerwerk zeigt, dessen Eingriffe alle in der vorstehend beschriebenen Weise aufgebaut (und gefertigt) sind. Auch eine längere Betriebsdauer (5 Jahre) hat für die Betriebsverhältnisse keineswegs verschlechternde Einflüsse ergeben.

Winkel- und Momententreue[1]. Definitionsgemäß verstehen wir unter Winkeltreue das Verhältnis

$$\frac{\omega}{\omega'} = i \, ,$$

entsprechend unter Momententreue das Verhältnis

$$\frac{M}{M'} = i \, .$$

Winkeltreue ist bei den Verzahnungsarten vorhanden, solange das Verzahnungsgesetz erfüllt ist. Dieses Gesetz wurde in Abschn. 14 unter

Abb. 78. Wecker mit einer Verzahnung nach Abb. 76

der Voraussetzung $\omega/\omega' = i$ abgeleitet. Dabei war weiterhin angenommen, daß die Drucknormale durch den Wälzpunkt C gehen soll.

Diesen idealisierten Verhältnissen entspricht die Wirklichkeit nicht. Infolge der unvermeidlichen Reibung zwischen den beiden Zahnflanken tritt eine zusätzliche Komponente auf, die sowohl die Richtung als auch die Größe der Drucknormale ändert. Hierdurch wird die Momententreue gestört.

Über die Richtung der Reibungskräfte geben uns die Gleitkomponenten genaueren Aufschluß. Unter Annahme einer Geradflankenverzah-

---

[1] Eine ausführliche Behandlung findet sich in einer Arbeit von L. MEYDING: Beilage zum Uhrenjournal 1952, Mai-Heft.

nung (Abb. 79) ist zu Beginn des Eingriffes (Punkt E_1) $g_1 = 0$ und g_1' eine Größe, die von c_1 abhängt. Die Reibungskraft ist deshalb nach oben gerichtet. Im Wälzpunkt C ist $g_C = g_C' = 0$; die beiden Flanken rollen, ohne zu gleiten, aufeinander ab. Im Punkte E_2 ist $g_2' = 0$ geworden, wohingegen g_2 wieder einen der Größe von c_2 entsprechenden Wert annimmt. Die Reibungskraft ist in E_2 nach unten gerichtet. Es ist zu beachten, daß $c_1 = c_1' \neq c_2 = c_2'$ ist.

Ähnliche Verhältnisse treffen wir, was die Richtung der Reibungskräfte betrifft, bei der Evolventenverzahnung an (Abb. 80). Im Unter-

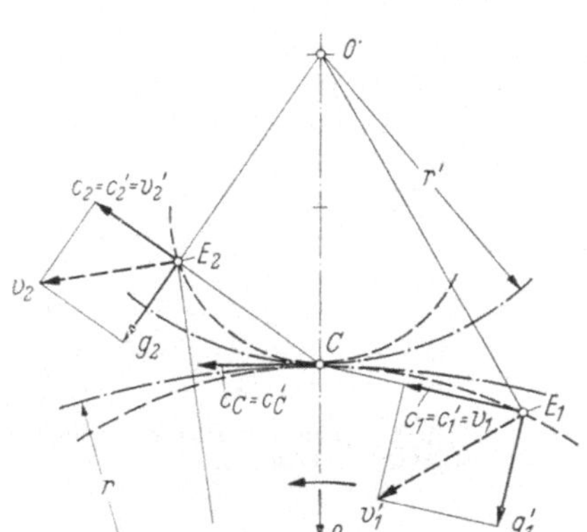

Abb. 79. Geschwindigkeitsplan dreier Eingriffspunkte bei Zykloidenverzahnung

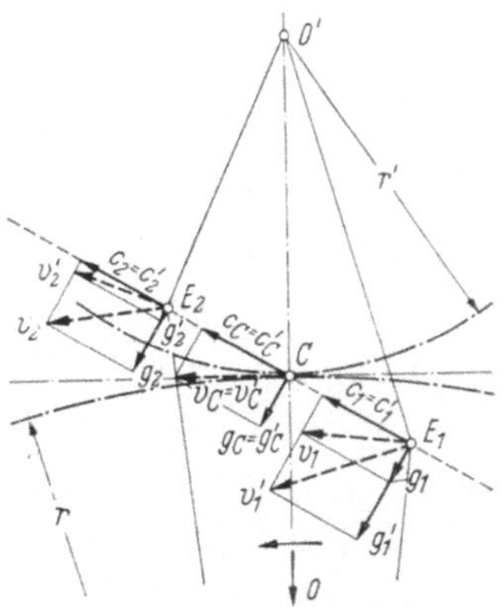

Abb. 80. Geschwindigkeitsplan dreier Eingriffspunkte bei Evolventenverzahnung

schied zur Zykloidenverzahnung sind hier die Geschwindigkeitskomponenten c in den drei Punkten E_1, C und E_2 gleich:

$$c_1 = c_1' = c_C = c_C' = c_2 = c_2'.$$

Auch hier besteht im Wälzpunkt C keine Reibung.

In Abb. 81 und 82 sehen wir für die beiden Verzahnungsarten die infolge der Reibungskräfte auftretenden Resultierenden S_1, S_C und S_2 mit ihren entsprechenden Hebelarmen eingezeichnet (die Hebelarme h_1 und h_2 sind der Übersichtlichkeit wegen weggelassen).

Damit lassen sich die Momente der Kräfte S_1, S_C und S_2 in bezug auf den Drehpunkt O bzw. O' aufstellen. Dies könnte analytisch geschehen. Die erforderlichen Größen können jedoch auch aus der Zeichnung entnommen werden.

Die Größe des Verhältnisses von zugeführtem und abgegebenem Moment in den Punkten E_1, C und E_2 (wobei man sich keineswegs auf diese drei Punkte zu beschränken braucht) gibt uns Aufschluß über die Momententreue.

Wir finden
für die Zykloidenverzahnung:

$$\frac{S_1 h_1'}{S_1 h_1} < \frac{S_2 h_2'}{S_2 h_2} < \frac{P_C r'}{P_C r} \,,$$

für die Evolventenverzahnung:

$$\frac{S_1 h_1'}{S_1 h_1} < \frac{S_2 h_2'}{S_2 h_2} < \frac{P r_g'}{P r_g} \,,$$

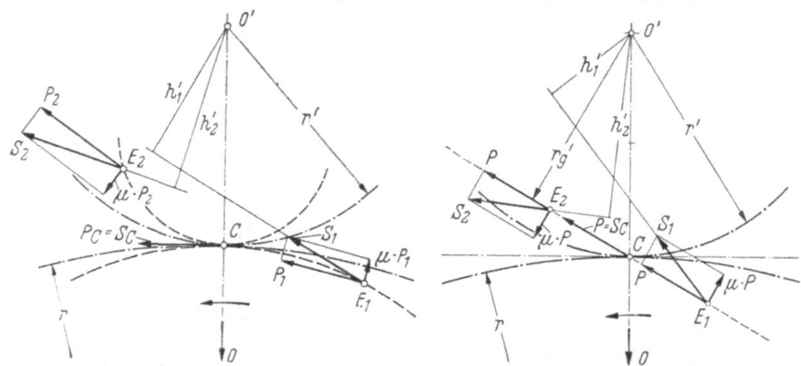

<table>
<tr><td>

Abb. 81. Kräfteplan dreier Eingriffs-
punkte bei Zykloidenverzahnung. (h_1 und
h_2 nicht eingezeichnet)

</td><td>

Abb. 82. Kräfteplan dreier Eingriffspunkte
bei Evolventenverzahnung. (h_1 und h_2
nicht eingezeichnet)

</td></tr>
</table>

oder was dasselbe ist:

$$S_1 h_1' < S_2 h_2' < P_C r' \,,$$

bzw.

$$S_1 h_1' < S_2 h_2' < P r_g' \,.$$

Das an das Kleinrad abgegebene Moment ist also bei konstantem Antriebsmoment zu Beginn des Eingriffes am kleinsten, erreicht beim
Durchgang durch den Wälzpunkt ein Maximum, wird dann ausgangsseitig wieder kleiner, bleibt jedoch immer größer als zu Beginn des
Eingriffes.

Das letztere ist zu beachten. Wir müssen darin eine Erklärung für
die sogenannte „stauchende — oder eingehende Reibung" sehen.

IV. Die Herstellung der Verzahnung

31. Zykloidenräder

a) Das Teilverfahren

Das älteste Verfahren, das auch heute noch besonders bei Einzelfertigung in Reparaturbetrieben und im Musterbau angewendet wird,
ist das Zahnen mit der Handmaschine. Abb. 83 zeigt eine der ältesten
Ausführungen, den sogenannten Zahnstuhl, wie er zur Herstellung alter

Schwarzwälder Uhren Verwendung fand. Zur Einhaltung der Teilung dient eine Teil- oder Lochscheibe (*1*), auf der, je nach der gewünschten

Abb. 83. Alte Verzahnungsmaschine, sog. Zahnstuhl

Zahnzahl, die entsprechende Anzahl Löcher gebohrt sind. Das zu teilende Rad wird auf der Welle der Teilscheibe aufgesetzt (*2*) und nach erfolgtem Durchgang des Fräsers (*3*) mit der Hand nach dem nächsten Loch umgestellt. Ein Arretierhebel (*4*) hält das Rad während des Fräsvorganges fest. Das Fräsen erfolgte durch Einschwenken des Werkstückes gegen den Fräser um die Achse (*5*).

Maschinen dieser Art mit Teilscheibe werden auch heute noch gebaut.

Der Fräser, ein sogenannter Formfräser (Abb. 84), erhält das Profil der Zahnlücke; er reicht über die beiden Kopfflanken hinaus. Die Radrohlinge brauchen nicht genau auf

Abb. 84. Zahnformfräser

Maß im Kopfkreisdurchmesser gearbeitet sein; der Fräser schneidet das überstehende Metall weg. Theoretisch braucht man für jeden

Eingriff zwei Fräser, die lediglich für diesen einen Eingriff verwendbar sind, da die Form der Zahnkopfkurve (gerader Zahnfuß vorausgesetzt), selbst bei gleicher Teilung, nicht nur vom Übersetzungsverhältnis, sondern auch von der Anzahl der Zähne auf Rad und Gegenrad abhängig ist.

Die Verwendung eines Zahnformfräsers bestimmter Teilung für Übersetzungsverhältnisse, für die er nicht bestimmt ist, führt zu Ab-

Abb. 85. Neuzeitliche Verzahnungsmaschine für Handbetrieb

weichungen in der Zahnkopfkurve, die sich besonders auf die Reibungsverhältnisse ungünstig auswirken. Obwohl diese Tatsachen längst bekannt sind, wird diese Arbeitsweise immer noch geübt.

Eine Weiterentwicklung der Handzahnmaschine stellt Abb. 85 dar. Hier ist die Teilscheibe durch ein Schneckenrad (1) ersetzt (in der Figur verdeckt), das über eine Schnecke und ein Getriebe (2) weitergedreht werden kann. Die Getrieberäder sind auswechselbar und auf die verlangten Zahnzahlen abgestimmt. Eine Sperrklinke (3) sorgt dafür, daß nach einer einmaligen Drehung der Handkurbel (4) die Getrieberäder während des Fräsvorganges arretiert bleiben. Erst durch Auslösen der Sperrklinke kann das Schneckenrad mit dem zu zahnenden

Radkörper weitergedreht werden. Das Werkstück wird zwischen zwei
Dorne gespannt, von denen der untere zum Auswechseln mittels des
Handrades (5) vom Schneckenrad gelöst werden kann. Der Dorn (6) dient
als Gegenlager (s. a. Abb. 86). Der Fräser (7) wird über ein Vorgelege
angetrieben und ist in einem Schlitten (8) beweglich gelagert. Der Hand-
hebel (9) gestattet, den rotierenden Fräser an das Werkstück heran-

Abb. 86. Arbeitsbeispiel an einer Zahnmaschine für Handbetrieb

zuführen. Die Frässpindel ist auswechselbar. Die Werkstückspann-
vorrichtung ist zur Aufnahme ganzer Räderpakete eingerichtet.

Die Handmaschine gestattet keine rationelle Fertigung. Massen-
auflagen können nur durch halb- oder vollautomatische Maschinen
bewältigt werden. Während bei der Radfertigung durch Paketieren
immerhin noch eine größere Anzahl (10—20 Stück) auf der Handmaschine
geschnitten werden kann, bleibt bei der Kleinradfertigung, bei der
Radkörper und Welle auf Automaten aus einem Stück gefertigt werden,
die Verzahnungsarbeit auf das Einzelstück beschränkt.

In Abb. 87 sehen wir eine der heute gebräuchlichen halbautoma-
tischen Verzahnungsmaschinen. Der Rohling wird auch hier zwischen
zwei Dorne gespannt. Der Teilvorschub erfolgt automatisch durch die
auswechselbare Teilscheibe (1), nachdem der Fräser das Werkstück verlassen hat. Der Fräser wird während des Zurückfahrens in die Ausgangsstellung, das mit erhöhter Geschwindigkeit erfolgen kann, nach oben oder
unten abgehoben, damit keine Berührung der Fräserflanken mit den
bereits geschnittenen Zahnflanken möglich ist. Für besonders sauber

zu fertigende Zahnräder werden oft zwei Fräser — zum Vor- und Fertig-
schneiden — auf die Frässpindel gesetzt. Magazinausrüstung ist bei den
meisten Maschinen heute üblich.

Abb. 87. Halbautomatische Zahnfräsmaschine, im Teilverfahren arbeitend
(Werkfoto Morat)

b) Das Abwälzverfahren zur Erzeugung von Zykloidensatzrädern

Das Charakteristikum für die Satzrädereigenschaft einer Radgruppe,
d. h. für die Austauschbarkeit der einzelnen Räder untereinander mit
einwandfreiem Eingriff, der den früher abgeleiteten Verzahnungs-
gesetzen gehorcht, ist:

1. die Notwendigkeit des symmetrischen Verlaufes der Eingriffslinie in bezug auf den Wälzpunkt;

2. das Vorhandensein gleicher Teilkreisteilung;

3. die Forderung, daß die Räder achsenparallele Flanken haben.

Das Einhalten der Forderung 1 bedeutet bei der Zykloidenverzahnung gleiche Rollkreisgrößen für sämtliche Räder. Sie wird bestimmt
durch das kleinste noch zu schneidende Rad, dessen Fußflanken gerade
werden sollen.

Das Werkzeug — der Wälzfräser — erhält ein Profil, das durch
Abrollen dieses Rollkreises auf der Teilrißgeraden gewonnen wird.
Kopf- und Fußflanke des Fräserprofiles werden von derselben Zykloide
gebildet.

Abb. 88 stellt das Profil eines Abwälzfräsers für eine Satzräder-
gruppe mit einem kleinsten zu schneidenden Rade von 10 Zähnen dar.

Die eine Profilflanke ist um $t/20$ verschoben, wodurch die Zahnstärke aller Räder um $t/20$ verringert wird. Dies ergibt beim Kämmen zweier Räder eine Gesamtzahnluft von $t/10$. Eine weitere, nicht unwesentliche Folge dieser Profilveränderung ist die dadurch hervorgerufene Zahnkopfhöhenverminderung und eine größere Zahnfußtiefe, wodurch das unbedingt notwendige Kopfspiel erreicht wird.

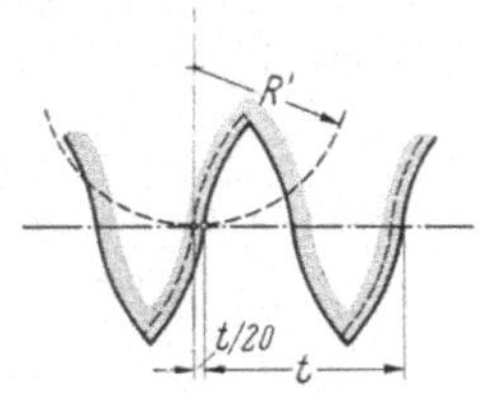

Abb. 88. Bezugsprofil eines Zykloidenabwälzfräsers

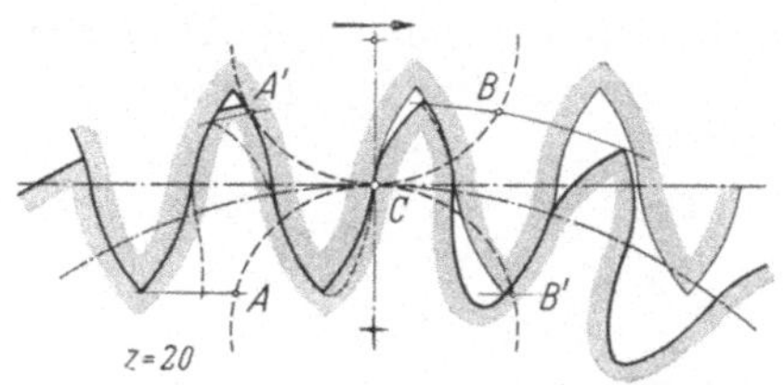

Abb. 89. Schneiden eines 20zähnigen Zykloidenrades im Abwälzverfahren

Nicht uninteressant sind die einzelnen Phasen des Schnittvorganges, wie ihn Abb. 89 für ein Großrad mit 20 Zähnen, mit dem Fräser entsprechend Abb. 88 geschnitten, darstellt. Im Punkte A, dem Schnittpunkt des Rollkreises mit der Parallelen zur Teilrißgeraden durch die Fräserspitze, beginnt das Schneiden der rechten Zahnfußflanke. Der Arbeitspunkt wandert dabei während des Schneidens entlang dem Rollkreis nach C, in dem die rechte Fußflanke fertig geschnitten ist. Von C nach B erfolgt das Schneiden der rechten Kopfflanke. In der gezeichneten Stellung (Zahn rechts neben dem Wälzpunkt) ist der Zahnkopf noch etwas überhöht; das Material ist noch nicht ganz weggeschnitten (die Zahnspitze ragt noch über den Kopfkreis hinaus). Erst im Punkt B hat der Zahn seine endgültige Form. In A' beginnt der Schnitt der linken Kopfflanke, der bei C beendigt ist; von dort aus erfolgt der Schnitt der Fußflanke, die von oben her angeschnitten wird. Das Herausarbeiten des Zahngrundes erfolgt von C nach B'.

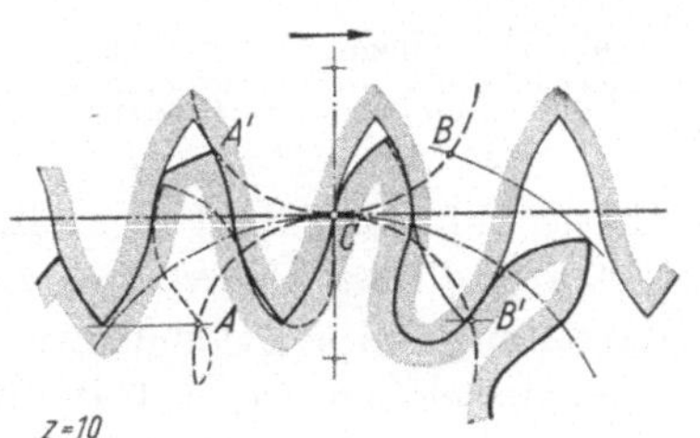

Abb. 90. Schneiden eines 10zähnigen Zykloidenrades im Abwälzverfahren

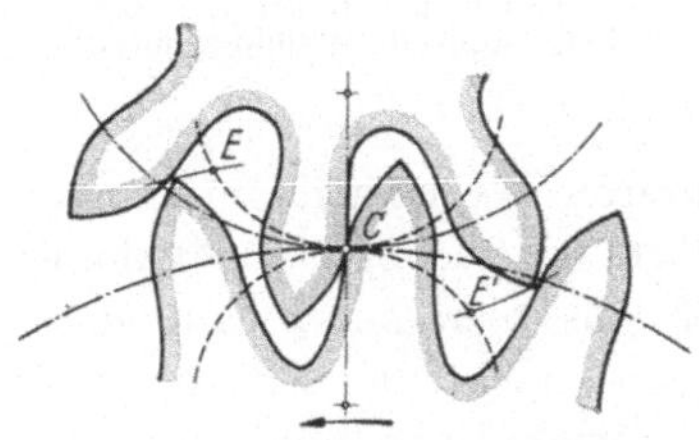

Abb. 91. Getriebebild zweier im Abwälzverfahren hergestellter Zykloidenräder mit 10 und 20 Zähnen

In Abb. 90 sehen wir denselben Vorgang für das Kleinrad mit 10 Zähnen dargestellt. Der Schneidverlauf der einzelnen Zahnflanken ist analog Abb. 89.

Abb. 91 zeigt das Zusammenarbeiten der beiden im Abwälzverfahren erzeugten Räder $z = 20$ und $z' = 10$. Wie man sieht, genügt das durch die Profiländerung erreichte Kopfspiel durchaus den gestellten Ansprüchen. Auch ist der durch die Zahnkopfhöhenverminderung etwas reduzierte Überdeckungsgrad immer noch recht beträchtlich. Er beträgt in diesem Falle $= 1,55$.

Die Unterlegenheit des Abwälzverfahrens für die Herstellung der Zykloidenverzahnung gegenüber der Evolvente liegt lediglich in der

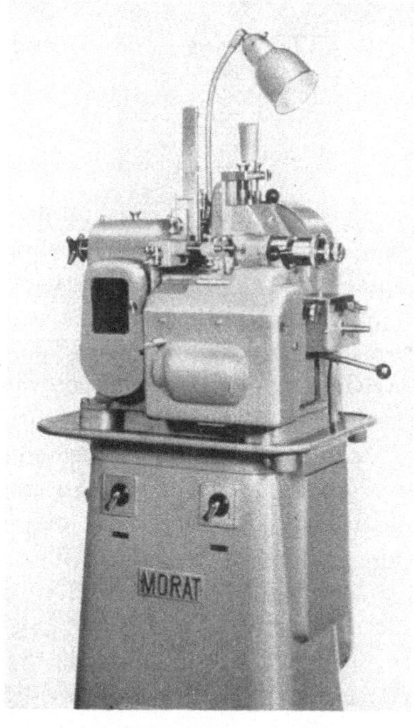

Abb. 92. Uhrwerk mit im Abwälzverfahren hergestellten Zykloidenrädern

Abb. 93. Halbautomatische Zahnfräsmaschine, im Abwälzverfahren arbeitend (Werkfoto Morat)

teureren Werkzeugherstellung. Das Fräserprofil des Zykloidenwälzfräsers ist wieder eine Zykloide. Das Fräserprofil der Evolvente setzt sich aus Geraden zusammen. Die Herstellung eines Zykloidenwälzfräsers macht den Einsatz teurer Werkzeugmaschinen wie z. B. Profilschleifmaschinen notwendig.

Daß es möglich ist, Laufwerke mit Zykloidensatzrädern auszustatten, geht aus Abb. 92 hervor, die eine Aufnahme eines Kurzpendelwerkes wiedergibt, dessen gesamte Verzahnung — mit zwei verschiedenen Teilungen — im Abwälzverfahren hergestellt wurde.

Die serienmäßige Herstellung von Abwälzrädern erfolgt auf den sogenannten Abwälzfräsmaschinen (Abb. 93). Hier ist die Werkstückwelle mit der Fräserwelle so durch ein Getriebe gekoppelt, daß bei einer Umdrehung des Fräsers das Werkstück sich um den Teilungswinkel gedreht hat. Das Getriebe ist auswechselbar; seine Räder richten sich nach der Anzahl der pro Radumfang zu schneidenden Zähne. Da die Schneidzähne des Fräsers in Form einer Spirale mit der Steigung t aufgebracht sind, muß, wenn der Abstand zweier diametraler Teilrißgeraden des Fräsers $= d$ ist, die Fräserachse unter dem Winkel

$$\beta = \frac{\pi}{2} - \frac{t}{d\,\pi}$$ gegen die Werkstückachse angestellt werden.

c) Das Abwälzverfahren zur Erzeugung von Einzelrädern

Dieses Verfahren hat in größerem Umfange Eingang gefunden. Es wird, wie in Abschn. 33 gezeigt wird, außerdem für die Herstellung von Rädern mit unsymmetrischen Zähnen verwendet.

In Abschn. 14 wurde eine Methode gezeigt, wie man zu einem gegebenen Profil das Gegenprofil findet, so daß die beiden zusammenarbeitenden Profile dem Verzahnungsgesetz gehorchen. Diese Methode hat, sofern die Normalen des gegebenen Profils den Teilkreis überhaupt schneiden, uneingeschränkte Gültigkeit, auch wenn der Teilkreisradius des Gegenprofils $= \infty$, der Kreis also eine Gerade wird. In diesem Falle wird das Gegenprofil zur Zahnstange und damit zum Fräserprofil.

Dabei muß der Betriebswälzkreis (Herstellungswälzkreis) bei der Fertigung nicht mit dem eingeprägten Teilkreis des Rades zusammenfallen. Die Lage des Herstellungswälzkreises bzw. der Herstellungsteilrißgeraden ist jedoch nicht gleichgültig.

In Abb. 94 ist die Konstruktion des Fräserprofils für die Herstellung eines 10zähnigen Triebes mit runder Wälzung und gerader Fußflanke durchgeführt. Die Teilrißgerade MM des Werkzeuges tangiert im Punkte C den Herstellungsteilkreis, der in diesem Falle mit dem eingeprägten Teilkreis identisch ist. Zur Aufzeichnung des Gegenprofils, also des Zahn-

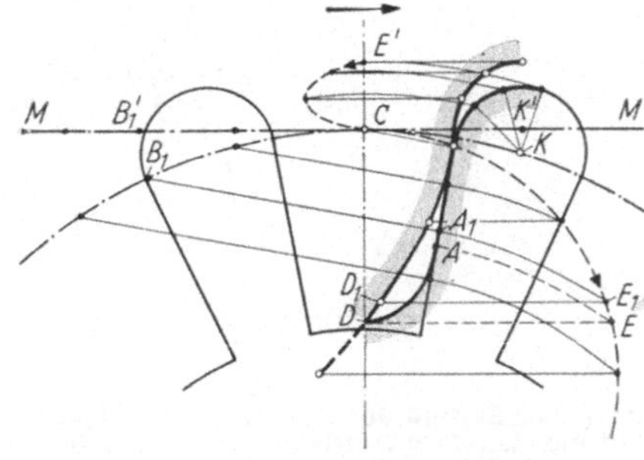

Abb. 94. Einfluß der Lage des Herstellungswälzkreises auf die Zahnform, insbesondere den Zahnfuß. Teilrißgerade des Herstellungswerkzeuges tangiert den Radteilkreis

stangen- oder Fräserprofils, nimmt man auf dem Radprofil einige Punkte an und bringt die in diesen Punkten errichteten Normalen mit dem Herstellungswälzkreis zum Schnitt. Für den Zahnkopf gehen diese Normalen alle durch den Kreismittelpunkt K. Durch Eindrehen dieser Normalen nach dem Wälzpunkt C erhält man die Eingriffslinie. Es entspricht also dem Flankenpunkt A_1 der Eingriffspunkt E_1. Den zugehörigen Punkt des Gegenprofils erhält man, indem man den Bogen $C\,B_1$ des Teilkreises auf der Teilrißgeraden abrollt (ergibt B_1'), durch E_1 eine Parallele zur Teilrißgeraden zieht und diese zum Schnitt bringt mit dem Kreis um B_1', dessen Radius B_1A_1 ist. Man erhält so D_1, der dem Punkt A_1 des Radprofils entspricht.

Die beiden Zähne des zu erzeugenden Profils kann man symmetrisch zur Mittellinie anordnen. Auf diese Weise erhält man als tiefsten Punkt des Fräserprofils den Punkt D. Der hierzu gehörige Punkt der Eingriffslinie ist E, dem auf der Zahnflanke der Punkt A entspricht. Von hier aus geht das Radprofil, im vorliegenden Falle eine Gerade, in eine Kurve über, die die Spitze des Fräserprofils beim Durchgehen durch die Mittellinie schneidet. Das Fräserprofil kann also nicht die beabsichtigte scharfe Ecke schneiden. (Man erhält diese Kurve durch Zeichnen der relativen Kopfbahn der Fräserspitze, indem man die jeweiligen Abstände der Profilspitze von den Teilkreispunkten in den Zirkel nimmt und um die korrespondierenden Punkte der Teilrißgeraden Kreise schlägt, z. B. mit $B_1'D$ um B_1 usw.) Der Schnittbeginn liegt bei E' (der Werkzeugvorschub in der gezeichneten Richtung vorausgesetzt) und endigt in E.

Die Fußkurve des *Fräsers* ist in diesem Falle besonders einfach. Sie stellt einen Kreis um den Punkt K' auf der Teilrißgeraden mit dem Radius des Zahnkopfes dar.

Das gesamte Profil erhält man durch symmetrische Ergänzung.

Wie bereits erwähnt, braucht der Herstellungswälzkreis nicht notwendigerweise mit dem eingeprägten Teilkreis des Rades zusammenfallen. Eine Verschiebung kann sich zum Vor- oder Nachteil auswirken.

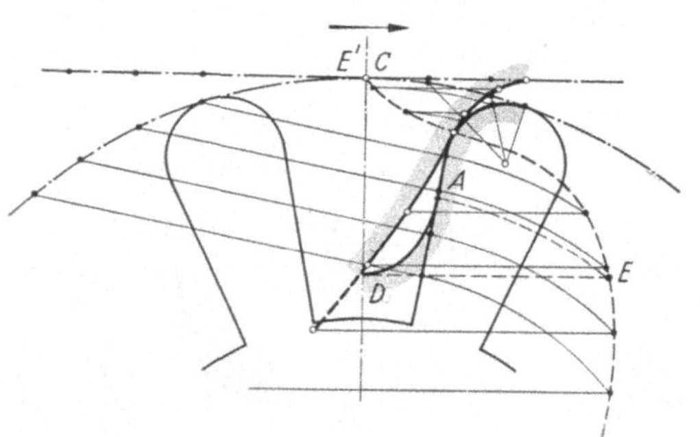

Abb. 95. Einfluß der Lage des Herstellungswälzkreises auf die Zahnform, insbesondere den Zahnfuß. Teilrißgerade des Herstellungswerkzeuges gegen den Radteilkreis nach außen verschoben

In Abb. 95 ist der Herstellungswälzkreis nach außen verschoben worden. Das Fräserprofil wurde hierdurch niedriger und für die Anfertigung günstiger. Jedoch wird das gerade Stück der Fußflanke des Triebes kürzer. Die Fußkurve des Fräsers ist in diesem Falle kein Kreisbogen mehr, sie muß aus den Einzelpunkten entwickelt werden.

Es sei noch auf ein einfaches Hilfsmittel hingewiesen, das zum Nachprüfen bereits entworfener Fräserprofile als auch zum Entwurf solcher Profile gute Dienste leistet (Abb. 96). Eine gezahnte Scheibe (1) greift in eine Zahnstange (2) so ein, daß beim Verschieben der Zahnstange die Scheibe (1) zwangsläufig um den Punkt (3) gedreht wird. Bringt man auf der Zahnstange das entworfene Fräserprofil an (aus Blech oder Karton ausgeschnitten), dessen Größe sich natürlich nach dem bereits vorliegenden Teilkreisradius der Scheibe (1) richten muß, so kann man

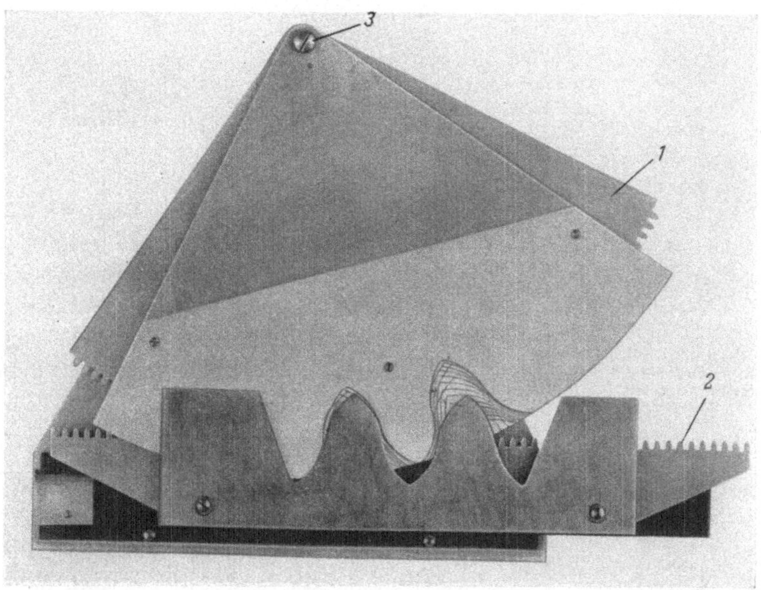

Abb. 96. Hilfsvorrichtung zur zeichnerischen Ermittlung der Zahnform bei gegebenem Bezugsprofil und umgekehrt

auf einem Papier bei sukzessivem Einschieben der Zahnstange die Umhüllende des durch das Zahnprofil erzeugten Zahnes aufzeichnen. (Die das Papier tragende Scheibe ist mit (1) fest verbunden.)

Will man zu einer vorliegenden Zahnform das zugehörige Fräserprofil ermitteln, so ist zunächst mittels der auf Scheibe (1) aufgebrachten Zahnform das Fräserprofil aufzuzeichnen, dieses Fräserprofil auszuschneiden und mit diesem ausgeschnittenen Profil, das auf (2) aufgesetzt wird, die hiermit wirklich erzeugte Zahnform zu ermitteln.

32. Evolventenräder

a) Das Teilverfahren

Nur bei Einzelfertigung gebräuchlich. Herstellungsweise wie bei der Zykloidenverzahnung. Die Zahnformfräser werden in Sätzen zusammengestellt, wobei ein Fräser für mehrere Räder, d. h. für Räder mit nahe beieinander liegenden Zähnezahlen, Verwendung findet. Da sich das Zahnprofil mit zunehmender Zähnezahl immer weniger ändert, wird der Bereich der mit demselben Fräser zu schneiden-den Räder mit zunehmender Zähnezahl größer.

Gebräuchliche Abstufungen:

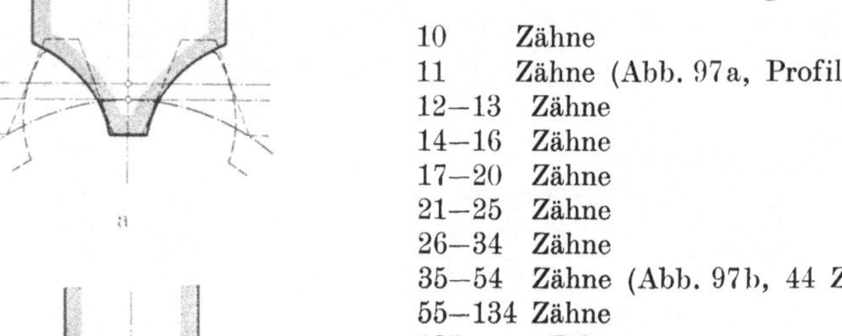

10   Zähne
11   Zähne (Abb. 97a, Profil verschoben)
12—13   Zähne
14—16   Zähne
17—20   Zähne
21—25   Zähne
26—34   Zähne
35—54   Zähne (Abb. 97b, 44 Zähne)
55—134   Zähne
135—∞   Zähne

Durch die Satzrädereigenschaft der Evolventenverzahnung, insbesondere aber durch die Abstandsunempfindlichkeit, ergeben sich hierbei wesentlich bessere Eingriffsverhältnisse als bei der Zykloidenverzahnung, sofern dort nicht der für einen speziellen Eingriff geformte Fräser Verwendung findet.

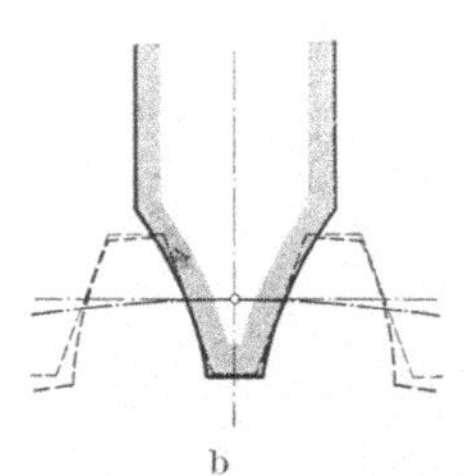

Abb. 97a u. b. Schnitt durch einen Formfräser für Evolventenräder für 10 und 35—54 Zähne

b) Das Abwälzverfahren

Abb. 98.
Evolventenabwälzfräser

Das Evolventenrad — im Abwälzverfahren hergestellt — gilt heute unbestritten als die wirtschaftlich günstigste Zahnform. Das Fräserprofil mit seinen geraden Flanken ist leicht zu fertigen (Abb. 98). Es erlaubt ein rasches und einfaches Nachschleifen des Fräsers. Für sämtliche Räder, einschließlich der profilverschobenen, ist für eine Teilung bzw. einen Modul ein einziger Fräser notwendig. Die durch das Abwälzverfahren erzeugte Zahnkopf- und Fußflanke entspricht vollständig dem theoretischen Bilde.

Die Abwälzfräsmaschinen entsprechen den in Abschn. 31b besprochenen Maschinen (ihre Arbeitsweise: wie dort beschrieben).

33. Herstellung von Sonderprofilen im Abwälzverfahren

Die mittels Abwälzverfahren erzeugte Kurve muß nicht die Zahnkurve eines Zahnrades zur Kraftübertragung sein. Auch ist das Abwälzverfahren keineswegs an die symmetrische Anordnung zweier Flanken geknüpft. Bedingung ist lediglich, daß adäquate Punkte der Kurven auf Kreisen um den Radmittelpunkt liegen und daß die Kurvenzüge periodisch wiederkehren, d. h. eine ganzzahlige Anzahl Teilungsabschnitte vorhanden sind.

Die Asymmetrie und die Flankenform können je nach ihrer Art die Anwendung des Abwälzverfahrens ausschließen. Auch kann hierdurch die Gestalt des Fräsers so kompliziert werden, daß die Fräserfertigung zu schwierig wird.

Vorbedingung für die Konstruktion der Gegenflanke ist, daß die Normalen, auf der gegebenen Kurve errichtet, überhaupt mit dem Herstellungswälzkreis zum Schnitt kommen. Dies kann meistens durch günstiges Legen desselben erreicht werden, muß aber nicht immer der Fall sein.

In Abb. 99 sei $P_0 P_1 P_2 P_3$ das vorgegebene Profil, das auf den beiden Seiten durch Gerade und am Grund durch einen Kreisbogen begrenzt sein soll und dessen

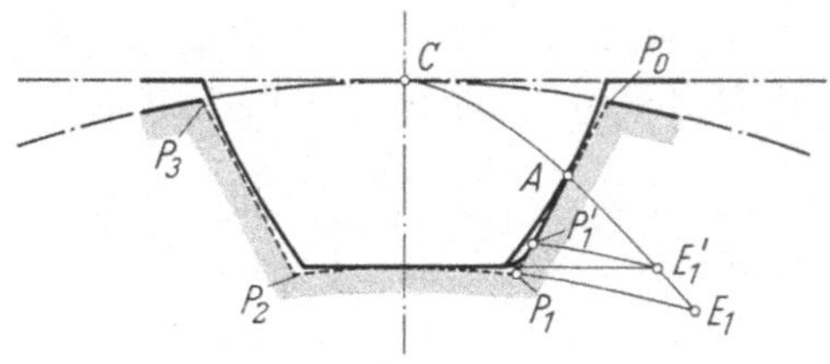

Abb. 99. Schneiden eines Werkstückes mit schrägen, geraden Flanken im Abwälzverfahren

Fräser zu ermitteln sei. Die Neigung der beiden Geraden ist dabei so angenommen, daß sie die Mittellinie zwischen Wälzpunkt C und dem Radmittelpunkt schneiden.

Nach der üblichen Konstruktion erhält man für die rechte Flanke die von E_1 nach C verlaufende Eingriffslinie. Hiervon ist nur das Stück $E_1' C$ brauchbar, da der tiefste Punkt der Eingriffslinie durch den tiefsten Punkt der vorgegebenen Kurve, der in diesem Fall der Schnittpunkt des Profilgrundes mit der Mittellinie ist, bestimmt wird. Dies hat zur Folge, daß von der Geraden $P_0 P_1$ lediglich das Stück $P_1' P_0$ gerade Form erhält, die Ecke jedoch nicht ausgeschnitten wird. In der gezeichneten Stellung ist von der rechten Flanke das Geradenstück $P_1' A$ und ein Teil des Grundes geschnitten. Das Herausarbeiten des Reststückes $A P_0$ erfolgt längs des restlichen Teiles $A C$ der Eingriffslinie.

Bei der linken Flanke, für die die Eingriffslinie symmetrisch zur Mittellinie liegt, beginnt das Schneiden im Wälzpunkt C, und zwar von oben her. Die Schraffur gibt die Form des Werkstückes beim Stand der gezeichneten Stellung.

In Abb. 100 ist die Neigung der beiden Geraden so angenommen, daß sie durch den Radmittelpunkt gehen. Es gilt hier das zu Abb. 99 Gesagte. Wie man sieht, ist der Punkt P_1' nach oben gewandert. Wohl wird der Grund noch in der vorgeschriebenen Kreisform geschnitten, die Ecke hat jedoch eine noch größere Abrundung erfahren.

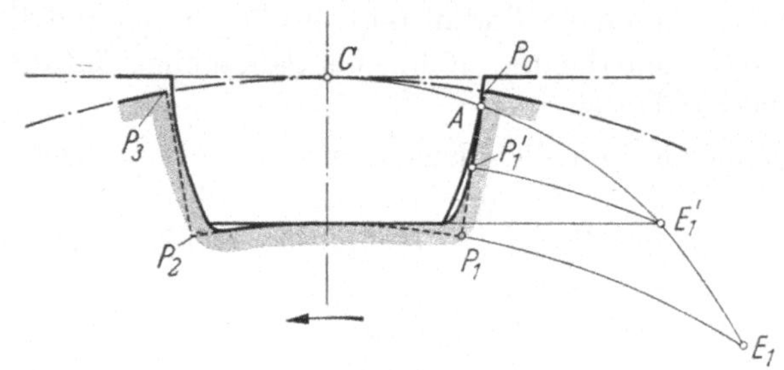

Abb. 100. Schneiden eines Werkstückes mit radialen geraden Flanken im Abwälzverfahren

In Abb. 101 sind die beiden das Profil begrenzenden Geraden parallel zur Mittellinie gelegt. Die Verhältnisse am Grund bzw. an der Ecke sind noch schlechter geworden. Hier beginnt der Schnitt der rechten Flanke in E_1' und endigt bereits in E_0. Lediglich das kurze Stück $P_1'P_0$ hat die vorgeschriebene gerade Form.

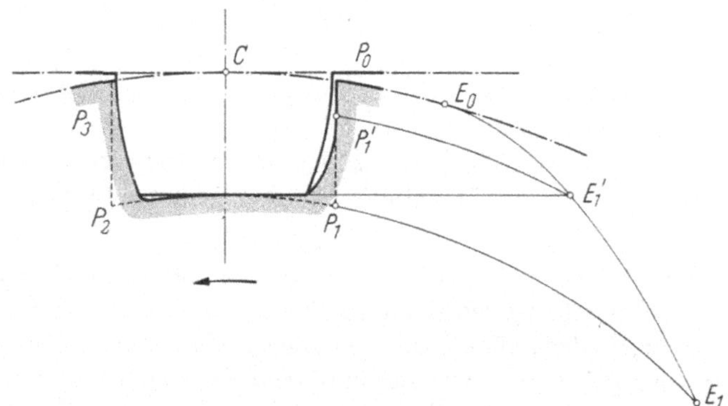

Abb. 101. Schneiden eines Werkstückes mit zur Mittellinie parallelen geraden Flanken im Abwälzverfahren

Das Herausarbeiten von scharfkantigen Ecken mittels eines Wälzfräsers normaler Form — mit Ausnahme von konvexen Zahnformen, wie sie z. B. bei der Evolvente vorliegen — ist unbefriedigend. Um auch in solchen Fällen das Abwälzverfahren beizubehalten, muß die Fräserform abgewandelt werden. Hauptsächlich in Gebrauch sind

 a) sogenannte Einstellfräser,
 b) Wälzfräser in Verbindung mit Schlagzahn.

Alle bisher besprochenen Wälzfräser arbeiten links und rechts der Mittellinie. Nimmt man einen Teil des Fräsers durch Plandrehen unter Beibehaltung des dadurch entstehenden scharfen Auslaufes ab und läßt den Fräser nur noch auf der Eingangsseite laufen, so wird von der abgedrehten Fräserflanke die Zahnform bis auf den Grund in der gewünschten Form geschnitten.

Fräser dieser Art sind unter der Bezeichnung „Einstellfräser" bekannt. Ihre Arbeitsweise geht aus Abb. 102a und Abb. 102b hervor,

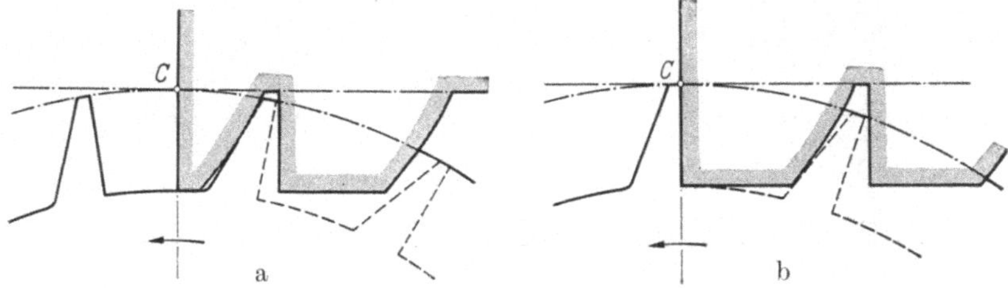

Abb. 102a u. b. Schneiden eines Spitzzahnankerrades mittels Einstellfräsers

die zwei Arbeitsstellungen eines Einstellfräsers zur Herstellung eines Spitzzahnankerrades zeigen.

In Abb. 102a bearbeitet der Fräser die Rückseite des Zahnes, die im Wälzpunkt C fertig bearbeitet ist (im Wälzpunkt C bzw. kurz davor wirkt der Auslauf des Fräsers, s. auch Abb. 102b).

Beim Schneiden der Vorderseite des Radzahnes haben wir keinen Abwälzvorgang. Jeder nachfolgende Fräserzahn nimmt einen Teil des Materials weg. Infolge der Drehung des Rades und des (durch die Schneckenform des Fräsers bedingten) horizontalen Vorschubs des Fräserprofiles kommt die vordere Radzahnflanke immer mehr in Parallelstellung zur Gegenflanke des Fräsers, die in der Endstellung (Abb. 102b) die endgültige Form herstellt.

Abb. 103 zeigt eine Aufnahme eines Einstellfräsers zur Herstellung von Spitzzahnankerrädern.

Abb. 103. Einstellfräser zu
Abb. 102a, b

Abb. 104. Kombinierter Wälz- und
Schlagzahnfräser. Profil der Schlagzähne

Eine weitere Möglichkeit, scharfkantige Ecken mittels eines Wälzfräsers zu erhalten, besteht in der Kombination eines Wälzfräsers mit einem Schlagzahn. Als Beispiel möge das Profil von Abb. 101 dienen.

Abb. 105. Kombinierter Wälz- und Schlagzahnfräser. Gesamtansicht

Hier werden zwei Zähne des Wälzfräsers, die auf derselben Mantellinie liegen, so ausgebildet, daß sie in symmetrischer Stellung zur Mittellinie die beiden Seiten des Profiles schneiden (Abb. 104).

In der Aufnahme Abb. 105 sind die beiden Schlagzähne oben deutlich zu erkennen.

Die übrigen Zähne des Wälzfräsers sind entspr. Abb. 101.

V. Radanordnungen mit sich kreuzenden Wellen

34. Kegelräder

Kegelräder dienen zur Kraftübertragung zweier sich schneidender Wellen, die unter einem bestimmten Winkel β, dem sogenannten Achsenwinkel, stehen (Abb. 106).

Während bei Stirnrädern zwei Zylinder aufeinander abrollen, deren Projektionen wir als Teilkreise bezeichnen, rollen bei Kegelrädern zwei Kegelstümpfe (Wälzkegel) aufeinander ab, die sich in der gemeinsamen Mantellinie OC berühren.

Als Zahnform kommt nur die Evolvente in Frage. Die Zahnflanken bauen sich auf Geraden auf, die durch Punkt O, der beiden Kegeln gemeinsam ist, gehen.

Auch bei Kegelrädern gilt:

$$i = \frac{n_1}{n_2} = \frac{z_2}{z_1}.$$

Im allgemeinen ist der Achselwinkel β und das Übersetzungsverhältnis gegeben. Unter Annahme eines bestimmten Moduls, dessen Größe von dem zu übertragenden Moment abhängig ist, müssen die übrigen Daten, also Wälzkegelwinkel β_1 und β_2, Größe der Teilkreise A_1C und A_2C, ermittelt werden.

Die Wälzkegelwinkel β_1 und β_2.

Aus den beiden Dreiecken OB_1C und OB_2C ergibt sich

$$\sin \beta_1 = \frac{B_1C}{OC}, \qquad \sin \beta_2 = \sin (\beta - \beta_1) = \frac{B_2C}{OC},$$

woraus

$$\frac{\sin (\beta - \beta_1)}{\sin \beta_1} = \frac{B_2C}{B_1C}$$

wird. Da weiter

$$B_1C = \frac{m\,z_1}{2} \quad \text{und} \quad B_2C = \frac{m\,z_2}{2}$$

ist, wird

$$\frac{\sin(\beta - \beta_1)}{\sin \beta_1} = \frac{z_2}{z_1}.$$

In anderer Schreibweise:

$$\frac{\sin \beta \cos \beta_1}{\sin \beta_1} - \frac{\cos \beta \sin \beta_1}{\sin \beta_1} = \frac{z_2}{z_1},$$

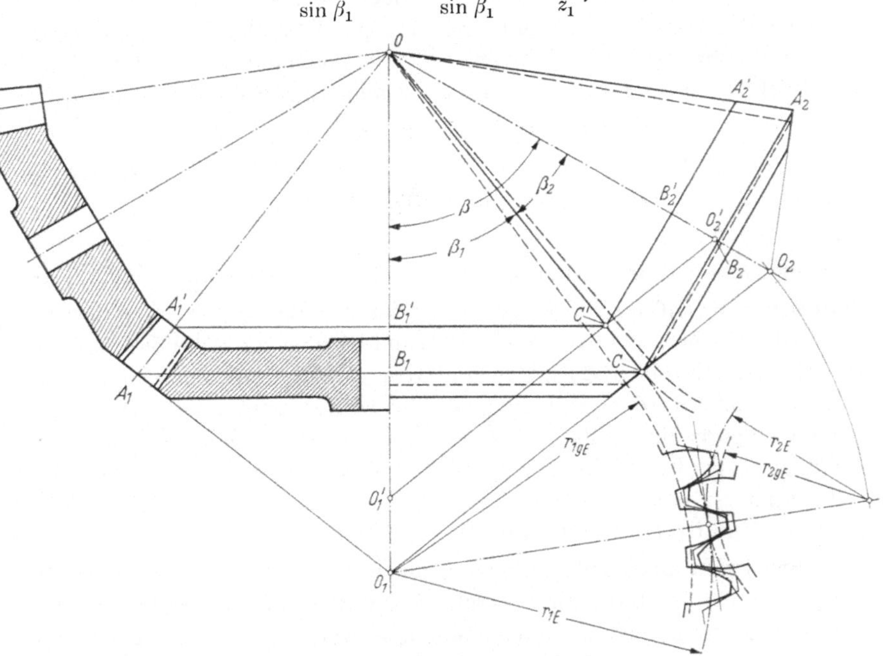

Abb. 106. Kegelradgetriebe

oder

$$\sin \beta \, \operatorname{ctg} \beta_1 = \frac{z_2}{z_1} + \cos \beta,$$

womit der Kotangens des Wälzkegelwinkels β_1 und damit der Winkel β_1 selbst berechnet werden kann:

$$\operatorname{ctg} \beta_1 = \frac{\dfrac{z_2}{z_1} + \cos \beta}{\sin \beta}.$$

In analoger Weise findet man für $\operatorname{ctg} \beta_2$:

$$\operatorname{ctg} \beta_2 = \frac{\dfrac{z_1}{z_2} + \cos \beta}{\sin \beta}.$$

Die Radprofile. Die Entstehung der beiden Zahnflanken haben wir uns so zu denken, daß die im Punkte C angelegte Tangentialfläche auf dem Grundkreiskegelmantel abgewälzt wird. Dabei ist diese Tangentialfläche Eingriffsfläche. Im Wälzpunkt C wäre die genaue Zahnform deshalb eine sphärische Evolvente, die auf einer Kugelfläche um O mit dem Radius OC zu liegen kommt.

Da für die zeichnerische Ermittlung des Eingriffs eine Abwicklung der Kugelfläche in der Zeichenebene nicht möglich ist, wickelt man die beiden Ersatzkreiskegel O_1A_1C bzw. O_2A_2C ab, wodurch man ein angenähertes Profil, das aber vom Wirklichkeitsfalle nur unwesentlich abweicht, erhält. Den beiden Ersatzkegeln sind die beiden

$$\text{Ersatzteilkreise } r_{1E} \text{ und } r_{2E}$$

sowie die beiden

$$\text{Ersatzgrundkreise } r_{1gE} \text{ und } r_{2gE}$$

zugeordnet.

Die Teilung t der beiden Räder berechnet man aus den beiden Teilkreisen $r_1 = \overline{B_1C}$ und $r_2 = \overline{B_2C}$. Mit der Teilung t bzw. dem bereits festgelegten Modul kann, unter Zugrundelegung von DIN 867, mittels der Ersatzteilkreise und Ersatzgrundkreise die Zahnform der beiden Räder aufgezeichnet werden. Selbstverständlich wird sich unter der Verwendung der aus den beiden Teilkreisen r_1 und r_2 errechneten Teilung t kein ganzzahliger Wert für die Zähnezahl auf den Ersatzteilkreisen ergeben. Ihre Kenntnis ist jedoch insofern wichtig, als sie uns Aufschluß über einen eventuell auftretenden Zahnunterschnitt geben wird.

Das Profil eines Zahnes verjüngt sich mit zunehmender Nähe zum gemeinsamen Mittelpunkt O. Soll die Profilgestalt an der O zunächst gelegenen Stelle aufgezeichnet werden, so werden zu diesem Zweck die beiden Kegelmäntel $O_1'A_1'C'$ und $O_2'A_2'C'$ in ähnlicher Weise in der Zeichenebene abgewickelt und die Zahnkonstruktion vorgenommen.

Mindestzähnezahl. Bezeichnen wir die Zähnezahl der Ersatzteilkreise mit z_{1E} bzw. z_{2E}, dann ist

$$d_{1E} = m\,z_{1E}\,,$$

$$d_{1E} = \frac{d_1}{\cos\beta_1} \qquad \text{(aus dem Dreieck } O_1B_1C)\,,$$

woraus wir durch Gleichsetzen

$$\frac{d_1}{m} = z_1 = z_{1E} \cdot \cos\beta_1$$

und analog

$$\frac{d_2}{m} = z_2 = z_{2E} \cdot \cos\beta_2$$

erhalten.

Man erhält das kleinste unterschnittfreie Kegelrad, wenn man für z_{1_E} bzw. z_{2_E} die nach Abschn. 27 ermittelte Grenzzähnezahl setzt. Die Grenzzähnezahl bei Kegelrädern ist also kleiner als bei Stirnrädern.

Ähnlich wie bei Stirnrädern kann auch ein hier evtl. auftretender Unterschnitt durch Profilverschiebung (V-Nullgetriebe) vermieden werden. Dabei ergeben sich Profilverschiebungsfaktoren von

$$\frac{17 - z_{1_E}}{17} \text{ bzw. } \frac{17 - z_{2_E}}{17} \text{ für einen Flankenwinkel } \alpha = 20°,$$

$$\frac{30 - z_{1_E}}{30} \text{ bzw. } \frac{30 - z_{2_E}}{30} \text{ für einen Flankenwinkel } \alpha = 15°.$$

Radanordnungen. Je nach Größe des Achsenwinkels β und der Wälzkegelwinkel β_1, β_2 ergeben sich die nachfolgenden Radanordnungen:

1. $\beta = 0°, \qquad \beta_1 = 0°.$

Dies ergibt die bereits behandelten Stirnräder.

2. $0 < \beta < 90°, \qquad \beta_1 = \beta - \beta_2$ (Abb. 106).

Antriebs- und Abtriebswelle stehen unter einem Achsenwinkel von weniger als $90°$: Getriebe dieser Art kommen im Laufwerkbau kaum vor.

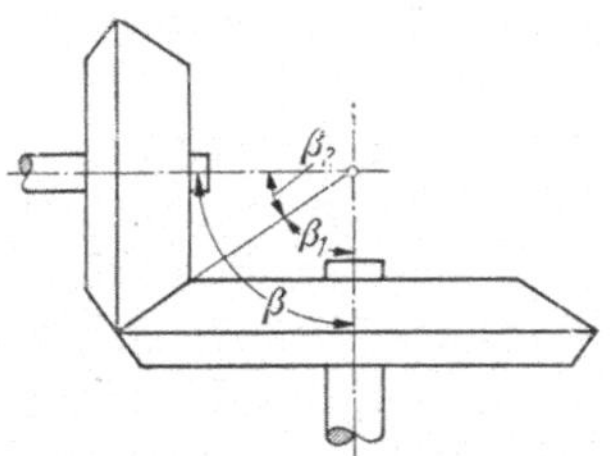

Abb. 107. Winkelradgetriebe

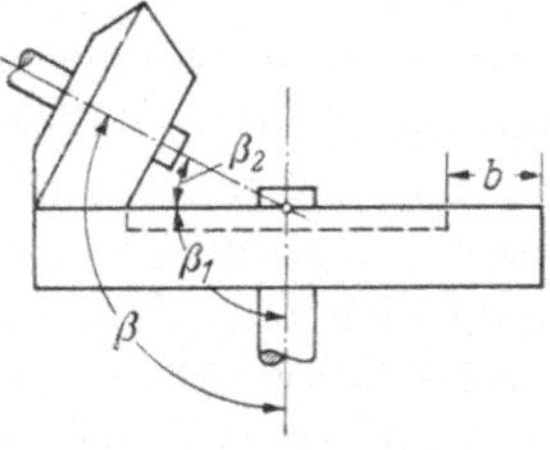

Abb. 108. Planradgetriebe

3. $\beta = 90°, \qquad \beta_1 = 90° - \beta_2.$

Sogenannte Winkelräder, entsprechend Abb. 107.

4. $\beta > 90°, \qquad \beta_1 = 90°$ (Abb. 108).

Das eine Kegelrad ist zu einem Planrad geworden, das mit einem Kegelrad im Eingriff steht. Das Profil dieses Planrades wird — Evolventenverzahnung vorausgesetzt — geradlinig. Dieses Rad kann als Zahnstange mit der Länge $2\pi r_1$ aufgefaßt werden.

5. Nicht einzugruppieren sind die im Laufwerks- und Uhrenbau unter dem Namen Kronenradgetriebe bekannten Getriebe (Abb. 109). Ent-

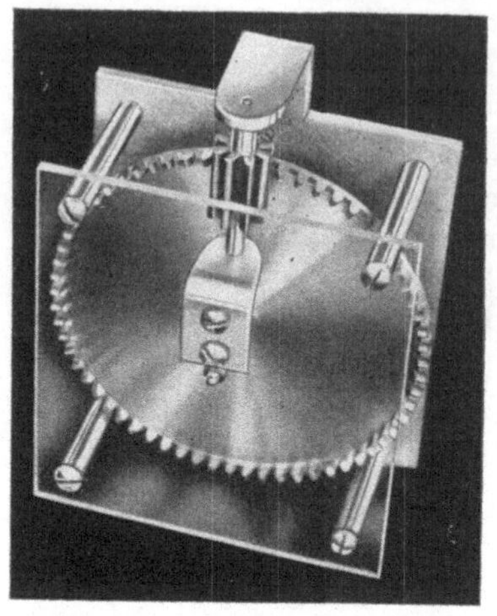

Abb. 109. Angenähertes Planradgetriebe,
sog. Kronenradgetriebe

sprechend der üblichen Achsenanordnung, $\beta = 90°$, zählen sie zu den Winkelrädern, d. h. bei exakter Ausführung müßten beide Räder Kegelräder sein. Da bei diesen Getrieben das Kleinrad meist eine sehr geringe Zahnzahl hat, wird β_1 ebenfalls sehr klein, d. h. der Punkt O nähert sich sehr stark dem Teilkreis des Großrades. Da außerdem die Breite b des Großrades sehr klein bemessen wird, was allerdings die Gefahr des Einlaufens vergrößert, kann das Großrad als Planrad ausgeführt werden (hierbei ist auch die Zykloide als Zahnform gebräuchlich).

35. Schnecke und Schneckenrad

Zum Übertragen von Drehbewegungen zwischen zwei sich kreuzenden und sich nicht schneidenden Wellen kommen Schrauben- und Schneckengetriebe in Anwendung. Während Schraubengetriebe im Laufwerksbau kaum oder nur in geringem Maße Verwendung finden, wird von den unbestreitbaren Vorzügen des Schneckengetriebes (große Drehzahländerung zwischen zwei Wellen) häufig Gebrauch gemacht.

Das Schneckengetriebe kann als eine Abart des Schraubengetriebes aufgefaßt werden. Bei genügend kleinem Durchmesser eines Schraubenrades und kleinem Steigungswinkel gehen die Zähne, die beim Schraubenrad einzelne kurze Abschnitte bilden, in ganze Schraubenwindungen über. Je nach der Zahl der Schraubenlinien spricht man von ein- oder mehrgängigen Schnecken.

Bezeichnungen:

z = Zähnezahl der Schnecke ($z = 1$ für eine eingängige Schnecke usw.)
z_1 = Zähnezahl des Schneckenrades
r = Teilkreisradius der Schnecke
r_1 = Teilkreisradius des Schneckenrades
t = Teilung
α = Eingriffswinkel (entsprechend DIN 867)
β = Steigungswinkel der Schnecke
γ = Öffnungswinkel des Schneckenrades
μ = Reibungskoeffizient.

Übersetzungsverhältnis:

$$i = \frac{z_1}{z} \text{ bei einer Kraftflußrichtung Schnecke–Schneckenrad,}$$

$$i = \frac{z}{z_1} \text{ bei einer Kraftflußrichtung Schneckenrad–Schnecke.}$$

Schneckengetriebe können selbsthemmend und nichtselbsthemmend gebaut werden. Bei selbsthemmenden Schneckengetrieben vermag ein Moment, das an der Welle des Schneckenrades angreift, die Schnecke nicht zu drehen.

Das Schneckengetriebe ist selbsthemmend, wenn

$$\operatorname{tg}\beta \leqq \mu, \quad \text{wobei} \quad \operatorname{tg}\beta = \frac{z\,t}{2\,r\,\pi}$$

ist.

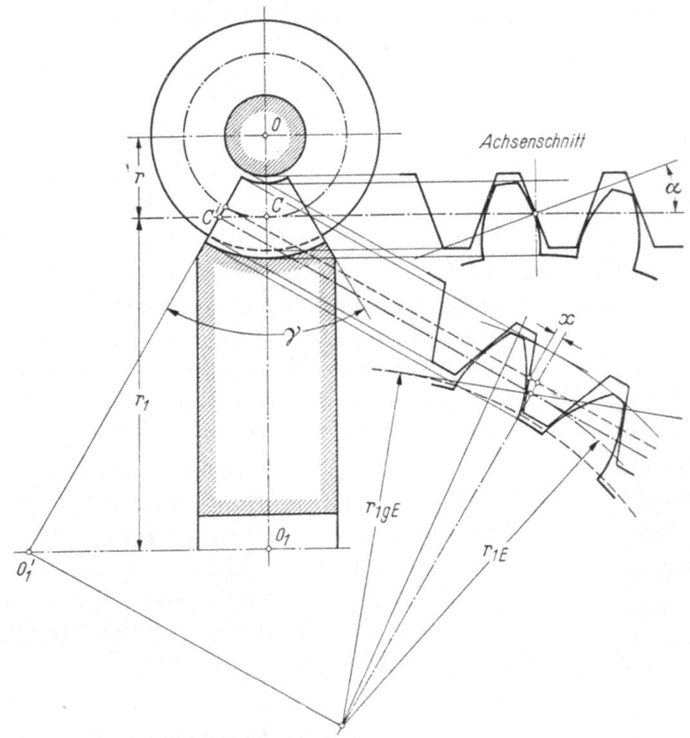

Abb. 110. Schnecke und Schneckenrad

Für eine Kombination Stahlrad-Bronzeschnecke $\mu = 0{,}05$ (bei sehr guter Ausführung) müßte also

$$\operatorname{tg}\beta < 0{,}05$$

oder

$$\beta < 3°$$

sein.

Konstruktive Einzelheiten (Abb. 110). Im Achsenschnitt (Schnitt längs der Schneckenachse) hat das Schneckenrad die Form eines Evolventenrades, die Schnecke die Form einer Zahnstange, wobei jedoch die in DIN 867 festgelegten Größen nicht unbedingt Anwendung zu finden brauchen. Die Konstruktion des Radzahnes kann also nach den bislang gebräuchlichen Vorschriften erfolgen.

Genaueren Aufschluß über die Radzahnform gibt die Darstellung des Eingriffes in der OO_1'-Ebene. Ähnlich wie bei der Kegelradverzahnung kann man den Kegel $OO_1'O_1$, auf dem sich die Stirnflächen der Radzähne befinden, in der Zeichenebene abwickeln. Dabei bleibt das Profil der Schnecke erhalten, es ist nur um den Betrag

$$x = \frac{t\,\gamma}{4\,\pi}$$

axial verschoben.

Bei der Konstruktion des Radzahnes ist darauf zu achten, daß die Eingriffslinie nicht durch den Punkt C, sondern durch C' geht. Grund: Das Zahnstangenprofil hat längs der Geraden OO_1' in jedem Punkte dieselbe Vorschubgeschwindigkeit, die dem am Radius r liegenden Radpunkt C' zukommt, d. h., die Strecke $O_1'C'$ stellt den Ersatzteilkreis dar. Da der Eingriffswinkel und der Modul des Zahnstangenprofils sich nicht geändert haben, kann die Zahnform unter Zuhilfenahme des Ersatzteilkreises bzw. Ersatzgrundkreises $(r_{1_{gE}})$ aufgezeichnet werden.

Die Ermittlung der Radzahnseitenansicht ist, wie aus Abb. 110 auch hervorgeht, insofern wichtig, als der Zahnkopf an der Radstirnseite schmaler ist als im Mittelschnitt. Bei zu kleiner Radzahnzahl wird der Zahnkopf zu einer Spitze und erhält eventuell nicht mehr seine volle Höhe (s. a. Abb. 111, die ein 20zähniges Schneckenrad darstellt).

Abb. 111.
Schneckenrad mit
nach außen stark
verjüngtem
Zahnprofil

Eine vielfach anzutreffende vereinfachte Zahnform erhält man durch Einschneiden der Radzähne im Teilverfahren. Der Formfräser wird dabei unter dem Winkel $90° - \beta$ zur Radachse gestellt. Diese unvollkommene Radform sollte man nur zur Übertragung kleiner Momente oder bei geringen Raddrehzahlen verwenden. Für alle übrigen Zwecke sollte das Rad im Abwälzverfahren mit einem Wälzfräser geschnitten werden, der der später verwendeten Schnecke im Profil genau entspricht.

Drittes Kapitel

Über Reibung, Verluste und Lagergestaltung

I. Reibung und Reibungsmoment

36. Die verschiedenen Arten der Reibung

Die technischen Laufwerke haben die Aufgabe, die vom Kraft-speicher gelieferte Energie an eine oder mehrere Arbeitswellen unter Einhaltung bestimmter Drehzahlen zu verteilen, also Drehmomente zu übertragen. Dies ist eine dynamische Aufgabe. Wie bei jeder Maschine strebt man auch hier einen möglichst guten Wirkungsgrad an, der um so günstiger wird, je geringer die Verluste sind. Diese Verluste treten fast ausschließlich als Reibungsverluste auf. Zu nennen sind:

1. die intramolekulare Reibung bei der Deformation der Zugfeder,
2. Reibungsverluste, die durch das Gleiten der einzelnen Zugfeder-windungen aufeinander entstehen,
3. Reibungsverluste am Regler (Reibung zwischen Ankerradzahn und Hebfläche, zwischen Hebelstein und Gabel usw.),
4. Reibungsverluste in der Verzahnung,
5. Reibungsverluste in den Lagern.

Die Verluste lt. Ziffer 1. müssen in Kauf genommen werden. Die Verluste lt. Ziffer 2. versucht man durch geeignete Schmierung (Graphit-Fettmischung) und durch gute Oberfläche zu mindern. Es hat auch nicht an Versuchen gefehlt, die Reibungsverluste bei Zugfedern durch besondere Gestaltung des Federquerschnittes (Lanzettform, Aufsetzen von Distanzplättchen usw.) herabzusetzen. Die erzielten Verbesserungen standen jedoch in keinem Verhältnis zu den Kosten. Die Verluste 3., 4. und 5. sind von der Oberflächengüte und der Schmierung abhängig.

Jeder Angriff auf die Reibungsverluste setzt die Kenntnis der physi-kalischen Gesetze der Reibung voraus. Diese sind in der Mechanik trotz der auftretenden Unsicherheiten etwa bekannt. Sie sind aber, wie viele andere physikalische Erkenntnisse, nicht immer in einfacher Weise auf Kleinstmaschinen, technische Laufwerke, anwendbar.

Werden zwei ebene Körper gegeneinander bewegt, wobei der eine durch die Kraft N gegen den anderen gedrückt wird, so ist zur Bewegung dieses Körpers gegenüber seiner Unterlage eine Kraft R notwendig, die sich nach dem COULOMBschen Gesetz zu

$$R = \mu_0 N$$

bzw.

$$R = \mu N, \tag{3,01}$$

berechnet, worin μ_0 den Reibungskoeffizienten für die Haftreibung, μ den der Gleitreibung bedeutet.

Nach Gl. (3,01) ist die zur Bewegung notwendige Kraft unabhängig von der Größe der Berührungsfläche der beiden Körper. Auch ist vorausgesetzt, daß sich zwischen den beiden Körpern keinerlei flüssige Materie (Schmiermittel) befindet.

Diese letztere Voraussetzung hat, wie durch Versuche bewiesen ist, nur beschränkte Gültigkeit, da es den völlig trockenen Zustand nicht geben kann. Der Feuchtigkeitsniederschlag der Luft kann bereits genügen, um einen dünnen Schmierfilm aus Wasser zu erzeugen, der je nach der Beschaffenheit der Oberfläche zu der Mischreibung führt.

Trockene Reibung hat eine Erwärmung der gleitenden Flächen, vor allen Dingen aber einen Verschleiß zur Folge. Der Verschleiß besteht im Abscheren der vorspringenden Teilchen, die zwischen den beiden gleitenden Flächen wie Schmirgelkörner wirken und so den Verschleißprozeß beschleunigen helfen. Erwärmung und Verschleiß sind Ursache der Materialzerstörung.

Im COULOMBschen Gesetz sind zwei Größen, von denen man annehmen könnte, daß sie wesentlichen Einfluß auf die Bewegungskraft R haben, nicht enthalten: die Größe der berührenden Flächen und die Geschwindigkeit v, mit der sich der eine Körper über den anderen bewegt.

Lassen wir den Begriff der vollkommen trockenen Reibung fallen und nehmen an, daß sich zwischen den beiden Körpern eine Flüssigkeit der Viskosität λ befindet, die die Körper in einem solchen Abstand hält, daß eine unmittelbare Berührung nicht vorhanden ist, so tritt an Stelle des COULOMBschen Gesetzes die Beziehung

$$R = \frac{\lambda \, v}{d} F \qquad (3,02)$$

worin

λ Viskosität des Schmiermittels,
d Dicke des Schmierfilmes,
v Geschwindigkeit, mit der sich die eine Fläche gegen die andere bewegt,
F Größe der zu bewegenden Fläche.

ist.

Der Verschleiß ist bei der flüssigen Reibung nahezu gleich Null. Die Verluste erstrecken sich auf die Umlagerung der Moleküle des Schmiermittels. Voraussetzung für die flüssige Reibung ist jedoch eine geringe Flächenpressung oder eine große Geschwindigkeit v (z. B. bei Zapfenlagern $v > 2$ bis 3 m sek^{-1}).

Da in jedem praktischen Fall die beiden aufeinander gleitenden Flächen durch beachtliche Kräfte (z. B. Eigengewicht oder bei Wellen durch die zu übertragenden Momente) gegeneinander gedrückt werden, kann der Abstand der beiden Flächen so weit gemindert werden, daß sie sich trotz des Schmiermittels teilweise berühren. Die gleitenden Flächen werden abgenutzt, es kann stärkere Erwärmung entstehen, es kann ein Zustand ähnlich der trockenen Reibung vorhanden sein. Man spricht in diesem Falle von der sogenannten Mischreibung.

Während beim Vorliegen von trockener und flüssiger Reibung die entsprechenden Gesetze durch die klare Präzisierung der Ausgangsbedingungen ihre volle Gültigkeit haben, ist die gesetzmäßige Erfassung der Mischreibung nahezu unmöglich. Leider ist diese Mischreibung fast bei allen in der Feinmechanik vorkommenden „Reibungsstellen", z. B. bei Lagern, vorhanden. Die Ermittlung der hierbei interessierenden Daten bleibt auf das Experiment beschränkt. Diese Daten haben nur für den speziellen Fall ihre Gültigkeit und berechtigen keineswegs zu einer Verallgemeinerung.

37. Das Reibungsmoment

Wirkt an einem drehbar gelagerten Körper, dessen Schwerpunkt in der Drehachse liegen soll und dessen Trägheitsmoment θ sei, ein Drehmoment M_A, so verläuft die Bewegung nach der Beziehung

$$\theta \, \dot{\omega} = M_A \, . \tag{3,03}$$

Soll der Lagerreibungsverlust, der als Reibungsmoment auftritt, berücksichtigt werden, so ist die obige Gleichung in der Form

$$\theta \, \dot{\omega} = M_A - M_R \tag{3,04}$$

zu schreiben.

Die Methoden des Maschinenbaues, M_R aus dem Lagerdurchmesser, dem Lagerdruck, der Drehzahl und dem Reibungskoeffizienten herzuleiten, können für Kleinmaschinen, wie sie technische Laufwerke nun einmal darstellen, nicht ohne weiteres übernommen werden.

Vor allen Dingen kann nicht mit Sicherheit vorausgesagt werden, in welcher Form die Reibung auftritt.

Nehmen wir an, es wäre nur trockene Reibung vorhanden (was nicht der Fall ist und nicht erwünscht wäre), so wäre das Reibungsmoment konstant und die Reibungsarbeit eine lineare Funktion. Im anderen Falle, der der Wirklichkeit eher entspricht, ist das Reibungsmoment eine Funktion von ω, die zunächst nicht bekannt ist.

Schließlich setzen sich die Reibungsverluste bei Laufwerken aus Verlusten in mehreren Lagerpaaren und in der Verzahnung zusammen, was eine rechnerische Ermittlung noch weiter erschwert. Da diese Verluste jedoch Aufschluß über die Werksqualität geben, ihre Kenntnis außerdem zur späteren Behandlung des Bewegungsverlaufes notwendig ist, muß die Funktion $M_R = f(\omega)$ auf andere Weise ermittelt werden.

Schalten wir bei einem sich drehenden System das Antriebsmoment M_A ab, so wird unter dem alleinigen Einfluß des Reibungsmomentes M_R die Winkelgeschwindigkeit ω mit zunehmender Beobachtungszeit abnehmen, bis das System stillsteht. Die durch geeignete Registrierung gewonnene Funktion $\omega = f(t)$ — das Verfahren ist unter dem Namen „Auslaufversuch" bekannt — gestattet die genaue Bestimmung des Momentes M_R bzw. des funktionalen Zusammenhangs mit ω.

Die Bewegungsgleichung lautet für den Auslauf ($M_A = 0$):

$$\theta \,\dot{\omega} = -\,M_R\,. \qquad (3{,}05)$$

Setzen wir zunächst trockene Reibung voraus, so daß das Reibungsmoment eine Konstante wird, so läßt sich das Integral der Gl. (3,05) sofort angeben:

$$\omega = -\frac{M_R}{\theta}\,t + C\,,$$

d. h. eine lineare Abhängigkeit der abnehmenden Winkelgeschwindigkeit von der Zeit (s. Abb. 112).

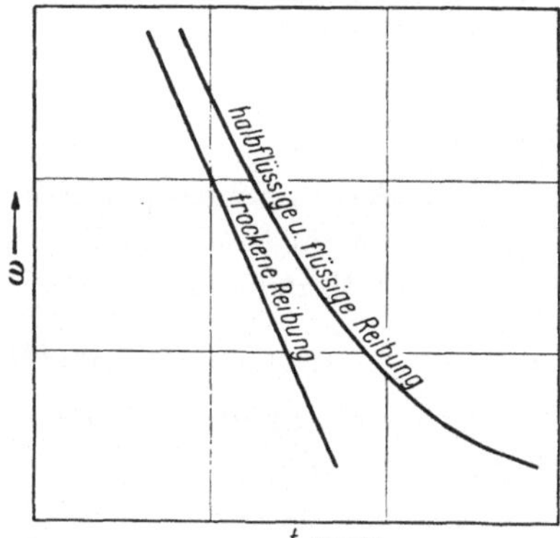

Abb. 112. Typischer Verlauf der Funktion $\omega = f(t)$ bei trockener und halbflüssiger bzw. flüssiger Reibung

Um die Größe des Reibungsmomentes bei Mischreibung bzw. flüssiger Reibung (die allerdings in den hier zu behandelnden Fällen ausscheidet) bzw. den funktionalen Zusammenhang zwischen Reibungsmoment und Winkelgeschwindigkeit

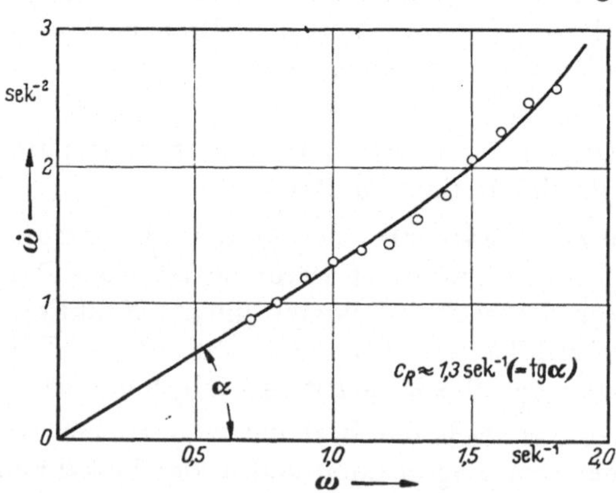

Abb. 113. Die Funktion $\dot{\omega} = f(\omega)$

zu ermitteln, wird die Abhängigkeit $\dot{\omega}$ von ω durch Ausmessen des Steigungswinkels für verschiedene ω einer aufgenommenen Auslaufkurve, die ja die Funktion $\omega = f(t)$ darstellt, bestimmt. Bei mittleren Winkelgeschwindigkeiten ist diese Abhängigkeit nahezu linear. (S. Abb. 113.)

Hier ist also

$$\dot{\omega} = c_R\,\omega\,.$$

Damit hat das Reibungsmoment die Form

$$M_R = \theta\,c_R\,\omega \tag{3,06}$$

oder

$$M_R = c\,\omega\,. \tag{3,07}$$

Gemäß der letzten Schreibweise können wir c als Reibungsmoment für die Winkelgeschwindigkeit 1 auffassen.

Durch Einsetzen des Wertes von M_R [Gl. (3,06)] in Gl. (3,03) erhält man

$$\theta\,\dot{\omega} = -\,\theta\,c_R\,\omega\,,$$

was integriert

$$\omega = e^{-c_R t} + C$$

ergibt. Die Auslaufkurve verläuft nach einer Exponentialfunktion.

II. Verlustmessung an Laufwerken

38. Die Bewegungsgleichung

Da das Reibungsmoment nunmehr bekannt [Gl. (3,06)] ist, lautet die allgemeine Bewegungsgleichung

$$\theta\,\dot{\omega} = M_A - \theta\,c_R\,\omega\,. \tag{3,08}$$

Technische Laufwerke bestehen aus mehreren Drehkörpern, deren Trägheitsmomente verschieden sein können.

Auch für die Drehbewegung eines solchen Systems gilt Gl. (3,08). Sie erfährt unter Einbeziehung etwaiger Lastmomente M_L (Abgabe eines Momentes an einer oder mehrerer Arbeitswellen) eine Erweiterung zu

$$\theta\,\dot{\omega} = M_A - M_L - \theta\,c_R\,\omega\,. \tag{3,09}$$

M_A darf durch die Wahl des Kraftspeichers als bekannt vorausgesetzt werden und soll konstant sein. Dasselbe soll für das Lastmoment M_L gelten. Ein grundsätzlicher Unterschied zwischen Gl. (3,08) und (3,09) besteht nicht, da die beiden Konstanten M_A und M_L zu einer neuen Konstanten zusammengezogen werden können.

Die Lösung der Differentialgleichung (3,09) gibt uns Aufschluß über den Anlauf, die Grenzdrehzahl, der das System unter dem Einfluß des Momentes M_A zustrebt, über die Abhängigkeit des Drehwinkels φ der betrachteten Welle (Wellen) von der Zeit usw. Bevor diese Gleichung weiterbehandelt wird, soll zunächst auf die Größe des Gesamtträgheitsmomentes des Systems eingegangen werden.

39. Das reduzierte Trägheitsmoment

Liegt ein System mit mehreren trägen Massen vor (Abb. 114), die durch ein Getriebe miteinander in Verbindung stehen, wobei z. B. auch die Zahnräder selbst die trägen Massen abgeben können, so müssen

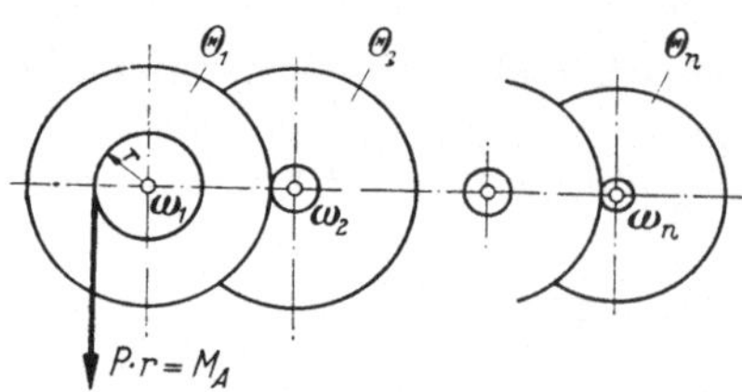

Abb. 114. Zur Reduktion des Trägheitsmomentes auf eine Welle

vor Anwendung der Gl. (3,09) sowohl die Gesamtheit aller von außen wirkenden Momente als auch die einzelnen Trägheitsmomente auf eine bestimmte Achse des Systems bezogen werden. Dabei ist es zunächst gleichgültig, welche Achse gewählt wird. Man spricht von der Reduktion des Momentes bzw. des Trägheitsmomentes und vom reduzierten Moment bzw. reduzierten Trägheitsmoment. Wie wir sehen werden, wird die Wahl der Bezugsachse durch die Meßmethode vorgeschrieben.

Über die Reduktion des Momentes s. Abschn. 51.

Die gesamte kinetische Energie des Systems, die sich aus den kinetischen Energien der einzelnen Glieder zusammensetzt, ist:

$$E = \frac{\theta_1 \omega_1^2}{2} + \frac{\theta_2 \omega_2^2}{2} + \cdots + \frac{\theta_n \omega_n^2}{2} .$$

Nehmen wir als Bezugspunkt z. B. die zweite Welle, so wird

$$E = \frac{\omega_2^2}{2} \left[\theta_1 \left(\frac{\omega_1}{\omega_2}\right)^2 + \theta_2 + \theta_3 \left(\frac{\omega_3}{\omega_2}\right)^2 + \cdots + \theta_n \left(\frac{\omega_n}{\omega_2}\right)^2 \right]. \tag{3,10}$$

Der Klammerausdruck der Gl. (3,10) stellt das auf die zweite Welle reduzierte Trägheitsmoment dar.

Brücksichtigt man, daß

$$\frac{\omega_1}{\omega_2} = i_{1,2}, \qquad \frac{\omega_3}{\omega_2} = \frac{1}{i_{2,3}}, \qquad \cdots \frac{\omega_n}{\omega_2} = \frac{1}{i_{2,n}}$$

ist, so wird

$$\theta_{\mathrm{red}} = \theta_1 i_{1,2}^2 + \theta_2 + \theta_3 \left(\frac{1}{i_{2,3}}\right)^2 + \cdots + \theta_n \left(\frac{1}{i_{2,n}}\right)^2 . \tag{3,11}$$

Die Ermittlung des reduzierten Trägheitsmomentes setzt also die Kenntnis der Einzelträgheitsmomente sowie der Übersetzungsverhältnisse der Teilgetriebe voraus.

40. Die Bestimmung der Einzelträgheitsmomente

Trägheitsmomente durch Rechnung zu ermitteln scheidet im allgemeinen aus, da die Formen meist zu kompliziert sind.

Trägheitsmomente von Rotationskörpern lassen sich experimentell auf verschiedene Weise bestimmen. Am geeignetsten hat sich die Methode erwiesen, den zu messenden Körper als Masse eines Torsionspendels zu verwenden.

Hängt man den Körper, z. B. Rad und Welle, an einem Stahldraht auf und dreht das System aus seiner Ruhelage heraus, so wird es Schwingungen mit der Schwingungszeit

$$T_x = 2\pi \sqrt{\frac{\theta_x}{D}} \qquad (3,12)$$

ausführen. θ_x ist das zu messende Trägheitsmoment, D das Direktionsmoment des Drahtes. Bringt man an dem Torsionspendel eine zusätzliche Masse z so an, daß sich das Direktionsmoment nicht ändert, was z. B. durch Aufsetzen zweier Massen symmetrisch zum Aufhängepunkt oder durch Aufsetzen einer Kreisscheibe (s. Abb. 115) geschehen kann, so ist die Schwingungsdauer des Systems nunmehr

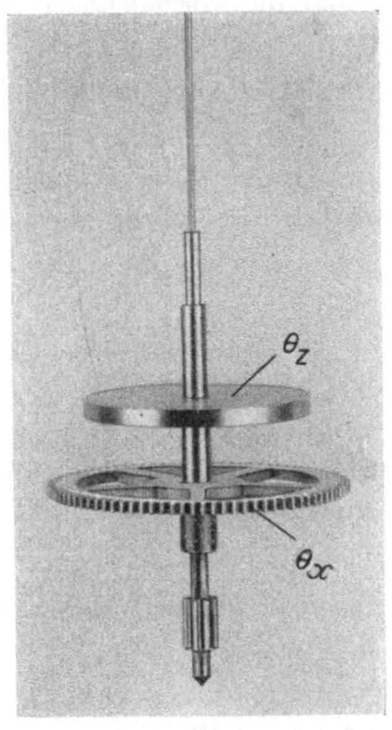

Abb. 115. Experimentelle Bestimmung des Trägheitsmomentes von Rotationskörpern

$$T_{x+z} = 2\pi \sqrt{\frac{\theta_x + \theta_z}{D}} \; . \qquad (3,13)$$

Die Division von Gl. (3,12) und (3,13) ergibt

$$\frac{T_x}{T_{x+z}} = \sqrt{\frac{\theta_x}{\theta_x + \theta_z}} \, ,$$

woraus das unbekannte Trägheitsmoment θ_x zu

$$\theta_x = \frac{T_x^2 \, \theta_z}{T_{x+z}^2 - T_x^2} \qquad (3,14)$$

berechnet werden kann.

Voraussetzung ist also die Kenntnis des Trägheitsmomentes der Zusatzmassen. Durch geeignete Formgebung, z. B. Kreiszylinder aus bekanntem Material, lassen sich solche Zusatzträgheitsmomente leicht, vor allem aber sehr genau berechnen. Die Dicke und Länge des Aufhängedrahtes sind ohne Belang. Dünnere Drähte führen zu größeren

Schwingungsdauern, was hinsichtlich der Genauigkeit erwünscht sein kann.

Diese Methode, aus den Einzelträgheitsmomenten über die bekannten Übersetzungsverhältnisse der Teilgetriebe das reduzierte Trägheitsmoment nach Gl. (3,11) zu ermitteln, wird umständlich, wenn nicht gar unmöglich, wenn es sich um Werke sehr kleiner Dimensionen handelt oder das vorliegende Werk aus einer Vielzahl von Rädern besteht.

41. Experimentelle Bestimmung des reduzierten Trägheitsmomentes

Das zu untersuchende Werk soll das reduzierte Trägheitsmoment θ_1 haben, für das die Bewegungsgleichung für den Auslauf

$$- M_{R_1} = \theta_1 \, \dot{\omega}_1$$

lautet.

Bringt man auf einer beliebigen Welle ein zusätzliches bekanntes Trägheitsmoment an, so wird die Auslaufzeit vergrößert. Unter Beachtung der Reduktion dieses Zusatzmomentes (dessen reduziertes Trägheitsmoment sei θ_2) auf die Bezugswelle lautet nunmehr die Bewegungsgleichung

$$- M_{R_2} = (\theta_1 + \theta_2) \, \dot{\omega}_2 \, .$$

Aus den vorstehenden beiden Gleichungen erhält man für $M_{R_1} = M_{R_2}$:

$$\theta_1 = \theta_2 \, \frac{\dot{\omega}_2}{\dot{\omega}_1 - \dot{\omega}_2} \, . \tag{3,15}$$

M_{R_1} ist gleich M_{R_2} an den Stellen gleicher ω-Werte, vorausgesetzt, daß sich an den Reibungsverhältnissen des Systems durch Anbringen des Zusatzträgheitsmomentes nichts geändert hat. Dort ist

$$\theta_1 \, c_{R_1} = (\theta_1 + \theta_2) \, c_{R_2} = c$$

$$[\text{s. Gl. (3,07)}].$$

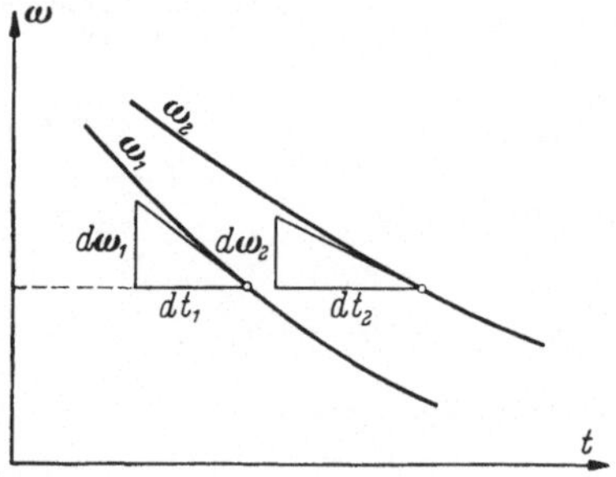

$\dot{\omega}_1$ und $\dot{\omega}_2$ findet man also durch graphische Differentiation der beiden Auslaufkurven, wie wir sie in Abb. 116 sehen, und zwar an den Stellen gleicher Winkelgeschwindigkeit.

Abb. 116. Auslaufkurven für verschiedene Trägheitsmomente

42. Die Ermittlung der Auslaufkurven

a) Direktmethode mittels Photographie. Zu diesem Zweck wird auf die Bezugswelle eine geschwärzte Scheibe aufgesetzt, die in einem bestimmten Abstand von der Wellenmitte eine gut polierte Stahlkugel trägt. Die Stellung der Stahlkugel in den einzelnen Phasen des Ablaufes wird photographisch festgehalten, indem man bei geöffneter Kamera die um das Wellenzentrum rotierende Stahlkugel mittels einer Blitzröhre in bestimmten Zeitabständen, z. B. $^1/_5$ Sekunden, beleuchtet.

Auf diese Weise erhält man eine Punktfolge (kleine Kreise, falls die Blitzröhre Ringform hat), die auf einem Kreis um den Mittelpunkt der Bezugswelle liegen (Abb. 117).

Die Winkel zwischen zwei Punkten ergeben unter Berücksichtigung des Zeitabstandes der Lichtblitze unmittelbar die Winkelgeschwindigkeit, d. h. einen Mittelwert, der um so genauer wird, je kleiner der Zeitabstand zweier Blitze ist. Zur Beleuchtung dient eine ringförmige GEISSLER-Röhre (1) (Abb. 118). Die zu ihrem Betrieb notwendige Energie erhält sie von einem 300μ-F-Kondensator, der durch eine Gleichspannung von 110 Volt über ein Relais (2) aufgeladen und über die Primärspule eines Funkeninduktors (3) entladen wird. Das Beleuchtungsrohr (1) liegt im Sekundärkreis des Induktors. Die Steuerung des Relais erfolgt durch einen Synchronmotor mit Nockenscheibe, der bei (4) angeschlossen ist. (Abb. 119 zeigt den Zeitkontakt mit einer $^1/_5$-sek-Kontaktscheibe.)

Mit diesem Verfahren erhält man also unmittelbar die ω-Werte in Funktion der Zeit. Allerdings besteht hierbei nur

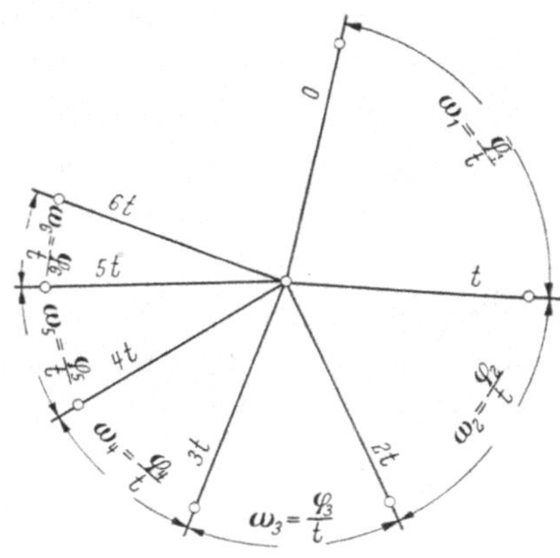

Abb. 117. Aufnahme der Winkelgeschwindigkeit einer Welle mittels rotierender Kugel

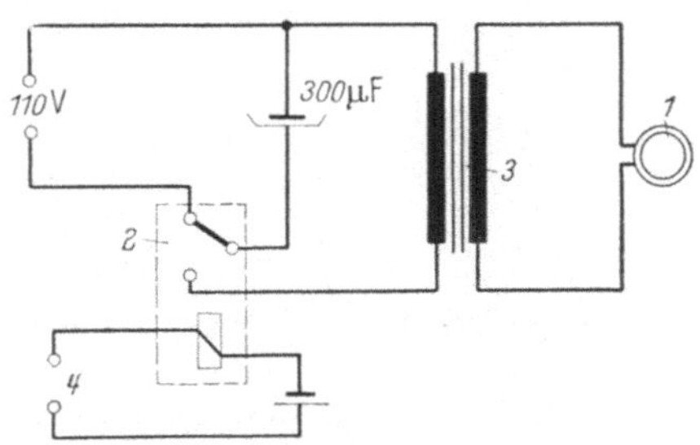

Abb. 118. Schaltschema für ein Blitzgerät

Abb. 119. Synchronmotor mit Zeitkontakt

die Möglichkeit, die Aufnahme für einen einzigen Umgang der Bezugswelle zu machen, da sonst die Punkte weiterer Umläufe in die des
ersten Umganges zu liegen kämen und nicht oder nur schwer, z. B.
mittels einer automatisch verschiebbaren Kassette, auseinander gehalten werden könnten.

b) Indirekte Messung von ω mittels Bandschreiber. Diesen Nachteil
kann man umgehen, wenn man die Veränderung der Drehzahl registriert
und hieraus ω bestimmt.

Zu diesem Zweck wird auf der Bezugswelle eine Blendenscheibe
mit einem oder mehreren Löchern bzw. Schlitzen angebracht, durch
die ein Lichtstrahl auf eine Photozelle fällt. Beim Durchgang der

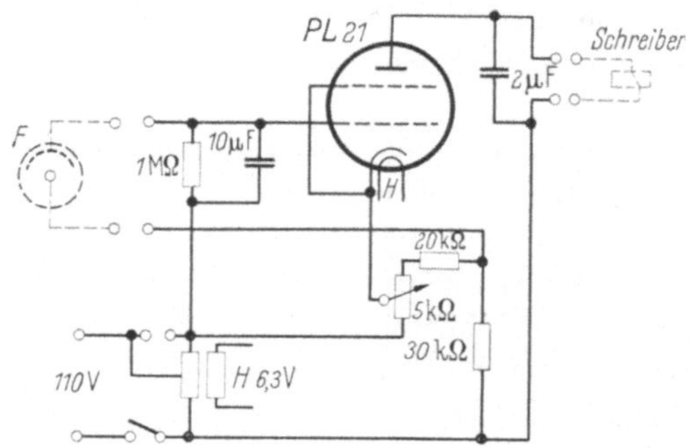

Abb. 120. Schaltschema zur Steuerung eines Bandschreibers mittels Photozelle

Öffnungen durch den Lichtstrahl wird ein Impuls ausgelöst, der auf
einen Schreiber gegeben wird. Man erhält auf diese Weise auf dem
Registrierstreifen eine Folge von Punkten, die je nach der momentanen
Winkelgeschwindigkeit in verschiedenen Abständen liegen.

Einzelheiten über die elektrische Anordnung sind aus Abb. 120, die
eine Thyratronschaltung wiedergibt, zu ersehen.

Kennt man den Vorschub des Schreibers, d. h. die Länge der Zeiteinheit auf dem Papierband — sie kann z. B. durch Parallelaufnahme
eines Zeitimpulses durch einen zweiten Schreibstift festgestellt werden —,
so ist das Mittel der Winkelgeschwindigkeiten zwischen zwei Meßpunkten
bei einer Öffnung in der Lochscheibe

$$\omega = \frac{2\,\pi}{t_2 - t_1}$$

oder, wenn p der Papiervorschub pro Zeiteinheit und l der Abstand
zwischen zwei Meßpunkten ist,

$$\omega = \frac{2\,\pi\,p}{l}\,.$$

Ist die Anzahl der Öffnungen auf der Lochscheibe z, so ist

$$\omega = \frac{2\,\pi\,p}{l\,z}\,.$$

Man erhält das Bild der Funktion $\omega = f(t)$, wenn man die ω-Werte jeweils über der Stelle

$$\frac{t_n + t_{n-1}}{2}$$

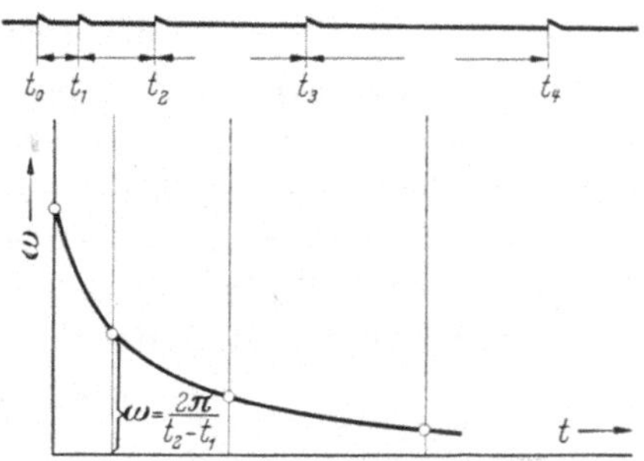

Abb. 121. Schematische Darstellung einer Bandregistrierung

aufträgt (Abb. 121). Vorteil dieser Methode: Es kann fortlaufend registriert werden.

c) Indirekte Messung von ω mittels Trommelregistrierung. Die Verwendung des Bandschreibverfahrens ist durch die Trägheit des Schreibersystems begrenzt. Sollen noch kürzere Zeiten bzw. Intervalle, als sie der Bandschreiber zuläßt, gemessen werden, dann bedient man sich besser der trägheitslosen Photoregistrierung.

Die rotierende Trommel (1) (Abb. 122), die den Film oder das Photopapier trägt, wird über ein mehrstufiges Reibradgetriebe (2) durch einen Synchronmotor (3) angetrieben. Die Trommel ist auf einem Schlitten

Abb. 122. Messung der Winkelgeschwindigkeit einer rotierenden Welle mittels Trommelregistrierung

durch ein gesondertes Getriebe (4) verschiebbar, so daß Dauerregistrierung möglich ist. Die Schlitzblende (5), die man z. B. durch Photographieren einer Zeichnung herstellen kann, vergrößert das Gesamtträgheitsmoment des Laufwerkes um einen vernachlässigbaren Betrag.

43. Der Anlauf

Die Kenntnis der Größe c_R gibt uns die Möglichkeit, den gesamten Bewegungsverlauf eines Laufwerkes: Anlauf, Enddrehzahl sowie die Reibungsarbeit und den Wirkungsgrad zu bestimmen.

Unter der Voraussetzung, daß das Werk seine Drehenergie durch ein Antriebsmoment M_A erhält und daß das reduzierte Trägheitsmoment θ und c_R bekannt sind, lautet die allgemeine Bewegungsgleichung

$$\theta\,\ddot{\varphi} + \theta\,c_R\,\dot{\varphi} - M_A = 0,$$

$$\ddot{\varphi} + c_R\,\dot{\varphi} - \frac{M_A}{\theta} = 0,$$

oder

$$\ddot{\varphi} + a\,\dot{\varphi} - b = 0, \qquad\qquad (3{,}16)$$

worin

$$a = c_R \quad\text{und}\quad b = \frac{M_A}{\theta}$$

gesetzt ist.

Dies ist eine lineare inhomogene Differentialgleichung 2. Grades, deren Lösung unter Berücksichtigung der Randbedingungen $t = 0$, $\varphi = 0$ und $\dot{\varphi} = 0$

$$\varphi = \frac{b}{a}\left[t - \frac{1}{a}\left(1 - e^{-at}\right)\right] \qquad\qquad (3{,}17)$$

lautet.

Hieraus erhalten wir die Winkelgeschwindigkeit durch Differenzieren zu

$$\omega = \dot{\varphi} = \frac{b}{a}\left(1 - e^{-at}\right). \qquad\qquad (3{,}18)$$

Für $t = \infty$ strebt ω der Grenzgeschwindigkeit Ω zu:

$$\Omega = \frac{b}{a} = \frac{M_A}{\theta\,c_R}. \qquad\qquad (3{,}19)$$

Diese Gleichung gibt gleichzeitig die Möglichkeit, c_R auf einfache Weise zu ermitteln.

44. Die Reibungsarbeit und der Wirkungsgrad

Wir erhalten aus der Energiegleichung

$$\frac{1}{2}\,\theta\,\omega^2 = M_A\,\varphi + A_R$$

die Reibungsarbeit A_R zu

$$A_R = \frac{1}{2}\,\theta\,\omega^2 - M_A\,\varphi,$$

$$= \frac{1}{2}\,\theta\left[\frac{b}{a}\left(1 - e^{-at}\right)\right]^2 - M_A\,\varphi,$$

$$= \frac{1}{2}\,\theta\left[\frac{b^2}{a^2}\left(1 - 2\,e^{-at} + e^{-2at}\right)\right] - M_A\,\varphi.$$

Setzt man den Wert von φ aus der Gl. (3,17) ein, so wird

$$A_R = -\frac{M_A^2}{\theta\, c_R}\left[t - \frac{1}{2c_R}\left(3 - 4\,e^{-c_R t} + e^{-2c_R t}\right)\right].$$

Für genügend großes t wird

$$A_R = -\frac{M_A^2}{\theta\, c_R}\left(t - \frac{3}{2\, c_R}\right).$$

Definitionsgemäß ist der Wirkungsgrad

$$\eta = 1 - \frac{A_R}{A_R + A_L}, \tag{3,20}$$

A_R Reibungsarbeit (übrige Verluste vernachlässigt),

A_L abgegebene Nutzarbeit an der Arbeits- bzw. Bezugswelle bei der Grenzgeschwindigkeit Ω.

Für sehr großes t ist

$$A_R = \theta\, c_R\, \Omega^2\left(t - \frac{3}{2\, c_R}\right). \tag{3,21}$$

Weiterhin ist

$$A_L = M_L\, \varphi$$

und unter Berücksichtigung von

$$\varphi = \frac{b}{a}\left(t - \frac{1}{a}\right) \qquad \text{(aus Gl. 3,17)},$$

wobei wiederum

$$\frac{b}{a} = \Omega$$

ist, wird

$$A_L = M_L\, \Omega\left(t - \frac{1}{c_R}\right). \tag{3,22}$$

Bei einer numerischen Auswertung wären die Ergebnisse von Gl. (3,21) und Gl. (3,22) in Gl. (3,20) einzusetzen.

III. Lagerformen des Laufwerkbaues

45. Unterschiedsmerkmale der einzelnen Lager

Lager und Wellen haben die Aufgabe, Bewegungen und Drehmomente zu übertragen. Es treten also Kräfte auf, die im Lager radiale, in weniger häufigen Fällen auch axiale Richtung haben. Die Gestaltung der Lager ist deshalb für den Reibungsverlust von erheblicher Bedeutung.

Übernimmt man die Klassifizierung des Maschinenbaues, so wäre auch hier in Quer- und Längslager und diese wiederum in Gleit- und Kugellager zu unterscheiden.

Das Gleitlager ist die allgemein gebräuchliche Lagerform. Seltener werden Kugellager verwendet.

Es liegt in der Natur der Sache, daß der Unterschied zwischen Quer-
und Längslager nicht in der Weise ausgeprägt sein kann, wie es z. B.
beim Maschinenbau der Fall ist. Längskräfte, die vorkommen und auf
das Lager wirken, werden hauptsächlich durch Lageveränderung
(Transport, tragbare Geräte wie z. B. Uhren) verursacht. Sie werden
herkömmlicherweise durch den Wellenansatz, Stellringe oder Deckplatten (Decksteine) abgefangen. Zur Ausnahme rechnen Vertikallager,
die als Sonderkonstruktionen einiges Interesse beanspruchen dürften.

46. Gleitlager mit Metallschale

Die gebräuchlichste Form ist das Gleitlager mit Stahlwelle und
Messingschale. Als Beispiel Abb. 123, die die Lagerung eines Feder-
bauses (*b*) mit Gesperr (*d*) zeigt. Diese
Schale wird entweder als Bohrung
im Werkgestell (Messingplatine) (*a*)
oder durch besondere Messingbuchsen
in einem anderen Gestellmaterial,
z. B. Zink aus Gründen der Material-
ersparnis, ausgeführt. Vereinzelt werden auch mit Erfolg heute schon Lagerschalen aus Sintermetall eingebaut.

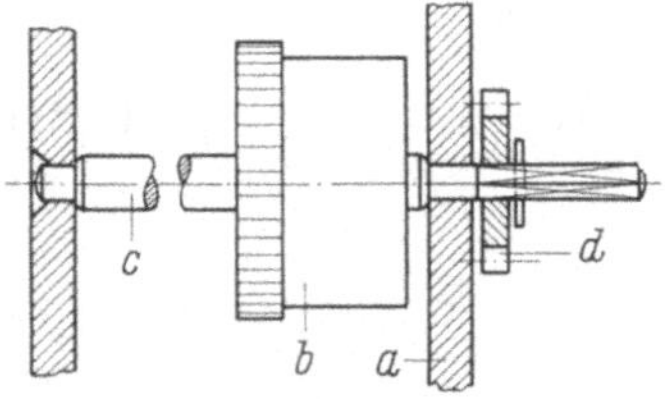

Abb. 123. Gleitlager normaler
Ausführung

Die Welle (*c*) wird durch Ansätze gegen seitliches Verschieben ge-
sichert. Vertiefungen in der Platine, sogenannte Ölsenkungen, sollen das
Abfließen des Schmieröles verhindern. Die Laufflächen von Welle und
Schale sollen gut poliert sein. Die Größe des Zapfendurchmessers soll zur
Herabsetzung der Reibungsverluste so klein wie möglich dimensioniert
werden.

Für einfachere Ausführungen gewinnt immer mehr die Anordnung
gemäß Abb. 124 an Bedeutung. Die Welle wird hierbei durch einen
Haltebügel (*e*), der außerhalb der
Platine verschraubt ist oder auch
lose in Form eines Sprengringes
in einer Ringnut sitzt, gegen
seitliches Verschieben gesichert.
Diese Art der Scheibensicherung
ist besonders dann zu empfehlen,
wenn die auf der Welle sitzenden

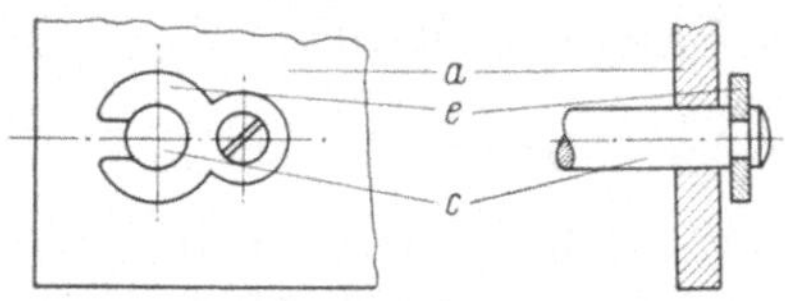

Abb. 124. Sicherung einer Welle durch
seitlichen Haltebügel

Räder mittels Schrauben oder Keilen befestigt sind. Diese Achse läßt
sich ohne Zerlegen des Werkgestelles leicht ausbauen (Steckachse).

Die Montage eines Laufwerkes in einem einzigen Gestell birgt immer
den Nachteil, daß beim Auswechseln einzelner Teile das gesamte Werk
auseinandergenommen werden muß. Man wird deshalb bei der Kon-

struktion versuchen, Baugruppen zu schaffen, die unabhängig voneinander aus dem Werk herausgenommen werden können. Bekannt ist die Zusammenfassung aller Hemmungsteile von Ankerhemmungen in sogenannte „Echappements".

Besonders die Antriebselemente müssen öfters ausgewechselt werden. Bei Bruch von Zugfedern ist es immer lästig, das gesamte Werk zerlegen zu müssen.

Dieser Mißstand ist vermeidbar, wenn man das Lager so weit an die Platinenkante verlegt, daß eine seitliche Einführung der Welle möglich wird. Die Sicherung der Welle gegen Verschieben besorgt auch hier ein Haltebügel. In der Anordnung Abb. 125 (Bezeichnungen entspr. Abb. 123 bzw. 124) sind die beiden Federhäuser — Antrieb von Zeitwerk und Schlagwerk einer

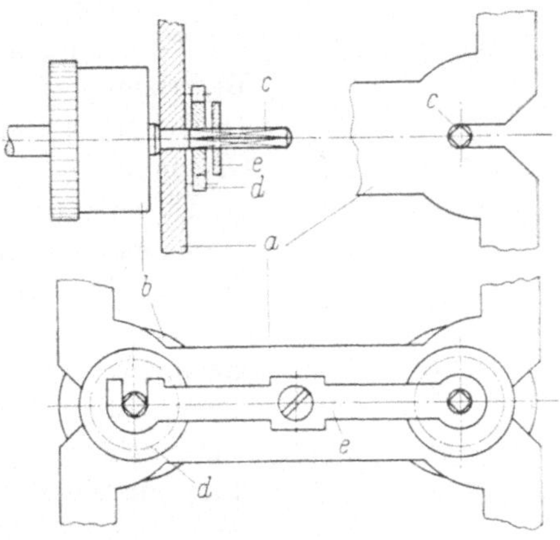

Abb. 125. Federhauswelle, aus dem Werkgestell seitlich herausnehmbar

Großuhr — durch Lösen zweier Schrauben (vorderseitig und rückseitig) nach Abnahme des Haltebügels auf einfachste Weise vom Werk zu trennen.

47. Steinlager

Sowohl Verschleiß als auch die Größe des Reibungskoeffizienten lassen es geraten erscheinen, das Lagermaterial Messing gegen ein Material auszutauschen, das mit dem Wellenstahl zusammen einen günstigeren Wirkungsgrad ergibt. Hierfür eignen sich Steine (Reibungskoeffizient Stahl/Stein $\mu \approx 0{,}05 \div 0{,}1$ bei gut geölten Flächen). Für Kleinlager, z. B. für den Bau von Echappements von guter und mittlerer Qualität, kommen heute ausschließlich Steinlager zur Anwendung. Früher war man auf die Natursteine (Rubin, Granat, Saphir usw.) angewiesen. Heute benutzt man synthetische Steine.

Wichtig für die Fertigungstechnik ist auch die Art der Befestigung der Steinlager. Die langbewährte, aber zeitraubende Methode des Steinfassens von Hand (Glashütter und Schweizer Fassung) hat man — außer in der Reparaturtechnik — fast ausnahmslos verlassen. Die Steine werden in die vorgerichteten Lagerschalen eingepreßt. Mit der entsprechenden Presse läßt sich der Stein unverkantet einpressen und in der zylindrischen Bohrung zur Regulierung des axialen Spieles verschieben. Zur Erreichung eines einwandfreien Sitzes muß sowohl der Stein als auch seine Metallfassung genau toleriert sein.

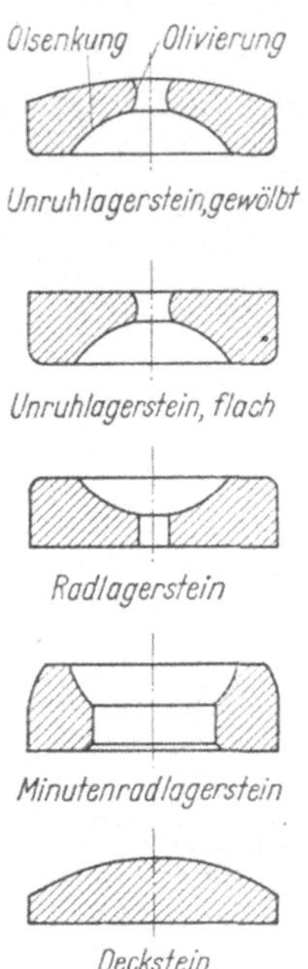

Abb. 126. Verschiedene Formen von Lager- und Decksteinen

Zur weiteren Verminderung der Reibung werden die Bohrungen der Steine nicht zylindrisch ausgeführt, sondern leicht gewölbt, „oliviert". Falls der Lagerstein — in der Uhrmacherei ist auch die Bezeichnung „Lochstein" gebräuchlich — zur Begrenzung des axialen Spiels nicht mit einem Deckstein kombiniert wird, erhält er eine größere Ölsenkung.

Ebenso wie die Lagersteine werden auch die Decksteine eingepreßt. Abb. 126 zeigt die gebräuchlichsten Formen von Lager- und Decksteinen.

Die Kombination Lager- und Deckstein dient meist zur Lagerung besonders kleiner Wellen, bei denen sich der Reibungsverlust besonders bemerkbar macht, z. B. bei Unruhzapfen. Ihre Anwendung empfiehlt sich dort, wo bei senkrecht stehenden Wellen das durch die Vertikalstellung verursachte Reibungsmoment wesentlich vermindert werden soll.

Für die Steinform ist vor allem die Frage der richtigen Ölhaltung ausschlaggebend. Abb. 127a und 127b zeigen zwei grundsätzlich verschiedene Ausführungen. In Abb. 127a hat der Deckstein vom flachen Lagerstein überall gleichen Abstand.

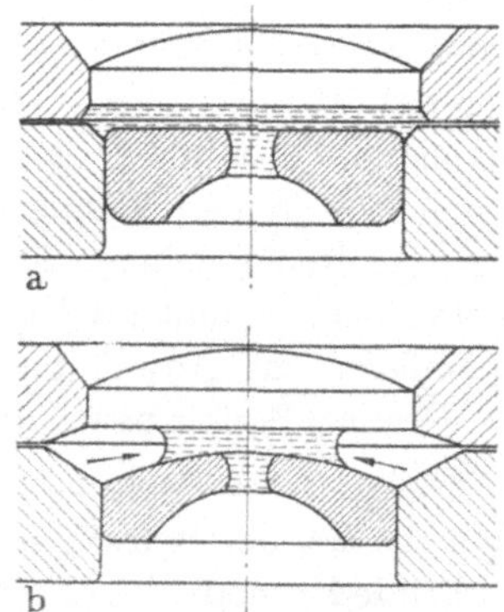

Abb. 127a u. b. Einfluß der Lagersteinwölbung auf die Ölhaltung

Das auf den Deckstein gegebene Öl kann sich in diesem Zwischenraum bis zur anstoßenden Messingwandung ausbreiten. Das Öl wird von der eigentlichen Lagerstelle abgezogen, so daß die Gefahr des Trockenlaufens auftreten kann. Diese Ausführung setzt des flachen Lagersteines wegen die Herstellungskosten herab und wird deshalb nur in billigeren Werken verwandt.

Der gewölbte Lagerstein (Abb. 127b) erzeugt bei zunehmendem Durchmesser einen sich erweiternden Spalt. Das Öl hat durch die Kapillarwirkung die Tendenz, sich möglichst an der engsten Stelle, also in unmittelbarer Nähe des Wellenzapfens, zu halten. Der Ölfilm reißt nicht ab.

48. Stoßsicherungen

Stoßsicherungen sind gefederte Lagerungen, die plötzliche, schlagartig auf die Welle wirkende Stöße in axialer und redialer Richtung abfangen und die Wellen entlasten. Sie finden also in der Hauptsache in transportablen Geräten Anwendung. Ihre Entwicklung ging von der Uhrentechnik aus. Dort sind Unruhwellen besonders gefährdet und Brüche keine Seltenheit. Die Zapfen der Unruhwelle sind im Verhältnis zu der darauf befestigten Masse (Unruhreifen) besonders dünn, so daß diese Zapfen durch Stöße in Richtung der Welle oder auch seitlich dazu bzw. durch deren Komponenten leicht brechen.

Hieraus ergeben sich die an eine Stoßsicherung zu stellenden Forderungen:

1. Sicherer, fester Sitz des Lagers in jeder Gebrauchslage.

2. Die gefederten Teile müssen nach dem Stoß genau in die Ausgangslage zurückkehren können.

3. Die verwendeten Federn müssen das richtige Maß an Empfindlichkeit besitzen.

4. Es darf keine Ermüdung der Federn eintreten.

5. Die Stoßsicherung darf z. B. bei Anwendung in einem Echappement die Regelgenauigkeit nicht beeinflussen.

Der Schnitt durch die Stoßsicherung Abb. 128 (Patent Kif 370) zeigt deutlich alle Vorzüge einer Anordnung von federnden Lager- und Decksteinen. Das ganze System ist in einer, in die Platine eingepreßten, besonderen Lagerbuchse (*1*), auch „Chaton" genannt, aufgenommen. Die Lagersteinfassung (*2*) mit dem eingepreßten Stein (*3*) ruht mit ihrem Konus auf der Kante der Ausdrehung, wo sie sich selbst zentriert. Der Lagerstein selbst ermöglicht ein flaches Aufliegen in der Lagerbuchse. Der Deckstein sitzt lose in der Ausdrehung der Steinfassung in einem Abstand von ca. 0,05 mm vom Lager-

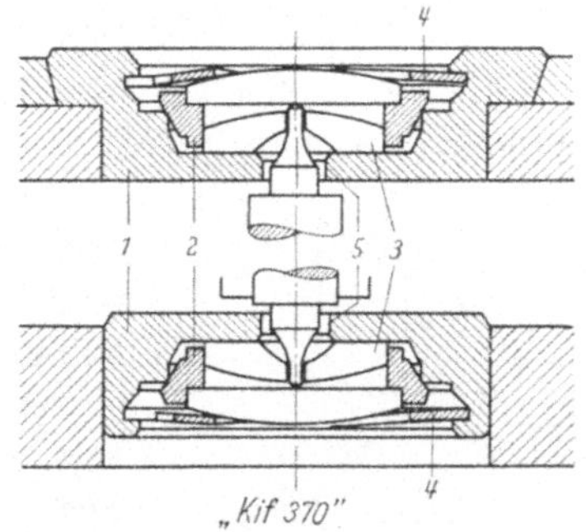

Abb. 128.   Stoßsicherung

stein entfernt, um die günstigste Ölhaltung zu garantieren. Die Feder (*4*) ist in eine Nut der Lagerbuchse mittels vorstehender Lappen geklemmt und hält durch Dreipunktauflage das Steinlager mit dem Deckstein in der Lagerbuchse. Die Abfederung von axialen Stößen erfolgt ebenfalls durch die Feder (*4*). Hierbei gibt der Deckstein so weit nach, bis der Bund der Welle die Bewegung an einem Anschlag, dem „Stoßfänger" (*5*), begrenzt. Bei radialem Stoß drückt der Zapfen die Lagersteinfassung (2) aus der Mittellage bis zum Anliegen der Welle am Stoßfänger (5). Die Feder wirkt nun rücktreibend; der Konus zentriert das ganze System wieder in der Lagerbuchse.

Es ist eine Reihe weiterer Stoßsicherungen auf demselben oder einem ähnlichen Prinzip entwickelt worden (z. B. Shock-Resist mit direkt gefedertem Lagerstein für axiale und radiale Stöße), die hier nicht beschrieben werden sollen.

49. Kugellager

Wälzlager in Form von Kugel- und Rollenlagern sind im Maschinenbau seit langer Zeit bekannt. Es hat deshalb nicht an Versuchen gefehlt, dem Wälzlager mit all seinen Vorzügen auch beim Laufwerksbau Eingang zu verschaffen. Die Schwierigkeiten bei der Herstellung von Kleinstwälzlagern sind heute so weit überwunden, daß die einschlägige Lagerindustrie die hauptsächlichsten Typen, wie sie beim Großlager bekannt sind, auch in Miniaturgröße auf den Markt bringt. Haupthinderungsgrund für eine weitgehendere Verwendung dieser Lagerart ist heute lediglich noch der Preis.

Diese sogenannten Miniaturkugellager (Schulter- und Radiallager) sind heute in so viel Ausführungen erhältlich, daß für jeden Zweck die geeignete Größe zur Verfügung steht.
Kleinste Abmessungen:

Schulterlager: Außendurchmesser 1,1 mm
Radiallager: Außendurchmesser 3,0 mm

Aus der großen Zahl der Anwendungsmöglichkeiten nur das Beispiel Abb. 129: eine Körnerschraube, mit einem Schulterlager ausgerüstet.

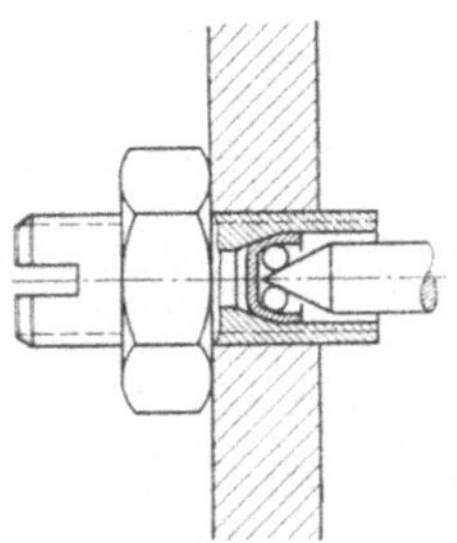

Abb. 129. Miniaturkugellager als Körnerlager verwendet

Gewisse Schwierigkeiten macht die Schmierung dieser Lager. Während die Großmaschinen nach einem eigens dafür zusammengestellten Schmierplan gewartet werden, der die Schmierstellen, das Schmiermittel und die Zeit festlegt, sind in feinwerktechnischen Geräten die Schmierstellen wohl bekannt, das Schmiermittel in vielen Fällen eine umstrittene Sache, und die Zeit der Schmierung mehr oder weniger dem einzelnen überlassen. Abgesehen von der Ölwahl — geeignete Öle und Fette werden von den Herstellerfirmen für jeden Spezialzweck nachgewiesen — kann die Ölhaltung in den Lagern auch hier zu unangenehmen Begleiterscheinungen führen.

Auf einen Vorzug des Wälzlagers sei noch hingewiesen: Im Gegensatz zum Gleitlager kann das Wälzlager bei niederen Drehzahlen auch trocken laufen. Positive Untersuchungsergebnisse hierüber sind in der einschlägigen Literatur zur Genüge veröffentlicht worden.

50. Sonderformen

Pfannenlager, auch unter der Bezeichnung Körnerlager bekannt, haben als Ersatz für Steinlager mit Deckstein überall dort Eingang gefunden, wo eine besondere Verbilligung angestrebt wird, z. B. zur Unruhlagerung im Weckerbau.

Hier ist die Welle mit einer abgerundeten Spitze versehen, die in einer Stahlpfanne als Widerlager läuft. Die Pfanne wird meist zum Zwecke der Einstellung der Lagerluft an der Spitze einer verstellbaren Schraube, der sogenannten Körnerschraube, eingesenkt.

Von der Güte der Spitzen und der Lagerpolitur hängt die Lebensdauer wesentlich ab. In der Hauptsache wird das Pfannenlager bei horizontaler Wellenlage angewendet, da sich sonst die Stahlspitze der Welle zu rasch in die Stahlpfanne einarbeitet. Vorsicht ist bei der Auswahl des für die Herstellung der Körnerschrauben verwendeten Automatenstahles geboten, da manche Stähle zu einer mehr oder minder raschen Zersetzung des Schmieröles neigen.

Bei empfindlichen Geräten, deren Wellen in senkrechter Lage arbeiten müssen, wird die Stahlpfanne durch einen Stein ersetzt. Die Wellenspitze wird in Form einer eingesetzten Stahlkugel ausgebildet. Diese Anordnung erstrebt nicht nur eine Senkung der Größe des Reibungsmomentes als vielmehr eine bessere Konstanz desselben. Abb. 130 zeigt eine Ausführung, wie sie z. B. in Elektrizitätszählern Anwendung findet.

Als weitere Verbesserung kennen wir das Doppelsteinlager, bei dem der die Kugel umhüllende Mantel der Welle durch eine zweite Steinpfanne ersetzt wird, so daß die Kugel frei zwischen zwei Steinen laufen kann. Hierdurch erfolgt nur rollende Reibung, außerdem wechseln die Berührungspunkte zwischen Kugel und Stahlpfannen, so daß eine gleichmäßigere Abnutzung der Kugel gewährleistet ist.

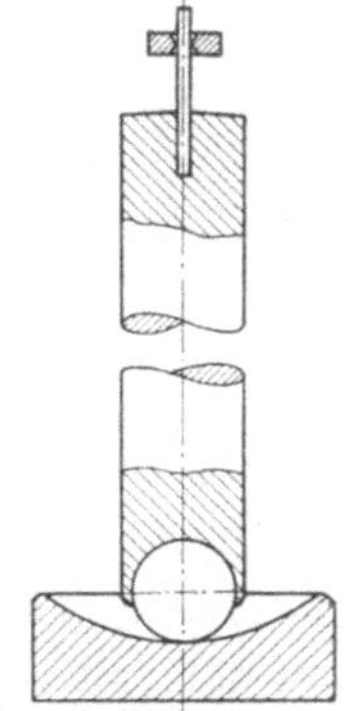

Abb. 130. Pfannenlager (Vertikallager) eines Elektrizitätszählers

Das Oberlager ist ein Schulterlager (Nadelhalslager) normaler Ausführung, das ein Stahl- oder Steinfutter erhalten kann.

Eine völlige Abkehr von den bisher betrachteten Lagertypen bedeutet die Unruhlagerung (Vertikallager) beim „Junghans-Exacta-Gangregler", wo eine magnetische Entlastung des Lagers zur Anwendung kommt (Abb. 131). Die Unruh (*1*) sitzt auf einer Hohlachse (*2*), die an beiden

Enden Lagersteine (*3*) trägt, die lediglich als Führungslager dienen.
Ein dünner Draht (*4*) dient als Führungsachse. Auf der Hohlachse

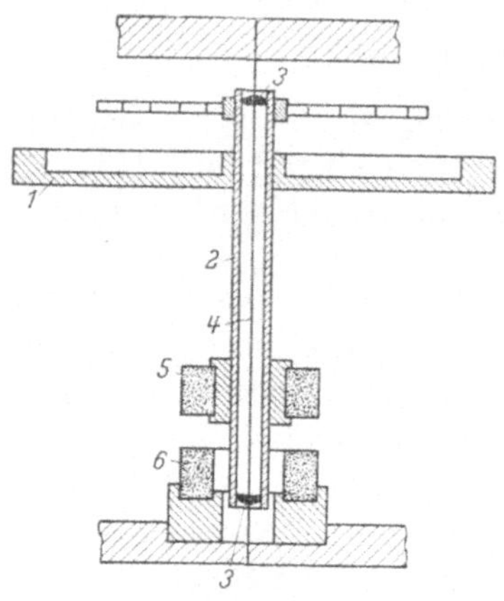

(Messing) sitzt ein zylindrischer Dauermagnet (*5*), dem ein ebensolcher auf dem Gestell sitzender Dauermagnet (*6*) gegenübersteht. Die modernen Magnetstoffe gestatten Auswahl eines Werkstoffes mit hoher Induktion, Koerzitivkraft und hohem elektrischem Widerstand, so daß sich eine hohe zeitlich unveränderliche Kraft ergibt und nur unbedeutende Wirbelstromverluste entstehen können. Die beiden Magnete wirken ähnlich wie ein Luftpolster. Das System ist in Vertikalstellung unempfindlich gegen Erschütterungen.

Abb. 131. Vertikallager (Magnetlager)
einer Unruh

Viertes Kapitel

Antrieb und Erzeugung des Antriebsmomentes

I. Das reduzierte Moment

51. Das einfache Moment

Die folgenden Abschnitte sollen die Kraftübertragung in einem Laufwerk behandeln und die Frage beantworten: Wie groß muß das an der Antriebswelle wirkende Drehmoment sein, und wie müssen die Antriebsmittel beschaffen sein, wenn an einer oder mehreren Wellen des Werkes eine Momentenabgabe vorgeschriebener Größe erfolgen soll?

Abb. 132 zeigt den Typus des einfachsten Laufwerkgetriebes, die Winkelkette. Auf der Welle des ersten Rades sei eine Walze mit dem Radius r befestigt, an dem das Gewicht Q als Antrieb wirkt.

Um ein Absinken des Gewichtes Q zu verhindern, muß im Punkte A eine Kraft P_1 wirken, deren Größe sich aus der Gleichgewichtsbedingung

$$P_1 r_1 = Q r$$

zu

$$P_1 = Q \frac{r}{r_1} \tag{4,01}$$

ergibt.

Gehen wir um ein Räderpaar weiter, so müssen zur Erhaltung des Gleichgewichtes die Momente von P_1 und P_2 gleich sein:

$$P_2\, r_2 = P_1\, r_1',$$

oder

$$P_2 = P_1 \frac{r_1'}{r_2}. \qquad\qquad (4,02)$$

P_1 aus Gl. (4,01) in (4,02) eingesetzt ergibt:

$$P_2 = Q\, \frac{r}{r_1}\, \frac{r_1'}{r_2}.$$

Schließlich gilt für P_n:

$$P_n = Q\, r \frac{r_1'}{r_1}\, \frac{r_2'}{r_2}\, \frac{r_3'}{r_3} \cdots \frac{r_{n-1}'}{r_{n-1}}\, \frac{1}{r_n}.$$

Da die Zähnezahlen zweier zusammenarbeitender Räder den Teilkreisradien direkt proportional sind, kann die obige Gleichung auch in der Form geschrieben werden:

$$P_n = Q\, r \frac{z_1'\, z_2'\, z_3' \cdots z_{n-1}'}{z_1\, z_2\, z_3 \cdots z_{n-1}}\, \frac{1}{r_n},$$

was gleich ist mit

$$P_n = Q\, \frac{r}{r_n}\, i$$

oder

$$P_n\, r_n = Q\, r\, i.$$

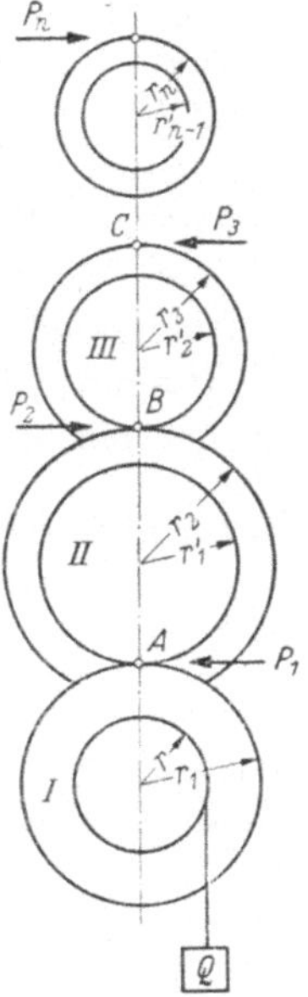

Abb. 132. Kräfte und Momente an einer Winkelkette

$Q\, r$ ist aber gleich dem Antriebsmoment M_A, und $P_n\, r_n$ gleich dem Moment an der letzten Welle M_n, d. h., es ist

$$M_n = M_A\, i, \qquad\qquad (4,03)$$

bzw.

$$\frac{M_n}{i} = M_A. \qquad\qquad (4,04)$$

Den Quotienten M_n/i nennt man das auf die Antriebswelle reduzierte Moment.

Wie bei den meisten physikalischen Gesetzen bedarf es auch hier einer Einschränkung. Die Gln. (4,03) und (4,04) stellen den Idealfall dar. Sie haben nur Gültigkeit, wenn es sich um eine verlustfreie Energieübertragung in der Kette handelt. Dies ist aber niemals der Fall. Es treten Reibungsverluste sowohl in den Lagern als auch in der Verzahnung auf, was auf Kosten der zu übertragenden Energie geht.

Bei sorgfältiger, jedoch normaler Lagerbeschaffenheit kann mit einigem Erfolg für überschlägliche Berechnungen die Formel

$$\frac{M_n}{i} = 0{,}94^a\, M_A$$

angewandt werden ($a = $ Anzahl der Teilgetriebe).

52. Mehrere Momente

Bei Laufwerken kommen in den überwiegenden Fällen mehr als ein Energieverbraucher vor, zumindest neben einer Arbeitswelle noch ein Regler. Das auf den Antrieb reduzierte Moment des Reglers kann beträchtlich sein, da dieser meist mit höheren Drehzahlen arbeitet, was eine zwischen Antrieb und Regler liegende Winkelkette bedingt, deren numerischer Wert von i sehr klein ist.

Für die Ermittlung des für den Antrieb notwendigen Gesamtmomentes gilt:

Das notwendige Gesamtmoment des Antriebes ist gleich der Summe der einzelnen auf die Antriebswelle reduzierten Momente.

Einige **Beispiele** mögen dies im einzelnen erläutern.

1. Zwei Arbeitswellen L_1 und L_G. L_1 liegt in der Kette zwischen A und L_G (Abb. 133).

$$i_1 = \frac{1}{20} \quad (W_p\text{-Kette}), \qquad i_2 = \frac{1}{100} \quad (W_p\text{-Kette}).$$

Verlangtes Moment an L_G: 1 pcm.
Verlangtes Moment an L_1 : 500 pcm.

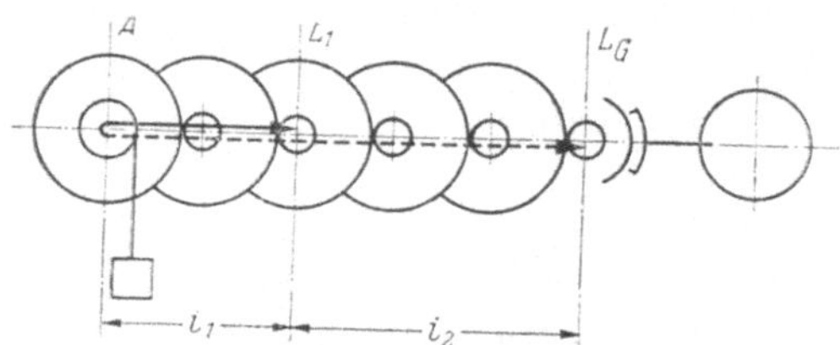

Abb. 133. Zur Berechnung des Antriebsmomentes bei zwei Arbeitswellen. **Kraftfluß in gleicher Richtung gehend**

Dann wird

$$M_A = 500 \cdot 20 \text{ pcm} + 1 \cdot 20 \cdot 100 \text{ pcm},$$
$$M_A = 12\,000 \text{ pcm}.$$

2. Zwei Arbeitswellen L_1 und L_G. L_1 bildet mit A eine besondere Kette (Abb. 134).

$$i_1 = \frac{1}{20} \quad (W_p\text{-Kette}), \qquad i_2 = \frac{1}{4000} \quad (W_p\text{-Kette}).$$

Verlangtes Moment an L_G : 1 pcm.
Verlangtes Moment an L_1 : 500 pcm.

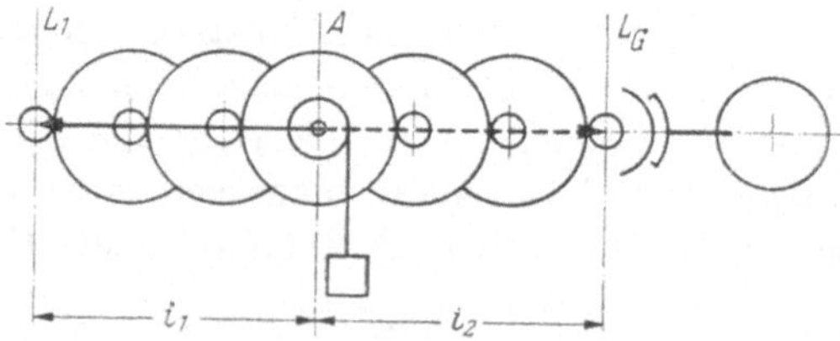

Abb. 134. Zur Berechnung des Antriebsmomentes bei zwei Arbeitswellen. **Kraftfluß in verschiedener Richtung gehend. (Zwei W_p-Ketten)**

Hier wird

$$M_A = 500 \cdot 20 \ \text{pcm} + 1 \cdot 4000 \ \text{pcm},$$
$$M_A = 14000 \ \text{pcm}.$$

3. Zwei Arbeitswellen L_1 und L_G. L_1 bildet mit A eine besondere Kette (Abb. 135).

$$i_1 = 20 \qquad (W_m\text{-Kette}), \qquad i_2 = \frac{1}{4000} \qquad (W_p\text{-Kette}).$$

Verlangtes Moment an L_G : 1 pcm.
Verlangtes Moment an L_1 : 500 pcm.
Somit

$$M_A = 500 \cdot \frac{1}{20} \ \text{pcm} + 1 \cdot 4000 \ \text{pcm},$$
$$M_A = 4025 \ \text{pcm}.$$

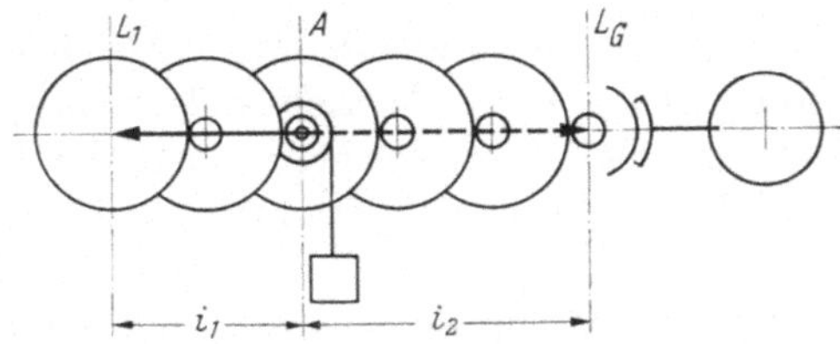

Abb. 135. Zur Berechnung des Antriebsmomentes bei zwei Arbeitswellen. Kraftfluß in verschiedener Richtung gehend. (W_p- und W_m-Kette)

4. Drei Arbeitswellen L_1, L_2 und L_G. L_1 liegt in der Kette $A-L_G$; L_2 bildet einen seitlichen Abzweig (Abb. 136).

$$i_1 = \frac{1}{10}, \qquad i_2 = \frac{1}{10}, \qquad i_3 = \frac{1}{50}, \qquad i_4 = \frac{1}{30} \qquad (\text{alles } W_p\text{-Ketten})$$

Verlangtes Moment an L_G : 1 pcm.
Verlangtes Moment an L_1 : 500 pcm.
Verlangtes Moment an L_2 : 20 pcm.

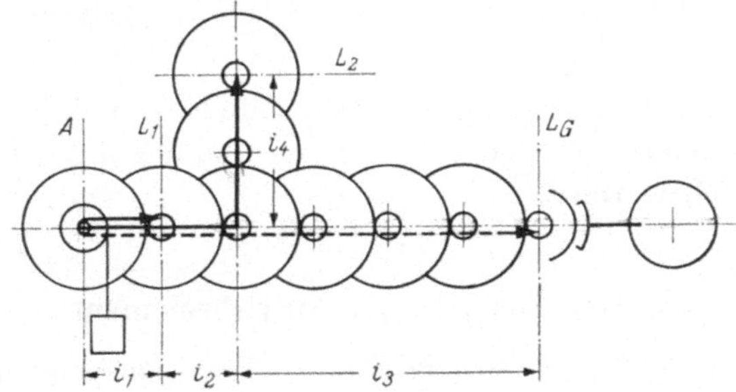

Abb. 136. Zur Berechnung des Antriebsmomentes bei drei Arbeitswellen

Dann ist

$$M_A = \frac{M_1}{i_1} + \frac{M_2}{i_1 \, i_2 \, i_4} + \frac{M_G}{i_1 \, i_2 \, i_3},$$
$$M_A = 500 \cdot 10 \ \text{pcm} + 20 \cdot 10 \cdot 10 \cdot 30 \ \text{pcm} + 1 \cdot 10 \cdot 10 \cdot 50 \ \text{pcm},$$
$$M_A = 70000 \ \text{pcm}.$$

II. Der Antrieb

53. Die verschiedenen Formen des Antriebs und des Aufzugs

Der Antrieb eines Laufwerkes erfolgt vom Momentenerzeuger aus, der als Antrieb mit kontinuierlicher Energiezufuhr oder als Kraftspeicher ausgeführt sein kann.

Als Momentenerzeuger sind hauptsächlich im Gebrauch:

das Gewicht mit der Seilrolle (Kraftspeicher),
der Elektromotor (Momentenerzeuger mit kontinuierlicher Energiezufuhr),
die Zugfeder (Kraftspeicher).

Bei kontinuierlicher Energiezufuhr ist für die Größe des Momentenerzeugers die Größe des auf die Antriebswelle reduzierten Gesamtmomentes maßgebend. Bei Kraftspeichern hängt die Größe („Kapazität") sowohl von dem reduzierten Gesamtmoment als auch von der Laufzeit ab.

Bei Kraftspeichern ist der Energievorrat von Zeit zu Zeit zu ergänzen. Dies geschieht beim Gewichtsantrieb durch Anheben des Gewichts, beim Federantrieb durch Nachspannen der Feder (Aufziehen des Kraftspeichers).

An Aufzugsarten unterscheiden wir:

den Handaufzug,
den elektrischen Aufzug,
den gemischten Aufzug, der eine Kombination von Hand- und elektrischem Aufzug oder aber auch von Hand- und mechanischem Selbstaufzug sein kann. Zu dieser Gruppe rechnen wir auch Aufzugsarten, bei denen mittels der Aufzugswelle Zeigerstellungen (z. B. bei Taschen-, Armband- und Stoppuhren) vorgenommen werden können.

Die verschiedenen Formen von Antriebselementen und Aufzügen lassen sich weitgehendst kombinieren. Es sind die noch zu behandelnden Kraftspeicherformen.

54. Das Gewicht als Antriebselement

Es ist heute nur noch in Uhren (z. B. Präzisionspendeluhren) und einigen wenigen sonstigen Laufwerken (z. B. Telegraphen) gebräuchlich. Nachteil: die stationäre Gebundenheit. Vorteile: 1. absolut konstantes Drehmoment und einfacher Aufbau, 2. rasche Änderung der Momentengröße durch Auswechseln des Gewichtes, was den Gewichtsantrieb für den Musterbau unentbehrlich macht, 3. einfachste Veränderung der Laufzeit durch Verändern der Fallhöhe des Gewichtes bzw. der Anzahl der Seilwindungen.

55. Der Elektromotor als Antriebselement

Der elektrische Antrieb hat gegenüber dem Gewichts- und Federantrieb den großen Vorteil, daß Aufzug und Laufzeitbeschränkung entfallen. Auch kann der Motor klein gehalten werden, da die Drehzahl
der Arbeitswelle bzw. Wellen meist kleiner als die Motordrehzahl ist,
wodurch das auf die Motorwelle reduzierte Moment ebenfalls klein wird.
Obwohl der Elektromotor die ideale Form des Antriebes darstellt, da
weiterhin auch der Regler entfällt, sind seine Verwendungsmöglichkeiten
begrenzt, da er, als Asynchronmotor gebaut, auf Spannungsschwan-
kungen, als Synchronmotor ausgeführt, auf Frequenzschwankungen
anspricht (Nachteil der Synchronuhren, die an einem nicht frequenz-
stabilisierten Netz angeschlossen sind). Frequenzkonstanz vorausgesetzt,
ist der Synchronmotor ein ideales Antriebsmittel. Es sei daran erinnert,
daß der Bau von Zeitwaagen erst ermöglicht wurde, als es gelang,
Frequenzgeneratoren in kleinsten Größen zu bauen, die mittels Quarz-
steuerung das Einhalten einer genauen Frequenz garantieren.

Weitere Verwendung: als Aufzugselement für Zugfedern.

Die bei einer Zugfeder auftretenden Mängel der sogenannten „fallenden Charakteristik" lassen sich in weitem Maße dadurch mindern, daß
man den Arbeitsbereich der Feder durch häufigeres Aufziehen verkürzt,
was durch den Elektromotor geschehen kann (s. Abschn. 58e).

56. Die Feder als Antriebselement

Federn als Kraftspeicher kennen wir in zwei verschiedenen Formen:
die Schraubenfeder mit und ohne Vorspannung und die spiralförmig
gewickelte Blattfeder, die unter dem Namen Zugfeder bekannt ist.

a) Die Schraubenfeder

Die Schraubenfeder hat infolge einiger gewichtiger Nachteile (ge-
streckte Form: Umsetzung der linearen Bewegung in eine Drehbewegung,
die bei Ausnutzung des Gesamthubes eine Zahnstange notwendig macht)
als Antrieb keine große Anwendung gefunden. Als Vorzüge wären zu
erwähnen: Diese Federart bedarf keiner Schmierung; das bei der
spiralig aufgewickelten Blattfeder oft auftretende „Springen" infolge
Festklebens einzelner Windungen fällt völlig weg.

Als Antriebsmittel für Uhren blieb ihre Anwendung auf einige Ver-
suchsanordnungen beschränkt[1]. Da bei Uhren meist längere Laufzeiten
verlangt sind, der Weg der Feder zwischen gespanntem und ungespann-
tem Zustand jedoch relativ kurz ist, muß das Übersetzungsverhältnis
zwischen Antrieb und Minutenwelle sehr klein sein, was wiederum eine

---

[1] HELWIG, A.: Uhrmacherkunst, 1929, H. 41.

bedeutende Momentenerhöhung und damit auch eine große Zugkraft der Schraubenfeder zur Voraussetzung hat. Große Kräfte verlangen aber wiederum verstärkten Werksaufbau, verursachen größere Lagerdrücke usw. Hingegen kann die Schraubenfeder bei technischen Laufwerken mit kürzerer Laufzeit mit Erfolg Anwendung finden.

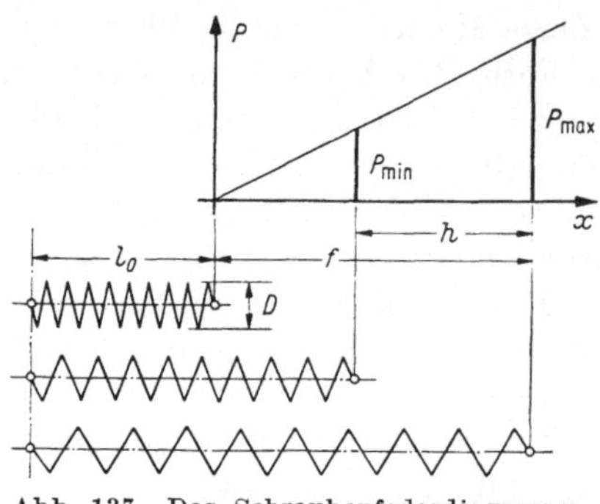

Abb. 137. Das Schraubenfederdiagramm

Bei einer Schraubenfeder besteht zwischen Kraft und Weg die Beziehung:

$$P = c\,x,$$

worin c die Federkonstante, auch Federsteifigkeit genannt, bedeutet (Abb. 137). Ihre Größe ist

$$c = \frac{dG}{8\,n\,k^3}\,.$$

d Durchmesser des Federdrahtes in mm

n Anzahl der Federwindungen

k Verhältnis von Federwindungsdurchmesser D zur Federdrahtstärke d. Der Faktor k sollte aus Festigkeitsgründen nicht kleiner als 6 angenommen werden.

G Torsionsmodul (für Stahldraht $\approx$ 8000 kpmm^{-2}).

Die allgemeine Federgleichung lautet somit

$$P = \frac{dG}{8\,n\,k^3}\,x\,. \tag{4,05}$$

In allen praktischen Fällen ist sowohl eine Minimalkraft $P_{\min}$ (Minimalmoment) als auch der sogenannte Nutzhub oder Arbeitshub h vorgeschrieben. Dem Ende des Arbeitshubes h entspricht eine Maximalkraft $P_{\max}$. Da die Kräfteschwankungen (Momentenschwankungen) aus Gründen des konstanten Antriebes jedoch auf ein Minimum reduziert werden sollten, bedeutet dies, daß sich $P_{\max}$ um möglichst wenig von $P_{\min}$ unterscheiden sollte, d. h., bei vorgegebenem Arbeitshub h sollte der Quotient

$$\frac{P_{\max} - P_{\min}}{h}$$

möglichst klein werden.

Zur Bestimmung der einzelnen Größen einer Schraubenfeder bei gegebenem Arbeitshub und $P_{\min}$ wird zunächst die Drahtstärke d für ein gewähltes $P_{\max}$ ermittelt.

$$d = \sqrt{\frac{8\,P_{\max}\,k}{\pi\,\tau_{\mathrm{zul.}}}} \qquad \tau_{\mathrm{zul.}} \text{ für Stahl} \approx 70\ \mathrm{kpmm}^{-2}. \tag{4,06}$$

Hierauf erfolgt die Berechnung von n aus Gl. (4,05):

$$n = \frac{dG}{8\,k^3}\,\frac{x}{P}\,,\qquad\qquad (4{,}07)$$

$$n = \frac{dG}{8\,k^3}\,\frac{h}{P_{\max} - P_{\min}}\,.$$

Außerdem ist

$$f = \frac{P_{\max}\,h}{P_{\max} - P_{\min}}\,.$$

Abb. 138 zeigt als Beispiel einen Schraubenfederantrieb eines technischen Laufwerkes. Die Feder, die in der Öse (1) eingehängt wird, wirkt über eine Zahnstange (2) und ein Kegelradgetriebe (3) auf das Laufwerk mit Hemmregler (4) (verdeckt). Durch das Kegelradgetriebe kommt die Federachse in Richtung der Gestellpfeiler, was evtl. erwünscht sein kann (zylindrische Bauweise des Gesamtgerätes).

Bei dem vorliegenden Werk war die von der Feder zum Betriebe aufzubringende Minimalkraft

$$P_{\min} = 1200 \text{ p} = 1{,}2 \text{ kp.}$$

Der Arbeitshub betrug

$$h = 15 \text{ mm.}$$

Unter der Annahme von $P_{\max} = 1{,}4$ kp, $1{,}6$ kp usw. und $k = 10$ erhält man für die

Abb. 138. Schraubenfederantrieb eines technischen Laufwerkes

Federdrahtstärke d, die Anzahl der Federwindungen n, den Hub f, den Vorhub $f - h$ sowie für die Länge l_0 der Feder folgende Werte:

$P_{\max}$ (kp)	d (mm)	n	f (mm)	$f - h$ (mm)	Länge l_0 der Feder (mm)
1,4	0,714	53,5	105	90	38,4
1,6	0,762	26,2	60	45	23,5
1,8	0,809	20,4	45	30	17,6
2,0	0,853	15,0	37,5	22,5	14,6
2,2	0,895	13,5	33	18	12,9
2,4	0,934	12,4	30	15	11,6

Wie man aus der Tabelle entnehmen kann, geht die Verringerung von P_{max} auf Kosten der Federlänge bzw. des Vorhubes $f - h$. Eine gedrungene Bauweise läßt sich nur durch vergrößertes P_{max} erreichen.

Die Kraftdifferenz $P_{max} - P_{min}$, die sich in Laufwerken evtl. ungünstig auswirkt, kann durch geeignete Bauelemente, z. B. Hebelgetriebe, gemindert werden. Eine solche Anordnung zum Ausgleich des Federmomentes ist in Abb. 139a wiedergegeben.

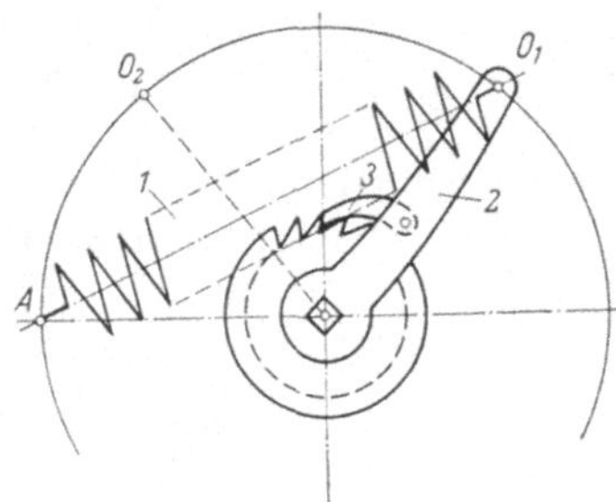

Abb. 139a. Momentenausgleich beim Schraubenfederantrieb

Die Schraubenfeder (1) ist mit ihrem einen Ende im Punkte (A) des Werkgestelles, mit ihrem anderen Ende an dem drehbaren Hebel (2) befestigt. Der Hebel kann sich zwischen den beiden Anschlägen (O_1) und (O_2) bewegen. Über ein Gesperr (3) wird das von der Feder erzeugte Moment übertragen.

Die Größe dieses Momentes (Abb. 139b):

Die Kraft der Feder in gespanntem Zustande sei P_1. Diese Kraft P_1 können wir in zwei Komponenten P_1' und P_1'' zerlegen. P_1'' wird vom Lager aufgenommen und kann beispielsweise durch eine zweite Feder in symmetrischer Anordnung kompensiert

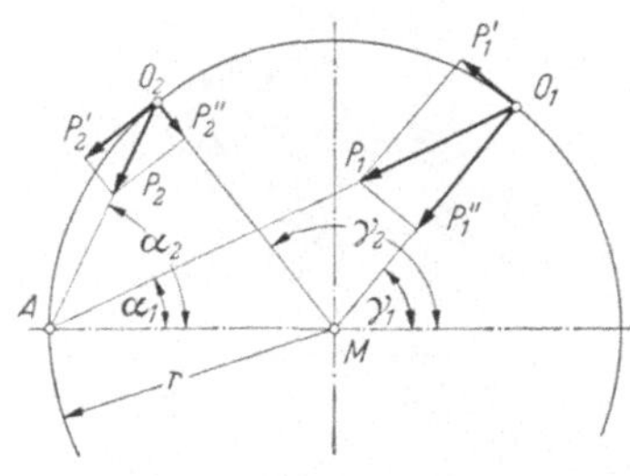

Abb. 139b. Kräfteplan zum Momentenausgleich beim Schraubenfederantrieb

werden. P_1' ist der Anteil für die Drehbewegung. Da die Feder in der Extremstellung O_1 mit der Horizontalen den Winkel α_1 bildet, ist die Größe von P_1'

$$P_1' = P_1 \sin \alpha_1.$$

Diese Kraft erzeugt das Moment

$$M_1 = P_1' r = P_1 r \sin \alpha_1.$$

Entsprechend gilt für die Stellung O_2:

$$M_2 = P_2 r \sin \alpha_2.$$

Die Kraft einer Schraubenfeder ist proportional ihrer Verlängerung:

$$P = c\, x.$$

Bezeichnen wir die Strecke AO_1 mit x_1, so läßt sich x_1 mittels des Sinussatzes aus dem Dreieck AO_1M ermitteln:

$$\frac{x_1}{r} = \frac{\sin(180 - 2\,\alpha_1)}{\sin \alpha_1}\,,$$

$$x_1 = r\,\frac{\sin 2\,\alpha_1}{\sin \alpha_1}\,.$$

Damit wird

$$P_1 = c\,r\,\frac{\sin 2\,\alpha_1}{\sin \alpha_1}\,,$$

und M_1

$$M_1 = c\,r\,\frac{\sin 2\,\alpha_1}{\sin \alpha_1}\,r\sin\alpha_1.$$

Da dasselbe auch für das Moment M_2 gilt, lautet die allgemeine Momentengleichung

$$M = c\,r^2 \sin 2\,\alpha,$$

$$M = c\,r^2 \sin \gamma.$$

Beispiel: Winkel des Federhebels im aufgezogenen Zustand $\gamma_1 = \ 60°$

Winkel des Federhebels im abgelaufenen Zustand $\gamma_2 = 120°$.

Für die Feststellung der Momentenschwankung können wir $c\,r^2 = C$ setzen:

$$M_1 = C\sin\ \ 60° = 0{,}866\,C$$
$$M_2 = C\sin 120° = 0{,}866\,C.$$

Dazwischen liegt der Maximalwert

$$M = C\sin 90° = C.$$

Die Differenz zwischen dem Maximal- und Minimalmoment beträgt rund 13%, der Winkelweg des Federhebels 60°.
Würde man den Winkelweg des Federhebels auf 30° beschränken, so würde man ein Maximalmoment von C und ein Minimalmoment von $0{,}965 \cdot C$, also eine Schwankung um 3,5% erhalten.

b) Die spiralförmig gewickelte Feder

α) Das Federmoment

Wird eine spiralförmig aufgewickelte Feder (Zugfeder) an ihrem inneren Ende eingespannt und an ihrem äußeren Ende belastet, so tritt eine Widerstandskraft auf, die den Einfluß der Belastung rückgängig zu machen sucht.

Die Größe des hierbei auftretenden Drehmomentes beträgt unter Voraussetzung der freien Entwicklung der Feder

$$M = \frac{E\,J}{L}\,\varphi\,. \tag{4,08}$$

φ ist der Spannungswinkel oder Verdrehungswinkel (in Bogenmaß gemessen), E der Elastizitätsmodul, J das sogenannte Flächenträgheitsmoment des Querschnittes und L die Länge der Feder.

Da Zugfedern der gebräuchlichen Art rechteckigen Querschnitt haben, ist

$$J = \frac{b\,s^3}{12}$$

zu setzen, wenn b die Breite und s die Dicke der Feder bedeutet.

Somit erhält man für das Moment

$$M = \frac{E\,b\,s^3}{12\,L}\,\varphi\,. \tag{4,09}$$

Das Moment der Zugfeder ist also bei gegebenen Materialabmessungen und Eigenschaften nur dem Verdrehungswinkel φ direkt proportional. Die theoretische Momentenkurve ist also eine Gerade.

Der Antrieb eines Laufwerkes geschieht in den meisten Fällen mittels Zugfedern in Federhäusern. Gründe: räumliche Beschränkung, da die letzte Phase des Ablaufes des geringen Momentes wegen doch nicht mehr für den Antrieb in Frage kommt; Verhinderung des seitlichen Ausweichens der Feder; Schutz gegen Verschmutzung und Weiterwirken des Antriebsmomentes auch während des Aufziehens.

Bezeichnen wir die Anzahl der Federwindungen in freiem Zustande mit w_0, nach dem Einlegen in das Federhaus mit w_1 und in aufgezogenem Zustande mit w_2, so wirkt die Feder

a) in freiem Zustande mit dem Moment $M_0 = 0$,

b) nach dem Einlegen mit dem Moment $M_{\mathrm{ab}} = \dfrac{E\,b\,s^3}{12\,L} \cdot \varphi_{ab}$,

worin $\varphi_{\mathrm{ab}} = (w_1 - w_0)\,2\,\pi$ ist.

Dieses Moment wird von der Federhauswandung aufgenommen.

c) nach erfolgtem Aufzuge mit dem Moment $M_{\mathrm{auf}} = \dfrac{E\,b\,s^3}{12\,L} \cdot \varphi_{\mathrm{auf}}$,

worin $\varphi_{\mathrm{auf}} = (w_2 - w_0)\,2\,\pi$ ist.

Es wirkt also zunächst das Moment Null nach außen. Beim Ablösen der Windungen von der Federhauswand steigt das Moment von Null rasch an und erreicht seinen Normalwert dann, wenn alle Windungen sich von der Federwand losgelöst haben.

β) Die nutzbare Windungszahl W

Die Windungszahl w_1 im abgelaufenen Zustand (Abb. 140a).

Umfang der 1. (äußersten) Windung: $2\,\pi\left(R - \dfrac{s}{2}\right)$,

,,　　　,,　2.　　　　　　　　　,,　　$2\,\pi\left(R - \dfrac{3\,s}{2}\right)$,

$\cdot$

$\cdot$

$\cdot$

,,　　　,,　w_1　　　　　　　　,,　　$2\,\pi\left(R - \dfrac{2\,w_1 - 1}{2}\,s\right)$.

Die Gesamtlänge der Feder ist gleich der Summe der Längen der einzelnen Windungen:

$$L = \frac{2\,\pi\left(R - \frac{s}{2}\right) + 2\,\pi\left(R - \frac{2\,w_1 - 1}{2}\,s\right)}{2}\, w_1,$$

$$L = \pi\left(R\,w_1 - \frac{s}{2}\,w_1 + R\,w_1 - w_1^2\,s + \frac{s\,w_1}{2}\right),$$

$$L = \pi\left(2\,R\,w_1 - w_1^2\,s\right).$$

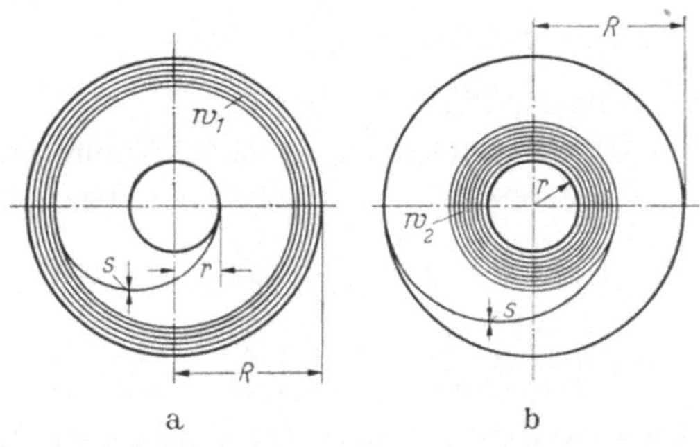

Abb. 140a u. b. Spiralfeder in Federhaus in abgelaufenem und aufgezogenem Zustand (Zugfeder)

Löst man diese Gleichung nach w_1 auf, so ergibt dies

$$w_1^2 - \frac{2\,R}{s}\,w_1 + \frac{L}{\pi\,s} = 0,$$

$$w_1 = \frac{R}{s} \pm \sqrt{\frac{R^2}{s^2} - \frac{L}{\pi\,s}}, \qquad (4,10)$$

wobei in Gl. (4,10) das Minus-Zeichen gilt.

Die Windungszahl w_2 im aufgewickelten Zustand (Abb. 140b)

Umfang der 1. (innersten) Windung: $2\,\pi\left(r + \frac{s}{2}\right)$,

,, ,, 2.   ,, $2\,\pi\left(r + \frac{3\,s}{2}\right)$,

. .

. .

. .

,, ,, w_2 ,, $2\,\pi\left(r + \frac{2\,w_2 - 1}{2}\,s\right).$

Auch in diesem Falle muß die Gesamtlänge der Feder gleich der Summe der Umfänge der einzelnen Windungen sein:

$$L = \frac{2\,\pi\left(r + \frac{s}{2}\right) + 2\,\pi\left(r + \frac{2\,w_2 - 1}{2}\,s\right)}{2}\,w_2\,,$$

$$L = \pi\left(r\,w_2 + \frac{w_2\,s}{2} + r\,w_2 + w_2^2\,s - \frac{w_2\,s}{2}\right),$$

$$L = \pi\left(2\,r\,w_2 + w_2^2\,s\right).$$

$$w_2^2 + \frac{2\,r}{s}\,w_2 - \frac{L}{\pi\,s} = 0\,,$$

$$w_2 = -\frac{r}{s} \pm \sqrt{\frac{r^2}{s^2} + \frac{L}{\pi\,s}}\,, \tag{4,11}$$

wobei in diesem Falle das Plus-Zeichen gilt.

Die für den Antrieb zur Verfügung stehende Windungszahl, die sogenannte *nutzbare Windungszahl W*, erhalten wir als Differenz von w_2 und w_1:

$$W = w_2 - w_1, \tag{4,12}$$

$$W = \sqrt{\frac{r^2}{s^2} + \frac{L}{\pi\,s}} - \frac{r}{s} + \sqrt{\frac{R^2}{s^2} - \frac{L}{\pi\,s}} - \frac{R}{s}\,.$$

Die nutzbare Windungszahl ist somit bei konstantem s eine Funktion der Länge der in das Federhaus eingelegten Feder. Ihr Wert wird bei einer bestimmten Federlänge ein Maximum erreichen. In diesem Fall ist

$$\frac{dW}{dL} = 0\,.$$

Führt man die Differentiation aus, so erhält man

$$0 = \frac{L}{2\,\pi\,s}\left(\frac{1}{\sqrt{\dfrac{r^2}{s^2} + \dfrac{L}{\pi\,s}}} - \frac{1}{\sqrt{\dfrac{R^2}{s^2} - \dfrac{L}{\pi\,s}}}\right).$$

Die rechte Seite der Gleichung verschwindet, wenn die Argumente unter den beiden Wurzeln gleich sind.

$$\frac{r^2}{s^2} + \frac{L}{\pi\,s} = \frac{R^2}{s^2} - \frac{L}{\pi\,s}\,,$$

$$L = \frac{\pi}{2\,s}\,(R^2 - r^2)\,. \tag{4,13}$$

Eine Zugfeder von der Länge L und der Stärke s bedeckt die Fläche

$$F_F = L\,s = \frac{\pi}{2}\,(R^2 - r^2)\,.$$

Dies ist die Hälfte der gesamten Federhausfläche F_H.

Wir erhalten damit das wichtige Ergebnis:

Für ein gegebenes Federhaus ergibt von sämtlichen Zugfedern konstanter Stärke s diejenige die größtmögliche nutzbare Windungszahl, deren Fläche gerade das halbe Federhaus bedeckt.

Das Verhältnis $\dfrac{F_F}{F_H} = f$ nennt man den Füllfaktor der Zugfeder. Er ist in obigem Falle $= 0,5$.

Beispiel: Gegeben sei ein Federhaus mit $R = 20$ mm und $r = 5$ mm, in das Zugfedern von der Stärke 0,4 mm mit verschiedenen Längen eingelegt werden.

L mm	Füllfaktor f	W
400	0,136	6,07
600	0,204	7,72
800	0,272	8,87
1000	0,34	9,66
1200	0,408	10,2
1400	0,476	10,3
1600	0,547	10,3
1800	0,612	10,0
2000	0,68	9,4
2200	0,748	8,5
2400	0,816	7,2
2600	0,885	5,4

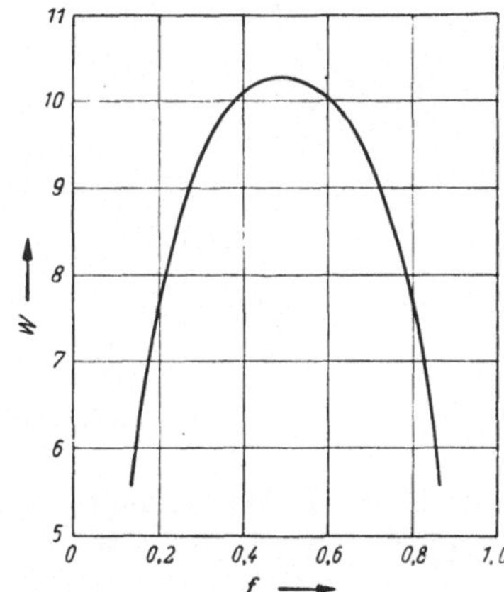

Abb. 141. Abhängigkeit der nutzbaren Windungszahl W vom Füllfaktor f

(Graphische Darstellung obiger Werte s. Abb. 141).

Der idealen Zugfeder entsprechen bestimmte Windungszahlen, die man erhält, wenn man die aus Gl. (4,13) erhaltene Länge in die Gln. (4,10) und (4,11) einsetzt:

$$\left.\begin{aligned}
w_1 &= \frac{R - \sqrt{\dfrac{R^2 + r^2}{2}}}{s}, \\[2ex]
w_2 &= \frac{\sqrt{\dfrac{R^2 + r^2}{2}} - r}{s}, \\[2ex]
w_0 &= \frac{1}{3}\, w_2 .
\end{aligned}\right\} \tag{4,14}$$

Der letzte Wert ist ein Erfahrungswert.

Als weitere Verinfachung können wir noch für $r = R/3$ setzen. Wir dürfen annehmen, daß diese Beziehung für die meisten Fälle ungefähr Gültigkeit hat. Damit gehen die Gln. (4,14) in die relativ einfache Form über:

$$\left.\begin{aligned}
w_1 &= 0,255\ R/s, \\
w_2 &= 0,412\ R/s, \\
w_0 &= 0,137\ R/s.
\end{aligned}\right\} \tag{4,15}$$

Außerdem wird

$$\left.\begin{aligned}
W &= 0,157\ R/s, \\
L &= 1,39\ R^2/s.
\end{aligned}\right\} \tag{4,16}$$

Dabei ist nochmals zu bemerken, daß die Gln. (4,14), (4,15) und (4,16) für eine Feder mit dem Füllfaktor $f = 0,5$ gelten.

γ) *Die Zugfedermomentenkurve (Ablauf)*

Die charakteristische Form jeder z. B. mit einem Zugfederprüfgerät aufgenommenen Ablaufkurve legt es nahe, sie durch eine Kurve höherer Ordnung, z. B. eine Parabel, zu ersetzen (Abb. 142). Wie später an

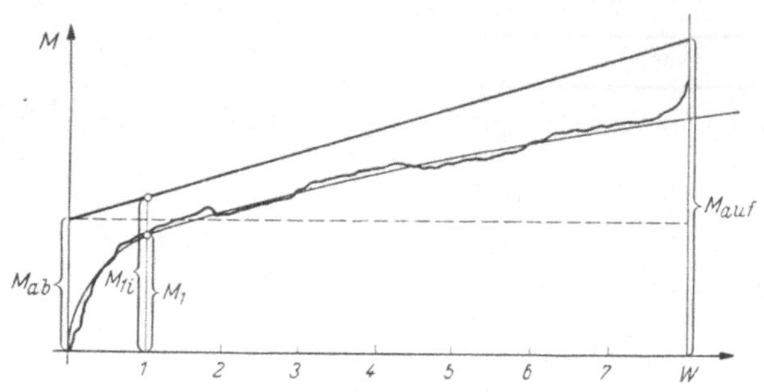

Abb. 142. Die Zugfedermomentenkurve

einigen Beispielen gezeigt wird, kann diese Annäherung durch die Parabel

$$M = M_1 \sqrt[3]{W}$$

sehr gut erreicht werden, wobei M_1 das wirkliche Moment an der Stelle $W = 1$ ist.

Zur Bestimmung der Konstanten M_1 muß zunächst das ideale Moment M_{1i} an der Stelle $W = 1$ berechnet werden. Hierzu ist die Kenntnis des Drehwinkels φ an der Stelle $W = 1$ notwendig, der in die allgemeine Momentengleichung

$$M = \frac{E\,b\,s^3}{12\,L}\,\varphi$$

einzusetzen ist.

Es war

$$\varphi_{ab} \text{ (d. h. an der Stelle } W = 0) = (w_1 - w_0)\,2\,\pi.$$

Also ist

$$\varphi \text{ (an der Stelle } W = 1) = (w_1 - w_0 + 1)\,2\,\pi.$$

Damit wird

$$M_{1i} = \frac{E\,b\,s^3}{12\,L}\,(w_1 - w_0 + 1) \cdot 2\,\pi.$$

Das wirkliche Moment M_1 ist infolge der Reibungsverluste kleiner. Messungen ergaben, daß bei ordnungsgemäßer Schmierung der Feder mit einem Verlust von ca. 25% gerechnet werden kann. Demnach wird

$$M_1 = \frac{\pi\,E\,b\,s^3}{8\,L}\,(w_1 - w_0 + 1)$$

und die allgemeine Momentengleichung

$$M = \frac{\pi E b s^3}{8 L} (w_1 - w_0 + 1) \sqrt[3]{W} \ . \qquad (4,17)$$

Unter Berücksichtigung der Gln. (4,15) und (4,16) (Annahme $r = R/3$ und $L = 1,39 \frac{R^2}{s}$) geht Gl. (4,17) über in

$$M = \frac{0,282\, E\, b\, s^4}{R^2} \left(0,118 \frac{R}{s} + 1\right) \sqrt[3]{W} \ . \qquad (4,18)$$

Um beim praktischen Gebrauch dieser Formel bei vorgeschriebenem Moment rasch die einzelnen notwendigen Daten von R und W aufzufinden, vor allem aber auch um bei gegebenem Moment ohne große Umstände die verschiedenen Möglichkeiten gegeneinander abwägen zu können, empfiehlt es sich, die vereinfachte Funktion von M_1

$$M_1 = \qquad (4,19)$$
$$\frac{0,282\, E\, b\, s^4}{R^2} \left(0,118 \frac{R}{s} + 1\right),$$

graphisch darzustellen, da M_1 dem vorgegebenen Moment, dem Minimalmoment, das das Laufwerk noch mit Sicherheit in Betrieb hält, entsprechen dürfte.

Gl. (4,19) hat mehrere Veränderliche; es ist also notwendig, ein solches Diagramm für spezielle Fälle aufzustellen.

Da die Breite b nur in der ersten Potenz vorkommt, kann man durch einfaches Multiplizieren bzw. Dividieren die Momentengröße für die jeweiligen b-Werte leicht umrechnen. Da es sich weiterhin meist um Stahlfedern mit $E = 22 \cdot 10^6$ pmm^{-2} handelt, erhält man mit $b = 10$ mm:

$$M_1 = 6,21 \cdot 10^7 \cdot \frac{s^4}{R^2} \left(0,118 \frac{R}{s} + 1\right) \text{pmm}.$$

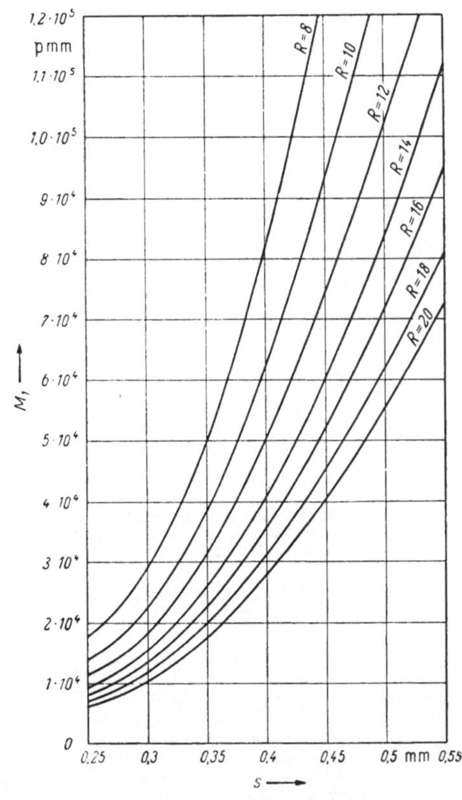

Abb. 143. Diagramm zum Aufsuchen der Federstärke und des Federhausradius bei vorgegebenem Moment

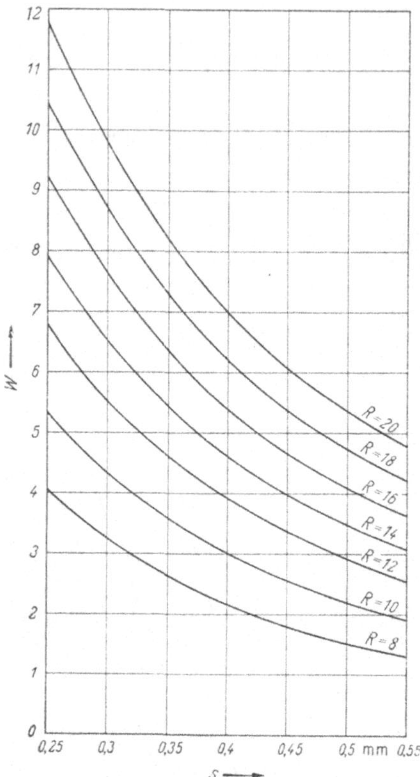

Abb. 144. Diagramm zum Aufsuchen der nutzbaren Windungszahl W bei vorgegebenem Moment

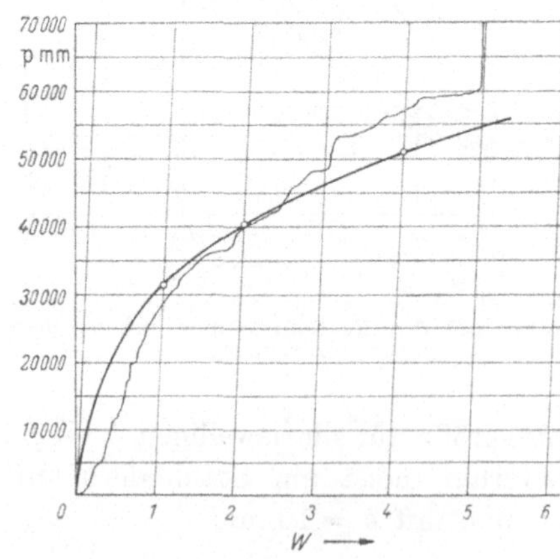

Abb. 145. Vergleich zwischen einer rechnerisch ermittelten Zugfederkurve und einer gemessenen Zugfeder

Die graphische Darstellung dieser Funktion mit R als Parameter zeigt Abb. 143.

Zweckmäßigerweise stellt man auch die nutzbare Windungszahl W in einem Diagramm zusammen. Sie ist

$$W = w_2 - w_1.$$

Es hat sich indessen in der Praxis gezeigt, daß die tatsächlich nutzbare Windungszahl durchschnittlich um eins kleiner ist als der errechnete Wert. Wir bekommen also für W:

$$W = w_2 - w_1 - 1.$$

Berücksichtigt man die Vereinfachung nach Gl. (4,15), so wird

$$W = \frac{0,16\,R}{s} - 1 . \qquad (4,20)$$

Diese Funktion ist in Diagramm Abb. 144 dargestellt.

Beispiel: Gegeben sei ein Federhaus mit Feder folgender Dimensionen:

$$R = 16\,\text{mm}, \qquad s = 0,40\,\text{mm},$$

$$b = 9\,\text{mm}, \qquad E = 22 \cdot 10^6\,\text{pmm}^{-2}.$$

Aus Abb. 143 bzw. 144 entnehmen wir an der Stelle $s = 0,40$ mm ein Moment $M_1 \approx 35\,000$ pmm und eine nutzbare Windungszahl $W = 5,2$. Da die gegebene Feder eine Breite von 9 mm hat, das Diagramm aber für $b = 10$ mm aufgestellt ist, ist der obige Wert noch mit 0,9 zu multiplizieren. Damit ergibt sich das wirkliche Moment $M_1 \approx 34\,500$ pmm. Unserer Federmomentenkurve entspräche also die Funktion

$$M = 34\,200\,\sqrt[3]{W}\,\text{pmm}.$$

Die mit dem Federprüfgerät aufgenommene Kurve (Ablauf) zeigt Abb. 144. Dazu ist das Schaubild obiger Funktion eingetragen. Wie man sieht, sind die Abweichungen nicht allzu beträchtlich. Die Anzahl der nutzbaren Windungen W — errechnet 5,4, gemessen 5,0 — finden wir in guter Übereinstimmung.

Zugfeder mit flacher Charakteristik. Die unterschiedliche Größe des Momentes einer aufgezogenen und abgelaufenen Zugfeder wirkt sich auf den Regler (s. auch Abschn. 59) ungünstig aus. Diese Differenz $M_\mathrm{auf} - M_\mathrm{ab}$ wird über den Arbeitsbereich um so kleiner, je flacher die Zugfederkurve [Gl. (4,09)] verläuft.

Für die optimale Windungszahl war

$$L = \frac{F_H}{2\,s}\,.$$

Hiermit geht Gl. (4,09) über in

$$M = \frac{E\,b\,s^4}{6\,F_H}\,\varphi.$$

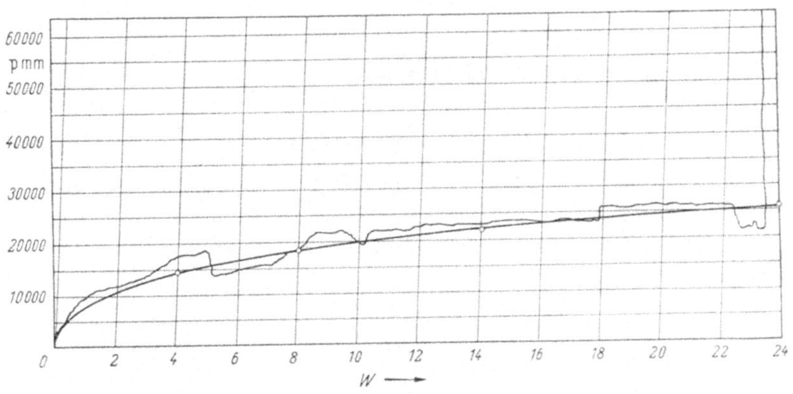

Abb. 146. Extrem lange Zugfeder. Gerechnet und gemessen

Die Steigung dieser Geraden ist um so geringer:
- a) bei gleicher Federhausabmessung, je dünner (und damit je länger) die Feder,
- b) bei konstanter Federstärke s, je größer das Federhaus (und damit je länger die Feder)

ist.

Beispiel einer extrem langen Feder (Abb. 146).

Daten des Federhauses und der Feder:

$$2\,R = 87,5\ \mathrm{mm}, \qquad s = 0,4\ \mathrm{mm},$$
$$2\,r = 15\ \ \mathrm{mm}, \qquad E = 22 \cdot 10^6\ \mathrm{pmm^{-2}},$$
$$b = 10\ \ \mathrm{mm}, \qquad L = 7350\ \mathrm{mm}.$$

Dann wird:

$$w_1 = \frac{87,5}{0,80} - \sqrt{\frac{87,5^2}{4 \cdot 0,16} - \frac{7350}{\pi \cdot 0,4}}, \qquad \text{[Nach Gl. (4,10)]}$$

$$w_1 = 109,9 - \sqrt{6100},$$

$$w_1 \approx 31,3$$

$$w_2 = -\frac{15}{0,8} + \sqrt{\frac{15^2}{4 \cdot 0,16} + \frac{7350}{\pi \cdot 0,4}}, \qquad \text{[Nach Gl. (4,11)]}$$

$$w_2 = -18,7 + \sqrt{6200},$$

$$w_2 \approx 60.$$

Die allgemeine Funktion:

$$M = \frac{\pi \cdot 22 \cdot 10^6 \cdot 10 \cdot 0,4^3}{8 \cdot 7350} (31,3 - 20 - 1) \sqrt[3]{W} \text{ pmm, \quad [Nach Gl.(4, 17)]}$$

$$M = 9100 \sqrt[3]{W} \text{ pmm.}$$

Die Anzahl der nutzbaren Windungen:

$$\text{Gerechnet: } W = w_2 - w_1 - 1 = 60 - 31,3 - 1 = 27,7$$

$$\text{Gemessen: (Abb. 146)} = 23,5$$

δ) *Die Arbeit der Zugfeder*

Die Zugfeder wirkt am Umfang des Federhauses, dessen Radius R sei. Die hierbei wirkende Kraft sei P, wobei P eine Funktion des Verdrehungswinkels φ ist. Damit wird die geleistete Arbeit

$$A = \int_0^\varphi P\,R\,d\varphi,$$

und da

$$\varphi = 2\,\pi\,W,$$

ist

$$d\varphi = 2\,\pi\,dW.$$

$$A = \int_0^W P\,R\,2\,\pi\,dW,$$

$$A = 2\,\pi \int_0^W M\,dW,$$

$$A = 2\,\pi \int_0^W M_1 \sqrt[3]{W} \cdot dW,$$

$$A = 4,71\,M_1 \sqrt[3]{W^4}. \tag{4,21}$$

Für ein Federhaus konstanter Größe, z. B. $R = 12$ mm, erhalten wir nach Gl. (4,21) folgende Abhängigkeit der geleisteten Arbeit und der nutzbaren Windungen von den verschiedenen möglichen Federstärken:

s (mm)	M_1 (pmm) aus Abb. 143	W aus Abb. 144	A (pmm)
0,25	$1,2 \cdot 10^4$	6,7	$\approx 7,1 \cdot 10^5$
0,30	1,8	5,5	8,2
0,35	3,2	4,6	11,5
0,40	5,0	3,9	14,4
0,45	7,5	3,4	18,1
0,50	10,2	2,9	19,9

ε) *Zugfederprüfung*

Der Verlauf des Zugfedermomentes in Abhängigkeit von der Winkelverdrehung kann experimentell ermittelt werden, wozu eine Reihe Meßgeräte bekannt und im Handel sind. Dabei wird den schreibenden Geräten, von denen Abb. 147 eine Abart zeigt, der Vorzug gegeben.

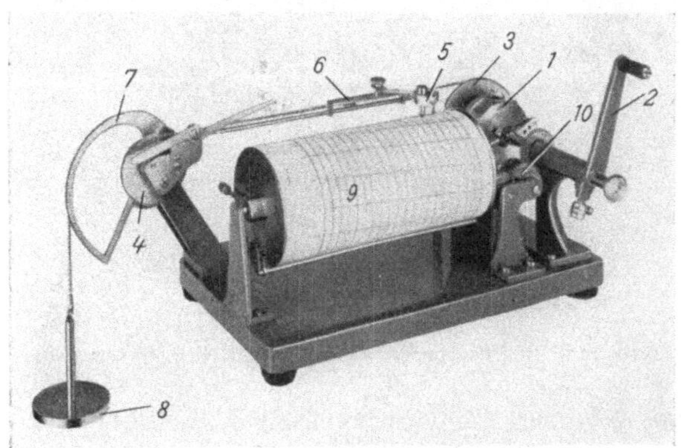

Abb. 147. Zugfederprüfgerät

Das Federhaus (*1*) wird zwischen zwei Lagerböcken der Prüfmaschine eingespannt, und zwar so, daß der Federkern mit der Aufzugskurbel (*2*) und das Federhaus mit einer Nutenscheibe (*3*) gekuppelt ist, in welcher das Ende einer Gliederkette hängt. Diese Kette läuft zu einer zweiten Scheibe (*4*), die ebenfalls drehbar gelagert ist. Die Schreibeinrichtung (*5*) wird durch ein Gestänge (*6*) geführt und von der Kette aus betätigt.

Auf der Scheibe (*4*) sitzt das Kurvensegment (*7*), in dessen Rille die Kette des Gegengewichtes (*8*) läuft. Die Kurvenscheibe ist so gestaltet, daß sich der wirksame Radius, an dem das Gewicht angreift, mit zunehmendem Drehwinkel vergrößert. Dies geschieht so, daß das durch das

Gegengewicht erzeugte Moment der Schreibstiftverschiebung direkt proportional ist. Je nach Größe des Federmomentes wird hierbei das Gewicht mehr oder weniger angehoben. Der Schreibstift zeichnet auf der Registriertrommel (*9*) das Kurvenbild. Die Registriertrommel ist mit der Kurbel durch ein Schneckengetriebe so verbunden, daß einer Kurbelumdrehung (einem Federhausumgang) ca. 1/10 Diagrammlänge entspricht. Ein Vorgelege (*10*) gestattet eine Reduktion des Trommelvorschubes auf die Hälfte. Dadurch können mit dem Gerät Zugfedern bis zu 20 nutzbaren Windungen gemessen werden.

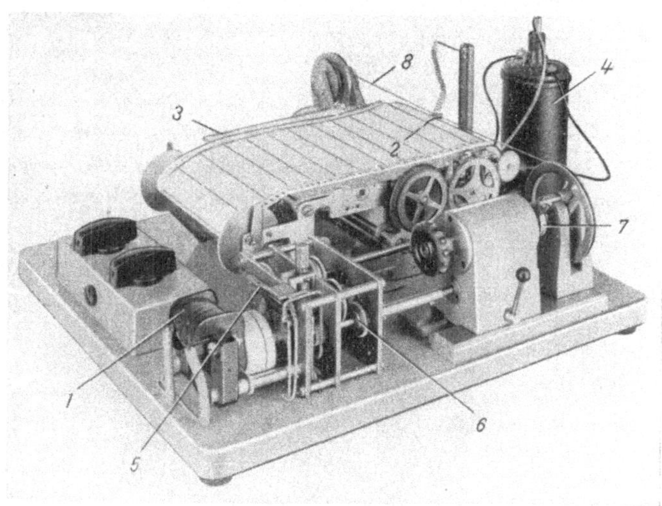

Abb. 148. Zugfederprüfgerät mit elektrischer Registrierung

Die Gegengewichte sind auswechselbar, wodurch der Meßbereich des Gerätes auf mehrere Maximalmomente erweitert wird.

Die Nachteile des Gerätes Abb. 147, Handbetätigung und deshalb ungleichmäßiger Ablauf, Reibung im Gestänge der Schreibeinrichtung, die evtl. Anlaß zu Fehlresultaten sein könnte, sind in einer Weiterentwicklung, wie sie Abb. 148 darstellt, vermieden. Der Aufzug und Ablauf, der den Verhältnissen der Praxis angepaßt ist und (für Taschen- und Armbanduhrfedern) 36 Stunden beträgt, wird durch einen Synchronmotor (*1*) betätigt.

Die Registrier- bzw. Schreibeinrichtung besteht aus einer Elektrode (*2*), der als Gegenelektrode die Grundplatte (*3*) der Papiervorschubeinrichtung gegenübersteht. Alle 10 Sekunden wird von einer Induktionsspule (*4*) ein Spannungsstoß auf die Elektroden gegeben, der ein Loch in den Registrierstreifen einschlägt. Die Steuerung der Impulszeit (10 Sekunden) geschieht durch ein Kontaktwerk (*5*), das mit dem

Getriebe (*6*) gekuppelt ist. Das Getriebe betätigt den Papiervorschub und die Drehung des Federhauses (*7*). Die Elektrode (*2*) hängt an einem dünnen Stahlband (*8*), das die Aufgabe der Gliederkette übernimmt.

III. Kraftspeicher

Kraftspeicher, die sowohl Gewicht als auch Zugfeder als Antriebselement benutzen, finden wir im Laufwerksbau in den vielfältigsten Modifikationen. Von ihnen sollen einige, insbesondere solche, die wir in der Praxis häufiger treffen, beschrieben werden.

57. Kraftspeicher mit Gewicht als Antriebselement

a) Handaufzug mit einem Abtrieb (Abb. 149)

Die Seiltrommel (*1*) sitzt fest auf der Aufzugswelle (*2*). Die Momentenübertragung auf den Abtrieb (*I*) erfolgt über ein Gesperr, dessen Sperrad (*3*) auf der Seiltrommel und dessen Sperrkegel (*4*) auf dem Abtriebsrad (*I*) sitzt. Die Seiltrommel kann mit Rillen versehen sein, die in Form eines Gewindes eingeschnitten sind. Dies ist z. B. bei Präzisionsuhren wichtig, damit nicht durch Übereinanderlaufen der einzelnen Seilwindungen Momentenschwankungen auftreten.

Nachteil dieser einfachen Ausführung: keine Momentenabgabe während der Dauer des Aufziehens.

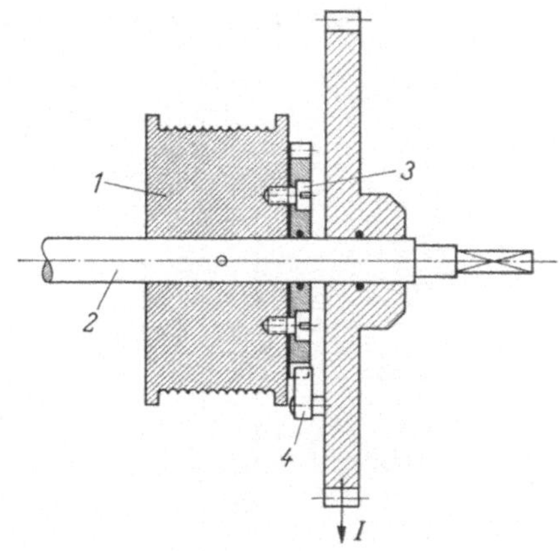

Abb. 149. Handaufzug mit einem Abtrieb für Gewichtsantrieb

b) Handaufzug mit Gegengesperr (Abb. 150)

Das Moment wirkt auch während des Aufziehens, wenn das sogenannte Gegengesperr eingebaut wird.

Mit der Aufzugswelle (*1*) ist die Seiltrommel (*2*) fest verbunden. Das durch das Gewicht erzeugte Moment wird durch das auf der Seiltrommel sitzende Sperrad (*3*) über den Sperrkegel (*4*) auf die Sperrscheibe (*5*) übertragen, die sich infolgedessen mit dem Stift (*6*) an die Speiche (*7*) des Walzenrades (*8*) anlegt. Dadurch wird die Feder (*9*) gespannt. Während des Ablaufes gleiten die Zähne der Sperrscheibe (*5*),

die möglichst feinzähnig sein soll, unter dem zugehörigen Sperrkegel (*10*)
durch. Der Sperrkegel ist mit seiner Feder in der Werksplatine gelagert.

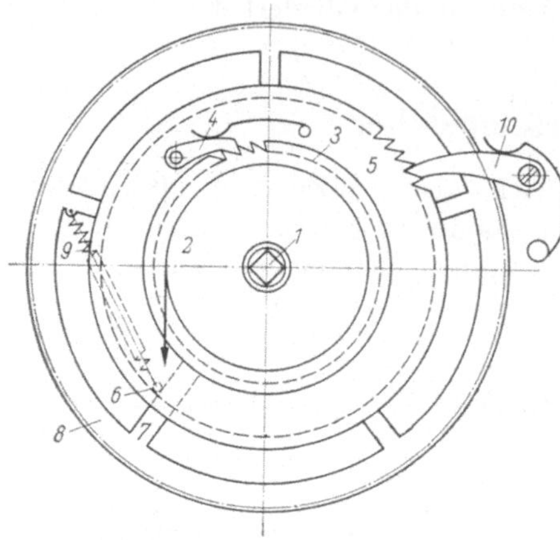

Abb. 150. Gegengesperr

Hört die Wirkung des An-
triebsgewichtes während des
Aufziehens auf, so sperrt der
Sperrkegel (*10*) die Sperrscheibe, und die Feder (*9*)
kommt zur Wirkung.

c) Handaufzug mit zwei Abtrieben (Abb. 151)

Auch hier sitzt die An-
triebstrommel (*1*) auf der Aufzugswelle (*2*) fest. In der An-
triebstrommel liegt eine weitere Welle (*3*), die an ihren
Stirnseiten zwei Zahnräder (*4*)
und (*5*) trägt, von denen Rad (*4*)
mit dem innen verzahnten Rad (*6*)
des Abtriebes (*I*) und Rad (*5*)
mit dem auf Sperrad (*7*) sitzenden Stirnrad (*8*) kämmt. Der
Sperrkegel (*9*) sitzt auf dem Abtrieb (*II*). Beim Aufziehen wird
sich Rad (*4*) auf Rad (*6*) ab-
wälzen. Durch die hervorgerufene Drehbewegung der Achse
(*3*) wird sich über (*5*) das Rad
(*8*) in umgekehrtem Sinne drehen. Das Sperrad gleitet unter
der Klinke vorbei. Je nach Freigabe der Abtriebe werden diese
von der Trommel bei ihrer Drehung mitgenommen.

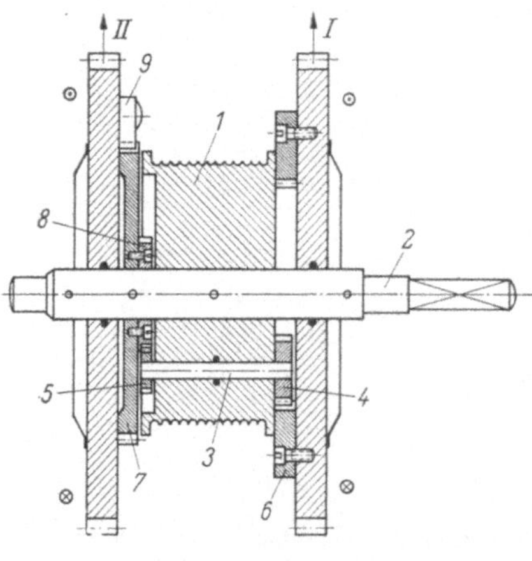

Abb. 151. Handaufzug mit zwei Abtrieben
für Gewichtsantrieb

d) Kombinierter Hand- und Motoraufzug mit einem Abtrieb (Abb. 152)

Auf der Aufzugswelle (*1*) sitzen lose die Seiltrommel (*2*), der Abtrieb (*I*) und das Schneckenrad (*3*). Fest sitzen das Hauptglied (*4*) des
Umlaufgetriebes sowie das Sperrad (*5*).

Wird die Seiltrommel mit dem Motor aufgezogen, so erfolgt die
Drehbewegung über die Schnecke (*6*), Schneckenrad (*3*) über das Gesperr (*5*) nach der Aufzugswelle. Von hier über das Zahnrad (*4*) und
die beiden Planetenräder (*7*) nach der Seiltrommel.

Bei Handbetätigung (Aufzug am Vierkant) erfolgt die Bewegung über (4) und die beiden Planetenräder (7) zur Seiltrommel.

Das Gesperr (5), dessen Sperrkegel auf dem Schneckenrad gelagert ist, verhindert eine Rückwärtsbewegung der Seiltrommel. Schnecke und Schneckenrad sind selbsthemmend. Ein Gegengesperr erübrigt sich,

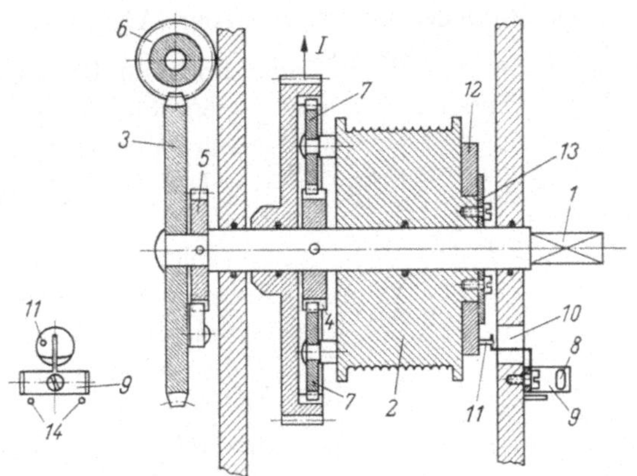

Abb. 152. Hand- und Motoraufzug mit einem Abtrieb für Gewichtsantrieb

da sowohl bei Hand- als auch bei Motoraufzug über die Planetenräder ein Moment ausgeübt wird.

Stromschluß und Stromunterbrechung werden durch Kippen einer Quecksilberröhre bewirkt. Röhren dieser Art arbeiten sehr zuverlässig und erfordern nur wenig Kraftaufwand. Die Röhre (8) ist in der Blechgabel (9) festgeklemmt. (In der linken Skizze der Abb. 152 ist die Quecksilberröhre weggelassen.) Die Gabel ist mit einer Ansatzschraube drehbar auf der Vorderplatine gelagert und kommt mit ihrem abgebogenen Ende durch die Öffnung (10) der Platine in den Bereich des Stiftes (11). Dieser Stift sitzt in einer Scheibe (12), die mit mäßiger Reibung auf einem Ansatz der Seiltrommel drehbar ist. Die notwendige Reibung kann durch eine geschlitzte Federscheibe (13) erreicht werden. Zwei Anschläge (14) sichern die Quecksilberröhre gegen zu weites Kippen.

Macht z. B. die Trommel in einem Tage eine Umdrehung, so wird das Gewicht durch den elektrischen Aufzug jeden Tag um diesen Betrag angehoben. Es besteht die Möglichkeit, durch Einsetzen zweier Stifte die Aufzugsintervalle beliebig zu verändern.

Ist das Netz durch irgendeine Ursache bei Kontaktschluß stromlos, so erfolgt der Antrieb so lange durch das Gewicht, bis es seine verfügbare Fallhöhe durchlaufen hat.

Erfolgt das Aufziehen kurz nach Ablauf der ersten Windungen, so hat man je nach Größe der Seiltrommel und Fallhöhe eine mehr oder weniger große Laufzeitreserve.

58. Kraftspeicher mit Zugfeder als Antriebselement

a) Freie Zugfeder mit Handaufzug (Abb. 153)

Die Zugfeder hängt mit ihrem einen Ende im Haken (*1*) der Aufzugswelle, mit dem anderen Ende an einem Pfeiler der Platine oder

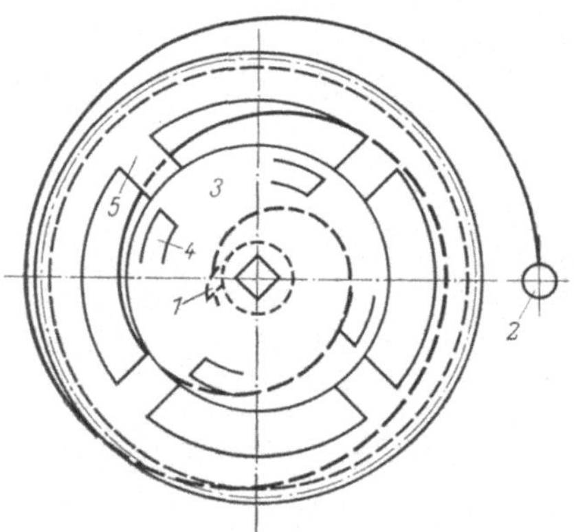

einem dafür vorgesehenen Bolzen (*2*). Das Gesperr liegt zwischen Federkern und Antriebsrad. Abb. 153 zeigt eine besonders einfache Form: eine Stahlplatte (*3*), an der einige Lamellen ausgestanzt und so gebogen sind, daß sie beim Aufziehen über die Speichen (*5*) des Antriebes hinweggleiten. Unter dem Einfluß des Zugfedermomentes stemmen sich diese Lamellen gegen die Speichen und übertragen so das Moment. Auch hier besteht wieder der Nachteil,

Abb. 153. Freie Zugfeder mit Handaufzug

daß während der Aufzugsperiode kein Moment abgegeben wird.

Die Anwendung erstreckt sich in der Hauptsache auf billige Laufwerke. (Beträchtliche Kostenersparnis durch Wegfall des Federhauses.)

Bei qualitativ besseren Ausführungen trifft man an Stelle der Lamellensperre die übliche Gesperrform mit Sperrad und Sperrkegel.

b) Federhaus mit Handaufzug und einem Abtrieb (Abb. 154)

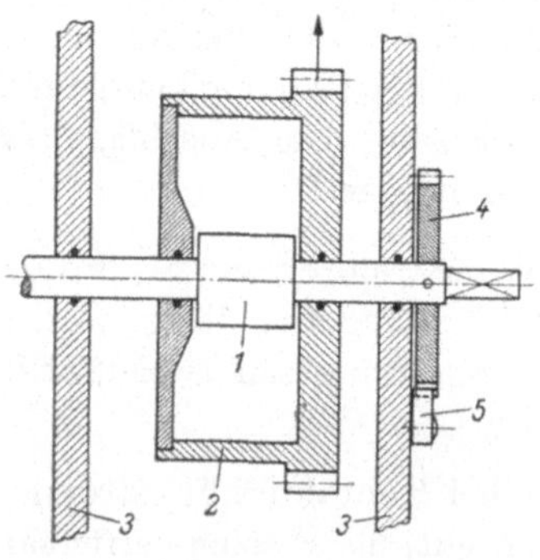

Federkern (*1*) und Federhaus (*2*) laufen zwischen den Platinen (*3*). Auf der Federkern- oder Aufzugswelle ist das Sperrad (*4*) befestigt, in das der Sperrkegel (*5*), der auf der einen Platine drehbar gelagert ist, eingreift.

Die Zugfeder ist einerseits an der Aufzugswelle, andererseits an der Innenwand des Gehäuses eingehängt.

Diese Anordnung stellt die gebräuchlichste Art des Antriebes bei

Abb. 154. Federhaus mit Handaufzug und einem Abtrieb

Laufwerken besserer Qualität dar. Momentenabgabe auch während des Aufziehens.

Abb. 155 zeigt eine Abart des einfachen Federhausantriebes, wie er z. B. in Autouhren Anwendung findet. Das Aufziehen erfolgt hier durch Drehen des Federhauses (*1*), das durch das Gesperr (*2*), dessen Sperrkegel an der Platine gelagert ist, am Rücklauf gehindert wird. Die Momentenübertragung geht in diesem Falle vom Federkern (*3*) aus, der

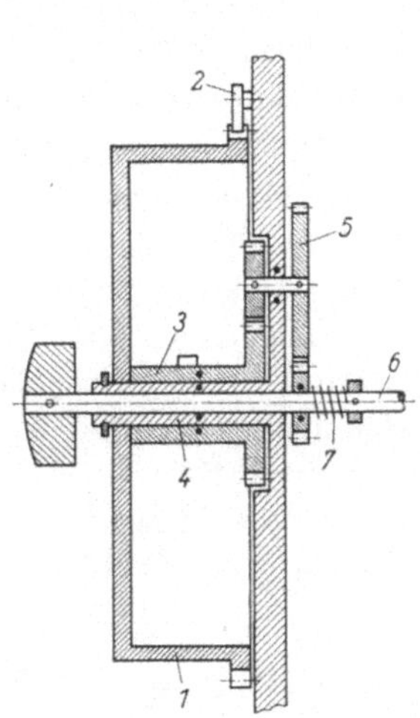

Abb. 155. Aufzugsvorrichtung
einer Autouhr

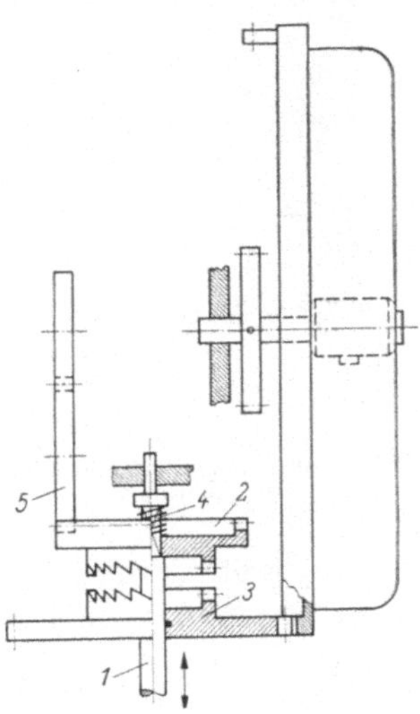

Abb. 156. Aufzugsvorrichtung
einer Autouhr

auf dem Platinenstutzen (*4*) drehbar gelagert ist, über ein Getriebe (*5*) nach der Minutenwelle (*6*). Diese ist mit dem Getriebe durch die Feder (*7*) so gekuppelt, daß sie zur Zeigerstellung unabhängig gedreht werden kann (Getriebe zum Regler ist nicht eingezeichnet).

Ebenfalls für Autouhren ist die Winkelanordnung entsprechend Abb. 156 entwickelt worden. Als Vorbild diente der Stellmechanismus der Taschen- und Armbanduhren. Auf der Aufzugs- und Stellwelle (*1*) sitzen die beiden mit Sägezähnen versehenen Räder (*2*) und (*3*). In der Aufzugsstellung steht das Rad (*2*) infolge des Druckes der Feder (*4*) mit dem Rad (*3*) im Eingriff. Die Uhrfeder kann über die Welle (*1*), über das Rad (*2*), das auf einem Vierkant der Aufzugswelle sitzt, über das damit in Eingriff stehende Rad (*3*) aufgezogen werden. Zur Zeigerstellung wird die Welle (*1*) nach oben gedrückt (gezeichnete Stellung). Hierdurch kommt Rad (*2*) in Eingriff mit dem Zeigerwerk (*5*).

c) Federhaus mit Handaufzug und zwei Abtrieben (Abb. 157)

Beim Drehen des Federkernes (*1*) im Uhrzeigersinne dreht sich das mit dem Federkern fest verbundene Sperrad (*2*) mit. Dabei gleitet der am Abtrieb (*II*) befestigte Sperrkegel (*3*) über das Sperrad weg und sperrt nach beendigtem Aufzug. Die Drehrichtungen der beiden Abtriebe (*I*) und (*II*) sind in diesem Falle entgegengesetzt.

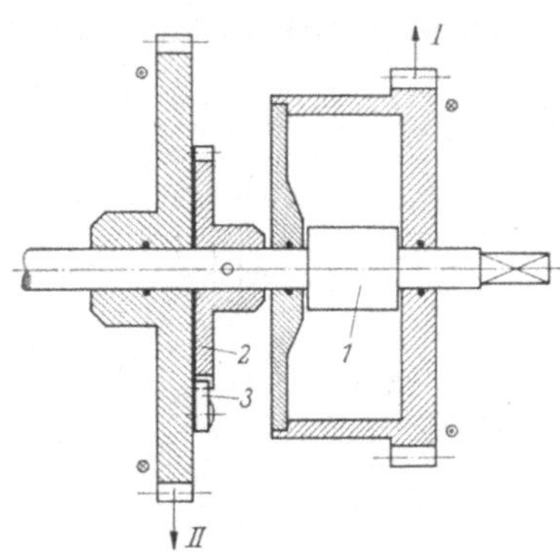

Abb. 157. Federhaus mit Handaufzug und zwei Abtrieben

Anordnung mit Ablaufbegrenzung (Abb. 158). Während des Aufziehens tritt Gesperr (*1*) in Tätigkeit. Gleichzeitig dreht der auf dem Schlüsselvierkant sitzende Finger (*2*) das Sternrad (*3*) und damit den darauf drehbaren Anschlag (*4*) in positiver Richtung (unter der Voraussetzung, daß in negativer Richtung, wie allgemein üblich, aufgezogen wird), bis der Anschlag an den feststehenden Bolzen (*5*) zum Anliegen kommt. Bei weiterem Aufziehen dreht der Finger (*2*) das Sternrad (*3*) weiter, wobei es unter dem Anschlag (*4*) so lange durchgleitet, bis das Aufziehen beendet ist.

Beim Ablauf von (*I*) wird sich nur das Federhaus (*6*) um den Federkern (*7*) drehen. Beim Ablauf von (*II*) wird sich der Finger (*2*) in posi-

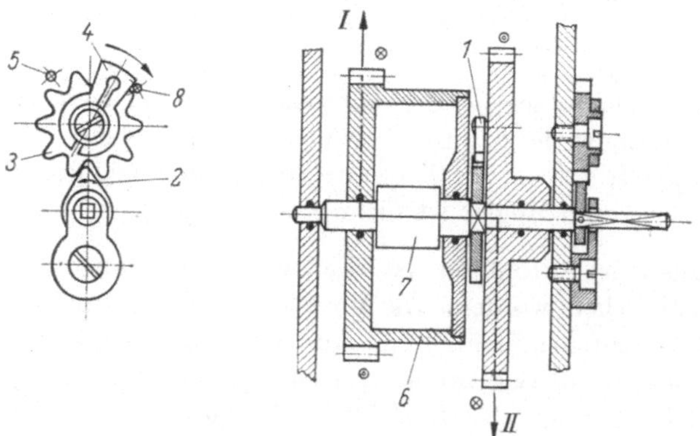

Abb. 158. Federhaus mit Handaufzug und zwei Abtrieben mit Stellungsbegrenzung

tivem Sinne drehen und gleichzeitig bei jedem Umgang das Sternrad (*3*) um einen Zahn in negativem Sinne bewegen. Schlägt der Anschlag (*4*) an dem zweiten Bolzen (*8*) an (in dieser Stellung ist Abb. 157 gezeichnet), so wird der Finger (*2*) und damit die Federkernwelle (*7*) am weiteren

Drehen verhindert. Der Sitz des Sternrades und des Anschlages muß so bemessen werden, daß die Feder den Reibungswiderstand nicht überwinden kann.

Durch entsprechendes Setzen der beiden Bolzen (5) und (8) kann man die auf den Abtrieb (II) arbeitenden Windungen des Federhauses begrenzen.

Anwendung z. B. bei Weckern, in denen der Abtrieb (I) auf das Zeitwerk, Abtrieb (II) auf das Läutewerk arbeitet, wobei das Läutewerk nur eine beschränkte Läutedauer hat und somit das Zeitwerk durch vollständiges Ablaufen der Feder nicht zum Stillstand kommen kann.

d) Zwei Federhäuser mit gemeinsamem Handaufzug (Abb. 159)

Über den Federkern (1), der an einem Ende das Gesperr (2) bzw. dessen Sperrad trägt, ist der Federkern (3) des zweiten Federhauses aufgeschoben. Mit diesem Kern (3) stehen die beiden Gesperre (4) und (5) in Verbindung. Die Sperrkegel der Gesperre (5) und (6) sind auf dem Aufzugsknopf (7) gelagert. Die Sperrkegel von (2) und (4) sind auf den Platinen befestigt. Beim Aufziehen (negative Drehrichtung) wird die Federkernwelle (3) über das Gesperr (5) gedreht. Sie wird durch das Gesperr (4) an einer rückläufigen Bewegung gehindert. Bei umgekehrter Aufzugsrichtung wird das Gesperr (6) die Federkernwelle (1) drehen, wobei durch das Gesperr (2) ein Rücklauf vermieden wird.

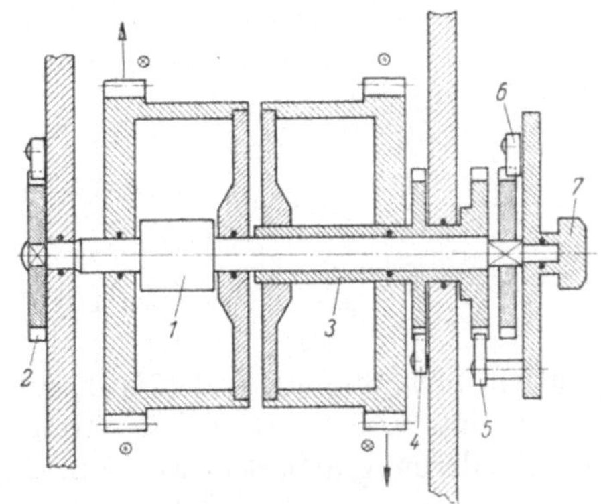

Abb. 159. Zwei Federhäuser mit gemeinsamem Handaufzug

e) Federhaus mit elektrischem Aufzug (Abb. 160)

Bei dem hier zu beschreibenden Typ erfolgt der Abtrieb im Gegensatz zu der sonst üblichen Weise vom Federkern (1) aus. Er soll sich beim Ablauf in positiver Richtung (entsprechend dem eingezeichneten Pfeile) drehen.

Beim Ablauf kommt der Arm (2), der unterhalb des Federhauses (3) fest auf dem Federkern sitzt, mit seinem Stift (4) in den Bereich des Kontakthebels (5). Der Kontakthebel wird nach oben gedrückt, die beiden Kontakte (6) und (7) schließen den Stromkreis. Ein Zurückgehen des Kontakthebels wird durch den Sperrhaken (8) verhindert. Der

Motor (*9*) dreht über das Getriebe (*10*) das Federhaus: die Feder wird aufgezogen. Dabei wälzt sich das Stellungsrad (*11*) an dem Stellungsfinger (*12*), der ebenfalls auf dem Federkern festsitzt, ab. Hierbei kommt der Stift (*13*) in den Bereich des Auslösehebels (*14*). Der Sperrhaken (*8*) gibt den Kontakthebel frei; die Feder (*15*) trennt die Kontaktplatte und unterbricht den Stromkreis.

Macht der Federkern eine Umdrehung, so wird die Feder durch den Mechanimus wieder um eine Windung nachgespannt. Wäre der Stift (*13*)

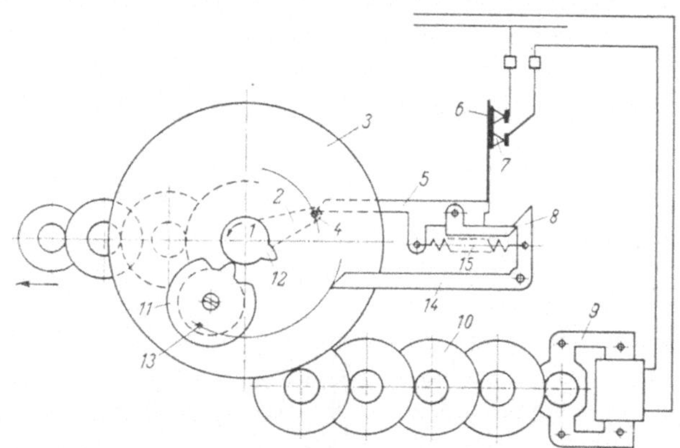

Abb. 160. Elektrischer Aufzug

statt in dem Stellungsrad (*11*) direkt im Federhausboden befestigt, so würde das Werk — bei einem Stromausfall, der länger als eine Federkernumdrehung dauert — an Laufzeitreserve verlieren, da nur um eine Windung aufgezogen würde. Durch Hinzunahme des Stellungsrades wird bei mehrmaligem Umgang des Federkernes während eines längeren Stromausfalls der Stift (*13*) um die entsprechende Zähnezahl des Stellungsrades (*11*) aus seinem Wirkungskreis herausgedreht, um bei Stromeinsatz nach der entsprechenden Anzahl von Umgängen des Federhauses wieder in Aktion zu treten.

Andere Ausführung (Abb. 161). Der Aufzug erfolgt hier über die Schnecke (*1*) und das Schneckenrad (*2*) nach der Aufzugswelle (*3*). Auf der Aufzugswelle sitzt fest das Hauptglied (*4*), das in die beiden Planetenräder (*5*) eingreift. Dreht sich die Aufzugswelle und damit das Zahnrad (*4*), so wird über die beiden Planetenräder (*5*) der Federkern (*6*), der drehbar auf der Aufzugswelle sitzt, gedreht. Durch die Drehbewegung des Federkernes wird die Wandermutter (*7*) nach links oder rechts (je nach dem Gewinde) bewegt.

In ihrer Endstellung kann die Wandermutter einen Kontakt betätigen, der den Motor abschaltet. Beim Motorstillstand erhält der Abtrieb (*II*) sein Moment von der Zugfeder in der bekannten Weise, Abtrieb (I) sein Moment vom Federkern über die Planetenräder (5) und das innenverzahnte Rad (8). Bei dieser Bewegung geht die Wandermutter entgegengesetzt der Aufzugsrichtung und kann in ihrer Endstellung durch einen Schalter wieder den Motor betätigen.

Rechenbeispiel: Der Motor mache in einer Minute 1500 Umdrehungen. Das Übersetzungsverhältnis Motor/Schneckenrad sei 30:1. Verlangt: Die 6 nutzbaren Windungen der Feder sollen in 30 Sekunden aufgezogen sein. Damit wird

$$n_3 = \frac{1500}{60 \cdot 30}\,\mathrm{sek}^{-1} = \frac{5}{6}\,\mathrm{sek}^{-1} = n_4,$$

$$n_6 = \frac{6}{30}\,\mathrm{sek}^{-1} = \frac{1}{5}\,\mathrm{sek}^{-1}, \quad n_8 = 0.$$

Gl. (1,09) umgeschrieben:

$$\frac{n_6 - n_4}{n_8 - n_6} = \frac{z_8}{z_4}.$$

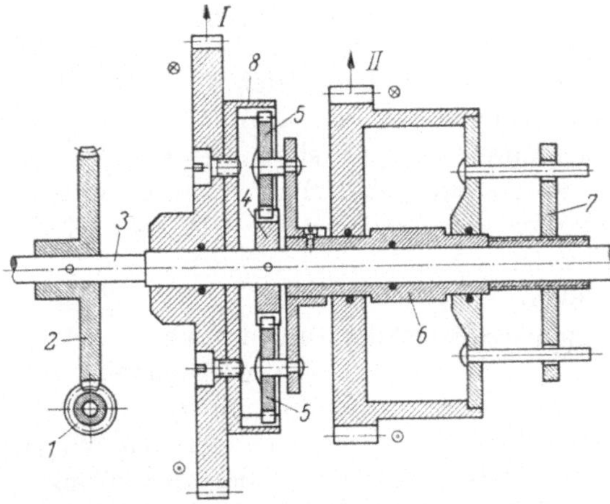

Abb. 161. Elektrischer Aufzug mit Wandermutter

Obige Zahlenwerte eingesetzt:

$$\frac{\dfrac{1}{5} - \dfrac{5}{6}}{0 - \dfrac{1}{5}} = \frac{19}{6} = \frac{z_8}{z_4}.$$

Somit erhalten wir für z_8 bzw. z_4 die Zahnzahlgruppen

$$z_8 = 19,\ 38,\ 57\ \text{usw.}$$
$$z_4 = 6,\ 12,\ 18\ \text{usw.}$$

Da z_8 ein innenverzahntes Rad ist, muß weiter der Beziehung genügt werden:

$$d_5 = r_8 - r_4$$

bzw.
$$d_3 = \frac{m\, z_8}{2} - \frac{m\, z_4}{2},$$

$$d_5 = \frac{m}{2}\,(z_8 - z_4).$$

Weiterhin ist
$$d_5 = m\, z_5.$$

Somit muß sein
$$z_5 = \frac{z_8 - z_4}{2}.$$

Für die Gruppe $z_8 = 38$ und $z_4 = 12$ wird $z_5 = 13$.

f) Federhaus mit Handaufzug und Zeigerstelleinrichtung

Bei Großuhren wird eine auftretende Anzeigedifferenz durch Nachstellen der Zeiger von Hand ausgeglichen. Die Zeiger sind genügend robust, vielfach freiliegend oder aber durch Öffnen der Lünette leicht zugänglich. Bei manchen Typen, z. B. bei Weckern, erfolgt diese Nachstellung über einen gesonderten Richtknopf.

Bei Kleinuhren verbietet sich die Methode der unmittelbaren Zeigerstellung von selbst. Um einen besonderen Einstellknopf zu vermeiden — solche Bedienungsknöpfe sind meist Anlaß zu Verwechslungen, sie werden bei Kleinuhren sogar als störend empfunden —, hat man die Aufzugspartie so gestaltet, daß über einen entsprechenden Schaltmechanismus sowohl das Aufziehen der Uhr als auch die Zeigernachstellung möglich ist.

Wir unterscheiden:

1. den Kupplungsaufzug, der zu den besseren Aufzugsarten gehört (Verwendung z. B. bei Ankeruhren),

2. den Wippenaufzug. In der Herstellung und Montage ist er billiger als der Kupplungsaufzug.

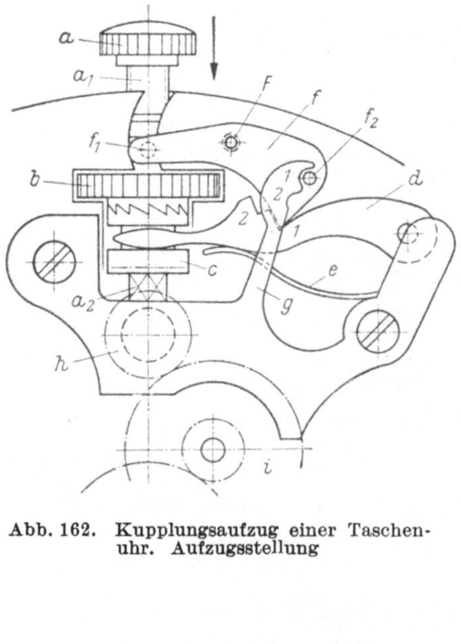

Der Kupplungsaufzug. *Aufzugstellung* (Abb. 162). Die Krone (a) ist fest auf der Aufzugswelle (a_1) aufgeschraubt. Auf der Aufzugswelle sitzt ferner lose drehbar das Aufzugsrad (b), das auf der Stirnseite eine Geradflankenverzahnung und auf der Planseite eine besondere Schrägverzahnung (Sägeverzahnung) trägt. Das Kupplungs-

Abb. 162. Kupplungsaufzug einer Taschenuhr. Aufzugsstellung

oder Aufzugstrieb (c), das mit der (b) entsprechenden Schrägverzahnung versehen ist, sitzt lose und verschiebbar auf dem Vierkant (a_2) der Aufzugswelle. Beim Betätigen des *Aufzuges* stehen die beiden Schrägverzahnungen im Eingriff. Da das Trieb (c) durch den Vierkant mitgenommen wird, muß sich auch das Aufzugsrad (b) drehen,

das in die weitere Aufzugspartie eingreift (auf der Brückenseite greift das Aufzugsrad (b) in das Kronrad ein). Um einen guten Eingriff von (c) in (b) zu garantieren, wird (c) mittels des Aufzugstriebhebels (d) und der Feder (e) nach oben gedrückt.

Seine Betätigung erfolgt durch den Zeigerstellhebel (f), der einerseits mit der Nase (f_1) in einer Aussparung der Aufzugswelle läuft, andererseits mit einem Stift (f_2) in die äußere Raste (*1*) der Schluß- und Winkelhebelfeder (g) eingreift. Die Winkelhebelfeder hat die Aufgabe, die auf dem Werk nur einseitig gelagerten Teile in ihrer Lage festzuhalten. (Sämtliche Federn müssen so dimensioniert sein, daß keine Schaltschwierigkeiten auftreten können.)

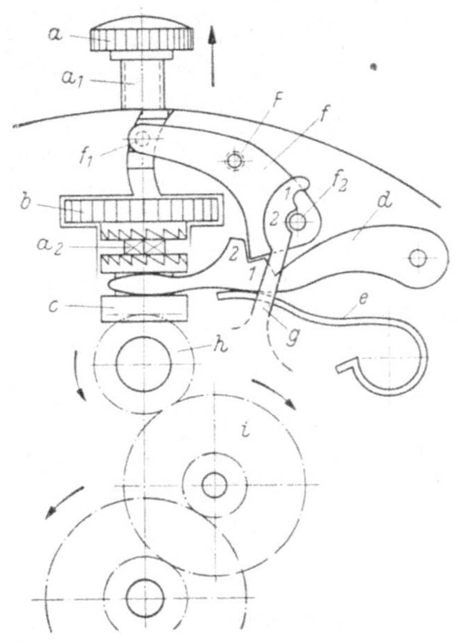

Abb. 163. Kupplungsaufzug einer Taschenuhr. Zeigerrichtstellung

Die Zeigernachstellung (Abb. 163). Diese erfolgt durch Herausziehen und Drehen der Krone (a) und damit der Aufzugswelle (a_1). Hierdurch wird die Nase (f_1) des Zeigerstellhebels in die Höhe genommen, der Zeigerstellhebel (f) dreht sich um (F). Der Stift (f_2) klinkt aus und in (*2*) der Winkelhebelfeder (g) ein. Dadurch wird (d) nach unten gedrückt und (c) vom Aufzugsrad (b) getrennt, gleichzeitig aber mit dem Zeigerstellrad (h) in Eingriff gebracht. Das Zeigerstellrad arbeitet auf das Wechselrad (i) des Zeigerwerkes.

Der Wippenaufzug. *Aufzugsstellung* (Abb. 164). Beim Wippenaufzug ist kein Kupplungstrieb vorhanden. Das kleine Aufzugsrad (b) sitzt zu den übrigen Rädern unveränderlich, jedoch kann die Aufzugswelle in seinem Vierkantloch hin- und hergeschoben werden. Das kleine Aufzugsrad (b) steht in Eingriff mit dem großen Aufzugsrad (c), welches in die beiden Wippenräder (d) und (e) eingreift. Das Aufziehen erfolgt über das Wippenrad (d), das beim Drehen durch die übertragene

Kraft in Eingriff mit dem Sperrad (h) gedrückt wird. Beim Rückwärtsdrehen kommt das Wippenrad (d), da die Wippe tangential zum Sperrrad liegt, von selbst außer Eingriff, wird jedoch durch die Wippenfeder (w_1) immer wieder in Eingriff gebracht. Die Wippenräder (d) und (e) sind auf der um das Zentrum des Aufzugsrades (c) drehbaren Wippe (w) gelagert (die Zeigerstellhebelfeder kann evtl. entfallen).

Die Zeigernachstellung (Abb. 165). Durch Herausziehen der Krone (a), und damit der Welle wird die Nase (f_1) des Zeigerstellhebels (f) mitgenommen, der Zeigerstellhebel somit um (F) gedreht. Dadurch drückt der Zeigerstellhebel die Wippe nach unten (von Stellung *1* in *2*). (e) kommt in Eingriff mit dem Wechselrad (i). Gleichzeitig wird (d) vom Sperrad (h) ausgerückt.

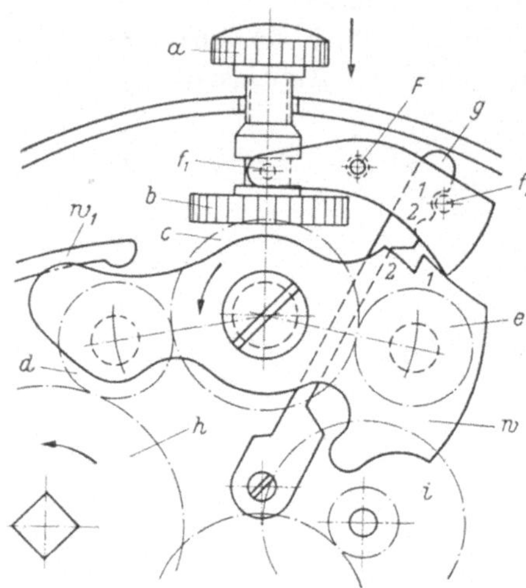

Abb. 164. Wippenaufzug einer Taschenuhr.
Aufzugsstellung

g) Federhaus mit Hand- und Selbstaufzug und Zeigerstelleinrichtung

Der unter f) beschriebene Handaufzug für Taschen- und Armbanduhren birgt den großen Nachteil, daß es infolge der relativ kurzen Laufzeit dieser Uhren — im allgemeinen 36 Stunden — vorkommt, daß die Uhr entweder ganz abläuft oder daß durch unregelmäßiges Aufziehen die Zugfeder an verschiedenen Stellen der Charakteristik arbeitet, was Anlaß zu Gangungenauigkeiten gibt.

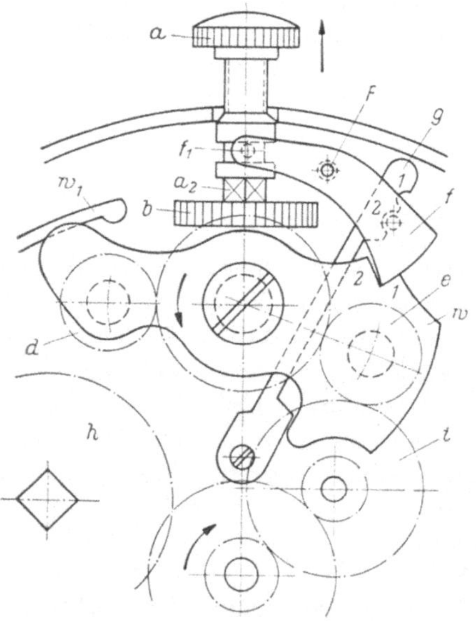

Abb. 165. Wippenaufzug einer Taschenuhr.
Zeigerrichtstellung

An Versuchen, diese Mängel durch Einbau eines Selbstaufzuges zu beheben, hat es nicht gefehlt. Betriebssichere Lösungen kamen erst in den letzten zwanzig Jahren auf den Markt.

Allen heute gängigen Bautypen ist eine zentral gelagerte Schwungmasse gemeinsam, die infolge der Armbewegung Pendelbewegungen ausführt. Das hierbei auftretende Moment wird über ein Getriebe auf das Federhaus übertragen. Hierbei kann das nur in einer oder aber auch in beiden Richtungen wirkende Schwungmassenmoment zum Aufziehen der Feder Verwendung finden.

Da außer dem Selbstaufzug auch die Möglichkeit des Handaufzuges bestehen soll und noch die Zeigerstellung betätigt werden muß, ergibt sich gegenüber den Anordnungen f) zwangsläufig der Einbau einiger Elemente, die den unabhängigen Ablauf der drei Vorgänge (Selbstaufzug, Handaufzug und Zeigerstellung) gestatten.

Das Prinzipielle der Wirkungsweise sei an einem einseitig arbeitenden Selbstaufzug erläutert (Abb. 166, Abwicklung).

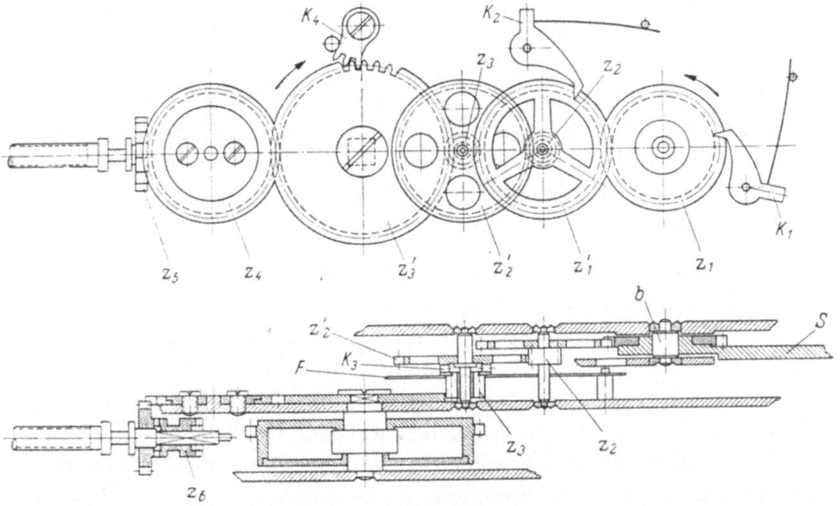

Abb. 166. Getriebeanordnung eines Selbstaufzuges

Aufzug durch die Schwungmasse. Die Schwungmasse (S) überträgt ihr Moment über eine auf der Schwungmasse angebrachte Aufzugsklinke (K_1) in der durch Pfeil dargestellten Richtung auf das lose sitzende Rad z_1.

Über das Getriebe z_1', z_2, z_2', z_3 wird das Drehmoment vergrößert und über das Sperrad z_3' der Zugfeder zugeleitet. Gleichzeitig werden jedoch auch das Kronrad z_4 und das Aufzugsrad z_5 über das Sperrad bewegt. Da beim Aufziehen durch die Schwungmasse der Bewegungs- und Drehmomentenverlauf vom Sperrad nach dem Kronrad und dem Aufzugsrad geht (z_3', z_4 z_5), also umgekehrt wie beim Aufzug mittels Krone, wird das Kupplungstrieb z_6 auf dem Vierkant der Aufzugswelle entsprechend der Zahnhöhe seiner Schrägverzahnung hin- und hergleiten und damit auskuppeln, vorausgesetzt, daß die Reibung der Aufzugswelle in ihren Lagern groß genug ist, außerdem der Anpreßdruck durch die Feder, mit der das Kupplungstrieb z_6 über den Kupplungstriebhebel (nicht eingezeichnet, jedoch genau wie bei dem unter f) beschriebenen Kupplungsaufzug) gegen das Aufzugsrad z_5 gedrückt wird, gering ist. Die Sperrklinken K_2 und K_4 treten dabei nicht in Tätigkeit.

Geht die Schwungmasse infolge einer günstigen Armhaltung im Leerlauf zurück (einseitige Momentbenutzung!), so gleitet die Klinke K_1 über das Rad z_1. Dabei bleibt der übrige Teil des Werkes durch die beiden Klinken K_2 und K_4 blockiert. Diese Blockierung bewirkt bereits die Aufzugsklinke K_4. Sie wird jedoch durch den Sperrkegel K_2 nochmals gesichert. Der Sperrkegel hat noch eine weitere wesentliche Aufgabe: Wird die Uhr durch die Schwungmasse aufgezogen, so wird, bei entsprechender Dimensionierung der Übersetzung $z_1 - z_3'$, dem Maximalausschlag der Schwungmasse ein Aufzug am Sperrad z_3' um ca. einen Zahn entsprechen. Durch Zwischenschalten des Gesperres K_2 ist es jedoch möglich, auch geringere Winkelbewegungen der Schwungmasse zum Aufziehen zu benutzen (K_2 könnte natürlich, da z_1 und z_1' ungefähr gleich groß sind und gleiche Teilung haben, auch unmittelbar auf z_1' in der Art eines Gegengesperres wirken).

Aufzug mittels Krone (Handaufzug). Soll die Zugfeder über die Krone aufgezogen werden, so muß, um Rückwirkungen auf die Schwungmasse zu verhindern, zwischen Sperrad z_3' und Rad z_2' des automatischen Aufzuges eine entsprechend wirkende Kupplung eingebaut sein. Bei festem Eingriff würde die Schwungmasse an ihre Begrenzungsfedern gedrückt und bei weiterem Aufziehen an dem Getriebe $z_1 - z_3'$ Zähne oder Zapfen ausbrechen. Um solche Schäden zu vermeiden, ist eine dem Kupplungsaufzug ähnliche Kupplung K_3 zwischengeschaltet. Sie besteht aus der am Rad z_2' angebrachten Schrägverzahnung und der auf dem lose auf der Welle sitzenden Kleinrad z_3 angebrachten Gegenverzahnung. Das Kleinrad z_3 wird durch eine dünne Blattfeder F an das Rad z_2' gedrückt.

Wird also mit Kupplungsaufzug aufgezogen, so nehmen die Räder z_2', z_2, z_1' und z_1 an der Drehbewegung nicht teil. Wirkt nach beendigtem Aufzug von der Krone aus kein Drehmoment mehr, so versucht die Zugfeder, sich zu entspannen. Dadurch ändert sich die Drehrichtung am Sperrad z_3' und somit auch an dem Kupplungstrieb z_3. Das Kupplungstrieb z_3 kuppelt ein und leitet somit Moment und Drehbewegung an z_2', z_2 und z_1' weiter. Das Rad z_1' wurde nun während des Aufziehens mit der Krone von der Sperrklinke K_2 nicht gesperrt, aber auch nicht über die Kupplung $z_3 z_2'$ bewegt. Durch die geänderte Drehrichtung wird jedoch die Sperrklinke K_2 sperren und die Entspannung der Zugfeder verhindern.

Die Sperrklinke K_4 muß hierbei nicht notwendigerweise an ihrem Anschlag liegen. Sie hat also in diesem Falle nur den Zweck einer Sicherung, falls das Kupplungstrieb z_3 nicht einkuppeln sollte, was bei Bruch der Blattfeder F oder einer Beschädigung der Verzahnung möglich wäre. Würde man die Sperrklinke K_4 weglassen, dann wäre bei einer Beschädigung der Sperrklinke K_2 oder der Blattfeder F oder einem sonstigen Schaden der Räder auch der Kupplungsaufzug außer Betrieb gesetzt.

Zeigerstellung. Die Zeigerstellung erfolgt mit nur geringen Abweichungen wie bei der unter f) beschriebenen Anordnung. Wie bereits erwähnt, wird beim Aufzug durch die Schwungmasse das Kupplungstrieb z_6 auf dem Vierkant der Aufzugswelle hin- und hergleiten. Um die dadurch entstehenden Reibungsverluste möglichst klein zu halten, darf die Kraft der Kupplungstriebhebelfeder nicht über das Mindestmaß hinausgehen. Dadurch kann aber das Kupplungstrieb bei schnellem Rückwärtsdrehen der Krone bei Handaufzug bis an das Zeigerstellrad prellen und eine Verstellung der Zeiger bewirken. Dies wird durch eine zweite, stärkere Kupplungstriebhebelfeder (Zusatzfeder) verhindert. Diese Feder ist so anzuordnen, daß sie bei Aufzug durch die Schwungmasse den Kupplungstriebhebel nicht berührt. Sie soll also um die Höhe der Schrägverzahnung des Aufzugsrades von dem Kupplungstriebhebel entfernt sein.

59. Momentenausgleich und Nachspannwerke

a) Die verschiedenen Arten des Momentenausgleiches

Wie wir im 6. Kapitel (Regelung) sehen werden, gibt es keine Reglerart, die mit absoluter Konstanz regelt, also drehmomentunabhängig ist. Dies gilt auch für die bei besonders hohen Ansprüchen (Uhren) eingesetzten Hemmregler mit Eigenschwingern. Man wird deshalb anstreben, diese für den sogenannten Isochronismus des Reglers sich ungünstig auswirkenden Momentenschwankungen auszuschalten. Sie können ihre Ursache in einer ungleichmäßigen Momentenabgabe (Kraftabgabe) des Kraftspeichers (Zugfeder mit der bekannten fallenden Charakteristik), in veränderten Reibungsverhältnissen des Getriebes (Verharzen des Lageröles, schneelastige Zeiger bei Turmuhren usw.) haben.

Um dem Regler ein möglichst konstantes Moment zuzuführen, kann man

1. die Momentenschwankungen des Kraftspeichers unmittelbar an ihm selbst ausschalten, indem man das über ein vom Kraftspeicher abzugebendes Minimalmoment hinausgehende Moment durch eine geeignete Vorrichtung (Schnecke) auf dieses Minimalmoment reduziert. Damit werden allerdings etwaige Schwankungen in den Reibungsverhältnissen des Getriebes nicht erfaßt.

2. den Antrieb des Reglers unmittelbar vor die Reglerwelle verlegen, indem man vor den Regler einen Hilfsspeicher einbaut, der vom Primärspeicher periodisch aufgezogen wird (Nachspannwerke). Das Nachspannwerk garantiert einen völlig gleichmäßigen Betrieb des Reglers, der damit weder Schwankungen vom Primärantrieb noch von der Reibung her unterworfen ist.

b) Momentenausgleich mittels Schnecke

Eine gebräuchliche Anordnung dieser Form des Ausgleichs ist aus Abb. 167 zu ersehen (Prinzipskizze). Auf der Welle des Antriebs-

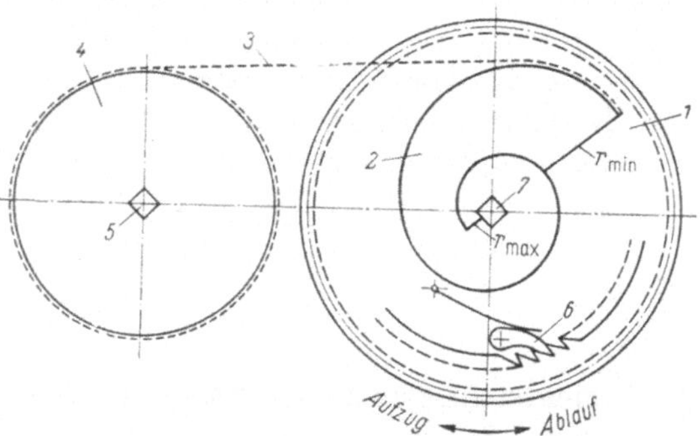

Abb. 167. Momentenausgleich mittels Schnecke

rades (1) sitzt die Ausgleichsschnecke (2), über die die Gliederkette (3) nach dem Federhaus (4) läuft. Der Federkern (5) des Federhauses sitzt fest in der Platine (was z. B. durch ein Gesperr erreicht wird). Die Darstellung Abb. 167 zeigt die Endphase des Ablaufes. Die Schnecke nimmt das Antriebsrad (1) über das Gesperr (6) mit, das auch durch ein Gegengesperr ersetzt werden kann. Das Aufziehen erfolgt am Vierkant (7) der Schnecke in negativer Richtung (Uhrzeigersinn). Dabei wickelt sich die Gliederkette vom Federhaus ab und auf die Schnecke auf. Gleichzeitig erfolgt das Spannen der Zugfeder.

Es versteht sich von selbst, daß der Gestaltung der Schnecke besondere Bedeutung zukommt. Vom Verlauf der einzelnen Windungen hängt mehr oder minder der Erfolg des Momentenausgleiches ab. Es soll deshalb hier kurz eine Methode angegeben werden, wie man rasch

und relativ genau den Riß einer Schnecke bei gegebener Zugfedermomentenkurve erhalten kann.

Die auszugleichende Momentenkurve (Abb. 168) habe im aufgezogenen Zustand ein Maximalmoment M_{max} und im abgelaufenen Zustand ein Minimalmoment M_{min}. Das Federhaus habe einen Radius r_F

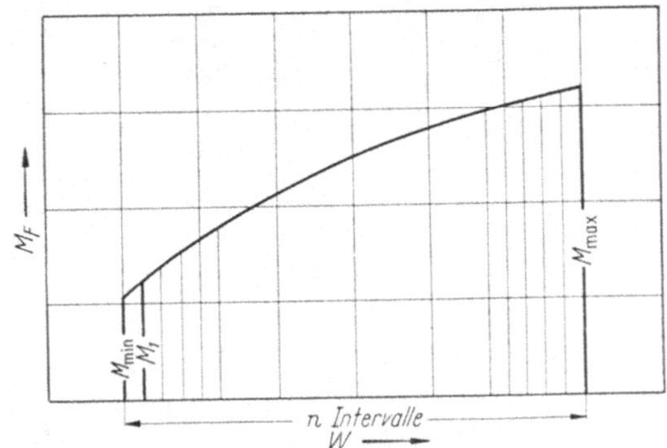

Abb. 168. Federmomentenkurve zum Beispiel einer Schneckenberechnung

und mache während des Ablaufes W Umgänge. Dann wirkt im ersten
Falle am Federhausumfang eine Kraft

$$P_{max} = \frac{M_{max}}{r_F}.$$

und im abgelaufenen Zustand eine Kraft

$$P_{min} = \frac{M_{min}}{r_F}.$$

Bezeichnen wir den großen Radius der Schnecke mit r_{min} und den kleinsten Radius der Schnecke mit r_{max}, so muß bei idealem Ausgleich
für die Extremwerte die Beziehung gelten:

$$P_{max}\, r_{max} = P_{min}\, r_{min},$$

woraus sich bei Annahme von r_{max}, der Wert r_{min} ausrechnen läßt. (Man
beachte, daß $r_{max} < r_{min}$ ist.)
Man beginnt die Entwicklung vom großen Radius aus.

Da beim Federhaus W nutzbare Windungen zur Verfügung stehen,
werden vom Federhaus $W \cdot 2\pi \cdot r_F$ Längeneinheiten Gliederkette ab- und
auf die Schnecke aufgewickelt. Dabei ist zu beachten, daß die einzelnen
Schneckenwindungen verschiedene Durchmesser haben. Gleichen Dreh-
winkeln des Federhauses entsprechen also verschiedene Drehwinkel der
Schnecke, die dem Schneckenradius umgekehrt proportional sind.

Zur Gewinnung einzelner Zwischenpunkte der Schnecke wird die
zu übertragende Momentenkurve in n Intervalle zerlegt. Damit ent-

spricht einem Teilintervall die Kettenlänge

$$s = \frac{2\,W\,\pi\,r_F}{n}\,.$$

Diese Länge s muß auf der Schnecke aufgewickelt werden. Dabei muß sich der Schneckenradius entsprechend der dann vorhandenen Kraft

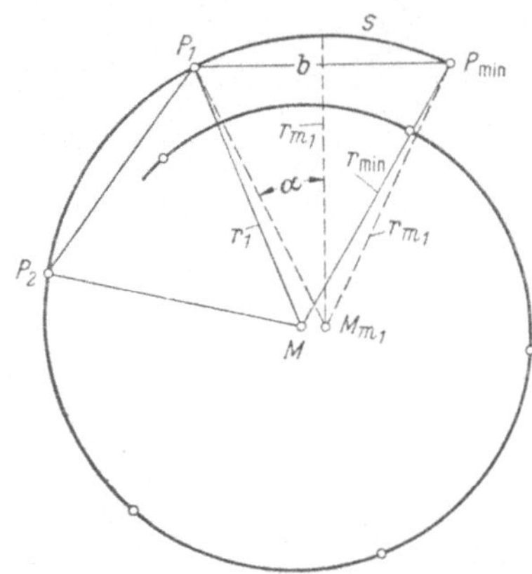

Abb. 169.   Konstruktion einer Schnecke

auf r_1 (Punkt P_1 in Abb. 169) verjüngt haben. Die Kraft ergibt sich aus dem Moment M_1 an der Stelle des ersten Intervalls (s. Abb. 168), das aus der vorliegenden Momentenkurve entnommen wird.

Es ist

$$\frac{M_{\min}}{M_1}\,r_{\min} = r_1\,.$$

Das Auffinden des Punktes P_1, der zunächst nicht festliegt, geschieht folgendermaßen:

Der Krümmungsradius der Schnecke im Punkte $P_{\min}$ ist $r_{\min}$. Im Punkte P_1 ist er r_1. Bei genügend kleinen Intervallen n wird eine genügende Genauigkeit erreicht, wenn man durch $P_{\min}$ und P_1 einen Näherungskreis mit dem Radius r_{m_1}, der das Mittel aus $r_{\min}$ und r_1 ist, zieht.

$$r_{m_1} = \frac{r_{\min} + r_1}{2}\,.$$

Der zugehörige Mittelpunkt kann aber erst dann gefunden werden, wenn P_1 bekannt ist. P_1 ist aber der geometrische Ort des Kreises um M mit dem Radius $r_{\min}$ und um $P_{\min}$ mit der Sehne $P_{\min}\,P_1$ des Näherungskreises. Diese Sehne läßt sich berechnen, da der Bogen $P_{\min}\,P_1 = s$ und die beiden Seiten des gleichseitigen Dreiecks $P_{\min}\,M_{m_1}\,P_1$ bekannt sind.

Bezeichnen wir die Sehne $P_{\min}\,P_1$ mit b, so ist

$$b = 2\,r_{m_1}\sin\!\left(\frac{s}{2\,r_{m_1}}\right),$$

da

$$\alpha = \frac{s}{2\,r_{m_1}}$$

ist.

Den Mittelpunkt M_{m_1} erhält man schließlich als Schnittpunkt zweier Kreise mit dem Radius r_{m_1} um $P_{\min}$ und P_1.

Das Analoge gilt für die weiteren Punkte P_2, P_3 usw.

Die Gesamtwindungszahl der Schnecke erhält man, indem man die Werte 2α sämtlicher Intervalle addiert. Ihre Größe wird durch die Wahl von r_{max} bestimmt.

Hauptanwendungsgebiet des Schneckenausgleichs: die Uhr. Während man früher vielfach auch Taschenuhren mit diesem Ausgleich fertigte, findet man diese Form des Momentenausgleichs heute nur noch in Seechronometern.

Eine interessante Anwendung zweier Schnecken sehen wir in Abb. 170, die eine Aufspulvorrichtung für eine Blindenschreibmaschine

Abb. 170. Anwendungsbeispiel zweier Schnecken. Aufspulvorrichtung mit konstantem Zug für eine Blindenschreibmaschine

zeigt. Das Gerät ist, der Ortsunabhängigkeit wegen, mit Zugfederantrieb ausgerüstet. Die Kraft, mit der der Papierstreifen von der Schreibmaschine weggezogen wird, soll, um ein Zerreißen zu vermeiden, möglichst konstant sein. Deshalb muß das auf die Wickeltrommel zu Anfang wirkende Drehmoment klein, am Ende (großer Papierrollendurchmesser) groß sein, also umgekehrt wie es das Zugfederdiagramm liefert. Diese Umkehrung der Momentenverhältnisse ist durch zwei Schnecken erreicht.

c) Nachspannwerke

Ihre Aufgabe wurde bereits kurz umrissen.

Zuweilen wird fälschlicherweise der erforderliche Zwischenspeicher als kurz vor der Ankerradwelle liegendes Federhaus eingebaut, das vom Primärspeicher laufend aufgezogen wird. Da das Moment dieses Zwischenspeichers vom Primärmoment abhängig ist, bietet diese Methode keine Lösung.

Einige angewandte Nachspannwerke:

Konstanter Ankerradantrieb für Turmuhren (Abb. 171). Aufbau: Das Walzen- oder Antriebsrad (*1*) greift in das Kleinrad (*2*), mit dem das Stirnrad (*3*) und das Kegelrad (*4*) fest verbunden sind. Auf der Welle (*5*) des Differentials sitzt die Kreuzwelle (*6*), die das Gewicht (*7*) trägt, das mit seinem Hebelarm den Hilfsspeicher abgibt. Mit dem Sonnenrad (*9*) ist das Stirnrad (*10*), das auf das Ankerrad (*11*) arbeitet, fest

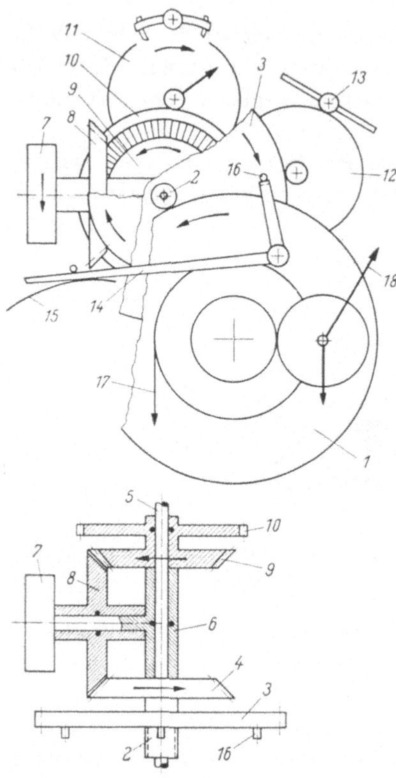

Abb. 171. **Konstanter Ankerradantrieb
für Turmuhren**

verbunden. Mit (*3*) steht weiter der Windflügel (*13*) über das Getriebe (*12*) in Verbindung. Der doppelarmige Hebel (*14*) ist in der Platine gelagert. Er wird durch eine Feder (*15*) gegen einen Anschlagstift gedrückt und sperrt in dieser Lage einen der vier Stifte (*16*) im Rad (*3*).

Wirkungsweise: (*1*), (*2*), (*3*) und (*4*) stehen still, da der Stift (*16*) an (*14*) anliegt. Das Gewicht (*7*) geht nach unten und wirkt dabei mit seinem Moment über das Planetenrad (*8*) und das Sonnenrad (*9*) auf das Ankerrad. Schließlich kommt (*7*) in den Bereich von (*14*), wodurch der Stift (*16*) freigegeben wird. Nach der Freigabe können sich (*1*), (*2*), (*3*) und (*4*) infolge des Antriebes (*17*) drehen. Durch die Drehbewegung von (*4*) wird das Hilfsgewicht (*7*) über (*8*) angehoben, wobei das Moment auf das Ankerrad weiterwirkt. Die Feder (*15*) drückt den Hebel (*14*) nach oben, so daß der nächste

Stift (*16*) angehalten wird. Damit steht (*4*) wieder still; das Gewicht (*7*) fällt so lange, bis die nächste Auslösung erfolgt.

Die Verhältnisse sind so gewählt, daß jede Minute ein Aufzug erfolgt, der Minutenzeiger (*18*) also jede Minute weiterspringt.

Nachspannwerke für Groß- und Kleinuhren. Diese Nachspannwerke gehen in der Hauptsache auf das Prinzip zurück, einen Hilfsspeicher (Feder), der sich möglichst nahe dem Regler befinden soll, durch den Primärspeicher über einen gesonderten Mechanismus in kurzen Intervallen um *denselben Winkel bei konstanter Vorspannung* zu spannen.

Bei dem von JENDRIZKI[1] angegebenen Nachspannwerk für Grahamhemmung (Abb. 172) wird diese Nachspannung bei jeder Halbschwingung des Ankers betätigt.

____

[1] JENDRIZKI, H.: Die Uhr, 1954, H. 3.

Das Nachspannrad (*1*), das auf der mit dem Laufwerk in Verbindung stehenden Reglerwelle festsitzt, wird von den zugehörigen Ankerpaletten (*2*) wechselseitig arretiert und ausgelöst. Diese Paletten sind so geformt (hinterschliffen), daß keine Hebwirkung entstehen kann.

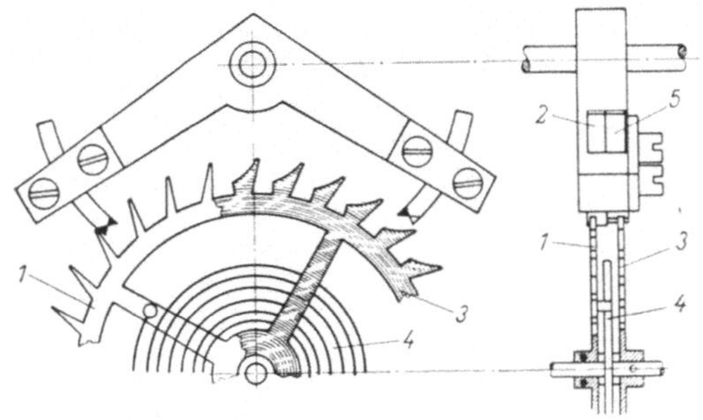

Abb. 172. Nachspannwerk für Großuhren nach JENDRIZKI

Mit dem Nachspannrad (*1*) steht das eigentliche Ankerrad (*3*) über eine Spiralfeder (*4*) in Verbindung. Die Paletten (*5*), die mit dem frei auf der Radwelle beweglichen Ankerrad zusammenarbeiten, haben die übliche Form. Bei dieser Anordnung ist der Verspannungswinkel der als Zwischenspeicher verwendeten Spiralfeder für die zwei Spannungszustände immer derselbe. Dadurch wirkt auf das Ankerrad ein Moment gleicher Größe.

Eine andere Art der Steuerung des Hilfsspeicheraufzuges ist von JÖRG[1] vorgeschlagen worden (Abb. 173). Das vom Primärspeicher kommende Moment spannt über das Rad (*1*), das auf der Welle lose sitzt, die Feder (*2*) des Hilfsspeichers so lange, bis ein Zahn (*3*) an der feststehenden

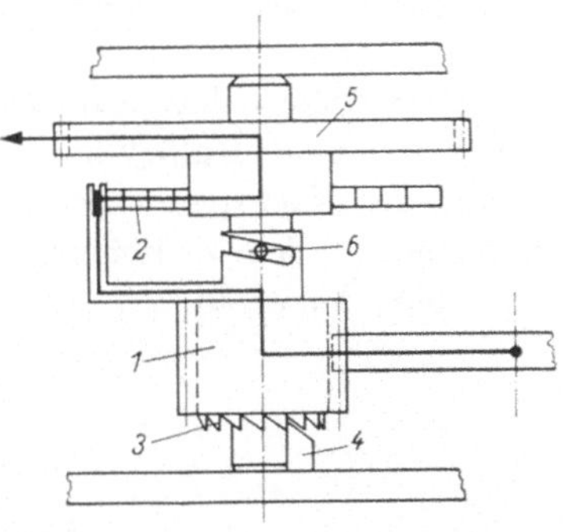

Abb. 173. Nachspannwerk für Großuhren nach JÖRG

Klinke (*4*) anliegt. Die Feder (*2*) gibt ihre Energie über das Rad (*5*) an den Regler ab. Durch die hierdurch hervorgerufene Drehbewegung von Rad (*5*), das auf der Welle festsitzt, wird das Rad (*1*), das auf der Welle beweglich ist, über den Stift (*6*), der in einem Schneckengang läuft, aus der Klinke herausgezogen. Die Hilfsfeder wird erneut um den Teilungswinkel der Sägeverzahnung nachgespannt.

---

[1] JÖRG, E.: Die Uhr, 1955, H. 2.

Abb. 174 zeigt die Gangkurven[1] zweier 14-Tage-Uhren mit und ohne Nachspanneinrichtung. Mit dem Nachspannwerk geht der tägliche Gangunterschied im Maximum auf etwa 7 Sekunden zurück.

Ein dem Mechanismus der Abb. 172 ähnliches Nachspannwerk ist von JENDRIZKI für Kleinuhren angegeben worden (Abb. 175). An die

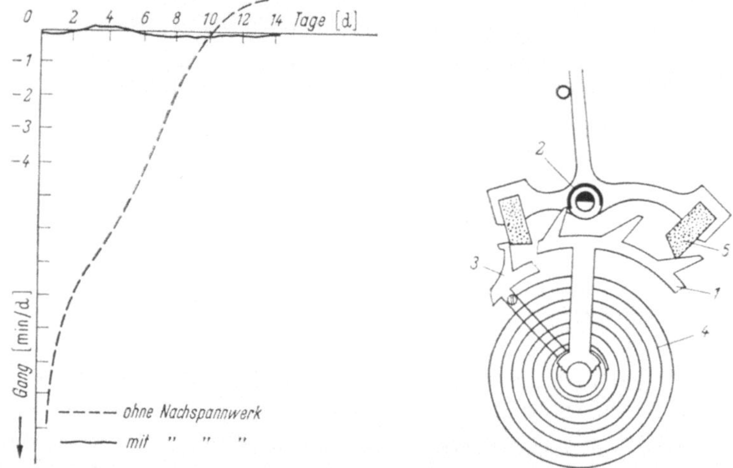

Abb. 174. Gangkurven einer 14-Tage-Uhr   Abb. 175. Nachspannwerk für Klein-
mit Nachspannwerk entsprechend Abb. 173   uhren nach JENDRIZKI

Stelle der Ankerpaletten für das Nachspannrad (1) ist ein sich mit dem Anker drehender Halbzylinder (2) getreten, der die wechselseitige Arretierung des Nachspannrades übernimmt. (3) entspricht auch hier dem Ankerrad, (4) dem Zwischenspeicher und (5) bzw. (3) den Ankerpaletten bzw. dem Ankerrad.

Fünftes Kapitel

Die Anzeige

60. Anzeigearten

In den meisten Fällen haben die technischen Laufwerke eine meßtechnische Aufgabe. Dabei sind die zu messenden bzw. gemessenen Größen (Zeit, Leistung, Stoffmenge usw.) so anzuzeigen, daß sie unmittelbar ablesbar sind oder durch geeignete Schreib- oder Druck-

---

[1] Die Abweichung der Anzeige einer Uhr von der Zeit (z. B. Weltzeit) heißt „Stand", positiv bei Nachgehen gemessen. Die Differenz der Stände zu verschiedenen Zeiten bezogen auf die Zeitdifferenz heißt „Gang", bei 1 d Zeitdifferenz speziell täglicher Gang.

vorrichtungen schriftlich festgehalten werden. Wir unterscheiden deshalb auch zwischen subjektiver und objektiver Anzeige. Je nach Art kann die Anzeigeeinrichtung in Verbindung mit der Meßeinrichtung das Meßgerät bilden (Uhr, Wassermesser usw.), sie kann aber auch getrennt als besonderes Werk (wie z. B. Zähleinrichtungen der verschiedensten Art in An- und Einbauform) ausgeführt sein.

Je nach Art der Anzeige unterscheiden wir Laufwerke mit

> Zeigeranzeige,
>
> Scheibenanzeige,
>
> Trommel- oder Rollenanzeige.

Im allgemeinen ist die zu messende Größe der Anzahl der Umdrehungen der Werkswellen direkt proportional, z. B. bei Uhren als Zeitweiser die verflossene Zeit, bei Elektrizitätszählern die abgegebene Leistung usw. Das Grundprinzip bildet also die mit Zeiger und Skalenscheibe versehene Welle. Meist genügt jedoch die Anzeige durch eine einzige Welle nicht, da je nach der Getriebeübersetzung entweder kleine Veränderungen der zu messenden Größe nicht mehr oder nur ungenau abgelesen werden können oder weil im umgekehrten Falle große Veränderungen nur umständlich (bei subjektiver Ablesung durch dauerndes Beobachten des Zeigers, der evtl. mehrere Umdrehungen macht) festzustellen sind. Es ist daher notwendig, Einrichtungen zu schaffen, die eine Summation der Meßgrößen gestatten.

Diese Summationsanzeige kann von der einmal festgelegten Grundwelle aus durch ein gesondertes Anzeigewerk (z. B. das gebräuchliche Zeigerwerk bei Uhren) geschaffen werden. Sie kann aber auch durch geeignete Wahl des Übersetzungsverhältnisses nach benachbarten, bereits vorhandenen Wellen des Laufwerkes (z. B. Sekundenzeiger in Taschen- und Armbanduhren, Zeigerzählwerke für Wasser- und Gasmesser usw.) hergestellt werden.

Die Summationsanzeige erfolgt vorteilhaft in dem uns gebräuchlichen Zehnersystem. Eine Ausnahme machen die Uhren; bei ihnen wird die Summation im 12er System durchgeführt (bei 12 Umdrehungen des Minutenzeigers eine Umdrehung des Stundenzeigers; bei 60 Umdrehungen des Sekundenzeigers eine Umdrehung des Minutenzeigers).

61. Die Zeigeranzeige (Zeigerzähler)

a) Zeigerwerke von Uhren

Bei den ältesten Zeigerwerken ist die Welle mit der kleinsten Drehzahl Träger des Minutenzeigers (Abb. 176).

Von der Minutenwelle (*1*), die eine Umdrehung in der Stunde macht, erfolgt der Antrieb des sogenannten Stundenrades (*3*) über ein Zwischenrad (2). Übersetzungsverhältnis Minutenwelle/Zwischenwelle = 1:1. Das Zwischenrad trägt als Kleinrad vier Stahlstifte, die in das Stundenrad mit 48 Zähnen eingreifen. Durch den Einbau des Zwischengetriebes erreicht man Gleichsinnigkeit der Zeigerbewegung, erhält jedoch zwei getrennte Zifferblätter (Abb. 177).

Die Minutenwelle ist gleichzeitig Antriebswelle. Ein Einbau einer vor der Minutenwelle liegenden Welle mit einer Drehzahl von 1/12 pro

Abb. 176. Zeigerwerk einer alten
Holzräderuhr

Abb. 177. Zeiger und Zifferblatt einer
alten Holzräderuhr

Stunde, was naheliegend gewesen wäre, verbot sich. Das Einbringen einer solchen Welle hätte, falls sie wiederum Antriebswelle hätte sein sollen, eine Vergrößerung des Antriebsmomentes bzw. des angehängten Gewichtes um das 12fache bedeutet. Der damals gebräuchliche Werkstoff für Räder und Platinen, das Holz, erlaubte keine so starke Beanspruchung.

Diese ursprüngliche Anordnung der geteilten Zifferblätter ist heute noch in abgeänderter Form bei den Präzisionssekundenpendeluhren in Anwendung.

Jeder zusätzliche Radeinbau vermindert die Gangleistung einer Uhr.

Abb. 178. Zeigeranordnung bei einer Präzisionssekundenpendeluhr

Da es sich bei diesen Uhren um Meßgeräte für technisch-wissenschaftliche Zwecke handelt, kann auf die Zusammenlegung von Stunden- und Minutenzeiger verzichtet werden.

Die Stundenwelle (1) (Abb. 178), die gleichzeitig Träger des Kraftspeichers (z. B. in Form eines Gewichtes, evtl. mit motorischem Aufzug) ist, wird deshalb zweckmäßigerweise nach unten verlegt. Über der Minutenwelle (2) läuft im Abstand $i = 1:60$, mit einem W_p-Getriebe angeschlossen, die Sekundenwelle (3). Sie ist, da das Pendel pro Sekunde eine Halbschwingung vollführt, Träger des Ankerrades mit 30 Zähnen.

Die heutige gebräuchliche Form des Zeigerwerkes entsprang

Abb. 179. Altes Zeigerwerk mit Rückkehrgetriebe

dem Wunsche, die getrennten Zifferblätter der größeren Übersichtlichkeit wegen durch ein einziges zu ersetzen. Man kam so zur zentralen Anordnung. Sie ist bei Großuhren nicht unbedingt notwendig, drängt sich aber bei der Armbanduhr aus räumlichen Gründen geradezu auf. Die Zeigerstellung wird hier für die Zeitangabe so charakteristisch, daß sogar auf die Bezifferung verzichtet werden kann.

Abb. 179 zeigt den Vorläufer der heutigen Zeigerwerksform, wie man ihn in alten Holzuhren antrifft. Das erste Teilgetriebe des Wechselgetriebes, das von der Minutenwelle nach dem Wechselrad geht (in der Abbildung z. T. verdeckt), hat ein Übersetzungsverhältnis 1:1. Das Wechseltrieb, bestehend aus vier Stahlstiften, zeigt die technisch einfachste, wenn auch nicht einwandfreie Art einer Verzahnung. Sie greift in das Stundenrad ein, das auf dem Viertelrohr läuft („Viertelrohr" ist die alte Bezeichnung für das auf die Minutenwelle aufgeschobene Rad, das auf einer Buchse den Minutenzeiger trägt). Das Stundenrad hat eine Spitzverzahnung mit 48 Zähnen. Durch das Wechselgetriebe wird wiederum Gleichsinnigkeit der Drehrichtung der beiden Zeiger erreicht.

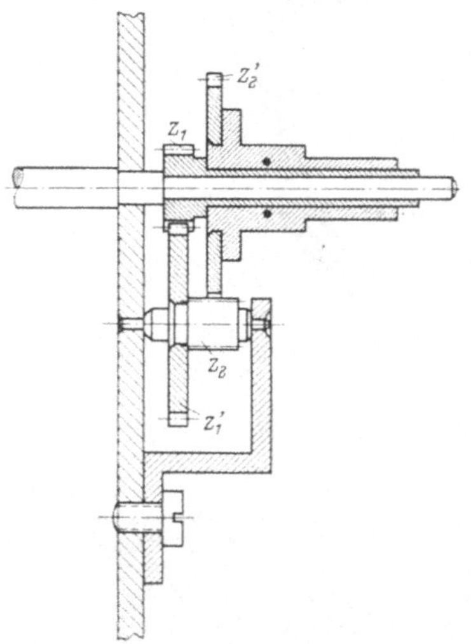

Abb. 180. Heute gebräuchliche Form des Zeigerwerkes

Heute übliche Zeigerwerke (Abb. 180) werden nicht mehr in den beiden Teilgetrieben 1:1 und 12:1 ausgeführt, da das 12:1-Getriebe eine große Zentrale zwischen Minutenwelle und Umkehrgetriebe verlangt. Man teilt im Verhältnis 3:1 und 4:1 oder umgekehrt auf.

Beispiel:

Viertelrohr $z_1 = 10$ Zähne,

Wechselrad $z_1' = 30$ „

Wechseltrieb $z_2 = 8$ „

Stundenrad $z_2' = 32$ „   .

Es wird als zweckmäßig angesehen, die Summe der Zahnzahlen von Viertelrohr und Wechselrad gleich der Summe der Zahnzahlen von Wechseltrieb und Stundenrad zu machen (im obigen Beispiel = 40), da dann die einzelnen Räder mit dem gleichen Abwälzfräser geschnitten werden können (s. a. Berechnungsbeispiel Abschn. 9).

Wechselrad und Wechseltrieb sind fest miteinander verbunden und laufen entweder auf einem Bolzen, der fest in der Platine eingeschraubt ist, oder auch in einer Brücke. Das Stundenrad ist leicht beweglich auf das Viertelrohr geschoben.

Es ist eine Reihe weiterer Zeigerwerke entwickelt worden und im Gebrauch. Sie sind Kombinationen der oben dargestellten Zeigerwerke. So erfolgt z. B. bei einigen der Antrieb des Zeigerwerkes von einer Welle mit geringerer Drehzahl oder wie bei Roskopfuhren direkt vom Federhaus aus.

Sekunde aus der Mitte. Eine Erweiterung des zentralen Zeigerwerkes wurde mit dem ebenfalls zentral laufenden Sekundenzeiger geschaffen. Die ehedem gebräuchliche Anordnung, Sekundenzeiger in der Achse Krone/Werksmitte, ergab bei Taschen- und Armbanduhren einen relativ einfachen Aufbau. Es bedeutete technisch kein Problem, das Übersetzungsverhältnis eines Teilgetriebes zwischen Minuten- und Ankerradwelle so zu wählen, daß diese Zwischenwelle, die den Sekundenzeiger zu tragen hat, 60 Umdrehungen in der Stunde macht. Die kreisförmige Anordnung des Gesamtgetriebes gestattete, den Sekundenzeiger an der gewünschten Stelle herauszuführen.

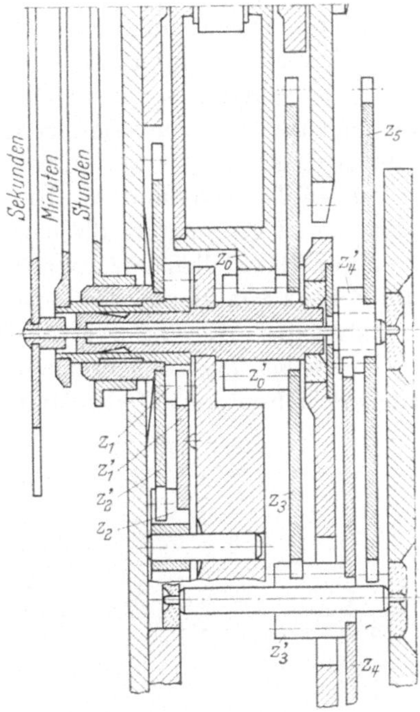

Die zentrale Sekunde stellt an den Hersteller wesentlich höhere Anforderungen. Sie verlangt durchbohrte Minutenwelle und eine Zwischenplatine.

Eine Ausführung sehen wir im Schnitt in Abb. 181, die eine Abwicklung darstellt. Der Kraftfluß geht vom Federhaus z_0 nach dem Minutentrieb z_0'; von dort über das übliche Zeigerwerk nach dem Stundenzeiger.

Abb. 181. Zeigerwerk mit Sekunde aus der Mitte

Beispielsweise wird $i_{1,2} = 12$ für

$$z_1 = 12, \qquad z_2 = 9,$$
$$z_1' = 27, \qquad z_2' = 48.$$

12a

Die Sekundenwelle wird über ein W_p-Getriebe mit dem Übersetzungsverhältnis $i_{3,4} = 1:60$ an die Minutenwelle angekoppelt.

$$z_3 = 64, \qquad z_4 = 60,$$
$$z_3' = 8, \qquad z_4' = 8.$$

z_5 arbeitet unmittelbar auf die Ankerradwelle.

Zeigerwerke ähnlicher Bauart findet man bei Synchronuhren. Dort erfolgt der Antrieb vom Synchronmotor aus über ein W_m-Getriebe unmittelbar auf die Sekundenwelle.

Die Zeigerstelleinrichtung. Zeigerwerk und Antrieb sind kraftschlüssig miteinander verbunden. Die Zeiger müssen jedoch zur Nachstellung unabhängig vom Antrieb gedreht werden können. Dies geschieht

a) bei Großuhren durch Zwischenbau einer Reibungskupplung; ferner bei Synchronuhren, soweit sie zu den Großuhren zu rechnen sind, durch Antrieb des Zeigerwerkes über ein Umlaufgetriebe. Hierdurch ist besonders genaue Nachstellung beim Vorhandensein eines Sekundenzeigers ohne Belastung des Synchronmotors während des Laufes möglich.

b) bei Taschen- und Armbanduhren durch Abkuppeln des Zeigerwerkes und gesondertes Stellen.

Zu a). Das Stellen der Großuhrzeiger erfolgt unmittelbar durch Drehen des Zeigers von Hand. Der relativ stabile Bau von Werk und Zeiger gestattet dies. Es sind zwei Ausführungsformen in Gebrauch.

1. Ausführung: Man bringt das Viertelrohr (z_1 in Abb. 180) mittels eines Schiebesitzes auf die Minutenwelle. Ausfräsungen sorgen dafür, daß die stehengebliebenen Stege sich federnd an die Minutenwelle legen.

2. Ausführung: Stellen durch Zwischenschalten einer Spannfeder zwischen Minutenwelle und Antrieb (Abb. 182). Der Antrieb (*1*) sitzt drehbar auf der Minutenwelle (*2*) und wird durch eine Feder (*3*), die sich gegen die Scheibe (*4*) stützt, gegen den Ring (*5*) gedrückt. Von (*6*) aus ist der Abgang zum Zeigerwerk. Diese Anordnung ist besonders bei Weckern gebräuchlich. Die Nachstellung der Zeiger erfolgt über den Vierkant (*7*), der an der rückseitigen Gehäusewand herausgeführt ist.

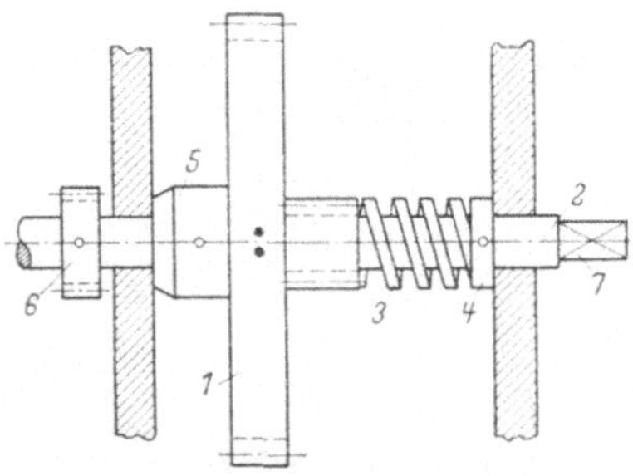
Abb. 182. Kupplung der Zeigerwelle

Bei Synchronuhren soll das Zeigerwerk während des Laufes verstellbar sein, ohne daß dadurch eine zusätzliche Belastung des Synchronmotors erfolgt, da dieser bei Überbelastung außer Tritt fällt.

Die Zeigerstellung kann hier mittels eines Umlaufgetriebes, wie es Abb. 183 darstellt, vorgenommen werden.

Der Antrieb kommt von Welle (1) auf das Umlaufgetriebe, dessen Hauptglied (2) bei Nichtbetätigung der Zeigerstellung durch die Bremsfeder (3) festgehalten wird.

Bei der Nachstellung von Hand dreht die Zeigerstellwelle (4) das Hauptglied (2) des Umlaufgetriebes. Dadurch rollt das Planetenrad (5) auf dem Antriebsrad (6) ab und vermittelt dadurch der Zeigerwelle (7) über das Hauptglied (8) die gewünschte Vor- oder Nachstellung. Eine Haltefeder (9), die auf der Zeigerwelle mit geringem Druck aufliegt, soll ein unzulässiges Fallen der Zeiger (z. B. durch Zahnluft) verhindern.

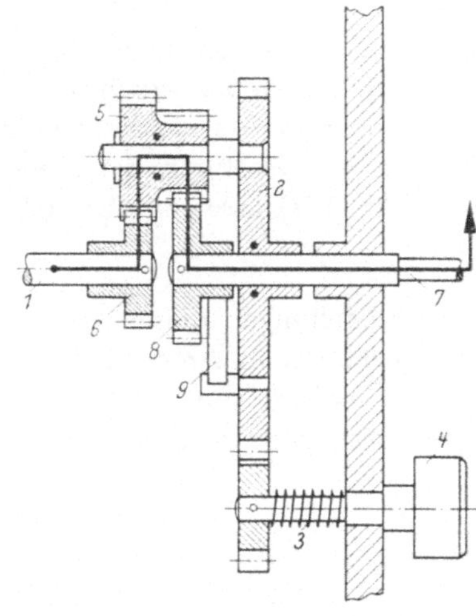

Abb. 183. Umlaufgetriebe zur Zeigernachstellung einer Synchronuhr

Zu b). Über den Mechanismus der Zeigerstellung bei Taschen- und Armbanduhren durch Abkuppeln des Zeigerwerkes s. Abschn. 58f.

Nullstellung bei Zeigerwerken. Sollen die Zeiger einer Zeigergruppe nicht nur beliebig gedreht, sondern auch noch in Nullstellung gebracht werden können, so ist außer oder an Stelle der Rutschkupplung noch eine Einrichtung zu schaffen, die über eine allen Zeigern gemeinsame Drucktaste diese Nullstellung bewerkstelligt. Als Rückstellorgane dienen sogenannte Herzscheiben (1) (Abb. 184). Diese bilden mit einem Stellhebel (2), auf den die Drucktaste wirkt, ein Getriebe, das in Richtung Stellhebel-Herzscheibe arbeitet.

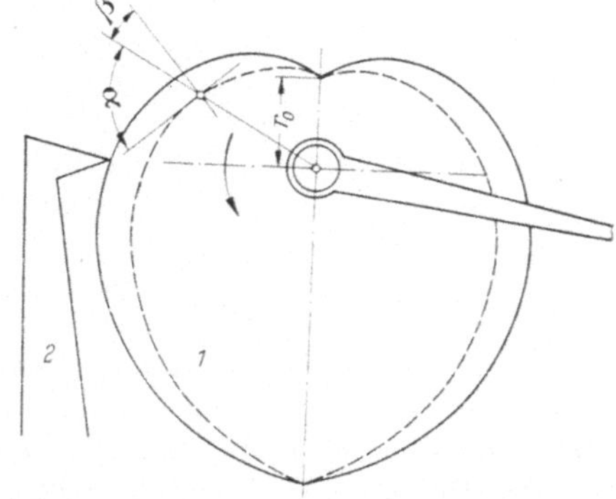

Abb. 184. Herzscheibe zur Zeigernullstellung

Eine geeignete Kurvenform gäbe die logarithmische Spirale

$$r = r_0 \, e^{c\varphi}$$

ab (in Abb. 184 gestrichelt gezeichnet), da bekanntlich die Tangenten dieser Kurve in jedem Punkt denselben Winkel α mit dem Radius ein-

12*

schließen. Dabei ist

$$\operatorname{tg} \alpha = \frac{1}{c}$$

bzw.

$$\operatorname{tg} \beta = c,$$

d. h., der Reibungswinkel ist an allen Stellen konstant, was aus kinematischen Gründen erwünscht wäre.

In der Praxis wird der einfacheren Herstellung wegen die logarithmische Spirale durch die archimedische Spirale (ausgezogene Kurve der Abb. 184) ersetzt. Ihre Gleichung lautet

$$r = r_0 + c_1 \varphi.$$

Nullstellungen dieser Art finden wir verbreitet bei Stoppuhren und Rollenzählern in Anwendung.

Ein Beispiel einer Stoppuhr-Nullstellung zeigt Abb. 185, die die Arbeitsstellung wiedergibt. Bei Betätigung der Krone (*1*) wird zunächst

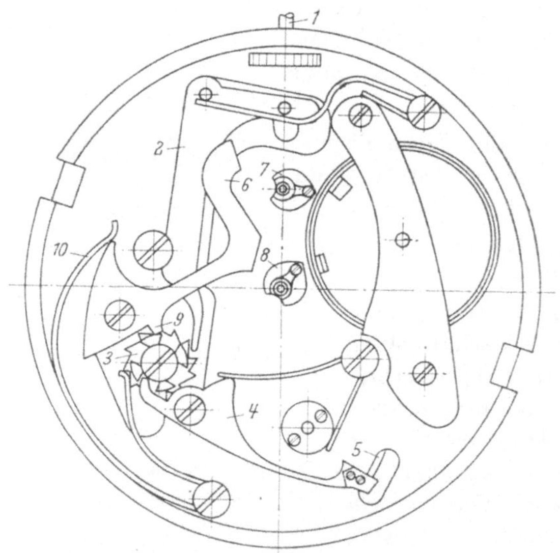

Abb. 185. Nullstelleinrichtung einer Stoppuhr

über den Schalthebel (*2*) der Schaltstern (*3*) weitergedreht, wodurch über den Hebel (*4*) die Unruh (*5*) stillgesetzt wird. Dabei bleibt der Stellhebel (*6*), der auf die beiden Herzscheiben (*7*) und (*8*) arbeitet, noch außer Funktion. Er liegt mit seiner Nase (*9*) noch auf dem prismatischen Nocken des Schaltsternes auf.

Bei weiterer Betätigung der Krone wird über den Schalthebel (*2*) der Schaltstern (*3*) weitergedreht. Der Stellhebel (*6*) wird frei. Er bewirkt durch Druck der Feder (*10*) die Rückstellung der beiden Herzscheiben.

Zur Reibungsverminderung werden die Stellhebel, insbesondere bei größeren Uhren, an ihrer Stirnseite mit Rollen versehen.

b) Auf- und Abwerke

Auf- und Abwerke sollen anzeigen, inwieweit die Zugfeder eines Laufwerkes gespannt ist bzw. ob die Feder aufgezogen oder abgelaufen ist. Sie fanden früher bei Uhren vielfältige Anwendung, wurden aber durch den Selbstaufzug nahezu überflüssig. Man findet sie heute noch bei Schiffschronometern, insbesondere aber bei technischen Laufwerken, die, ohne elektrischen Aufzug ausgerüstet, in den entscheidenden Phasen des Ablaufes nicht zum Stillstand kommen sollen.

Beim Aufziehen des Laufwerkes muß der Zeiger des Auf- und Abwerkes über eine Skala streichen, welche die Anzahl der getätigten Aufzüge anzeigt. Beim Ablauf kehrt der Zeiger wieder in seine Nullstellung zurück. Es muß also eine Vor- und Rückwärtsbewegung auf *einen* Zeiger geschaltet werden.

Eine einfache Lösung ist von HELLWIG angegeben worden. Auf der Federhauswelle (Abb. 186) sitzt eine Wandermutter (*1*), in die ein Stift (*2*), der im Federhaus festsitzt, hineinragt. Wird der Federkern gedreht (die Feder aufgezogen), so wird sich die konische Wandermutter in einer bestimmten Richtung, z. B. nach unten, bewegen. Zwei Anschläge (*3*) begrenzen die Bewegung. Diese Anschläge sitzen so, daß sie in der Mutterendstellung nicht aufeinander zu liegen kommen, sondern seitlich aneinander stoßen. Sonst bestünde

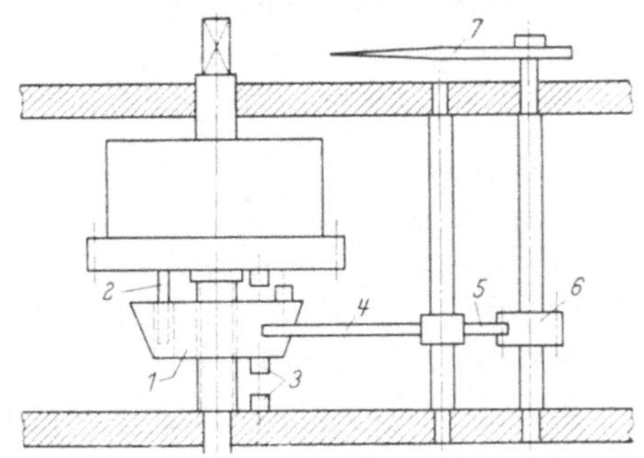

Abb. 186. Auf- und Abwerk nach HELLWIG

beim Auflaufen evtl. die Gefahr des Festklemmens der Mutter. Eine ähnliche Begrenzung ist an der Gegenseite vorhanden. Auf der Abschrägung der Wandermutter liegt ein Hebel (*4*). Er arbeitet über ein Zahnsegment (*5*) auf ein Kleinrad (*6*). An der Welle des Kleinrades sitzt der Zeiger (*7*), der die Federhausumdrehungen anzeigt. Diese mechanisch sehr einfache Anzeige hat den Nachteil, daß die Wandermutter in der Verlängerung der Federhauswelle liegt. Dadurch kann die Konstruktion nicht genügend flach gehalten werden, was z. B. bei Taschen- und Armbanduhren besonders erwünscht ist.

Es liegt nahe, für die Vor- und Rückwärtsbewegung ein Differentialgetriebe einzuschalten. In der Tat sind auf dieser Basis brauchbare

Lösungen angegeben worden; so das Auf- und Abwerk von LANGE (Abb. 187, Zeichnung schematisch ohne Gesperr).

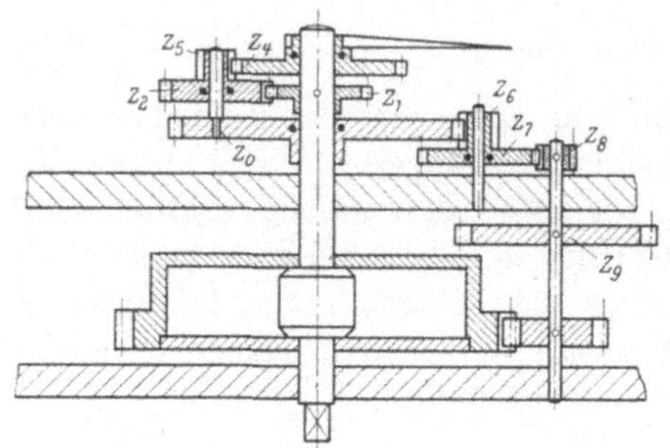

Abb. 187. Auf- und Abwerk nach LANGE

Beim Drehen des Feder-kernes (Aufzug) wird das Zeigerrad z_4 und damit der Stellungszeiger über das Vorgelege $z_2 z_5$ in die Anzeige-Endstellung gedreht. Das Vorgelege können wir bei dieser Bewegung als W_m-Getriebe auffassen, da z_0 über z_6 und z_7 blockiert ist.

Wir wollen annehmen, daß die Feder bis zum Vollaufzug 6 Umgänge macht. Weiterhin soll der Stellungszeiger der einfacheren Rechnung wegen für diese 6 Umdrehungen 1 Umdrehung machen.
Damit wäre

$$i_{1,4} = 6{:}1,$$

was z. B. mit den Zähnezahlen

$$z_1 = 10, \quad z_2 = 20,$$
$$z_5 = 10, \quad z_4 = 30$$

erreicht wird.

Beim Ablauf soll der Zeiger durch die Drehbewegung des Feder-hauses bzw. der Minutenwelle zurückgedreht werden. Dies geschieht über das W_m-Getriebe $z_8 z_7 z_6 z_0$. Die Drehzahl der Welle z_8 (Minutenwelle) ist bekannt. Sie beträgt $n_8 = 1\,h^{-1}$.

Um $i_{8,0}$ berechnen zu können, bedarf es zunächst der Ermittlung von n_0.
Wir kennen:

$$n_4 = \frac{1}{36}\,h^{-1}, \qquad \text{(Laufzeit von 36 Stunden angenommen)}$$

$$n_1 = 0, \qquad \text{(da beim Ablauf der Federkern stillsteht)}$$

Da das vorliegende Getriebe einem Umlaufgetriebe nach Abschn. 6 (2. Anwendung) entspricht, ist nach Gl. (1,13)

$$\frac{n_0 - n_4}{n_0 - n_1} = \frac{z_1 z_5}{z_2 z_4},$$

und da $n_0 = 0$, wird

$$n_0 - n_0 \cdot \frac{z_1 z_5}{z_2 z_4} = n_4$$

oder

$$n_0 = \frac{n_1}{1 - \dfrac{z_1 z_5}{z_2 z_4}}.$$

Mit den bereits festgelegten Werten von z_1, z_2, z_4 und z_5 erhalten wir

$$n_0 = \frac{\dfrac{1}{36}}{1 - \dfrac{10}{20}\dfrac{10}{30}} h^{-1},$$

bzw.

$$n_0 = \frac{1}{30} h^{-1}.$$

Damit wird

$$i_{8,0} = \frac{n_8}{n_0} = 30.$$

Ein spezielles Getriebe für Taschen- und Armbanduhren wurde von STANLEY angegeben (Abb. 188). Hier ist das Umlaufgetriebe unmittelbar mit dem kleinen Aufzugsrad verbunden.

Beim Aufziehen macht das kleine Aufzugsrad z_0 z. B. 12 Umdrehungen. Weiterhin soll die Anzeigewelle, die das Rad z_7 trägt und die über z_6 mit z_4 in Verbindung steht, während dieser Bewegung in die Endstellung gedreht werden und hierbei eine Umdrehung machen. Nehmen wir an, das Übersetzungsverhältnis $z_7 z_6$ sei $= 1$, dann muß auch z_4 eine Umdrehung machen, da z_6 auf z_4 festsitzt. z_1 steht still. Dieses Rad ist über $z_8 z_9 z_{10}$ blockiert, da sich das Federhaus während des Aufziehens praktisch nicht dreht.

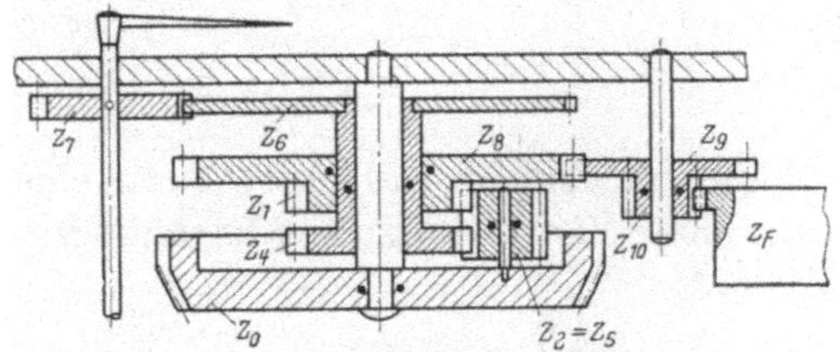

Abb. 188. Auf- und Abwerk nach STANLEY

Damit ist also

$$n_0^* = 12 \, T^{-1} \quad \text{(bezogen auf den Aufzugsvorgang)},$$
$$n_4^* = 1 \, T^{-1} \quad (\quad \text{,,} \quad \text{,,} \quad \text{,,} \quad \text{,,} \quad),$$
$$n_1^* = 0 \quad (\quad \text{,,} \quad \text{,,} \quad \text{,,} \quad \text{,,} \quad)$$

und wir erhalten nach Gl. (1,13)

$$\frac{z_1 \cdot z_5}{z_2 \cdot z_4} = \frac{12 - 1}{12 - 0} = \frac{11}{12}.$$

In der STANLEYschen Anordnung ist $z_2 = z_5$. Es wird also ein gemeinsames Kleinrad verwendet, was natürlich technisch nicht ganz einwandfrei, aber immerhin durchführbar ist. Damit erhielte man

$$\frac{z_1}{z_4} = \frac{11}{12}$$

und somit $z_1 = 11$ und $z_4 = 12$.

Beim Ablauf steht das kleine Aufzugsrad still. Es ist also $n_0 = 0$. n_4, die Zeigerdrehung (Laufzeit z. B. $36\,h$), ist $\frac{1}{36}\,h^{-1}$. Somit erhalten wir nach Gl. (1,13), da $n_0 = 0$ ist,

bzw.

$$\frac{-n_4}{-n_1} = \frac{z_1\,z_5}{z_2\,z_4}$$

$$n_1 = n_4\frac{z_4}{z_1},$$

da $z_5 = z_2$ sein soll, und als Endwert:

$$n_1 = \frac{1}{33}\,h^{-1}.$$

Unter der weiteren Annahme, daß das Federhaus während des Ablaufes 6 Umdrehungen macht, ist $n_F = \frac{1}{6}\,h^{-1}$ und somit das Übersetzungsverhältnis von z_F nach z_8

$$i_{F,8} = \frac{n_F}{n_1} = \frac{n_F}{n_8} = \frac{1}{6} : \frac{1}{33}$$

$$i_{F,8} = \frac{11}{2}.$$

Die konstruktiv einfachste Form eines Auf- und Abwerkes erhält man unter Verwendung eines Kreuzwellen-Differentialgetriebes als Bauelement (Abb. 189). Wie in Abschn. 7 gezeigt wurde, macht die Kreuzwelle bei einem Umgang des einen Sonnenrades und bei Stillstand des zweiten Sonnenrades einen halben Umgang. Je nach Drehrichtung der Sonnenräder erhält man also eine Vor- oder Rückdrehung des Zeigers.

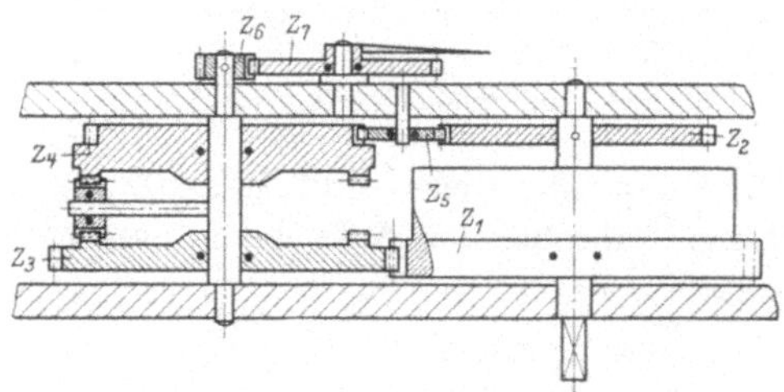

Abb. 189. **Auf- und Abwerk mit Kegelrad-differentialgetriebe**

Damit Vor- und Rücklauf gleich werden, muß das Übersetzungsverhältnis $z_1\,z_3$ und $z_2\,z_4$ gleich groß sein. Außerdem ist ein Umkehrrad z_5 notwendig. Da die Sonnenräder im allgemeinen kleiner als das Federhaus sind, muß durch ein geeignetes Getriebe $z_6\,z_7$ die Gesamtdrehung des Zeigerrades bzw. des Zeigers auf das gewünschte Maß gebracht werden. z_7 kann unmittelbar als eine sich hinter einem Fenster drehende Anzeigescheibe ausgebildet werden.

c) Zeigerzählwerke des Meßgerätebaues

Hier herrscht die dekadische Anzeige vor. Diese verlangt zwischen den einzelnen Anzeigewellen ein jeweiliges Teilgetriebe von 10:1, das (der gedrungenen Bauart wegen) oft in zwei Stufen ausgeführt wird.

Abb. 190 zeigt die Anzeigeeinrichtung eines Wassermessers. Auf einem äußeren Kreis liegen die zeigertragenden Wellen. Zweifarbigkeit

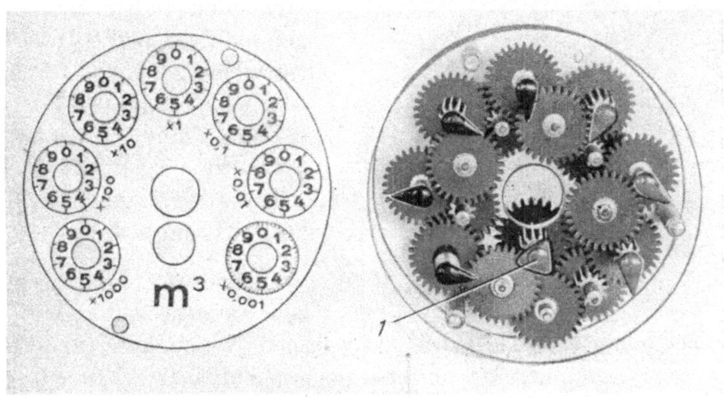

Abb. 190. Aufbau der Zähleinrichtung eines Wassermessers

der Zeiger läßt ein leichtes Erkennen der vollen und der Bruchteile der verbrauchten Kubikmeter zu. Das Ganze steht durch die Mittelbohrung mit einem Flügelrad in Verbindung, dessen Bewegung auf das Zählwerk übertragen wird. Um zu erreichen, daß auch kleinste Wassermengen registriert werden, steht die Zähleinrichtung mit dem Primärantrieb, dem Flügelrad, über ein weiteres Zwischengetriebe in Verbindung. Würde man das Flügelrad direkt auf die erste Zeigerwelle arbeiten lassen, so dürfte es nur einen kleinen Drehwert haben, da die erste Anzeigewelle bereits die verbrauchten Liter angibt. Es würde also die Gefahr bestehen, daß bei geringen Wassergeschwindigkeiten, d. h. bei geringer Wasserentnahme, das Flügelrad überhaupt nicht zum Anlauf kommt. Aus diesem Grunde wird zwischen Flügelrad und erster Anzeigewelle (Literangabe) ein weiteres Zwischengetriebe eingeschaltet. Die erste Welle des Zwischengetriebes trägt eine gesonderte Marke (*1*), die die Feststellung gestattet, ob der Zähler auch bei geringstem Wasserverbrauch anspricht. (Übersetzungsverhältnis zwischen Marke und erster Anzeigewelle 100:1.)

Zeigerzähler mit Schneckenantrieb. Zwei Schneckenräder (Abb. 191), von denen das eine (*1*) 101 Zähne und das vordere (*2*) 100 Zähne hat, greifen in die Antriebsschnecke (*3*). (In Abb. 191 ist die Scheibe (*2*) abgenommen.) Das obere Rad trägt eine 100er-Teilung, auf dem 101er Rad sitzt ein Zeiger (*4*). Bei hundert Umdrehungen der Schnecke wird das 101er Rad um einen Zahn gegen das 100er Rad verschoben sein.

Damit ist auch der Zeiger um einen Teilstrich auf der Skala weitergerückt. Die Werte 1 bis 100 können an einem feststehenden Indexstrich (*5*) abgelesen werden. Vor- und Rückwärtsbewegung der Schnecke möglich. Nachteile: Zur Nullstellung muß entweder die Schnecke ausgeklinkt oder der Zeiger über eine Rutschkupplung gedreht werden.

Abb. 191. Zeigerzähler mit Schnecke

Zeigerzähler mit Exzenteroder Taumelscheibe. Beide Zähler haben einerseits wegen der schwierigen Nullstellung, andererseits wegen des komplizierten mechanischen Aufbaues (Taumelscheibe) keinerlei praktische Bedeutung erlangt. Sie können an dieser Stelle übergangen werden.

62. Die Scheibenanzeige (Scheibenzähler)

Der Nachteil der Zeigerzähler bei Anwendung in Meßgeräten, nämlich Unübersichtlichkeit, hervorgerufen durch die verlangte große Stellenzahl der abzulesenden Größe, ist bei den Scheibenzählern vermieden.

Abb. 192. Aufbau eines Scheibenzählers

Wirkungsweise (Abb. 192): Der Antrieb erfolgt über Rad (*1*). Auf der Welle von (*1*) sitzt eine weitere Scheibe (*2*), die zwei Zähne trägt. Die Zähne greifen in das Rad (*3*) ein, das entsprechend dem Zehnersystem in zehn Zahngruppen mit zwei oder drei Zähnen eingeteilt ist. Haben die Zähne der Scheibe (*2*) das Rad (*3*) um eine Ziffer weitergedreht, so kommt der letzte Zahn der vorgeschobenen Zahngruppe und der erste Zahn der nachfolgenden Zahngruppe an den Mantel der Scheibe (*2*) zu liegen. Rad (*3*) ist damit gegen unzulässige Verdrehung formschlüssig gesperrt. In derselben Weise sind die übrigen Wellen angekuppelt. Die Scheiben (*4*), die die Bezifferung tragen, sind in der Höhe wechselseitig versetzt und können, da für jede Scheibe nur ein kleines Schaufenster notwendig ist, beinahe auf den halben Scheibenradius genähert werden.

Scheibenzähler erfordern einen ruckweisen Vorschub. Da die Antriebswelle im allgemeinen kontinuierlich umläuft, muß die Umsetzung dieser kontinuierlichen Bewegung in die ruckweise Bewegung über einen besonderen Mechanismus getätigt werden, der mit dem ersten Rade in Verbindung zu stehen hat (Abb. 193). Die Scheibe (*2*) sitzt auf ihrer Welle drehbar und ist mit dem Antriebsrade (*1*) durch eine Spiralfeder (*5*) verbunden. Der Sperrhebel (*3*) der Scheibe (*2*) liegt zunächst am Anschlag (*4*). Dreht sich Rad (*1*), so wird die Scheibe (*2*) durch (*3*) und (*4*) zunächst an der Bewegung gehindert. Dabei wird die Spiralfeder (*5*) gespannt. Schließlich drückt der Stift (*6*), der in Rad (*1*) festsitzt, den Anschlag (*4*) über

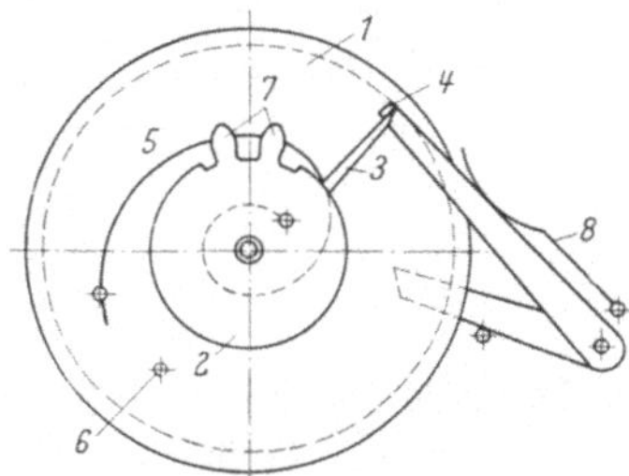

Abb. 193. Schrittschaltwerk eines Scheibenzählers

den Winkelhebel nach oben, wodurch der Sperrhebel (*3*) freigegeben wird. Nun kann sich die Scheibe (*2*) drehen (etwa 3/4 Umdrehungen). Bei dieser Drehung haben die beiden Zähne (*7*) die nachfolgende Nummernscheibe um eine Einheit weiterbewegt. Gleichzeitig wird der Anschlag (*4*) durch die Feder (*8*) in seine Grundstellung gebracht. Das Einschwenken des Sperrhebels kann auch durch ein Kurvensegment auf Rad (*1*) erfolgen.

Schwierigkeiten treten auch hier auf, wenn Nullstellung verlangt wird. Die Bauart verbietet einfache Methoden. Die Nullstellung erfolgt meist durch Ausklinken der einzelnen Zahnräder, was umständlich und zeitraubend ist und zu Beschädigungen führen kann.

63. Die Trommel- oder Rollenanzeige (Trommelzähler)

Durch den heute bei Laufwerken überwiegend im Gebrauch befindlichen Trommel- oder Rollenzähler werden die Nachteile der vorstehend beschriebenen Zählwerke (Unübersichtlichkeit und schwierige Nullstellung) umgangen.

Das Grundprinzip der Rollenzähler darf als bekannt vorausgesetzt werden. Die Schrittschaltung von einer Rolle zur nächsten erfolgt durch ein Zahnrad (*1*) mit acht Zähnen (s. Abb. 194). Jeder zweite Zahn (*2*) ist axial verkürzt, jedoch gerade noch so lang, daß die Aussparung (*3*) der ersten Scheibe den Zahn noch mitnehmen kann. Während die Aussparung (*3*) außer Eingriff ist, ruhen die längeren Zähne auf dem Radkranz (*4*) der ersten Rolle, sperren formschlüssig und sichern so die zweite Rolle gegen eine nicht beabsichtigte Drehung. Es können

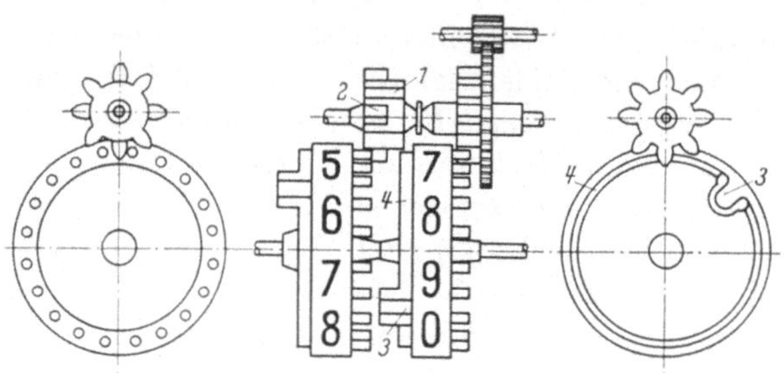

Abb. 194. Rollenzählwerk

beliebig viele Rollen hintereinander geschaltet werden. Allerdings wächst damit auch der Kraftaufwand zum Fortschalten der Rollen. Im Gegensatz zu den Zeigerzählern, bei denen das zur Anzeige notwendige Antriebsmoment immer konstant ist, erfolgt hier die Belastung

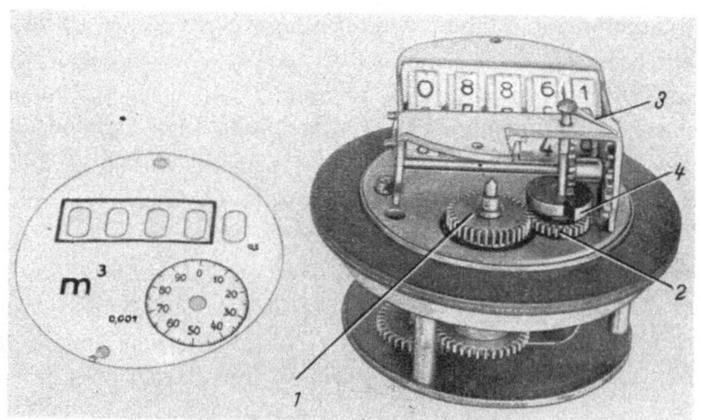

Abb. 195. Wassermesser mit Rollenzähler

des Antriebes stoßweise und kann bei mehreren Rollen unzulässig hoch werden.

Abb. 195 zeigt eine Anwendung des Rollenzählers in einem Wassermesser (Naßläufer). Die Übertragung erfolgt von dem Rade (*1*) auf Rad (*2*). Die Welle des Rades (*2*) trägt einen Zeiger (*3*) zur Literangabe und außerdem eine Schnecke (*4*), die die Springschaltung des Rollenzählers betätigt. Nullstellung ist hier nicht verlangt und auch nicht notwendig.

Beim sogenannten Mehrfachtarifzähler (Abb. 196 Doppeltarifzähler) werden zwei Zählwerke wechselseitig eingeschaltet. Der Antrieb erfolgt

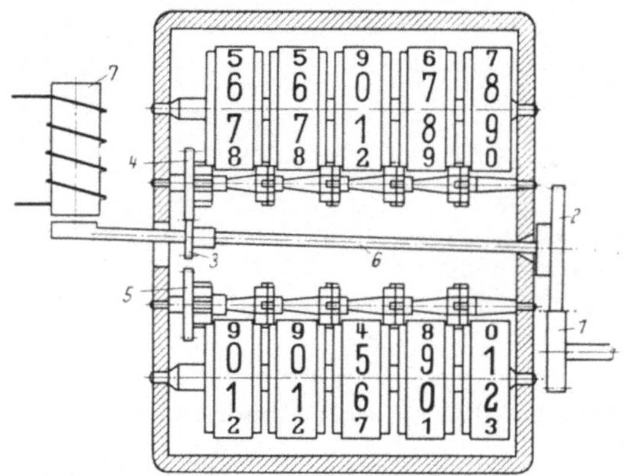

Abb. 196. Doppeltarifzähler für elektrische Zwecke

über (1), (2) und (3) auf die beiden Zählwerksräder (4) und (5). Die Welle (6) ist schwenkbar gelagert und wird durch einen Magneten (7), der seinen Speisestrom von einer Kontaktuhr erhält, zum Eingriff mit (4) gebracht. Bei Stromunterbrechung fällt die schwenkbar gelagerte Welle durch Eigengewicht ab und kommt mit (5) in Eingriff. Zwei Federn an Welle (6) greifen jeweils in das abgeschaltete Zählwerk und sichern gegen unerwünschte Drehung. Nullstellung ist auch hier nicht notwendig. Die erste Zahlenrolle läuft kontinuierlich durch. Eine mit der schwenkbaren Welle verbundene Fallklappe läßt das jeweils eingeschaltete Zählwerk erkennen. Anordnung der Zählwerke meist übereinander.

Die Nullstellung der Rollenzähler kann auf zwei Arten getätigt werden:

a) *Die Welle (1)* (Abb. 197a) des Rollenzählwerkes trägt an den beiden Enden je eine Nutenscheibe (2). In die Nutenscheiben greift je ein Hebel (3) ein, der als Lager für die Achse (4) der Schalträder des Rollenzählwerkes dient. Die beiden Hebel (3) werden durch Federn an die Nutenscheiben angedrückt. Wird die Welle des Rollenzählwerkes beim Nullstellen gedreht, so wird der Hebel (3) durch die Nutenscheibe (2) abgehoben und die Welle (4) mit den Schalträdern ausgeschwenkt. Dadurch werden die Schalträder des Zählwerkes ausgekuppelt.

In der Welle (1) ist eine Nut (5) (s. Abb. 197b) eingefräst. Die Klinken (6), die an den Seiten der Zahlenrollen sitzen und die auf der

Rollenwelle schleifen, kommen beim Drehen der Rollenwelle zwecks Nullstellung zum Eingriff mit der Nut. Die Zahlenrollen werden mitgenommen, bis nach beendigter Drehung der Rollenwelle der Hebel (4) in die Nutenscheibe (2) einfällt. Die Ziffern auf dem Umfang der Zahlen-

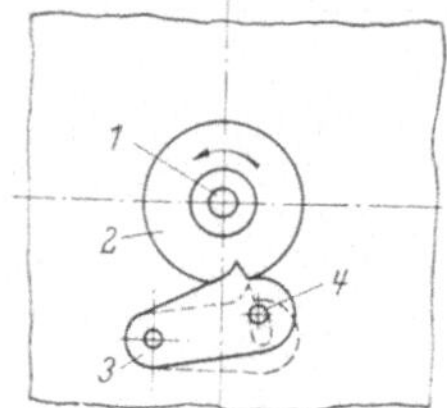
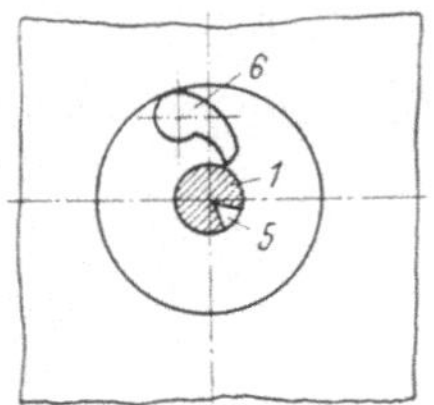

Abb. 197 a u. b. Nullstelleinrichtung am Rollenzähler

rollen sind so geordnet, daß in dieser Stellung die Ziffern Null vorne erscheinen. Nach spätestens einer Umdrehung ist die Nullstellung erreicht.

b) Nullstellung mit Herzscheibe. Es gibt Geräte, die des öfteren eine Nullstellung erfordern. Bei ihnen wird die obige Art der Nullstellung (maximal 1 Umdrehung) als unangenehm empfunden. Hier verwendet man vorteilhaft die Nullstellung durch Hebelbetätigung (Abb. 198).

Abb. 198. Rollenzähler mit Herzscheiben-Nullstellung

Beim Durchdrücken des Hebels (1) werden zunächst die Schalträder (2) außer Eingriff gebracht. Ein Federsatz (3) bewirkt dabei die Rückstellung der Schalträder in die Grundstellung. Beim weiteren Durchdrehen des Hebels (1) kommen die (in der Figur nicht sichtbaren) Stellhebel an die Herzscheiben (4) der Zahlenrollen zu liegen, die in die Nullstellung zurückspringen. In Endstellung des Hebels (1) kommen die Schalträder (2) wieder in Eingriff mit den Zahlenrollen. Die Kupplung der Antriebswelle (5) mit der ersten Zahlenrolle erfolgt über die Exzenterscheibe (*6*) über die Räder (*7*), (*8*) und (*9*). Die Exzenterscheibe (*6*) setzt die kontinuierliche Drehbewegung von (*5*) in eine ruckweise Bewegung um. Die Räder (*7*) und (*8*) sind fest miteinander verbunden und auf der Zahlenrollenwelle frei beweglich. (*9*) bildet mit der ersten Zahlenrolle eine Einheit. Beim Einkuppeln der Schaltrollen (*3*) greift (*10*) in (*8*) und (*9*) ein, wodurch die Verbindung von der Antriebswelle nach der ersten Zahlenrolle hergestellt wird.

Sechstes Kapitel

Die Regelung

64. Allgemeines, Reglerarten

Erste Forderung für den Ablauf eines Laufwerkes ist die Innehaltung einer bestimmten Betriebstoleranz hinsichtlich Drehzahl und Drehmoment an einer oder mehreren Arbeitswellen.

Die nächstliegende Methode, die Drehzahl konstant zu halten, liegt in der Steuerung des Energiezuflusses des Motors, wie sie bei Dampfmaschinen, Elektromotoren, Turbinen usw. angewendet wird. Dort wird bei Abweichung von der Solldrehzahl über ein Regelorgan der Energiezufluß zwischen Energiequelle (Dampf, Spannungsquelle, Wasserbehälter) und Energieumformer (Dampfzylinder, Elektromotor, Turbine) entsprechend geändert. Diese Form der Drehzahlregelung scheidet für das technische Laufwerk aus, es sei denn, es würde mit einem Universalmotor betrieben. Denn Energiequelle und Umformer bilden im technischen Laufwerk eine Einheit, den sogenannten Kraftspeicher.

Um die Drehzahl eines Laufwerkes innerhalb gewisser Grenzen konstant zu halten, wird das Antriebsmoment über den für die normalen Betriebsbedingungen notwendigen Momentenbedarf vergrößert und der Überhang, dessen Größe selbst wieder Schwankungen unterworfen sein kann, durch einen Regler aufgenommen bzw. vernichtet.

Man unterscheidet zwei Reglergruppen:

a) Regler, die lediglich auf dem Prinzip der überschüssigen Energievernichtung beruhen. Sie gestatten den kontinuierlichen Ablauf des Werkes.

b) Regler, die mittels eines Schaltgliedes, dem Anker, die Bewegung des Laufwerkes durch wechselseitigen Eingriff in ein gezahntes Rad, das Hemm- oder Ankerrad, hemmen und wieder freigeben, sogenannte Hemmregler.

Zur ersten Gruppe zählen Regler, deren Reglerglied Drehzahlschwankungen durch eine hierdurch verursachte Widerstandsänderung in einem luft- oder flüssigkeitsförmigen Medium teilweise zu kompensieren gestatten, z. B. Windflügelregler. Zu dieser Gruppe zählen auch solche Regler, die bei Veränderung der Drehzahl eine Trägheitsmomentenänderung eines Reglergliedes im Gefolge haben, sogenannte Fliehkraftregler; ferner jene Regler, bei denen außer dem Trägheitsmoment auch die Größe des Reibungsmomentes geändert wird, sogenannte Fliehkraft-Bremsregler.

Zur zweiten Gruppe gehören die Hemmregler ohne und mit Eigenschwinger, wie die vielfältigst zur Anwendung kommenden Pendel- und Unruhregler, deren besonders günstige Eigenschaften hinsichtlich der Drehzahlkonstanthaltung bekannt sind.

Als Sonderheit soll hier noch das konische oder Kegelpendel erwähnt werden, das kontinuierlichen Ablauf gestattet und gleichzeitig die Vorzüge der Pendelregler aufweist.

Den idealen Regler gibt es nicht, jedoch ist es möglich, durch geeignete Vorkehrungen den Toleranzbereich in erträglichen Grenzen zu halten. Dabei steigen mit zunehmender Verengung des Toleranzbereiches die Anforderungen hinsichtlich der Präzision und damit der Preis.

Es ist üblich, die Arbeitsweise des Reglers in der sogenannten Reglercharakteristik darzustellen. Sie zeigt die Abhängigkeit der Winkelgeschwindigkeit bzw. Drehzahl von dem dem Regler zugeführten Antriebsmoment M_W. Man spricht auch von der Reglerhauptgleichung. Sie hat die allgemeine Form

$$\omega = f(M_W) + K'. \tag{6,01}$$

Aus mathematischen Gründen ist es zweckmäßiger, nicht ω in Abhängigkeit von M_W, sondern M_W in Abhängigkeit von ω darzustellen:

$$M_W = f(\omega) + K. \tag{6,02}$$

Je nach der Reglerart kann $K = 0$, die Abhängigkeit von ω linear oder von höherer Ordnung sein.

Die Reglerhauptgleichung ist ein Bestandteil der allgemeinen Bewegungsgleichung eines Laufwerkes. Ihre Idealform wäre eine Parallele zur Momentenachse, d. h. völlige Unabhängigkeit der Winkelgeschwindigkeit bzw. der Drehzahl von der Größe des Reglerantriebsmomentes.

I. Regler für kontinuierlichen Ablauf

65. Windflügelregler

Der Regler sitzt in Form eines Blechflügels auf einer Welle sehr hoher Drehzahl. Die Ansprüche, die hierbei an die Konstanz der Drehzahl gestellt werden können, dürfen nicht sehr hoch bemessen werden.

Einfachere Flügelformen lassen sich selbst unter Berücksichtigung der im Laufwerk vorhandenen Reibung noch gut erfassen. Bei komplizierteren Formen, insbesondere bei solchen mit gelochten Blechen, kann die Rechnung infolge der hierdurch unübersichtlichen aerodynamischen Verhältnisse zu ganz erheblichen Fehlergebnissen führen. Dort hilft nur der Versuch.

Die Bewegungsgleichung. Bezeichnen wir mit

M_{An} das Antriebsmoment,
M_L das Last- oder Nutzmoment, das an einer oder mehreren Arbeitswellen wirkt bzw. abgenommen wird,
M_R das Reibungsmoment,
M_W das Widerstandsmoment des Reglers, das sogenannte Reglerbremsmoment,

so lautet die allgemeine Bewegungsgleichung

$$\theta\,\dot\omega = M_{An} - M_L - M_R - M_W.$$

Da M_{An} und M_L konstant sein sollen, setzen wir für

$$M_{An} - M_L = M_A,$$

so daß wir schreiben können

$$\theta\,\dot\omega = M_A - M_R - M_W \tag{6,03}$$

oder auch

$$\frac{d\omega}{dt} = \frac{M_A}{\theta} - \frac{M_R}{\theta} - \frac{M_W}{\theta}. \tag{6,04}$$

Da M_A und M_W an verschiedenen Wellen wirken können, sind diese Größen ebenso wie das Gesamtträgheitsmoment auf eine vorher festzulegende Welle, die Bezugswelle, zu reduzieren.

Die Größen M_A, M_R und M_W.

a) M_A: Die Größe M_A soll als konstant vorausgesetzt werden.

b) M_R: Wie in Abschn. 37 gezeigt wurde, hat das Reibungsmoment die Form

$$M_R = c_R\,\theta\,\omega.$$

c) M_W: Das Flächenelement des kreisförmigen Windflügels (Abb. 199), das die Größe

$$dF = y\,dx = 2\sqrt{r^2 - x^2}\,dx$$

hat, erfährt den Luftwiderstand $c_W\,(x\,\omega)^2$.

Hierin ist c_W der Widerstand der Einheit der Fläche und der Geschwindig-

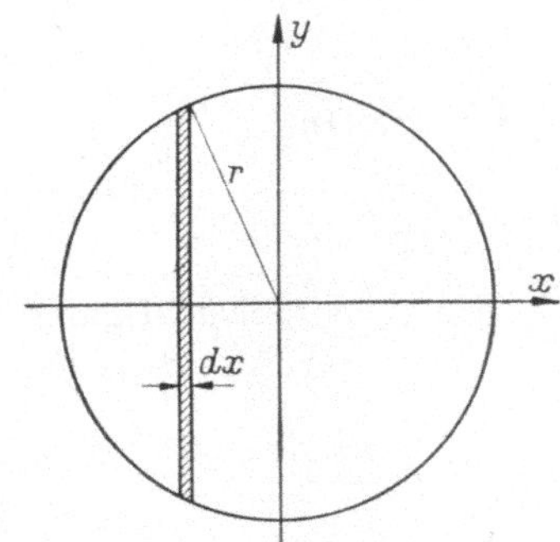

Abb. 199. Zur Berechnung des Windflügelwiderstandes

keit. Damit wird das Bremsmoment des Windflügels

$$M_W = 4\,c_W\,\omega^2 \int\limits_0^{+r} x^3 \sqrt{r^2 - x^2}\,dx\,.$$

Unter Berücksichtigung der Lösung des obigen bestimmten Integrals erhalten wir für

$$M_W = \frac{8}{15}\,c_W\,r^5\,\omega^2$$

oder

$$M_W = a\,\omega^2.$$

(c_W hat für kreisrunde Flügel die Größe $1{,}1\,\dfrac{\varrho}{2}$, worin ϱ die Luftdichte bedeutet.)

Setzen wir die ermittelten Werte für M_A, M_R und M_W in die allgemeine Bewegungsgleichung (6,04) ein, so geht diese über in

$$\frac{d\omega}{dt} = \frac{M_A}{\theta} - c_R\,\omega - \frac{a\,\omega^2}{\theta}$$

bzw.

$$\frac{d\omega}{dt} = A - R\,\omega - W\,\omega^2. \tag{6,05}$$

Dies ergibt ein Integral von der Form

$$t = \int \frac{d\omega}{A - R\,\omega - W\,\omega^2}\,,$$

dessen Koeffizienten

$$A = \frac{M_A}{\theta}\,,$$

$$R = c_R\,,$$

$$W = \frac{a}{\theta}$$

sind, und das die allgemeine Lösung

$$t = \frac{1}{\lambda}\ln\frac{\lambda + R + 2\,W\,\omega}{2\,W\,\omega + R - \lambda} + C_1$$

hat, worin für

$$\lambda = \sqrt{R^2 + 4\,A\,W}$$

zu setzen ist.

Unter Berücksichtigung der Anfangsbedingung, daß für $t = 0$ auch $\omega = 0$ ist, erhält man für ω:

$$\omega = \frac{2\,A\,(e^{\lambda t} - 1)}{\lambda - R + e^{\lambda t}\,(\lambda + R)}\,. \tag{6,06}$$

Aus dieser Gleichung läßt sich z. B. die Grenzgeschwindigkeit Ω, der die Bezugswelle, die natürlich auch die Reglerwelle selbst sein kann, für t gegen ∞ zustrebt, ermitteln:

$$\Omega = \frac{2\,A}{\lambda + R}\,.\tag{6,07}$$

Wie man sieht, kann nunmehr Gl. (6,06) auch in der folgenden Form geschrieben werden:

$$\omega = \Omega\,\frac{e^{\lambda t} - 1}{e^{\lambda t} + E}\,,\tag{6,08}$$

worin

$$E = \frac{\lambda - R}{\lambda + R}$$

ist.

Grenzgeschwindigkeit Ω ohne Berücksichtigung des Reibungsmomentes. Für $M_R = 0$ geht die Bewegungsgleichung (6,05) in die einfachere Form

$$\frac{d\omega}{dt} = A - W\,\omega^2\tag{6,09}$$

über, was wiederum zu integrieren wäre.

Einfacher ist es in Gl. (6,06) $R = 0$ zu setzen, was zu der Beziehung führt

$$\omega = \frac{\lambda'\,(e^{2\,\lambda' t} - 1)}{W\,(e^{2\,\lambda' t} + 1)}\,,\tag{6,10}$$

worin $\lambda' = \sqrt{A\,W}$ ist.
Damit wird die Grenzgeschwindigkeit

$$\Omega = \frac{\lambda'}{W} = \sqrt{\frac{A}{W}}\,,\tag{6,11}$$

womit wir in Analogie zu Gl. (6,08) Gl. (6,10) auch schreiben können

$$\omega = \Omega\,\frac{e^{2\,\lambda' t} - 1}{e^{2\,\lambda' t} + 1}\,.\tag{6,12}$$

Die Abhängigkeit der Grenzgeschwindigkeit Ω vom Antriebsmoment. Die Gleichung

$$\Omega = \frac{2\,A}{\lambda + R}$$

gibt uns den funktionalen Zusammenhang zwischen dem Antriebsmoment M_A und der Grenzgeschwindigkeit Ω, da in dem Faktor A das Antriebsmoment enthalten ist.

Man erhält hieraus, oder aber auch aus der allgemeinen Bewegungsgleichung (6,05), in der man $\dot\omega = 0$ zu setzen hat:

$$A = R\,\Omega + W\,\Omega^2,$$

bzw. da $A = \dfrac{M_A}{\theta}$,

$$M_A = \theta\,(R\,\Omega + W\,\Omega^2).\tag{6,13}$$

13*

Die Steilheit dieser Funktion $M_A = f(\Omega)$ ist ein Maß für die Güte des Reglers. Je steiler die Kurve, um so besser die Regeleigenschaften des Reglers, d. h., um so kleiner wird für einen bestimmten Veränderungsbereich des Antriebsmomentes die Änderung der Winkelgeschwindigkeit und damit auch der Drehzahl.

Für die erste Ableitung erhalten wir

$$\frac{dM_A}{d\Omega} = (M_A)' = \theta\,(R + 2\,W\,\Omega).$$

Ändert sich das Moment um den Betrag ΔM_A, so wird sich die Grenzgeschwindigkeit um den Betrag $\Delta\Omega$ ändern:

$$\Delta\Omega = \frac{M_A}{(M_A)'} = \frac{M_A}{\theta\,(R + 2\,W\,\Omega)}. \tag{6,14}$$

Verstellbarer Windflügel. Eine verbesserte Form des Windflügels stellt Abb. 200 dar. Der Flügel (*1*) ist auf der Welle drehbar gelagert. Unter dem Einfluß der Zentrifugalkräfte strebt der Flügel die horizontale Lage an, dem die Rückstellfeder (*2*) entgegenwirkt, d. h., zwischen Auslenkung und Rückstellkraft stellt sich, der Winkelge-

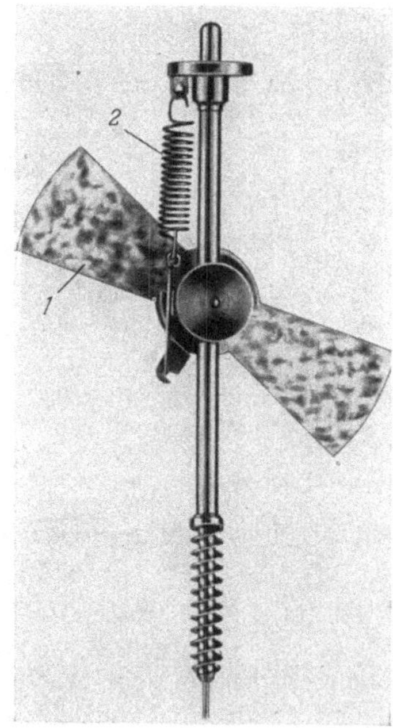

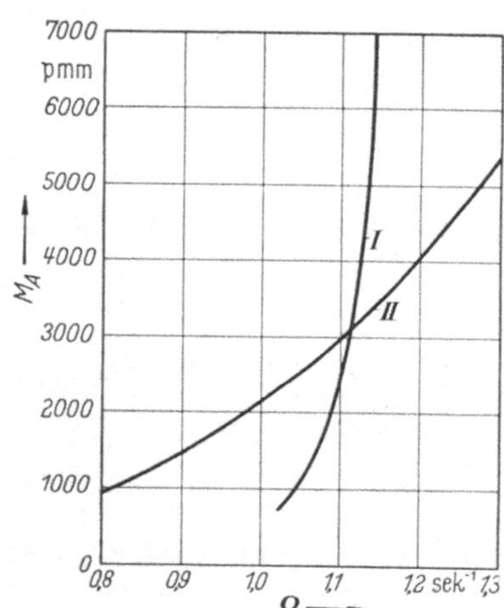

<table>
<tr><td>Abb. 200. Verstellbarer
Windflügel</td><td>Abb. 201. Charakteristik eines starren und
eines verstellbaren Windflügels</td></tr>
</table>

schwindigkeit entsprechend, ein Gleichgewicht ein. Durch geeignete Formgebung ist eine Veränderung der Reglercharakteristik möglich.

Über die Güte des einfachen und verstellbaren Windflügels gibt Abb. 201 Auskunft, die in der Kurve (*I*) die Charakteristik eines verstellbaren Windflügels, in Kurve (*II*) die eines starren kreisrunden Flügels wiedergibt (die Werte wurden mit dem gleichen Werk aufgenommen, sie beziehen sich nicht auf die Reglerwelle).

Im Schnittpunkt der beiden Kurven beträgt $M_A = 3150$ pmm, dem ein Ω von 1,115 sek^{-1} entspricht. Bei einer Steigerung des Momentes um 1000 pmm steigt die Winkelgeschwindigkeit beim verstellbaren Flügel auf 1,125 sek^{-1}, beim starren Flügel auf 1,205 sek^{-1}, was im ersten Falle einer Steigerung um $\approx 1,5\%$, im zweiten Falle um $\approx 8\%$ entspricht.

66. Bremsregler

Bauprinzip: Eine möglichst schnell umlaufende Welle des Werkes trägt ein System von Bremsbacken, die sich je nach der Drehzahl mit mehr oder minder großer Kraft an eine entsprechende Bremstrommel anlegen und so die Reibungsarbeit vermehren oder vermindern. Die Erzeugung der Reibungsarbeit kann auch durch einen Bremsteller erfolgen. Dieser wird von Umlaufgewichten, die infolge der Fliehkraft ihre Lage zur Welle ändern, an Bremsklötze angedrückt.

Je nach Bauart unterscheidet man:

a) radial wirkende Regler, b) Axialregler.

Bei beiden Typen sind zwei Betriebsphasen zu unterscheiden:

a) der Anlauf, b) der eigentliche Arbeitsbereich.

Die Wirkung dieser Regler soll an einem Axialregler mit Fliehgewichten und Bremsteller entsprechend Abb. 202 besprochen werden.

Die Fliehgewichte (*1*) sitzen an Blattfedern (*2*), die wiederum an zwei Muffen (*3*) und (*4*) befestigt sind. Die Muffe (*3*) sitzt auf der Welle fest. Die Muffe (*4*) ist axial verschiebbar, so daß im Ruhezustand die Federn gestreckt sind und damit der Bremsteller von der Bremsbacke gelöst ist.

Der Anlauf. Die allgemeine Bewegungsgleichung für die Anlaufperiode lautet

$$\theta\,\dot{\omega} = M_A - M_R,$$

da zunächst $M_W = 0$ ist, es sei denn, man betrachtet die Fliehgewichte als eine Art Windflügel, wovon hier abgesehen werden soll.

Während des Anlaufes ist θ nicht konstant, sondern ebenfalls eine Funktion von ω, da es sich aus dem Trägheitsmoment des Werkes, das konstant bleibt, und dem Trägheitsmoment der Fliehgewichte zusammensetzt. Diese streben mit zunehmendem ω unter dem Einfluß der Zentrifugalkraft nach außen, vergrößern dabei ihr Trägheitsmoment und ziehen dadurch den Bremsteller nach der Bremsbacke hin.

Der Arbeitsbereich. Sobald der Regler in die eigentliche Phase des Arbeitsbereiches eintritt, d. h. sobald der Bremsteller die Bremsbacke berührt, bleibt das Gesamtträgheitsmoment θ konstant (abgesehen von einer vernachlässigbar kleinen Veränderung). Die Bremswirkung beginnt, d. h., es ist nicht mehr $M_W = 0$.

Auf den Bremsteller wirken in axialer Richtung zwei Kräfte:

1. die durch die Fliehgewichte verursachten Zugkräfte P_G,

2. die Rückstellkräfte P_F der Federn.

Die Differenz der beiden Kräfte, multipliziert mit dem Reibungskoeffizienten μ und dem Abstand der Bremsbacke r, ergibt das Widerstandsmoment M_W des Reglers

$$M_W = \mu\, r\, (P_G - P_F).$$

P_G ist eine quadratische Funktion von ω (auf die Ableitung soll hier verzichtet werden). P_F ist nur von den Abmessungen der Feder, dem Elastizitätsmodul usw. abhängig, so daß wir ganz allgemein wieder schreiben können

$$M_W = k_1\,\omega^2 - k_2.$$

Damit nimmt die allgemeine Bewegungsgleichung folgende Form an:

$$\theta\,\dot\omega = M_A - M_R - k_1\,\omega^2 + k_2. \tag{6,15}$$

Vernachlässigen wir die Reibung im Werk selbst, setzen also $M_R = 0$, und fassen wir die Konstanten M_A und k_2 zusammen, so gibt dies

$$\dot\omega = \frac{M_A + k_2}{\theta} - \frac{k_1\,\omega^2}{\theta}$$

oder

$$\frac{d\omega}{dt} = A - W\,\omega^2, \tag{6,16}$$

worin

$$A = \frac{M_A + k_2}{\theta}$$

und

$$W = \frac{k_1}{\theta}$$

ist.

Die Gl. (6,16) ist mit Gl. (6,09) identisch, so daß wir die dort erhaltenen Folgerungen direkt übernehmen können.

So wird z. B. die Grenzgeschwindigkeit

$$\Omega = \sqrt{\frac{A}{W}} = \sqrt{\frac{M_A + k_2}{k_1}},$$

und als Sonderfall $M_A = 0$, d. h., der Regler nimmt keine Energie auf,

$$\Omega_a = \sqrt{\frac{k_2}{k_1}}.$$

Die Größe der Koeffizienten k_1 und k_2 für die gebräuchlichsten Reglertypen Abb. 202, 203 und 204 ist aus der nachfolgenden Zusammenstellung[1] ersichtlich.

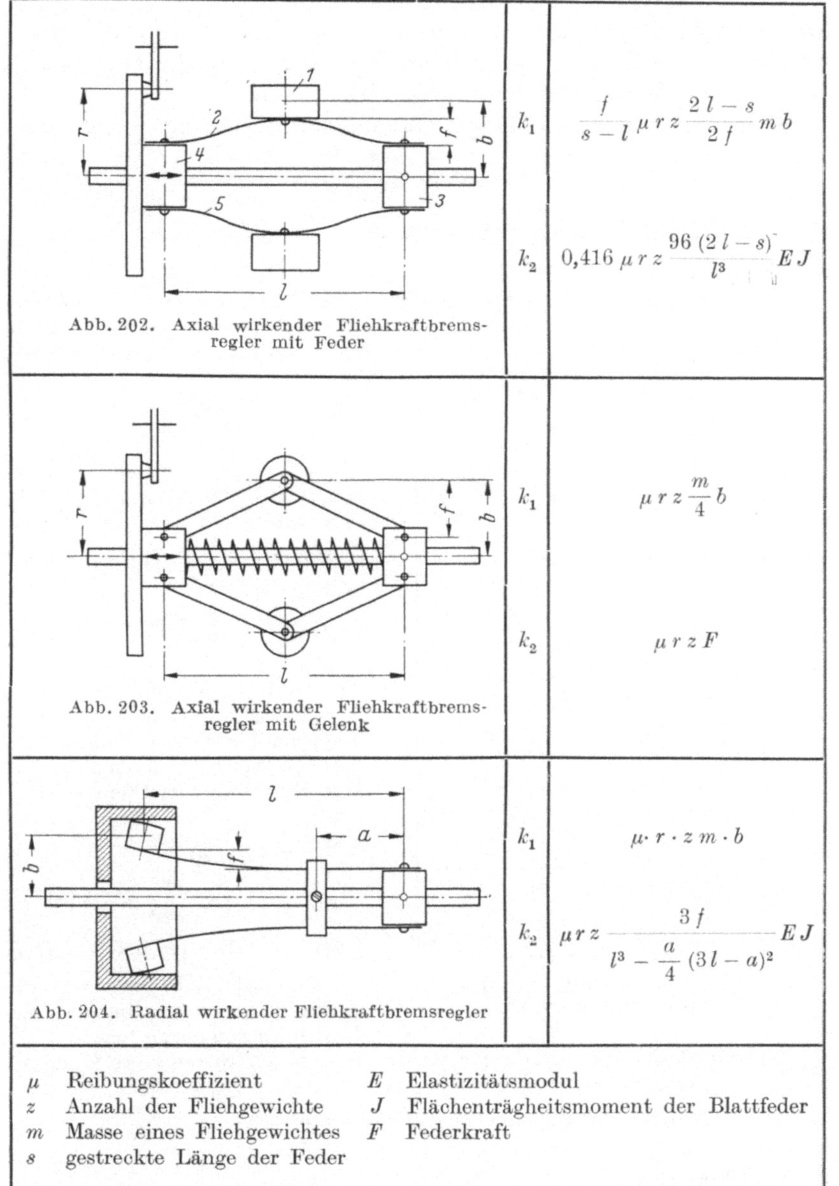

	k_1	$\dfrac{f}{s-l}\,\mu\,r\,z\,\dfrac{2\,l-s}{2\,f}\,m\,b$
	k_2	$0{,}416\,\mu\,r\,z\,\dfrac{96\,(2\,l-s)}{l^3}\,E\,J$

Abb. 202. Axial wirkender Fliehkraftbremsregler mit Feder

	k_1	$\mu\,r\,z\,\dfrac{m}{4}\,b$
	k_2	$\mu\,r\,z\,F$

Abb. 203. Axial wirkender Fliehkraftbremsregler mit Gelenk

	k_1	$\mu\cdot r\cdot z\,m\cdot b$
	k_2	$\mu\,r\,z\,\dfrac{3\,f}{l^3-\dfrac{a}{4}\,(3\,l-a)^2}\,E\,J$

Abb. 204. Radial wirkender Fliehkraftbremsregler

μ	Reibungskoeffizient	E	Elastizitätsmodul
z	Anzahl der Fliehgewichte	J	Flächenträgheitsmoment der Blattfeder
m	Masse eines Fliehgewichtes	F	Federkraft
s	gestreckte Länge der Feder		

[1] Richter-v. Voss: Bauelemente der Feinmechanik 1949, S. 459f.

In Wirklichkeit kann M_A nicht $= 0$ sein, da sonst das Werk stillstände. M_A überwindet die Reibung im Werk, die wir oben vernachlässigt haben, einschließlich eines vorhandenen Lastmomentes M_L.

Die Grenzgeschwindigkeit Ω_a ist das Ende der Anlaufphase. Bei dieser Geschwindigkeit berührt der Bremsteller gerade die Bremsbacke und beginnt, bei einem zusätzlichen M_A, zu arbeiten.

Ebenso wie beim Windflügel gibt uns die Beziehung

$$\Delta\Omega = \frac{\Delta M_A}{(M_A)'}$$

Aufschluß über die Güte des Reglers.

Zum Schluß noch ein **Beispiel:**

Gegeben sei ein Fliehkraftbremsregler entsprechend Abb. 202. Die Koeffizienten seien $k_1 = 0,035$ p mm sek² und $k_2 = 1500$ p mm. Unter Vernachlässigung der Reibung im Werk, also $M_R = 0$ erhalten wir für $\dot\omega = 0$ die Gleichung

$$M_A = M_W = k_1 \Omega^2 - k_2,$$

$$M_A = 0,035\, \Omega^2 - 1500 \text{ p mm} \qquad \text{(bezogen auf die Reglerwelle).}$$

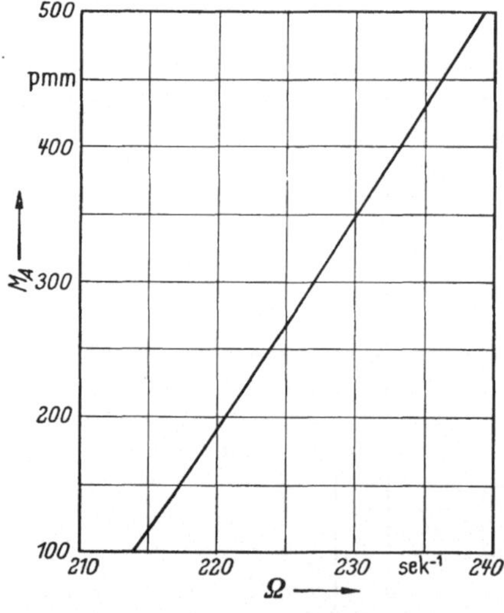

Abb. 205. Charakteristik eines Reglers entsprechend Abb. 202

Die graphische Darstellung dieser Funktion finden wir in Abb. 205. Es wird somit

$$(M_A)' = 2\, k_1\, \Omega = 0,07 \text{ p mm sek}$$

und

$$\Delta\Omega = \frac{M_A}{2\, k_1\, \Omega} = \frac{M_A}{0,07} \text{ sek}^{-1}. \qquad (6,17)$$

Es wird z. B. an der Stelle $\Omega = 220$ sek⁻¹, an der das Moment 190 pmm beträgt, eine Momentenerhöhung von 50%, also um 95 pmm, eine Erhöhung von Ω um

$$\Delta\Omega = \frac{95}{0,07 \cdot 220} \text{ sek}^{-1}$$

$$= \frac{95}{15,4} \approx 6,5 \text{ sek}^{-1}$$

bzw. um $\approx 3\%$ im Gefolge haben.

Gl. (6,17) gibt uns weiterhin Aufschluß, wie der Gütegrad des Reglers zu verbessern wäre.

Soll für gleiches M_A $\Delta\Omega$ kleiner werden, so muß der Nenner, also k_1, größer werden. k_1 wird größer, wenn man

a) den Radius r der Bremse oder μ größer macht,

b) die Zahl der Fliehgewichte z erhöht oder die Masse m oder auch den Abstand b vergrößert.

Eine Vergrößerung der Größen unter b) hat eine Erhöhung des Gesamtträgheitsmomentes zur Folge, was sich auf den Anlauf ungünstig auswirkt. Denselben Einfluß hat eine Veränderung der Größen unter a).

67. Das Kegelpendel

Die in Abschn. 65 und 66 beschriebenen Regler für kontinuierlichen Lauf, Windflügelregler und Bremsregler, haben Reglerglieder, deren Wirkung auf der Vernichtung überschüssiger Energie beruht. Eine Steigerung der Regelgenauigkeit ist nur unter Anwendung von sogenannten Eigenschwingern möglich, die als ebene Pendel bzw. als Drehpendel Anwendung finden. Sie bilden mit dem Schaltglied, dem Anker, die sogenannten Hemmregler mit Eigenschwinger.

Läßt man ein Pendel nicht in einer Ebene, sondern auf einem Kegelmantel schwingen, so erhält man ein sogenanntes konisches oder Kegelpendel, das die Vorzüge der Pendelregler aufweisend, als Regler für kontinuierlichen Ablauf dienen kann.

Für die Schwingdauer eines Kegelpendels gilt die angenäherte Beziehung

$$T = 2\pi \sqrt{\frac{l \cos \alpha}{g}},$$

worin l die Pendellänge, α den Elongationswinkel bezeichnet.

Wie aus obiger Formel zu erkennen ist, ist die Schwingungsdauer vom Elongationswinkel abhängig. Dies ist bei der praktischen Verwendung zu beachten. Zur Konstanthaltung der Elongation ist ein besonderer Mechanismus notwendig, der noch beschrieben wird.

Das Pendel erhält kardanische Aufhängung, die im einfachsten Falle aus einer Schraubenfeder besteht. Das Pendel ist lose mit dem Laufwerk gekoppelt. Über das Kopplungsglied erfolgt die Regelung des Werkes und die Energiezufuhr für das Pendel.

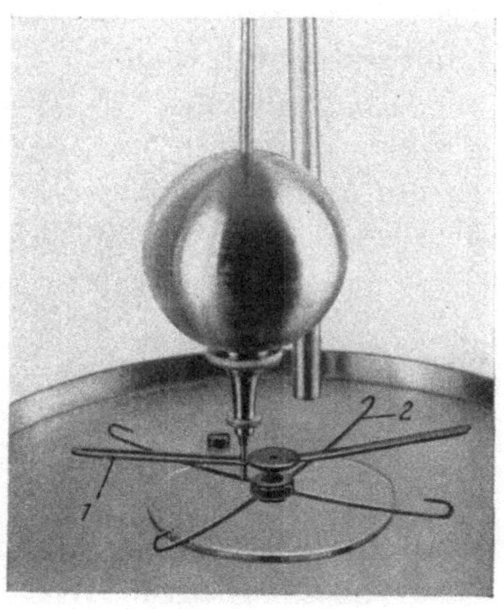

Abb. 206. Kegelpendel

Abb. 206 zeigt den Kopplungsmechanismus. Die Pendelspitze läuft in einer Führungsschiene (1), die unmittelbar auf der letzten Welle des Laufwerkes sitzt. Da diese Welle vertikal stehen muß, die übrigen Wellen des Werkes aus Gründen der Ölhaltung horizontal liegen, ist die Verwendung eines Kronenrades oder einer Kegelradanordnung unumgänglich. Zur Konstanthaltung der Elongation dient ein Drehflügel (2), der über einer Hülse leicht drehbar gelagert ist. Bei Vergrößerung der Elongation stößt die Pendelspitze an die zunächstliegende Spitze des

Drehflügels und nimmt denselben mit. Durch diesen zusätzlichen Widerstand wird die kinetische Energie des Pendels verringert, die Pendelspitze kommt aus dem Bereich des Drehflügels und kann somit wieder frei schwingen.

Die Regelgenauigkeit des Kegelpendels dieser Ausführung ist groß. In Abb. 207 ist die Abhängigkeit der Schwingungsdauer in Millisekunden vom Moment an der Antriebswelle dargestellt (Meßergebnis der Apparatur Abb. 206). Bis 1800 pcm genügt die zugeführte Energie nicht, um die Pendelspitze in den Bereich des Drehflügels zu bringen. Die Schwingungsdauer nimmt in diesem Intervall entsprechend der Kosinus-Funktion ab. Über 1800 pcm beginnt der Einfluß des Drehflügels.

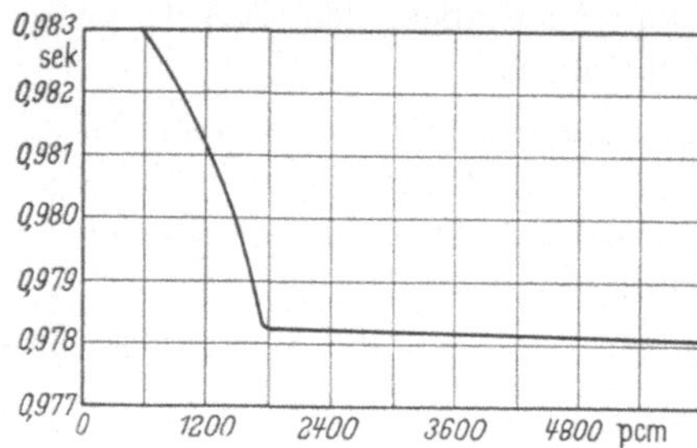

Abb. 207. Abhängigkeit der Schwingungsdauer T eines Kegelpendels vom Antriebsmoment

Von 1800 pcm bis 6000 pcm fällt die Schwingungsdauer von 0,9783 sek auf 0,9781 sek.

Fände dieses Kegelpendel als Regler einer Uhr Verwendung, so erhielte man als täglichen Gang bei einer Laufzeit von 24 Stunden (bei der das Antriebsmoment von 6000 pcm auf 1800 pcm fallen soll) und falls die Uhr für $T_R = 0,9781$ sek keinen Gang aufweist, für ein mittleres

$$T_U = \frac{0,9783 + 0,9781}{2} \text{ sek} = 0,9782 \text{ sek},$$

gemäß Gl. (6,30):

$$\varDelta = 86400 \left(1 - \frac{0,9781}{0,9782}\right) \text{sek},$$

$$\varDelta \approx + 9,5 \text{ sek}.$$

Verwendungsbeispiele: Registriereinrichtungen für Seismographen, Fernrohrnachführungen. Wegen des absolut lautlosen Laufes früher auch bei Schlafzimmeruhren gebräuchlich.

II. Hemmregler

68. Entwurfsgrundlagen

Ganz allgemein versteht man unter einem Hemmregler eine Einrichtung, bei der das regelnde Organ nicht dauernd, sondern nur zeitweise auf einen beweglichen Teil des Laufwerkes, das Ankerrad, einwirkt. Der Regler besteht in diesem Falle aus einem hin- und hergehenden Schaltelement, dem sogenannten Anker, dessen Haken abwechselnd in die Zähne des Ankerrades eingreifen. Das Umlegen des Ankers erfolgt durch die Ankerradzähne, die auf die sogenannten Hebflächen wirken. Man unterscheidet eingangsseitige und ausgangsseitige Hebflächen. Diejenige Hebfläche, die von den außerhalb der Hebflächen liegenden Zähnen bei der Drehung des Ankerrades zunächst getroffen wird, nennen wir die eingangsseitige Hebfläche. (In Abb. 208a wäre dies, dem Drehsinn des Ankerrades entsprechend, die linke Hebfläche.)

Nehmen wir an, ein eingangsseitig auf der Hebfläche liegender Zahn leite die Bewegung ein (Abb. 208a). Dabei erreicht der Anker, wenn wir zunächst seine Drehenergie vernachlässigen, seine maximale Auslenkung, wenn der Ankerradzahn den Eckpunkt der Hebfläche erreicht hat (Abb. 208b). Gleichzeitig muß sich während der Ankerdrehung die ausgangsseitige Hebfläche soweit in den Drehkreis der vor ihr liegenden Zahnspitze geschoben haben, daß die Hebfläche die nunmehr einsetzende Drehbewegung des Ankerrades abfängt. Diese kurzseitig erfolgende freie Drehbewegung des Ankerrades, der sogenannte Fall, ist notwendig. Zur Erreichung eines sicheren Ablaufes kann nämlich der ausgangsseitige Hebvorgang nicht in dem Augenblick eingeleitet werden, in dem eingangsseitig die Zahnspitze die Hebflächenkante erreicht. Herstellungsfehler, z. B. unrunder Lauf, könnten zu Verklemmungen führen. Nach dem Fall beginnt ausgangsseitig die Hebung (Abb. 208c). Die Drehung des Ankers erfolgt auch hier so weit, bis die Zahnspitze den ausgangsseitigen Eckpunkt der Hebfläche erreicht hat (Abb. 208d).

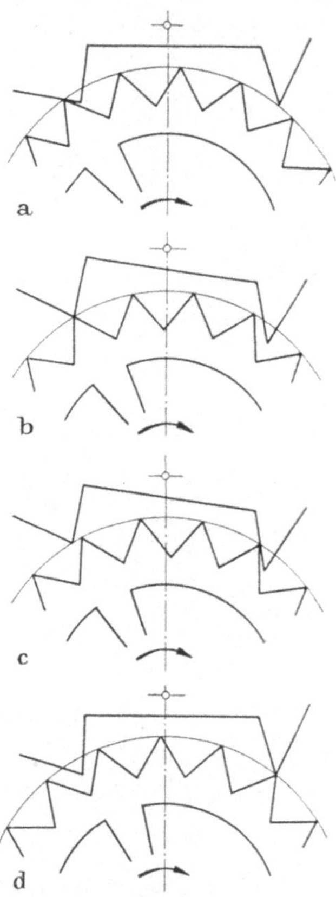

Abb. 208 a—d. Arbeitsbeispiel eines Hemmreglers

Der vorstehend beschriebene Bewegungsablauf gibt das Grundsätzliche aller Hemmregler wieder. Die hierbei möglichen Variationen haben zur Konstruktion einer Reihe von Hemmreglern geführt, die je nach Bauart für stationäre und tragbare Laufwerke Verwendung finden.

Um ein einwandfreies Arbeiten jeder „Hemmung" sicherzustellen, muß eine Reihe von Größen in ganz bestimmten Verhältnissen stehen. Sie können nur zum Teil willkürlich angenommen werden.

Sämtliche Punkte einer Hebfläche (die in den folgenden Zeichnungen in der Projektion als Gerade erscheint) beschreiben während des Bewegungsvorganges Kreisbögen, die um den Ankerdrehpunkt D als Mittelpunkt liegen. Die Gesamtheit dieser Kreise wird begrenzt

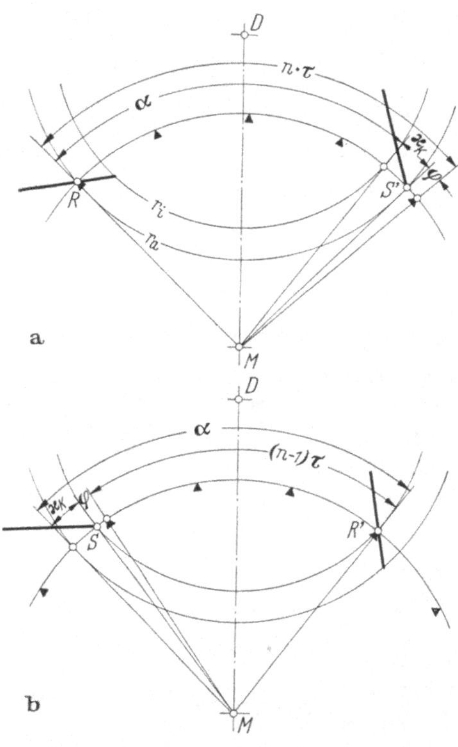

Abb. 209a u. b. Zur Ableitung der Beziehungen zwischen Ankeröffnungswinkel, Palettenführung usw. an einem Hemmregler

a) durch denjenigen Kreis, der durch den Schnittpunkt des Zahnspitzenkreises mit der eingangsseitigen Hebfläche zu Beginn der Hebung (Punkt R) und der ausgangsseitigen Hebfläche zu Ende der Hebung (Punkt S') geht (Abb. 209a)[1],

b) durch einen zweiten Kreis, der durch den Schnittpunkt des Zahnspitzenkreises mit der eingangsseitigen Hebfläche zu Ende der Hebung (Punkt S) und der ausgangsseitigen Hebfläche zu Beginn der Hebung (Punkt R') geht (Abb. 209a).

Diese Kreise werden äußerer (r_a) und innerer (r_i) Palettenkreis genannt.

Wie wir später sehen werden, muß sich der durch S' gehende Kreis nicht notwendigerweise an den Kreis durch R anschließen. Dasselbe gilt für die Kreise durch R' und S. Notwendig ist lediglich die Konstanthaltung der Differenz $r_a - r_i$.

Die beiden Punkte R und R' (Beginn der Hebung) schließen mit dem Ankerraddrehpunkt M den sogenannten Ankeröffnungswinkel α, die Punkte R und S bzw. R' und S' mit M die sogenannte Palettenführung $\varkappa_k$ ein.

---

[1] Bei den nachfolgenden Betrachtungen wird negativer Drehsinn des Ankerrades angenommen. Die linke Hebfläche ist somit die eingangsseitige Hebfläche.

Die Palettenführung und der Fall können nicht beliebig gewählt werden. Ihre Größe steht in Zusammenhang mit dem Ankeröffnungswinkel.

Bedeutet

α den Ankeröffnungswinkel
$\varkappa_k$ die Palettenführung
$\varkappa_z$ die Führung am Zahn (auch Zahnspitzenbreite oder Zahnspitzenstärke genannt)
φ den Fall
τ die Teilung

so können wir aus der einen Stellung, bei der der Zahn an der Eingangspalette den Hebungsvorgang einleitet (Abb. 209a), wenn wir die Führung am Zahn zunächst vernachlässigen, folgende Beziehung aufstellen:

$$\alpha + \varkappa_k + \varphi = n\,\tau. \tag{6,18}$$

Ebenso zu Beginn der Hebung ausgangsseitig:

$$\varkappa_k + \varphi + (n-1)\,\tau = \alpha. \tag{6,19}$$

Und somit aus den beiden Gln. (6,18) und (6,19):

$$\varkappa_k = \frac{\tau}{2} - \varphi. \tag{6,20}$$

Ist Führung am Zahn vorhanden, d. h., hat der Zahn an der Spitze eine nicht zu vernachlässigende Breite, so verringert sich die Palettenführung $\varkappa_k$, wenn der Fall φ gleichgehalten werden soll, zu

$$\varkappa_k = \frac{\tau}{2} - \varphi - \varkappa_z. \tag{6,21}$$

Für den Ankeröffnungswinkel erhalten wir aus Gl. (6,18) und (6,20)

$$\alpha = n\,\tau - \frac{\tau}{2} \tag{6,22}$$

$$\alpha = \tau\left(n - \frac{1}{2}\right).$$

Die Größe n bestimmt den Ankerübergriff.

Für $n = 3$ übergreift der Anker $2\,^1/_2$ Teilungen
$n = 4$ $3\,^1/_2$
$n = 5$ $4\,^1/_2$
usw.

Gleicharmiger und ungleicharmiger Anker. Gemäß Abb. 210a, die dieselbe Anordnung wie Abb. 209a zeigt, liegen die wirksamen Abschnitte der beiden Hebflächen auf konzentrischen Kreisen um den Ankerdrehpunkt. Dadurch haben die Punkte zu Beginn der Hebung (R und R') ungleichen Abstand vom Ankerdrehpunkt. Als einzige korrespon-

dierende Punkte beider Hebflächen, die gleichen Abstand vom Ankerdrehpunkt haben, erkennen wir die beiden Hebflächenmitten, die
selbstverständlich ebenfalls um den Betrag des Ankeröffnungswinkels auseinander liegen. Man spricht bei dieser Art der Anordnung von einem *gleicharmigen* Anker.

Bestimmte Anker (Freie Ankerhemmungen) lassen es aus
kinematischen Gründen zweckmäßig erscheinen, den Ankeröffnungswinkel so zu drehen, daß die beiden Punkte R und
R' gleichen Abstand vom Ankerdrehpunkt erhalten (Abb.
210b). Dadurch wird der äußere Palettenkreis der Eingangspalette zum inneren Palettenkreis der Ausgangspalette. Anker dieser Form nennt man *ungleicharmige* Anker.

Eine Zwischenlösung bilden die sogenannten halbungleich-
armigen Anker, die die Vorzüge des gleicharmigen und ungleich-
armigen Ankers vereinigen und die Nachteile vermeiden sollen.

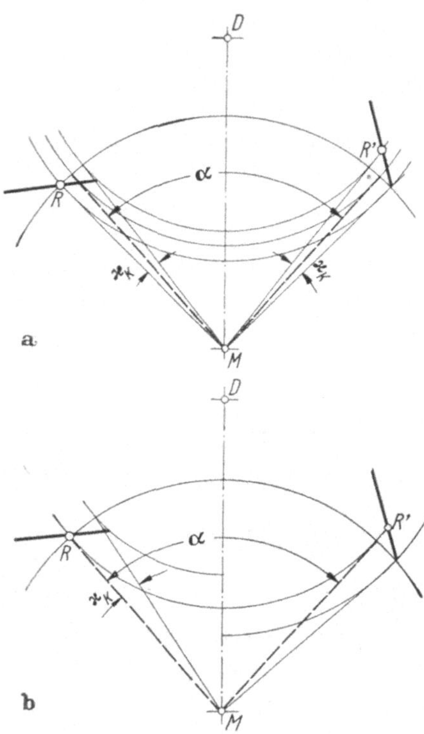

Abb. 210a u. b. Gleicharmiger und ungleicharmiger Anker

Sie haben keine allzu weite Verbreitung gefunden.

III. Hemmregler ohne Eigenschwinger

69. Entwurf und Bewegungsbild

Das Schaltglied, der Anker, braucht zu einem vollen Durchgang
eine gewisse Zeit, die mit T bezeichnet werden soll. Da jeder Anker
eine bestimmte Masse besitzt, können wir ihn als physisches Pendel
auffassen, das im stabilen Gleichgewicht ist.

Ist das auf die Eingangs- und Ausgangshebfläche wirkende Moment
des Ankerradzahnes größer als das Direktionsmoment des Ankers, so
wird der Anker erzwungene Schwingungen ausführen. Die Zeit T ist
in diesem Falle eine Funktion der Ankermasse bzw. des Ankerträgheitsmomentes und des am Anker wirkenden Drehmomentes.

Regler dieser Art nennen wir *Hemmregler ohne Eigenschwinger*. Sie sollen in der Folge kurz als *Hemmregler* bezeichnet werden.

Die Konstruktionsgrundlagen dieses Reglers — als gleicharmiger Anker ausgeführt — sind bereits durch Abb. 209 gegeben. Ankeröffnungswinkel und die Palettenführung lassen sich nach Gl. (6,20) und (6,22) berechnen. Die Lage des Drehpunktes ist beliebig, jedoch nicht ohne Einfluß auf die Ankergestalt, insbesondere die Hebflächenbreite.

Abb. 211 stellt den vollständigen Entwurf eines Hemmreglers dar, bei dem die

Ankerradzähnezahl z_G mit 15 Zähnen,

die Ankerdrehung, der Hebwinkel ϑ mit 11°,

der Fall φ mit 2° und

der Übergriff n mit 3

angenommen wurde.

Die Stellung wurde so gewählt, daß ausgangsseitig ein Ankerradzahn gerade von der Hebflächenkante (Punkt S') abgefallen, eingangsseitig der Zahn gerade auf die Hebfläche aufgefallen ist (Punkt R). Soll sich der Anker sowohl eingangs- als auch ausgangsseitig um den sogenannten Hebwinkel ϑ drehen, so ist dieser auf dem inneren Palettenkreis vom Punkte S nach innen, vom Punkte R' nach außen anzutragen.

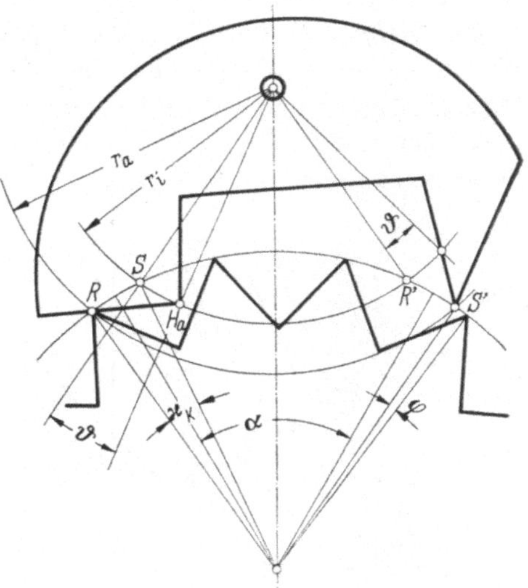

Abb. 211. Hemmregler ohne Eigenschwinger

Verschiebt man den Ankerdrehpunkt nach dem Ankerradmittelpunkt zu, so verkürzt sich die Länge der Hebfläche (Strecke $R\,H_a$). Kürzere Hebfläche bedeutet geringeren Platzbedarf beim Eintritt des Ankers in das Ankerrad.

Beim Entwurf von Hemmreglern ohne Eigenschwinger ergibt sich, daß man bei der Dimensionierung mehrere Variable berücksichtigen muß, deren Einfluß auf den Ablauf rechnerisch kaum ermittelt werden kann. Die Wahl der Größen stützt sich deshalb ausschließlich auf den Versuch.

Von besonderem Einfluß sind

die Größe des Hebwinkels (Eingriffstiefe),
der Reibungskoeffizient von Hebfläche und Ankerradzahn,
das Ankerträgheitsmoment,
das Antriebsmoment.

Der schnelle Durchgang des Ankerrades (Hemmregler ohne Eigenschwinger werden vornehmlich dort in Anwendung gebracht, wo es sich um raschen Ablauf handelt) und der daraus resultierende starke Aufschlag der einzelnen Zahnspitzen auf die Ankerhebflächen macht es notwendig, daß Anker und Ankerrad aus Material besonders hoher Festigkeit hergestellt werden und in ihren Oberflächen besonders gut gearbeitet sind. Schlechte Oberflächen führen zu Energieverlust und zu vorzeitiger Abnutzung.

Bei fertigen Reglern kann die Ablaufgeschwindigkeit in begrenztem Maße reguliert werden, indem man durch Verstellen der Eingriffstiefe (Exzenterfutter) den Hebwinkel verändert. Wie Versuche ergeben haben, wirkt sich die Eingriffsveränderung um so stärker aus, je größer das Trägheitsmoment des Ankers und je kleiner der Hebwinkel bemessen

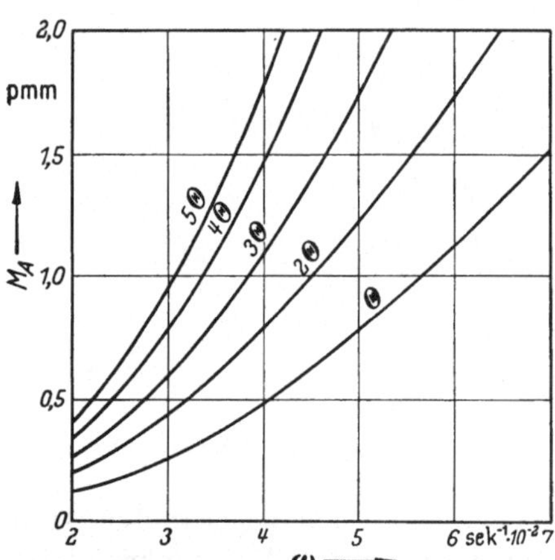

Abb. 212. Hemmreglercharakteristik. Trägheitsmoment des Ankers als Parameter

wird. Daraus ergibt sich umgekehrt, daß Fehler durch Zentralentoleranzen am kleinsten sind bei kleinem Trägheitsmoment und großem Hebwinkel.

Eine Veränderung der Ablaufgeschwindigkeit durch Veränderung des Ankerträgheitsmomentes ist z. B. durch verstellbare Gewichte möglich. Abb. 212 zeigt Meßergebnisse an einem Hemmregler, dessen Ankerträgheitsmoment auf diese Weise verändert wurde. Aus dem Diagramm ist ersichtlich, daß mit zunehmendem Trägheitsmoment die Reglereigenschaften günstiger werden, daß allerdings auch zur Innehaltung der gewünschten Drehzahl mit zunehmendem Ankerträgheitsmoment auch das Antriebsmoment größer wird.

Genauen Aufschluß über die einzelnen Bewegungsphasen erhält man durch Auflösen des Bewegungsvorganges mit der rotierenden Trommel. Zu diesem Zwecke kann man sowohl die Bewegung des Ankerrades als auch die des Ankers verwenden.

Zur Untersuchung der Ankerradbewegung wird das Ankerrad in der Nähe der Zähne mit zwei oder mehreren kleinen Bohrungen versehen, die im Abstand des Teilungswinkels liegen sollen. Diese Bohrungen werden mit einer Lichtquelle mit Kondensator beleuchtet und mit einem optischen System auf die Trommel abgebildet.

Das Bewegungsbild ergibt eine Charakteristik nach Art der Abb. 213.

Während einer Periode (Schwingungsdauer T) macht das Ankerrad folgende Bewegungen:

a) Eingangspalette des Ankers liegt am Ankerrad.

Das Ankerrad dreht sich vorwärts und treibt den Anker. Eingangsseitige Hebung (1. Intervall).

Das Ankerrad bewegt sich weiter, ohne Berührung mit dem Anker. Eingangsseitiger Fall (2. Intervall).

b) Ausgangspalette des Ankers liegt am Ankerrad.

Das Ankerrad wird vom Anker rückwärts bewegt. Es ist Rückführung vorhanden, die nur bei größerer Ankermasse merklich auftritt (3. Intervall).

Das Ankerrad dreht sich vorwärts und treibt den Anker. Ausgangsseitige Hebung (4. Intervall).

Das Ankerrad bewegt sich weiter, ohne den Anker zu berühren. Ausgangsseitiger Fall (5. Intervall).

c) Die Eingangspalette des Ankers liegt am Ankerrad.

Das Ankerrad wird vom Anker rückwärts gedreht. Ausgangsseitige Rückführung (6. Intervall).

Abb. 214a und 214b zeigen zwei Registrierstreifen, die den beiden Ankerträgheitsmomenten θ und $5\,\theta$ der Abb. 212 zugehören (Abb. 214a kleineres Ankerträgheitsmoment, Abb. 214b großes Ankerträgheitsmoment). Bei dem kleineren Ankerträgheitsmoment ist noch keine Rückführung zu erkennen, wohingegen beim größeren Ankerträgheitsmoment diese Rückführung bereits deutlich ausgeprägt ist. Entsprechend

Abb. 213. Prinzipskizze des Bewegungsbildes eines Hemmreglers bei Aufnahme mit rotierender Trommel

a   b

Abb. 214a u. b. Registrierstreifen zweier Anker mit kleinem und großem Trägheitsmoment

dem größeren θ ist bei Abb. 214b die Schwingungsdauer. T ebenfalls größer geworden.

Diese Registriermethode gestattet, Neukonstruktionen auf ihre Funktion zu prüfen und die Einflüsse etwaiger Änderungen zu kontrollieren.

Hemmregler ohne Eigenschwinger finden dort Anwendung, wo an die Konstanz des Ablaufes keine allzu großen Anforderungen gestellt werden (z. B. Spielwaren, Treppenhausautomaten), wo Regler auf anderer Basis infolge ihrer gedrängten Bauart von selbst ausscheiden, z. B. bei photographischen Verschlüssen, und wo schnelle Drehzahlen mit kurzen Laufzeiten vorgesehen sind.

Abb. 215 zeigt einen Ablaufregler, wie er in Objektivverschlüssen anzutreffen ist. Der Kraftspeicher ist hier in Form einer um die Achse (1) gewundenen Feder ausgebildet, deren Drehmoment über das Getriebe (2) auf das Ankerrad (3) übertragen wird. Das Spannen der Feder erfolgt über den Hebel (4).

Abb. 215. Hemmregler für Photoverschluß

IV. Hemmregler mit Eigenschwinger

70. Einteilung der Hemmregler mit Eigenschwinger

Die dem in Abschn. 69 besprochenen einfachen Hemmregler anhaftenden Nachteile — starke Abhängigkeit der Schwingungsdauer T vom Antriebsmoment — können dadurch abgestellt werden, daß man den Anker mit einem Schwinger koppelt. Die Eigenenergie des Schwingers muß so groß sein, daß der Anker im Augenblick des Auftreffens der Ankerradzähne auf die Hebfläche zunächst keine Richtungsumkehr erfährt.

In diesem Falle wird der Schaltvorgang bzw. die Schaltzeit ausschließlich durch die dem Schwinger eingeprägte Schwingungsdauer bestimmt.

Regler dieser Art bilden die Gruppe der sogenannten *Hemmregler mit Eigenschwinger*.

Aufgabe des Ankers ist es, außer seiner zeitweiligen sperrenden Wirkung dem Eigenschwinger die durch Luftreibung, Verformungsarbeit in der Aufhängefeder usw. verlorengegangene Energie wieder zuzuführen. Ohne diese Energiezufuhr würde der Schwinger eine gedämpfte

Schwingung ausführen. Diese Energiezufuhr erfolgt durch den Ankerradzahn während seines Entlanggleitens an der Hebfläche.

Bezeichnen wir die hierbei geleistete Arbeit mit A_G, so muß $A_G = V$ sein, wenn V der Energieverlust des Schwingers während einer Halbschwingung ist. Wird A_G kleiner, so nimmt die Amplitude des Schwingers ab. Diese darf nicht unter eine bestimmte Größe absinken, da sonst der Anker nicht mehr ausgelöst wird.

Nimmt A_G zu, so kann von einem bestimmten Wert ab bei gewissen Reglertypen (Hemmreglern mit Rückführung) der Regler zu einem

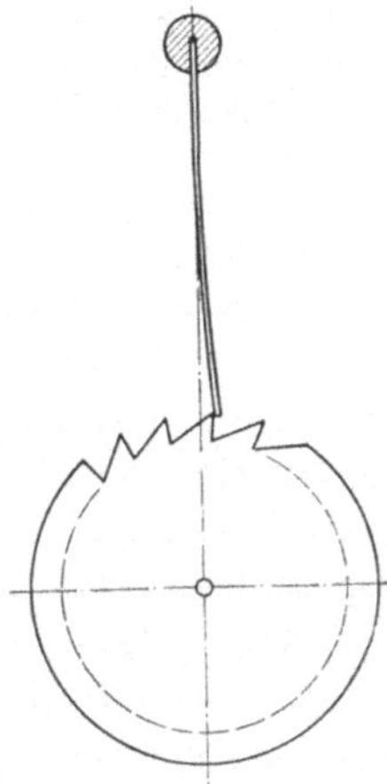

Abb. 216. Hemmregler mit Eigenschwinger und starrer Kopplung

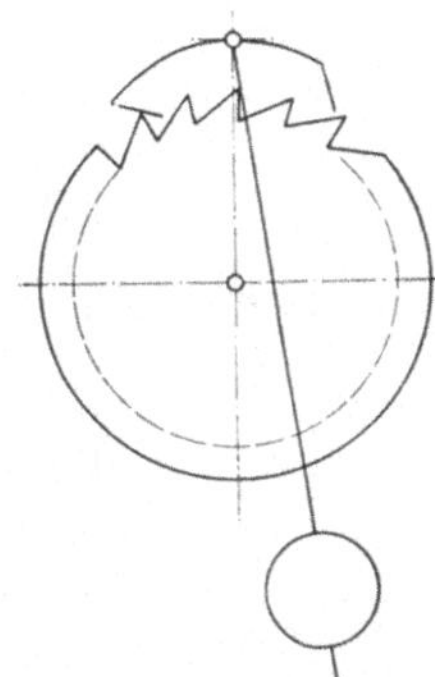

Abb. 217. Hemmregler mit Eigenschwinger und halbstarrer Kopplung

Hemmregler ohne Eigenschwinger werden. Dabei kommt der Regler zum Prellen, d. h., infolge der zu großen Energiezufuhr stoßen die Ankerpaletten auf dem Zahngrund auf.

Je nach der Kopplung Anker/Eigenschwinger unterscheidet man:

a) Hemmregler[1] mit starrer Kopplung (Abb. 216). Der Eigenschwinger besteht aus einer Stahllamelle, die mit ihrem Ende in das Anker-

---

[1] In der Uhrentechnik ist für die dort in der Hauptsache zur Anwendung kommenden Hemmregler mit Eigenschwingern auch die Bezeichnung „Gangregler" gebräuchlich (Einrichtungen, die den „Gang" der Uhr regeln). Hieraus leiten sich die Begriffe Gangreglerkonstante, Gangrad für Ankerrad usw. ab.
Als Sammelbegriff trifft man auch den Ausdruck „Gang", der ohne nähere Bezeichnung, um Verwechslungen zu vermeiden („Gang" s. Fußn. auf S. 172), tunlichst nicht verwendet werden sollte.
Besser ist es, wie auch üblich, diese Gruppe der Hemmregler kurz mit „Hemmung" zu bezeichnen.
Die einzelnen Regler werden durch Zusätze, die auf ihre Wirkungsweise, Erfinder oder auf ihren Ursprung schließen lassen (Grahamhemmung, Schweizer Ankerhemmung, usw.) näher unterschieden.

rad eingreift. Das Federende hat hier die Funktion des Ankers, den Lauf des Ankerrades im Federrhythmus zu hemmen. Anker und Schwinger bilden eine Einheit.

b) **Hemmregler mit halbstarrer Kopplung** (Abb. 217). Zu dieser Gruppe zählen die Pendelregler. Anker und Pendel sind gesondert gelagert. Sie stehen über die Ankergabel, den Weiser, miteinander in Verbindung.

Je nach ihrer Wirkung werden die Pendelregler außerdem eingeteilt in

1. rückführende Hemmungen. Zu dieser Gruppe gehören die Hakenhemmung und die Schwarzwälder Blechankerhemmung, die eine Modifikation der Hakenhemmung darstellt;

2. ruhende Hemmungen. Hierzu rechnet als typischer Vertreter die Grahamhemmung.

c) **Hemmregler mit loser Kopplung** (Abb. 218). Dieser Regler ist unter der Bezeichnung „Unruhregler" bekannt. Als Eigenschwinger dient eine drehbar gelagerte, ausgewuchtete Masse (Unruhreif), die in Verbindung mit einer Feder (Spirale) als lageunabhängiges Drehpendel aufzufassen ist. Dieses System steht nur innerhalb eines kleinen Winkels über die Ankergabel mit dem Anker in Verbindung.

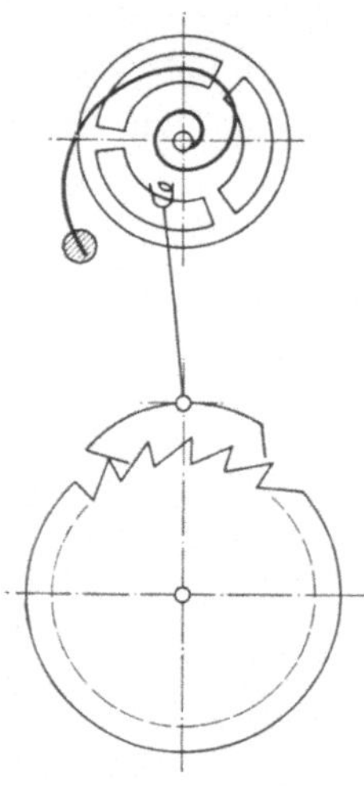

Abb. 218. Hemmregler mit Eigenschwinger und loser Kopplung

71. Charakteristische Reglergrößen

a) Schwingungsdauer, Frequenz, Schlagzahl

Die Schwingungsdauer. Für die Schwingungsdauer der gebräuchlichsten Schwinger, Blattfeder, ebenes Pendel und Drehpendel (Unruhe), gelten folgende Beziehungen:

Blattfeder:

$$T = 1{,}787\, l^2 \sqrt{\frac{\mu}{E\,\theta_F}}\,. \tag{6,23}$$

Größen:

l Federlänge,
μ Masse pro Federlängeneinheit,
E Elastizitätsmodul,
θ_F Flächenträgheitsmoment des Federquerschnittes.

Ebenes Pendel (Physisches Pendel):

$$T = 2\pi \sqrt{\frac{\theta}{D}}\left[1 + \left(\frac{1}{2}\sin\frac{\alpha}{2}\right)^2 + \left(\frac{1\cdot 3}{2\cdot 4}\sin^2\frac{\alpha}{2}\right)^2 + \cdots\right]. \tag{6,24}$$

Größen:

θ   Trägheitsmoment der Pendelmasse in bezug auf den Aufhängepunkt,
D   Direktionsmoment des Pendels,
α   Amplitude.

Für $\alpha \to 0$ geht Gl. (6,24) in die bekannte Form

$$T = 2\pi \sqrt{\frac{\theta}{D}} \qquad (6,25)$$

über.

Wie man aus Gl. (6,24) ersieht, besteht bei der mit ebenem Pendel ausgerüsteten Hemmung für T eine geringe Abhängigkeit vom Ankerradmoment, da mit dessen Zunahme die Pendelamplitude wächst.

Drehpendel (Unruhe):

$$T = 2\pi \sqrt{\frac{\theta}{D}} \, . \qquad (6,26)$$

Größen:

θ   Trägheitsmoment der Drehmasse in bezug auf die Drehachse,
D   Federrichtmoment der Spirale.

Die Frequenz ν. Hierunter verstehen wir die Anzahl der Schwingungen des Schwingers in einer Sekunde, gemessen in Hertz.

Die Schlagzahl s_G. In der Uhrentechnik ist es außerdem gebräuchlich, mit der sogenannten Schlagzahl s_G des Schwingers zu rechnen. Sie ist definiert als die Anzahl Halbschwingungen — „Schläge" — die der Schwinger in der Zeiteinheit (Sekunde, Minute usw.) macht.

Schwingungsdauer, Frequenz und Schlagzahl sind durch die Beziehung gekoppelt:

$$T = \frac{1}{\nu} = \frac{2}{s_G} \, . \qquad (6,27)$$

b) Die Hemmreglerkonstante

Da die Drehzahlen eines Laufwerkes mit Regler ausschließlich durch den letzteren bestimmt werden, ist eine genaue Kenntnis seiner technischen Daten und ihres Einflusses auf den Ablauf unerläßlich. Während bei Luftbremsen, Fliehkraftreglern usw. dieser Einfluß nur schwierig zu erfassen ist, gestalten sich die Beziehungen zwischen Drehzahl der Ankerradwelle und den mechanischen Daten des Hemmreglers, insbesondere des Hemmreglers mit Eigenschwinger, wesentlich einfacher.

Vollführt der Schwinger eine Schwingung, so hat sich das Ankerrad um einen Zahn weitergedreht. Bezeichnen wir die Anzahl der Zähne des Ankerrades mit z_G, so wird die Ankerradwelle für eine Umdrehung die Zeit

$$t = T \, z_G$$

brauchen.

Damit wird die Drehzahl der Ankerradwelle

$$n_G = \frac{1}{T\,z_G} = \frac{v}{z_G} \qquad (6{,}28)$$

oder aber

$$n_G = \frac{s_G}{2\,z_G}. \qquad (6{,}29)$$

Der Ausdruck auf der rechten Seite wird als Reglerkonstante bezeichnet. Sie ist eine sehr wichtige Größe und dient als Ausgangsgleichung bei der Berechnung von Laufwerken. Für Hemmregler ohne Eigenschwinger haben die beiden Gln. (6,28) und (6,29) keine Gültigkeit, da die Größen T bzw. s_G in diesem Falle keine „eingeprägten" Größen sind.

Für die Schwingungsdauer bzw. Schlagzahl verschiedener Eigenschwinger mögen folgende Angaben einen Überblick geben:

	Schwingungsdauer T in sek	Schlagzahl s_G	
		pro sek	pro min
Torsionspendel (Jahresuhren)	$10 \div 15$	$\frac{1}{5} \div \frac{2}{15}$	$12 \div 8$
Sog. Sekundenpendel (genauer 2-Sekundenpendel)	2	1	60
Unruh (Taschen- und Armbanduhr)	$2/5 \div 2/10$	5	300
Unruh (Stoppuhr)	$2/5 \div 2/10$	$5 \div 10$	$300 \div 600$

c) Abhängigkeit der Wellendrehzahl von der Schwingungsdauer des Reglers

Zwischen der Drehzahl n einer beliebigen Welle eines Laufwerkes und den Reglergrößen T und z_G besteht bei gegebenem i (Übersetzungsverhältnis zwischen Welle und Reglerwelle) die Beziehung

$$n = \frac{i}{T\,z_G}.$$

Einer vorgeschriebenen Drehzahl n_R entspricht ein T_R, so daß

$$n_R = \frac{i}{T_R\,z_G} \qquad (6{,}30)$$

ist.

Geht die Schwingsdauer T_R z. B. infolge Inkonstanz des Reglers in T_U über, so erhalten wir, da sich i und z_G nicht ändern,

$$n_U = \frac{i}{T_U\,z_G}. \qquad (6{,}31)$$

Aus den beiden Gln. (6,30) und (6,31) ergibt sich

$$n_U = n_R\,\frac{T_R}{T_U}.$$

Wir erhalten somit als Drehzahldifferenz bzw. als Abweichung von der Solldrehzahl

$$\delta = n_R - n_U,$$

$$\delta = n_R \left(1 - \frac{T_R}{T_U}\right). \tag{6,32}$$

Diese Gleichung gilt auch für den besonderen Fall der Uhr. Hier werden bei gegebenem z_G die Größen T_R und i so angenommen, daß die Drehzahl der Minutenwelle $= 1\,h^{-1}$ wird.

Wird z. B. die Schwingungsdauer in Sekunden gemessen und geht diese von T_R (Uhr genau reguliert) nach T_U über, so ist der tägliche Gang der Uhr für $n_R = 1\,h^{-1}$

$$\varDelta = 86400 \left(1 - \frac{T_R}{T_U}\right) \text{sek} . \tag{6,33}$$

Für

$T_U > T_R$ geht die Uhr nach (positives Vorzeichen von $\varDelta$).

$T_U < T_R$ geht die Uhr vor (negatives Vorzeichen von $\varDelta$).

Ein Beispiel: Nach Gl. (6,24) ist die Schwingungsdauer eines Pendels eine Funktion der Amplitude α. Solche Amplitudenschwankungen und somit auch Schwankungen der Schwingungsdauer können z. B. die Folge von Änderungen des Ankerradmomentes bzw. des Antriebsmomentes sein.

Für die nachfolgende Rechnung genügt es, wenn wir in Gl. (6,24) in erster Annäherung mit dem Argument rechnen und die Glieder vierter und höherer Ordnung vernachlässigen. Dies ergibt die Gleichung

$$T = 2\pi \sqrt{\frac{\theta}{D}} \left(1 + \frac{\alpha^2}{16}\right).$$

Hiermit erhalten wir für zwei Momente M_R und M_U jeweils die Schwingungsdauer

$$T_R = 2\pi \sqrt{\frac{\theta}{D}} \left(1 + \frac{\alpha_R^2}{16}\right),$$

$$T_U = 2\pi \sqrt{\frac{\theta}{D}} \left(1 + \frac{\alpha_U^2}{16}\right),$$

die in Verbindung mit Gl. (6,33) den täglichen Gang ergeben.

$$\varDelta = 86400 \left(1 - \frac{1 + \dfrac{\alpha_R^2}{16}}{1 + \dfrac{\alpha_U^2}{16}}\right) \text{sek} .$$

$$\varDelta = 86400 \left(1 - \frac{16 + \alpha_R^2}{16 + \alpha_U^2}\right) \text{sek} .$$

Beispiel: Für ein Kurzpendelwerk sei

$$\alpha_R = 6°, \qquad \alpha_U = 4°,$$

d. h., der Pendelausschlag gehe plötzlich von 6° (für den die Uhr genau gehen soll) auf 4° zurück. Die Laufzeit mit $\alpha_U = 4°$ betrage 24 Stunden. Dann ist für

$$\alpha_R = 6° = 0{,}10472$$

$$\alpha_U = 4° = 0{,}06981$$

$$\varDelta = 86\,400\left(1 - \frac{16 + 0{,}01096}{16 + 0{,}00487}\right)\text{sek}.$$

$$\varDelta \approx -\,32{,}92\;\text{sek}.$$

Dieser Berechnung lag die Annahme zugrunde, daß die Schwingungsdauer T_R plötzlich in T_U übergeht. Bei zugfederbetriebenen Werken erfolgt dieser Übergang jedoch stetig.

In erster Annäherung könnte man den Gang durch Halbieren des obigen Wertes erhalten.

Das genauere Ergebnis erhält man, wenn man für T_U den Mittelwert entsprechend der Formel

$$T_{UM} = \frac{1}{\alpha_R - \alpha_U}\,2\,\pi\,\sqrt{\frac{\theta}{D}}\int\limits_{\alpha_U}^{\alpha_R}\left(1 + \frac{\alpha^2}{16}\right)d\alpha$$

errechnet, was ausgewertet

$$T_{UM} = 2\,\pi\,\sqrt{\frac{\theta}{D}}\left(1 + \frac{\alpha_R^3 - \alpha_U^3}{48\,(\alpha_R - \alpha_U)}\right)$$

ergibt. Damit würde

$$\varDelta = 86\,400\left(1 - \frac{1 + \dfrac{\alpha_R^3}{16}}{1 + \dfrac{\alpha_R^3 - \alpha_U^3}{48\,(\alpha_R - \alpha_U)}}\right).$$

Die numerische Auswertung dieser Gleichung mit den Werten $\alpha_R = 6°$ und $\alpha_U = 4°$ ergibt

$$\varDelta \approx -\,17{,}28\;\text{sek}.$$

72. Die Laufzeit

Dem technischen Laufwerk kann eine bestimmte Laufzeit vorgeschrieben sein. Sie ergibt sich aus dem Verwendungszweck. Sie muß so bemessen sein, daß die Zeiten, zu denen das Aufziehen des Kraftspeichers zu erfolgen hat (vorausgesetzt, daß es sich nicht um einen automatischen Aufzug handelt), in günstigen Intervallen liegen. So verlangt man z. B. bei Kleinuhren eine Laufzeit von 36 Stunden. Unter der Vorausetzung, daß täglich aufgezogen wird, ist es infolge der 36stündigen Laufzeit belanglos, zu welcher Tageszeit der nächste Aufzug erfolgt. Bei Betriebsüberwachungsinstrumenten, auch sonstigen Anzeigegeräten (Barographen, Thermographen usw.) wird im allgemeinen eine Laufzeit von 8 Tagen vorgeschrieben. Hier muß der die Instrumente Überwachende nach einer Woche die Registrierstreifen auswechseln und gleichzeitig den Aufzug betätigen.

Die Laufzeit soll nicht über das notwendige Maß hinaus vergrößert werden, da ihre Vergrößerung auch eine Vergrößerung des Energieinhaltes des Kraftspeichers zur Folge hat.

Die Laufzeit ist eine Funktion der Reglerkonstanten, des Übersetzungsverhältnisses zwischen Kraftspeicher und Regler sowie der Anzahl der nutzbaren Aufzüge. Die Anzahl der nutzbaren Aufzüge hängt bei zugfederbetriebenen Laufwerken von den Dimensionen der eingelegten Feder, bei Laufwerken mit Gewichtsantrieb von der Fallhöhe des Gewichtes und dem Seiltrommeldurchmesser ab.

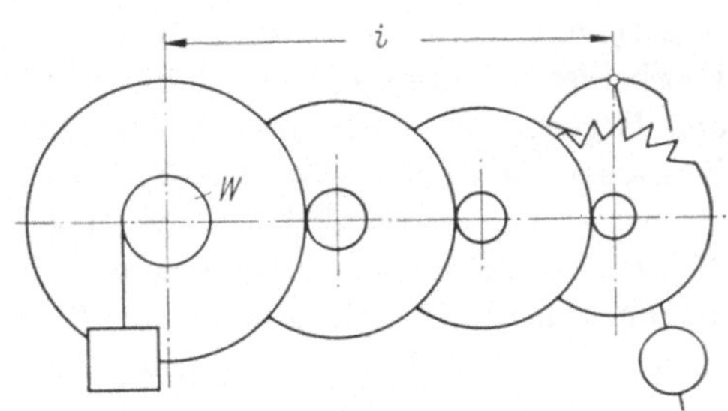

Abb. 219. Zur Berechnung der Laufzeit

Sind auf der Antriebswalze (Abb. 219), die durch das Getriebe (Übersetzungsverhältnis i) mit dem Regler gekoppelt ist, W Windungen, und ist die Zeit für das Abwickeln einer Windung t_W, dann ist die Laufzeit

$$D = t_W\, W.$$

Diese Zeit wird durch den Regler bestimmt.
Es ist

$$\frac{n_W}{n_G} = i,$$

$$n_W = i\, n_G,$$

$$t_W = \frac{1}{n_W} = \frac{1}{i\, n_G} = \frac{2\, z_G}{i\, s_G}$$

und damit

$$D = \frac{2\, W\, z_G}{i\, s_G}. \tag{6,34}$$

73. Drehzahländerung der Arbeitswelle

Im Anschluß hieran soll noch die Frage untersucht werden, welche Möglichkeiten bestehen, während des Laufes die Drehzahl der Arbeitswelle zu verändern (z. B. für Registriergeräte notwendig, die zum Zwecke größerer Meßgenauigkeiten größeren Vorschub erhalten sollen).

Wir gehen aus von der Beziehung

$$n = \frac{i}{T\, z_G},$$

die uns die Drehzahl irgendeiner Welle des Laufwerkes ergibt, wenn T die Schwingungsdauer, z_G die Zähnezahl des Ankerrades des Reglers, und i das Übersetzungsverhältnis zwischen der Welle und dem Regler ist.

Da prinzipiell alle drei Größen der rechten Seite der obigen Gleichung zu einer Drehzahländerung herangezogen werden können, bleibt zu untersuchen, inwieweit überhaupt die jeweilige Größe verändert werden kann.

a) *Änderung von i.* Diese Änderung wäre durch Einbau eines umschaltbaren Getriebes zwischen Arbeits- und Ankerradwelle zu erreichen. Hierbei ist zu unterscheiden, ob die Arbeitswelle zwischen Kraftspeicher und Regler, z. B. nach Art der Abb. 133, oder außerhalb dieser Kette Kraftspeicher/Regler gemäß Abb. 134 oder Abb. 135 liegt. Im ersten Falle bestehen konstruktive Schwierigkeiten für das Umschaltgetriebe. Während der Umschaltung muß nämlich der Kraftspeicher blockiert sein, da sonst das Laufwerk „durchgehen" würde. Weiterhin ist zu berücksichtigen, daß bei Änderung des Übersetzungsverhältnisses zwischen Kraftspeicher und Regler sich auch das jeweilige Moment am Regler entsprechend der Übersetzungsänderung ändert. Für den Isochronismus des Reglers ist dies von Nachteil, abgesehen davon, daß das Moment von ihm evtl. nicht mehr aufgenommen oder für seinen Betrieb zu gering werden kann.

Legt man die Arbeitswelle in einen besonderen Zweig, so sind die obigen Schwierigkeiten zum Teil behoben. Wohl ist das Werk gegen „Durchgehen" geschützt, es werden sich am Regler trotzdem Momenten-

Abb. 220. Hemmregler mit zwei Ankerrädern verschiedener Zähnezahl

schwankungen bei Änderung des Arbeitswellenmomentes bemerkbar machen.

b) *Änderung von z_G.* Von der Möglichkeit, z_G während des Betriebes zu ändern, kann ebenfalls nur beschränkt Gebrauch gemacht werden.

Hierbei sind zwei Ankerräder mit der entsprechenden Zähnezahl so anzuordnen, daß sie wechselseitig mit dem gemeinsamen Anker in Eingriff gebracht werden können. Die Beschränkung liegt darin, daß entweder ein Ankerrad mit gerader Zähnezahl gegen ein solches mit der halben Zähnezahl oder ein Ankerrad mit ungerader Zähnezahl gegen ein Ankerrad mit dem dritten Teil der ursprünglichen Zähnezahl ausgewechselt werden kann. Dies ergibt also im ersten Falle eine Vergrößerung der Drehzahl um den Faktor 2, im zweiten Falle um den Faktor 3. Abb. 220 zeigt eine solche Anordnung. Auf der Ankerradwelle (1) sitzen die beiden Räder mit 15 und 5 (Kolben-)Zähnen. Mittels des Hebels (2) kann die Ankerradwelle so verschoben werden, daß das eine oder andere Ankerrad mit dem Anker in Eingriff kommt. Nachteil: Da die übrigen Abmessungen des Reglers, wie Palettenführung, Zahnspitzenbreite und Ankeröffnungswinkel, bestehen bleiben, tritt beim Einschalten des 5zähnigen Ankerrades ein relativ großer Fall ein. Der hierdurch verursachte starke Schlag kann zu einer Überbeanspruchung des Reglers führen.

c) *Änderung von T*. Die Schwingungsdauer T ist bei Pendelreglern von der Pendellänge, bei Unruhreglern vom Trägheitsmoment des Unruhreifens bzw. vom Richtmoment der Spirale abhängig. Keine dieser Größen läßt eine Veränderung während des Laufes zu. Die geringfügige Verstellung der Spiralenlänge durch den Rücker kann lediglich zur Reglage, keineswegs aber zu einer größenordnungsmäßigen Änderung der Schwingungsdauer dienen.

d) *Einbau zweier Regler*. Die einwandfreie Lösung besteht in der Verwendung zweier Regler, die wechselseitig angeschaltet werden (Abb. 221).

Die Ankopplung erfolgt über ein Differentialgetriebe, wobei ein Bremshebel den einen oder anderen Regler freigibt. Über das Differential steht ein Regler immer mit dem Laufwerk in Verbindung. Beim Entwurf ist darauf zu achten, daß das zum Betrieb der beiden Regler

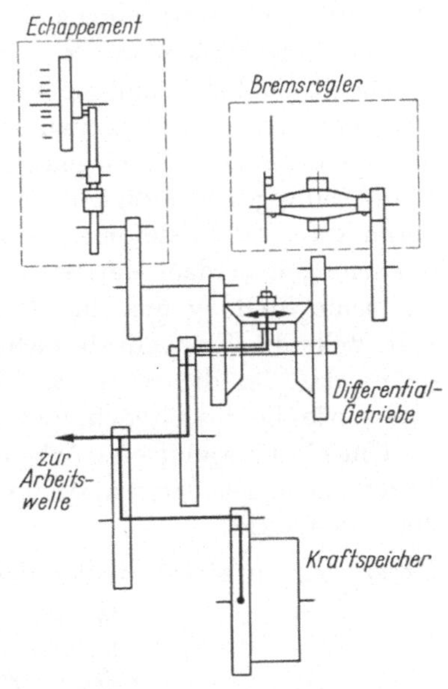

Abb. 221. Ankupplung zweier Regler mittels Differentialgetriebe

notwendige Antriebsmoment verschieden sein kann, die Regler also entsprechend dimensioniert sein müssen.

74. Hemmregler mit starrer Kopplung

Die Sirenenfederhemmung (HIPPsche Hemmung) besteht aus dem
Ankerrad (Sirenenrad) und einer einseitig eingespannten Stahlfeder, der
Sirenenfeder, die beim Schwingen um ihre Ruhelage jeweils einen
Zahn des Ankerrades durchläßt. Die Federspitze hat hier gleichzeitig
die Funktion des Ankers.

Bei diesem Regler ist die Drehzahl des Ankerrades nur von der
Eigenfrequenz der Sirenenfeder abhängig. Die Veränderung der Eingriffstiefe der Feder in das Rad hat keinen Einfluß auf den Ablauf und
kann nicht zur Drehzahländerung herangezogen werden.

Die Kontrolle und Überprüfung des Sirenenfederreglers:

a) Drehzahlbestimmung des Sirenenrades auf mech.-elektrischem
Wege. Man mißt die Zeit pro Umdrehung einer Welle geringerer Dreh-
zahl mittels einer elektrisch betätigten Stoppuhr (z. B. Junghans Groß-
Stoppuhr mit 0,01 sek Ablesemöglichkeit).

b) Stroboskopische Messung. Die durch einen RC-Generator erzeugte
Wechselspannung beliebig einstellbarer Frequenz f_g wird so verstärkt,
daß damit eine Stroboskoplampe betrieben werden kann. Man beobachtet das von der Stroboskoplampe beleuchtete Sirenenrad und ver-
stellt die Generatorfrequenz so lange, bis das Rad scheinbar stillsteht.

Die festzustellenden Frequenzabweichungen sind jedoch meist so
gering (0 bis 2 Hz), daß sie an der Frequenzskala der handelsüblichen
RC-Generatoren nur ungenau abgelesen werden können. Man hilft sich
in diesem Falle, indem man bei bereits eingestellter Frequenz die
Wanderungsgeschwindigkeit des Sirenenrades, die z. B. die Folge eines
veränderten Antriebsmomentes sein kann, mißt. Sie kann mittels Stoppuhr ermittelt werden: Man bestimmt diejenige Zeit, die ein Zahn benötigt,
um seine Stellung um eine Teilung zu ändern. Der Kehrwert dieser
Zeit stellt die Frequenzabweichung gegenüber der ursprünglichen Frequenz dar. Ist die scheinbare Bewegungsrichtung des Zahnes gleichsinnig wie die des Sirenenrades, so ist die Frequenzabweichung positiv.

Um ein einwandfreies Arbeiten dieses Reglers zu erzielen, muß die
Feder möglichst lang und kräftig sein. Gebräuchliche Frequenzen:
200 bis 400 Hz.

Messungen an einem Regler der Abmessungen

$$
\begin{aligned}
\text{Federlänge} &= 45 \text{ mm} \\
\text{Federbreite} &= 5 \text{ mm} \\
\text{Federstärke} &= 0{,}71 \text{ mm} \\
\text{Ankerradzähnezahl} &= 15
\end{aligned}
$$

ergaben bei einem

Sirenenradmoment von 700 pmm eine Federfrequenz von ≈ 249 Hz,
Sirenenradmoment von 7000 pmm eine Federfrequenz von ≈ 247 Hz.

Wie man sieht, erfolgt bei einer Steigerung des Antriebsmomentes auf das Zehnfache (was in der Praxis nicht vorkommen dürfte) eine Abweichung der Frequenz um rund 0,8%.

Bei größeren Antriebsmomenten ist der Grundschwingung der Feder noch eine Oberschwingung überlagert (Analyse mittels Aufnahme des Schwingungsvorganges mit der rotierenden Trommel).

Die HIPPsche Hemmung wird mit Vorteil bei all denjenigen Laufwerken angewandt, bei denen ein *rascher* Ablauf bei geringsten Drehzahltoleranzen vorgeschrieben ist (Drehzahl der Ankerradwelle bei obigem Beispiel $\approx 16{,}5\,\mathrm{sek}^{-1}$).

Ihre Nachteile: Der Lauf ist nicht geräuschlos (Sireneneffekt). Das Werk läuft nicht mit Sicherheit selbst an. Großes Antriebsmoment für den Regler notwendig.

Erwähnenswert ist noch ein Regler, der ähnlich der Sirenenfederhemmung ebenfalls für höhere Drehzahlen brauchbar ist (Abb. 222).

Die Pendelfeder (*1*) trägt an ihrem freien Ende einen zylindrischen Kegel (*2*), der zwischen zwei um 45° versetzten quadratischen Platten (*3*) hin- und herschwingen kann. Die Schwingungsdauer der Feder ist mit einer Schiebehülse (*4*) auf das gewünschte Maß einstellbar.

Der Regelvorgang beruht darauf, daß das Pendel von der einen Platte einen Impuls erhält, der

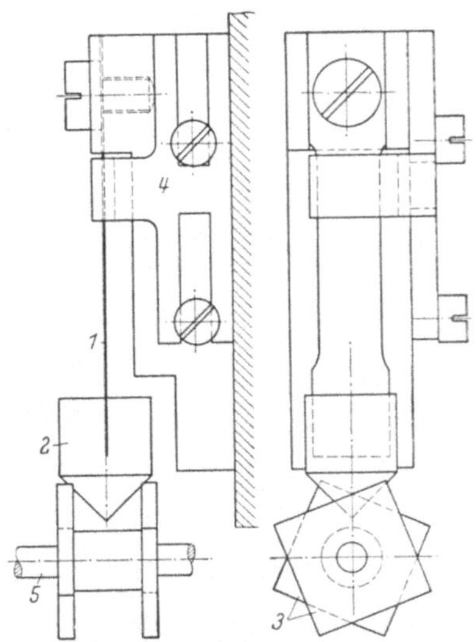

Abb. 222. Hemmregler mit Eigenschwinger für raschen Ablauf

eine Auslenkung zur Folge hat. Dabei ist das Pendel bzw. der Kegel in den Bereich der gegenüberliegenden Platte gekommen. Die Platte hat sich infolge der Drehung der Reglerwelle (*5*) gedreht und gibt dadurch ihrerseits dem Pendel einen Impuls in der entgegengesetzten Richtung.

75. Hemmregler mit halbstarrer Kopplung

a) Die Hakenhemmung

Die Grundlage für den Entwurf dieses Hemmreglers gibt der in Abschn. 69 behandelte Hemmregler ohne Eigenschwinger. Denkt man sich den dort entworfenen Anker in Verbindung mit einem Pendel, so hat man, abgesehen von der abgeänderten Form der eingangsseitigen Hebfläche, die heute gebräuchliche Form der Hakenhemmung.

Die Kopplung von Anker und Pendel erfolgt über den sogenannten Weiser (Abb. 223). Dieser steht mit dem Anker in fester Verbindung.

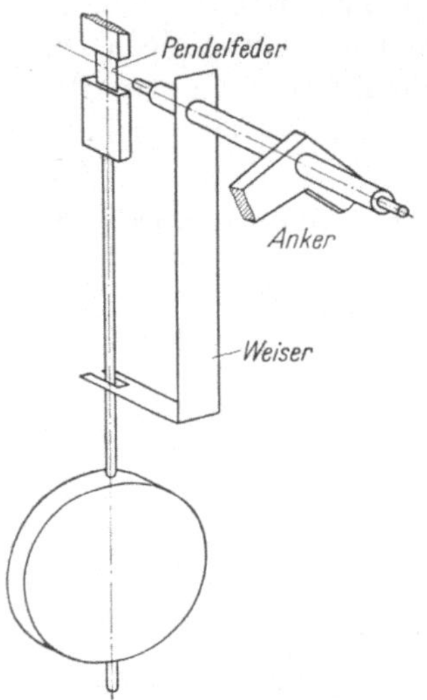

Abb. 223. Kopplung von Anker und Pendel

Sein gabelförmiges Ende überträgt die zur Vermeidung der Amplitudendämpfung des Pendels notwendige Energie, bzw. er bewirkt umgekehrt durch die Pendelbewegung die Auslösung des Ankers.

Das Pendel ist an der Pendelfeder aufgehängt (im einfachsten Falle wie bei der Schwarzwälder Uhr an einer beweglichen Drahtschleife). Der Drehpunkt der Pendelfeder soll mit dem Ankerdrehpunkt zusammenfallen, um ein Scheuern der Pendelstange in der Weisergabel zu vermeiden.

Während beim Hemmregler ohne Eigenschwinger der Drehwinkel des Ankers lediglich durch den Hebwinkel gegeben ist, wird es sich bei einer Kopplung mit einem Pendel nicht oder kaum erreichen lassen, daß die Schwingungsweite des Pendels gerade der Größe des Hebwinkels entspricht. Aus Gründen der Betriebssicherheit ist dies auch gar nicht erwünscht.

Die dem Pendel zugeführte Energie muß so groß sein, daß nach beendigter Hebung (Abb. 224 Stellung A) das Pendel den Anker noch um einen weiteren Betrag vom Zahnspitzenkreis wegdreht (Stellung B). Diese aus Sicherheitsgründen notwendige Weiterbewegung des Ankers bzw. des Pendels nennt man das Einschwingen in die „Ergänzung“. Ihre Größe (Winkel ε) hängt von der verlangten

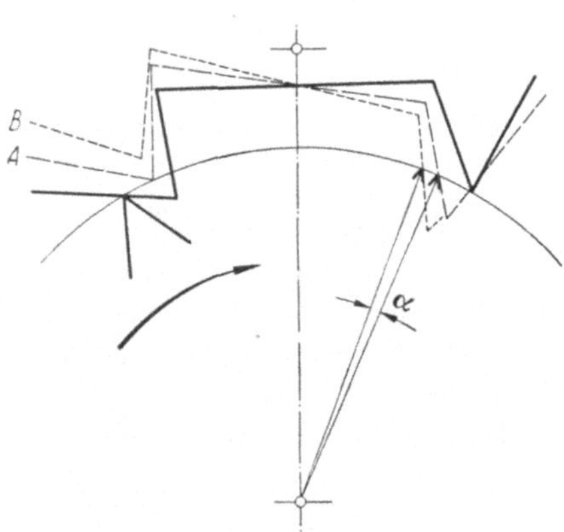

Abb. 224. Ankerradrückführung beim Einschwingen des Pendels in die Ergänzung

Präzision ab. Je ungenauer das System, um so größer die notwendige Ergänzung. Bei billigeren Uhren, z. B. Uhren mit Schwarzwälder Blechanker, kann sie bis 5 Grad betragen.

Das Einschwingen des Pendels in die Ergänzung hat zur Folge, daß die ausgangsseitige Hebfläche um den gleichen Winkel in das Ankerrad hineingeschoben wird. Dadurch wird das Ankerrad um den Winkel α zurückgedreht. Dasselbe ist auch der Fall, wenn das Pendel eingangsseitig in die Ergänzung einschwingt. Hemmregler dieser Art nennt man deshalb auch rückführende Hemmungen.

Konstruktive Einzelheiten. Die Ermittlung des Ankeröffnungswinkels und der Palettenführung erfolgt nach den Gln. (6,20) und (6,22), nachdem Übergriff, Fall und Hebwinkel festgelegt worden sind.

Gebräuchliche Werte:

	z_G	n	ϑ
Hakenhemmung	36	6	8°
Schwarzwälder			
Blechankerhemmung	45	5	12°.

Eine Besonderheit bei diesem Regler sind die Ergänzungsstrecken. Sie werden vielfach vernachlässigt und sind doch gerade das Element, das über den Wert der Hakenhemmung entscheidet. Während der Ausgang in fast allen Ausführungen auch in der Ergänzung einfach die gerade Verlängerung der Hebfläche ist, ist der Eingang bei schlechten Ausführungen in allen möglichen Formen anzutreffen.

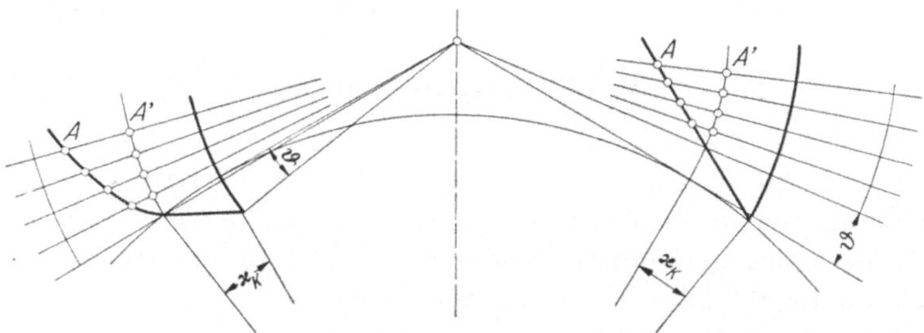

Abb. 225. Konstruktive Einzelheiten der Hakenhemmung.
Anordnung der Hebflächen für symmetrische Rückführung

Soll der Anker sowohl am Eingang wie am Ausgang um denselben Betrag zurückführen, so erfordert dies eine besondere Gestaltung der Eingangsergänzung. Um diese Form zu erhalten, trägt man an die beiden Hebflächen eine beliebige Anzahl (gleicher) Winkel an (Abb. 225), die man ausgangsseitig mit dem inneren Palettenkreis, eingangsseitig mit dem äußeren Palettenkreis zum Schnitt bringt. Auf diesen Winkelschenkeln schneidet die ausgangsseitige geradlinige Ergänzung Strecken ab (AA'), die, nach dem Zahnspitzenkreis eingedreht, ein Maß für die Rückführung geben. Soll also die eingangsseitige Rückführung denselben Betrag annehmen, so hat man die entsprechenden Strecken auf dem zugehörigen Winkelschenkel am Eingang abzutragen.

Der Anker wird meist als Massivanker aus einem Stahlstück gefertigt. In seiner einfachen Ausführung, dem sogenannten Blechanker, ist der Anker aus einem entsprechenden breiten Blechstreifen gebogen.

Bei der Gestaltung des Ankerradzahnes ist zu beachten, daß der Haken mit zunehmendem Ankeröffnungswinkel auch bei gleichbleibender Hebung und Ergänzung immer tiefer in das Ankerrad eingreift (Abb. 226 $\vartheta = 7°$, $\varepsilon = 5°$). Durch Eindrehen des Ankers in seine tiefste Stellung (Punkt A) läßt sich zeichnerisch auf einfachste Weise die günstigste Zahnform ermitteln.

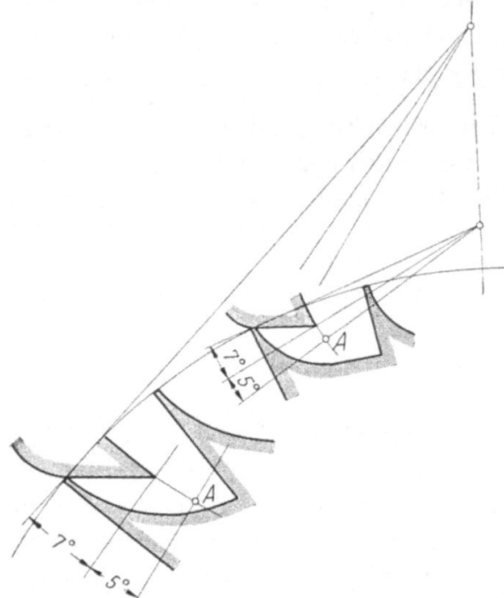

Abb. 226. Abhängigkeit der Eingriffstiefe der Palettenspitze vom Übergriff

b) Die Graham-Hemmung

Es ist leicht einzusehen, daß die der Hakenhemmung als Nachteil anhaftende Rückführung, die auf das Laufwerk übertragen und von diesem aufgenommen werden muß, vermieden werden kann, wenn man die Ergänzungsstrecken zu Kreisbögen ausbildet, die konzentrisch zum Ankerdrehpunkt liegen (ruhende Hemmung).

Diese Überlegung führte zu einem andersartigen Reglertyp, der im Jahre 1715 von dem Engländer GRAHAM angegeben wurde.

Diese Hemmung, nach ihrem Erfinder GRAHAM-Hemmung benannt, ist konstruktiv besonders einfach und gibt hinsichtlich der Regelgenauigkeit mit die besten Ergebnisse.

Ergänzungsfläche und Hebfläche bilden bei der GRAHAM-Hemmung eine Kante. Es wäre nun unzweckmäßig, wenn die Ankerradzähne auf diese Kante aufträfen, da dies 1. zu Beschädigungen Anlaß geben und 2. zu Unsicherheiten während des Betriebes führen würde. Ein geringes Unrundlaufen des Ankerrades, auch eine geringe Differenz in der Pendelamplitude sind niemals zu vermeiden. Man stellt den Anker deshalb so ein, daß der vor dem Fall stehende Ankerradzahn die Ergänzungsfläche um einen kleinen Betrag oberhalb der Hebflächenkante trifft.

Da die Ergänzungsfläche als zylindrische Fläche um den Ankerdrehpunkt ausgebildet ist, wird dieser Einsatzpunkt durch einen Winkel, den sogenannten Ruhewinkel, angegeben (Abb. 229).

Besonders wichtig ist bei diesem Regler die Lage des Ankerdrehpunktes. Bei der Hakenhemmung und beim gewöhnlichen Hemmregler kann der Drehpunkt je nach Zweckmäßigkeit beliebig gewählt werden. Der Drehpunkt des GRAHAM-Ankers soll dagegen auf der Tangente des Zahnspitzenkreises im Berührungspunkt der Zahnspitze mit dem Ergänzungsbogen (Punkt R bzw. R') (Abb. 229) bzw. im Schnittpunkt dieser Tangente mit der Zentralen liegen. Theoretisch wäre dies nur bei ungleicharmigem Anker möglich, da bei gleicharmigem Anker die beiden Punkte auf dem Zahnspitzenkreis verschieden weit von der Zentralen liegen und somit zwei verschiedene Drehpunkte ergeben würden. Diese Lagenfixierung des Ankerdrehpunktes ist notwendig, damit beim Aufschlagen des Zahnes auf die Ergänzungsfläche die durch den Schlag hervorgerufene Kraft genau in Richtung des Ankerdrehpunktes geht. Bei seitlichem Vorbeigehen dieser Kraft wird sonst ein Moment ausgeübt, das zu Erschütterungen Anlaß geben kann.

Das Bewegungsbild

a) Ein Zahn des Ankerrades ist auf die Eingangspalette (auf Ruhe) gefallen (Abb. 227a).

b) Das Pendel ist in die Ergänzung eingeschwungen, kehrt um; der Ankerradzahn erreicht den Eckpunkt der Eingangspalette (Abb. 227b).

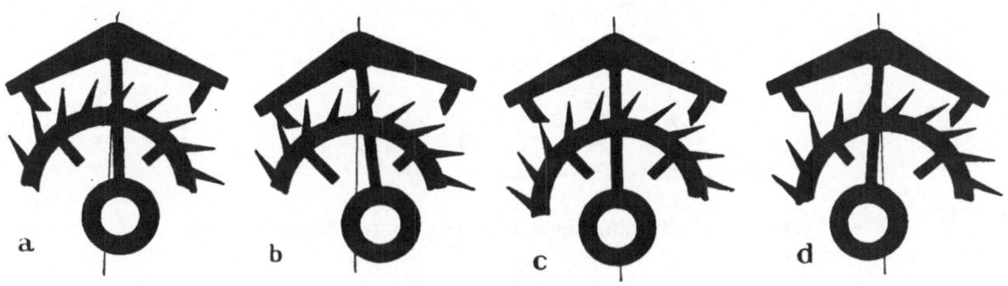

Abb. 227a—d. Bewegungsbild der GRAHAM-Hemmung

c) Die Hebung beginnt. Dem Pendel wird die verlorengegangene Energie zugeführt (Abb. 227c).

d) Der Zahn des Ankerrades hat den inneren Eckpunkt der Eingangspalette erreicht (Abb. 227d).

e) Der Zahn ist von der Eingangspalette abgefallen. Der der Ausgangspalette zunächst liegende Zahn ist auf diese (auf Ruhe) aufgefallen (Abb. 227e).

AßMUS, Laufwerke   15

f) **Das Pendel ist ausgangsseitig in die Ergänzung eingeschwungen und kehrt um.** Der Ankerradzahn erreicht den inneren Eckpunkt der Ausgangspalette (Abb. 227f).

g) **Ausgangsseitig erfolgt Hebung** (Abb. 227g).

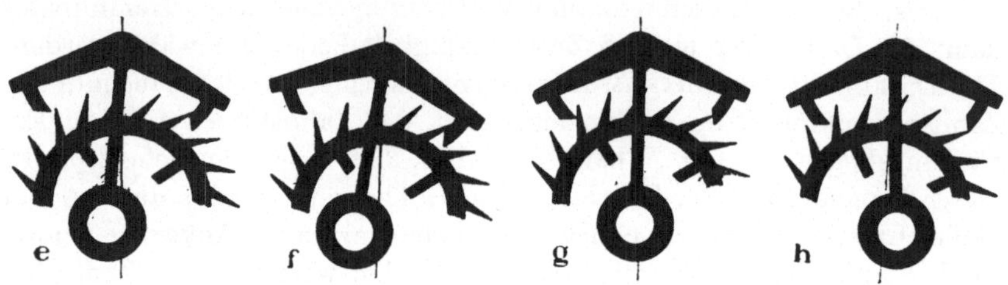

Abb. 227e—h. Bewegungsbild der GRAHAM-Hemmung

h) **Der Ankerradzahn hat den äußeren Eckpunkt erreicht und fällt ab.** Eingangsseitig fällt der nächste Zahn auf Ruhe, Stellung a (Abb. 227h).

Die einzelnen Phasen der Pendelschwingung sind in Abb. 228 zusammengestellt (Schwingungsbild der Pendelspitze).
Es bedeutet:

ε Ergänzungswinkel
ϱ Ruhewinkel
ϑ Hebwinkel

(die Indizes sinngemäß „eingangsseitig" und „ausgangsseitig").

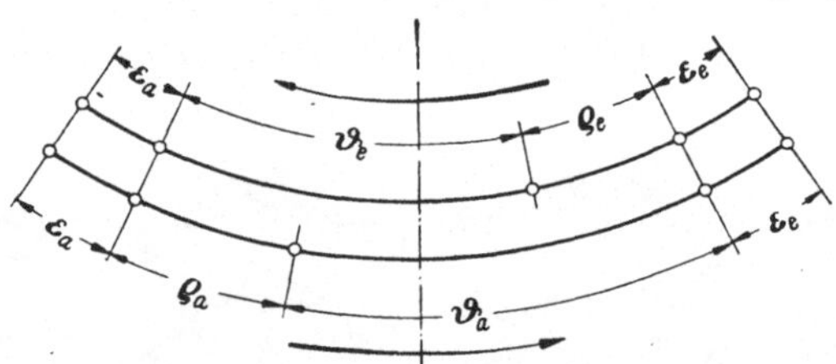

Abb. 228. Die einzelnen Phasen der Pendelschwingung

Da die beiden Umkehrpunkte symmetrisch zur Mittellinie liegen sollen, muß bei der Pendelstellung „Mitte" ein Ankerradzahn eingangsseitig oder ausgangsseitig sich bereits unter der Hebfläche befinden (genauer in Stellung $\dfrac{\vartheta_\varepsilon + \varrho_\varepsilon}{2}$ oder $\dfrac{\vartheta_a + \varrho_a}{2}$. Wichtig für die Justierung des Reglers).

Konstruktive Einzelheiten (Abb. 229). Die Berechnung des Ankeröffnungswinkels, der Palettenführung usw. erfolgt nach Festlegung der hierzu notwendigen Daten wie Zähnezahl des Ankerrades, Übergriff, Fall usw. nach Gl. (6,20) und (6,22).

Gebräuchliche Größen:

	z_G	n	ϑ	ϱ
Kurzpendelwerk	30	8	2°	1°
Sekundenpendeluhr	30	11	1°	1/2°
Turmuhren	30	10	1°	1/2°

Im allgemeinen wird die GRAHAM-Hemmung mit gleicharmigem Anker ausgeführt.

Zum Entwurf wird man links und rechts der Zentralen den halben Ankeröffnungswinkel antragen. Die Schnittpunkte des Winkelschenkels

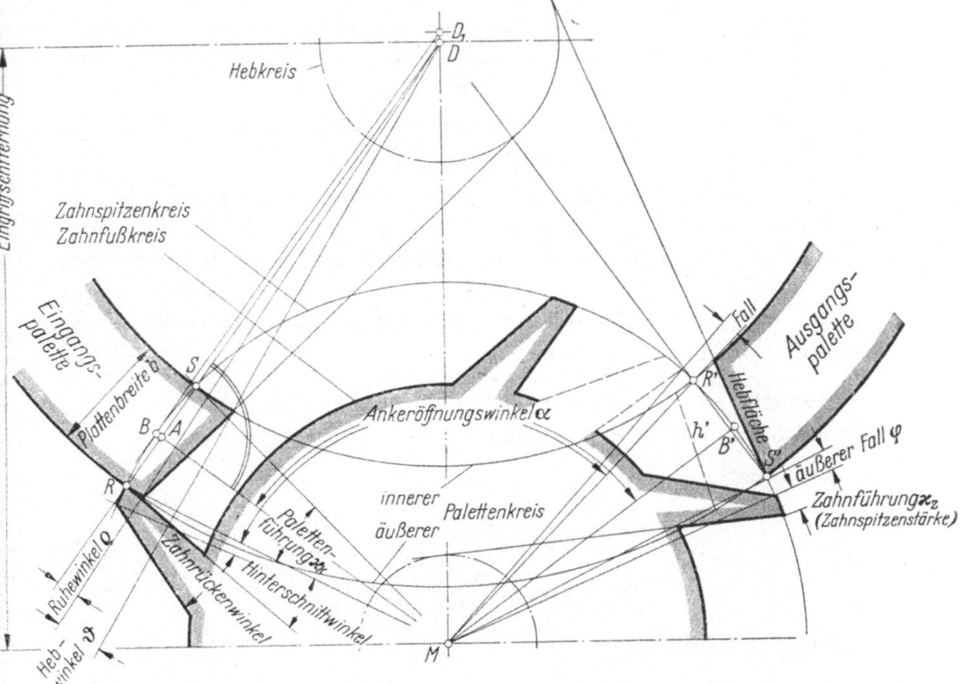

Abb. 229. Bezeichnungen bei der GRAHAM-Hemmung

mit dem Zahnspitzenkreis führen zu den Punkten B bzw. B'. Die Tangenten in B und B' schneiden die Zentrale im Ankerdrehpunkt D_1. An die Gerade BD_1 wäre der Ruhewinkel ϱ anzutragen (übliche Konstruktion). Dann fällt allerdings die Zahnspitze nicht mehr mit dem Ruhepunkt R zusammen, es bleibt eine kleine Differenz.

Es ist deshalb zweckmäßiger, zur Ankerdrehpunktsermittlung nicht die Tangente, sondern die Sehne zu verwenden. Dadurch erleidet der Ankerdrehpunkt eine geringe Verschiebung nach dem Ankerrade zu (Punkt D), die aber in praxi unbedeutend ist.

Die Palettenführung $\varkappa_k$ wird hälftig zum Schenkel des Ankeröffnungswinkels angetragen. Hierdurch sind die Palettenkreise bestimmt. Der Schnittpunkt des unteren Ruhewinkelschenkels mit dem äußeren Palettenkreis und der Schnittpunkt des unteren Schenkels des Hebwinkels ϑ mit dem inneren Palettenkreis ergibt die Lage der Hebfläche.

Die ausgangsseitige Hebfläche: Da entsprechend unserer Annahme der eingangsseitige Zahn auf Ruhe gefallen ist, muß ausgangsseitig ein Zahn gerade abgefallen sein, d. h., die ausgangsseitige Hebfläche muß mit ihrer äußersten Kante gerade den Zahnspitzenkreis berühren. Trägt man von R' aus nach oben wiederum den Hebwinkel ab, so ergibt der Schnittpunkt des oberen Winkelschenkels mit dem inneren Palettenkreis den inneren Eckpunkt der Hebfläche.

Die Verlängerungen beider Hebflächen tangieren einen Kreis um den Ankerdrehpunkt, den sogenannten Hebkreis.

Aus herstellungstechnischen Gründen wird der GRAHAM-Anker zweiteilig aus einem Grundkörper aus Stahl, in dem die Paletten in Form von Zylindersegmenten eingesetzt werden, ausgeführt. Diese sind bei gewöhnlichen Ausführungen aus Stahl, bei besserer Ausführung aus Stein. Ein weiterer Vorteil der eingesetzten Paletten besteht in der leichteren Justiermöglichkeit.

Formeln zur Berechnung von Ankergrößen (Abb. 230). (Auf die Herleitung soll verzichtet werden.)

a) Die Palettenkreise:

$$r_a = r\left(\cos\frac{\varkappa_k}{2}\,\operatorname{tg}\frac{\alpha}{2} + \sin\frac{\varkappa_k}{2}\right),$$
$$r_i = r\left(\cos\frac{\varkappa_k}{2}\,\operatorname{tg}\frac{\alpha}{2} - \sin\frac{\varkappa_k}{2}\right). \tag{6,35}$$

b) Die Palettenbreite:

$$b = r_a - r_i = 2\,r\sin\frac{\varkappa_k}{2}. \tag{6,36}$$

c) Die Zentrale:

$$c = \overline{MD} = r\,\frac{\cos\dfrac{\varkappa_k}{2}}{\cos\dfrac{\alpha}{2}}. \tag{6,37}$$

d) Der Hebkreisradius (hergeleitet aus der Gleichung für den Abstand eines Punktes, des Ankerdrehpunktes von einer Geraden, der Hebflächengeraden):

$$r_h = (x_D - x_R)\sin\nu - (y_D - y_R)\cos\nu. \tag{6,38}$$

Hierin bedeuten:

x_D, y_D die Koordinaten des Ankerdrehpunktes, in unserem Falle also $x_D = 0$ und $y_D = c =$ Zentrale.

ν ergibt sich aus

$$\operatorname{tg} \nu = \frac{y_T - y_R}{x_T - x_R}.$$

x_R und y_R sind die Koordinaten des linken Eckpunktes der Hebfläche:

$$x_R = - r \sin\left(\frac{\alpha}{2} + \frac{\varkappa_k}{2}\right),$$

$$y_R = \quad r \cos\left(\frac{\alpha}{2} + \frac{\varkappa_k}{2}\right),$$

x_T und y_T die Koordinaten des rechten Eckpunktes:

$$x_T = - r_i \sin \sigma,$$

$$y_T = c - r_i \cos \sigma.$$

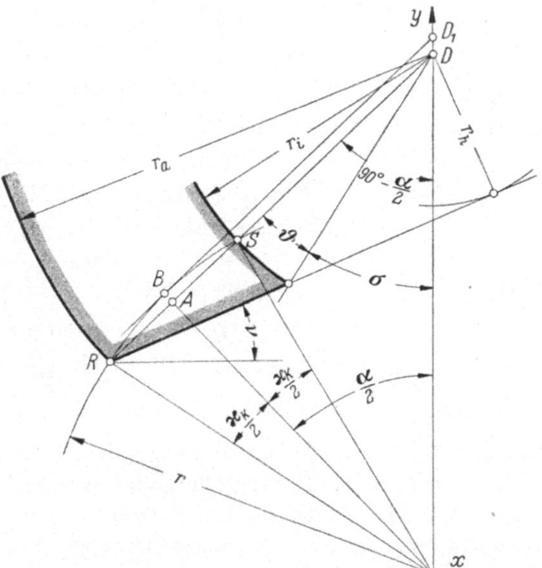

Abb. 230. Die geometrischen Verhältnisse an der Eingangspalette

e) Zentralendifferenz (Ankerdrehpunktsverschiebung):

$$\overline{D_1 D} = \frac{r}{\cos\dfrac{\alpha}{2}}\left(1 - \cos\frac{\varkappa_k}{2}\right). \tag{6,39}$$

Allgemeine Betrachtung über Fall und Ruhe. Der Fall ist ein notwendiges Übel jedes Hemmreglers; er soll deshalb so klein wie möglich sein. Er kann um so geringer sein, je kleiner die Hebung ist und je präziser der Regler ausgeführt wird.

Der Fall kann ungleich und unregelmäßig sein. Man spricht von ungleichem Fall, wenn er auf einer Palette zwar immer die gleiche Größe hat, auf beiden Paletten aber verschieden ist. Ist der Fall auf ein und derselben Palette verschieden, so spricht man von unregelmäßigem Fall.

Der *ungleiche* Fall rührt von einer falschen Ankereinstellung her und kann durch Verändern des Abstandes Ankerrad/Ankerdrehpunkt korrigiert werden.

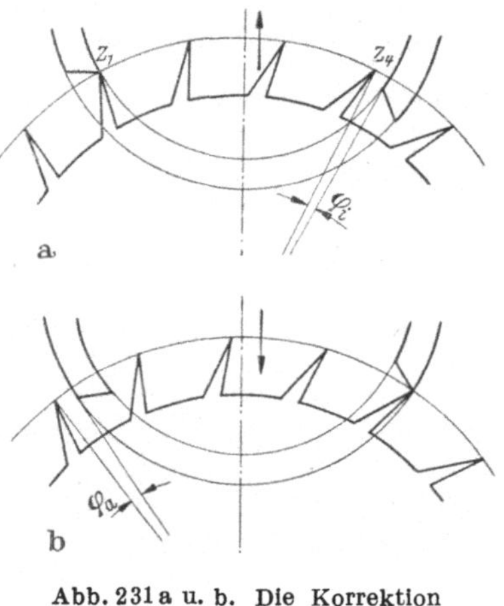

Abb. 231 a u. b. Die Korrektion
des Falles

In Abb. 231a verläßt der Zahn z_1 gerade die Hebfläche, so daß der Zahn z_4 den Fall durchläuft. Der Winkel des inneren Falles sei φ_i. Verschiebt man den Anker in der Pfeilrichtung (nach außen), so wird der Winkel φ_i kleiner werden; beim Hineinschieben des Ankers wird φ_i größer.

Umgekehrt wird beim Verringern der Zentrale (Abb. 231b) der Winkel des äußeren Falles φ_a kleiner, beim Vergrößern der äußere Fall φ_a größer.

In einer bestimmten Stellung des Ankers werden also innerer und äußerer Fall gleich sein.

Zum Verschieben des Ankers dienen exzentrische Futter.

Nähert man den Anker dem Ankerrade, so wird außer der Korrektion des Falles die ursprüngliche Ruhe vergrößert und umgekehrt. Die hierdurch notwendige Nachkorrektion der Ruhe erfolgt durch Herausziehen oder Hineinschieben *einer* Palette. Herausziehen einer Palette aus dem Ankerrad verringert die Ruhe, Hineinschieben vergrößert sie.

Der *unregelmäßige* Fall kann seine Ursache in einer fehlerhaften Teilung des Ankerrades oder in einer exzentrischen Befestigung des Ankerrades auf seiner Welle haben.

76. Hemmregler mit loser Kopplung

a) Bauelemente und Bewegungsbild

Für nicht ortsgebundene Laufwerke ist die Anordnung Ankerrad—Anker—Pendel als Regler ungeeignet, da das Pendel lageabhängig und gegen Erschütterungen sehr empfindlich ist.

Eine befriedigende Lösung für diese Zwecke wurde in dem Unruhregler mit „freier Ankerhemmung" gefunden, wenn man von der früher verwendeten Zylinderhemmung und der noch älteren Spindelhemmung absieht.

An Stelle des Pendels tritt als träge Masse eine in Spitzen oder Zapfen gelagerte Scheibe oder besser ein Ring, der in Verbindung mit einer Spiralfeder als Eigenschwinger wirkt. Ein solches System ist (was nicht ganz genau zutrifft) lageunabhängig. Der Energieersatz für dieses Drehpendel erfolgt vom Anker über eine Gabel nach dem Hebelstein (Abb. 232), ebenso wie das Auslösen des Ankers von dem Schwinger aus über den Hebelstein nach der Gabel und dem Anker erfolgt. Wesentlich hierbei ist, daß die Zusammenarbeit von Hebelstein und Gabel in beiden Fällen des Energieaustausches nur auf einem verhältnismäßig kleinen Winkel während der Drehbewegung des Eigenschwingers erfolgt. Im übrigen muß aber der Eigenschwinger ohne jede Verbindung frei schwingen können, was für den Isochronismus von außerordentlichem Vorteil ist.

Als weiterer Vorzug dieser Reglerart wäre zu erwähnen, daß damit eine höhere Drehzahl der Ankerradwelle zu erreichen ist (für kleine Schwingungsdauern wird ein physisches Pendel zu kurz, der Reglermechanismus arbeitet instabil). Diese beträgt

a) für einen Pendelregler mit einem Pendel von 120 mm Länge, dessen Ankerrad 20 Zähne hat:

$$n_G \approx 4{,}35 \text{ Umdrehungen/Minute;}$$

b) für einen Unruhregler, wie er in Taschen- und Armbanduhren in Gebrauch ist ($s_G = 300/\text{Min.}$ $z_G = 15$):

$$n_G = 10 \text{ Umdrehungen/Minute;}$$

c) für Unruhregler als Schnellschwinger ($s_G = 6000/\text{Min.}$ $z_G = 15$):

$$n_G = 200 \text{ Umdrehungen/Minute.}$$

Entsprechend betragen die durch den Regler bestimmten kleinsten Zeitintervalle bei a) $\approx 0{,}345$ sek, bei b) $= 0{,}2$ sek und bei c) $= 0{,}01$ sek (wichtig für die Konstruktion von Zeitmeßgeräten).
Je nach Anordnung der Hebflächen unterscheidet man:

a) Regler mit Hebflächen nur am Anker. Die Ankerradzähne sind spitz. Englische Ankerhemmung. Wegen der empfindlichen Zahnform des Ankerrades heute weniger gebräuchlich.

b) Ein Teil der Hebung ist auf den Radzahn übernommen. Allgemein als Schweizer Ankerhemmung bezeichnet (der Form der Zähne wegen auch Kolbenzahnhemmung genannt).

c) Regler mit Hebflächen nur am Rade. Der Anker trägt zwei dünne Stifte, die nur einen Bruchteil der Hebung übernehmen. Stiftankerhemmung.

Bauelemente (Abb. 232)

Energiegeber: Ankerrad.

Energieübertrager: Ankerpalette, Anker, Gabel, Gabeleinschnitt.

Energieempfänger: Hebelstein auf der Rolle, Unruh.

Sicherungseinrichtungen: Zugwinkel, Prellstifte, Sicherungsmesser (Sicherungsstift), Sicherungsrolle, Gabelhörner.

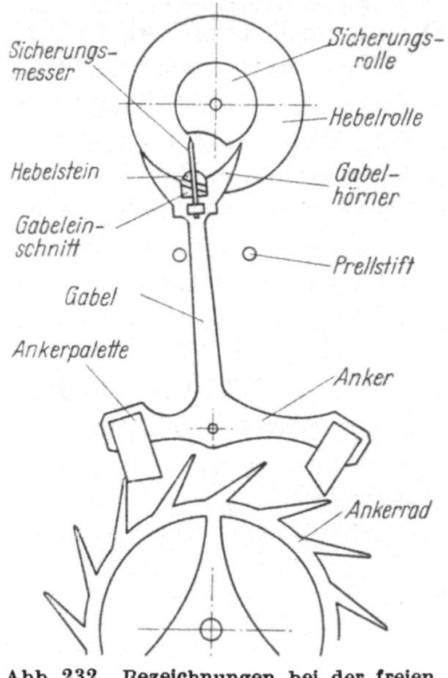

Abb. 232. Bezeichnungen bei der freien Ankerhemmung

Bewegungsbild (Schweizer Ankerhemmung). Auf die einzelnen Bauelemente soll erst anschließend eingegangen werden.

Ausgangsstellung wie Abb. 233a. Die Unruh vollführt eine Rechtsschwingung. Der Hebelstein verläßt den Gabeleinschnitt. Ein Zahn ist an der Eingangspalette auf Ruhe gefallen. (Die Paletten haben im Gegensatz zur GRAHAM-Hemmung keine runde Form.) Die Gabel ist um den „verlorenen Weg" von den Prellstiften entfernt.

(Abb. 233b.) Der Anker wird durch den an der Palette vorhandenen Zugwinkel unter der Einwirkung des Ankerrades tiefer in das Ankerrad eingezogen, bis die Gabel an den Prellstiften anliegt.

Die Gabel durchläuft dabei den verlorenen Weg. Hierdurch ist der Anker zumindest teilweise gegen ein Zurückschlagen (z. B. durch Erschütterungen) gesichert. Während dieser Zeit schwingt die Unruh völlig in die Ergänzung (Rechtsschwingung) hinein und kehrt um.

(Abb. 233c.) Nach erfolgter Umkehr der Unruh tritt der Hebelstein wieder in den Gabeleinschnitt ein, trifft auf dessen rechte Wandung und gibt dem Anker durch den Schlag einen Drehimpuls: Die Palette wird aus dem Ankerrad gezogen, die Auslösung beginnt. Der Ankerradzahn gleitet über die Ruhe auf die Hebfläche. Die Hebung beginnt. In dieser Phase ändert sich die Impulsrichtung zwischen Hebelstein und Gabel. Bis hierher wirkte der Hebelstein treibend auf die Gabel. Vom Beginn der Hebung an wirkt die Gabel treibend auf den Hebelstein.

(Abb. 233d.) Ende der eingangsseitigen Hebung. Der Zahn steht kurz vor dem Fall. Der Hebelstein verläßt den Gabeleinschnitt, die Unruh vollführt frei die Linksschwingung.

(Abb. 233e.) Der unmittelbar vor der Ausgangspalette stehende Zahn ist auf Ruhe gefallen. Die Unruh schwingt weiter in die Ergänzung. (Abb. 233f.) Der ausgangsseitige Zugwinkel bewirkt ein weiteres Einziehen des Ankers. Die Gabel legt den ausgangsseitigen verlorenen

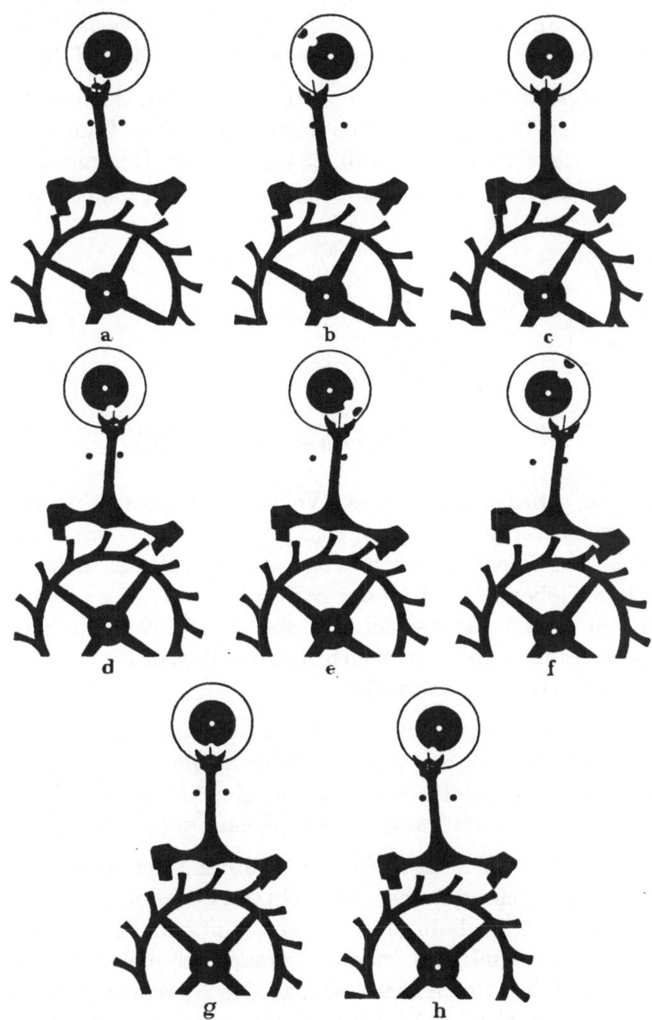

Abb. 233a—h. Bewegungsbild der freien Ankerhemmung

Weg zurück, bis sie an dem rechten Prellstift anliegt. Die Unruh erreicht ihre Extremstellung und kehrt ihre Drehrichtung um (sie geht von der Linksschwingung in eine Rechtsschwingung über).

(Abb. 233g.) Der Hebelstein trifft auf die Gabelwandung und zieht
den Anker aus dem Ankerrad. Die ausgangsseitige Auslösung beginnt.
Nach der Auslösung Beginn der Hebung und Energieabgabe über Gabel
und Hebelstein an die Unruh.
(Abb. 233h.) Der Zahn hat an der Ausgangspalette das Ende der Hebfläche erreicht und kann abfallen. Der Hebelstein verläßt den Gabeleinschnitt. Der vor der Eingangspalette stehende Zahn fällt auf Ruhe.

Die wichtigsten Bauelemente und ihre Funktion. Ankerrad. Charakteristisch für den Regler ist die Zahnform. Spitzzähne finden wir bei der
Englischen Ankerhemmung (Abb. 234a). Diese Hemmung ist heute
weniger gebräuchlich, da die Zahnspitze gegen Schläge, wie sie beim

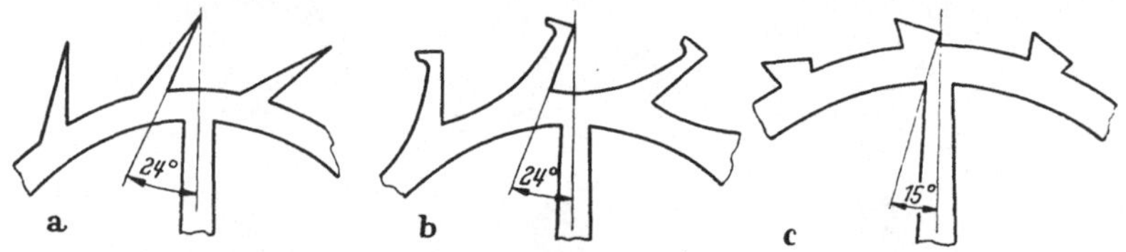

Abb. 234a—c. Form des Ankerrades bei der Englischen-, Schweizer-
und Stiftankerhemmung

Fall auftreten, sehr empfindlich ist. Vorherrschend ist heute der Kolben-
zahn (Schweizer Ankerhemmung) (Abb. 234b). Er hat eine größere
mechanische Festigkeit, garantiert eine gute Ölhaltung, neigt aber auch
leichter zum Kleben. Das Rad der Stiftankerhemmung (Abb. 234c) hat
ebenfalls eine große Eigenstabilität. Es ist relativ einfach mit einem
Formfräser herzustellen, was hinsichtlich des Preises für die Verwendung
in einfacheren Werken wesentlich ist.

Anker. Verwendung findet in der Hauptsache der ungleicharmige
Anker. Grund: gleicher Abstand der Ruheflächen vom Drehpunkt und
damit eingangsseitig und ausgangsseitig gleiche Arbeit zur Auslösung
des Ankers. Eingesetzte Paletten: aus Stein oder Stahl.

Der Zugwinkel. Die Ruheflächen müßten, um ihrem Zwecke zu
entsprechen, ähnlich wie bei der GRAHAM-Hemmung konzentrisch
angeordnet sein. Nur dadurch wäre ein Minimum an Reibung garantiert. Ein solches Minimum ist aber gerade hier nicht erwünscht, weil
die Gabel und damit der Anker während des Ausschwingens der Unruh
in die Ergänzung ohne jede Arretierung wäre und somit der Anker
durch Erschütterungen und Stöße aus dem Ankerrad herausgezogen
werden könnte. Ein Arretieren des Ankers während der Zeit, in der
die Gabel ohne Führung durch den Hebelstein ist, kann aber nur durch
das Ankerrad erfolgen. Aus diesem Grunde geht man von der Kreisform der Ankerpalette ab und ersetzt ihre Ruheflächen durch Ebenen.

Die Lage dieser Ebenen zum Ankerdrehpunkt wird so gewählt, daß das System die Tendenz hat, infolge des Zahndruckes nach innen zu gleiten, bis diesem „Zug" durch die Prellstifte Halt geboten wird.

Der im Punkte R (Abb. 235) infolge des Zahndruckes auftretenden Normalkraft N entspricht, da Reibung vorhanden sein soll, die Reibungskraft μN. Diese Kräfte greifen an den beiden Hebelarmen n_1 und n_2 an und versuchen den Anker (je nach Größe des resultierenden Momentes bzw. des Winkels ξ) in positiver oder negativer Richtung zu drehen. Konstanten Reibungskoeffizienten vorausgesetzt, wird also ξ einen bestimmten Betrag nicht unterschreiten dürfen, damit die Summe der Momente von N und

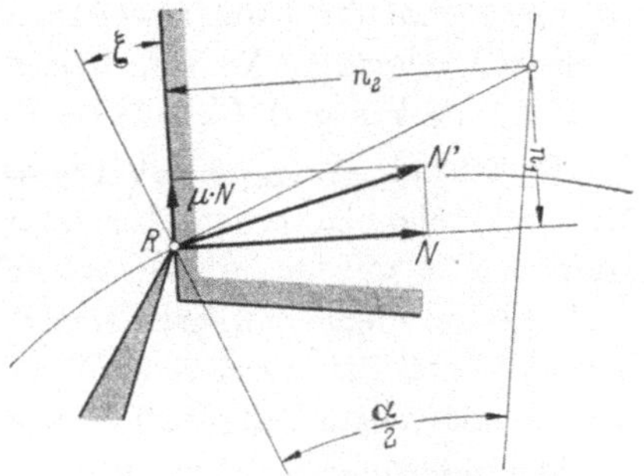

Abb. 235. Zur Ermittlung des Zugwinkels

μN (oder anders ausgedrückt, das Moment der Resultierenden N') positiv wird, der Anker also die Tendenz hat, nach innen zu gleiten.

Die Größe der beiden Hebelarme:

$$n_1 = r\, \text{tg}\, \frac{\alpha}{2} \sin \xi, \qquad n_2 = r\, \text{tg}\, \frac{\alpha}{2} \cos \xi.$$

Drehmoment der Normalkraft:

$$N n_1 = N\, r\, \text{tg}\, \frac{\alpha}{2} \sin \xi.$$

Drehmoment der Reibungskraft:

$$\mu N n_2 = \mu N\, r\, \text{tg}\, \frac{\alpha}{2} \cos \xi.$$

Soll Gleichgewicht herrschen, so müssen die beiden Momente entgegengesetzt gleich sein:

$$N\, r\, \text{tg}\, \frac{\alpha}{2} \sin \xi = \mu N\, r\, \text{tg}\, \frac{\alpha}{2} \cos \xi,$$

$$\mu = \text{tg}\, \xi,$$

$$\xi = \text{arc tg}\, \mu.$$

Nimmt man für den Reibungskoeffizienten μ (Stahl auf Stein) für den ungünstigsten Fall (Flächen trocken und von mittlerer Politur) $\approx 0{,}17$, so erhält man für ξ einen Winkel von 10 Grad. Um den Anzug des Ankers mit Sicherheit zu gewährleisten, wird $\xi = 12$ Grad angenommen. Eine darüber hinausgehende Vergrößerung des Zugwinkels muß jedoch vermieden werden, da sonst die Auslösearbeit und die Rückführung unnötig größer werden.

Gabel. Die Gabel dient zur Übertragung des Impulses vom Anker auf die Unruh und umgekehrt. Sie ist mit dem Anker fest verbunden, bewegt sich also mit ihm gemeinsam. Der Winkel, um den sich die Gabel dreht, wird bestimmt durch den Hebwinkel, die Ruhe und den verlorenen Weg. Er beträgt ohne verlorenen Weg durchschnittlich etwa 10 Grad. Kürzere Gabeln werden längeren vorgezogen. Längere Gabeln bedeuten schwerere Massen, belasten also die Gabel- und Ankerwelle stärker. Anker und Gabel sollen gut ausgewuchtet sein.

Prellstifte. Aufgabe der Prellstifte ist die Begrenzung des Zuges, da sonst eine zu große Auslösearbeit von der schwingenden Unruh aufgebracht werden müßte. Gleichzeitig soll auch ein Aufsitzen der Palette auf dem Zahngrund vermieden werden. Ihre Lage wird so gewählt, daß der „verlorene Weg", der Drehwinkel von der Palettenstellung nach dem Fall bis zu beendigtem Zug, ungefähr ein Grad beträgt.

Sicherungsmesser (Abb. 236). Durch die Prellstifte kann also nur die Extremlage der Gabel vorgeschrieben werden. Es wäre aber immer-

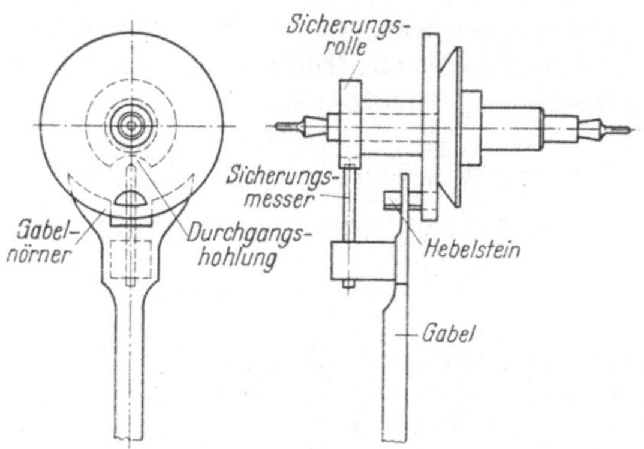

Abb. 236. Gabel mit Doppelrolle

hin auch denkbar, daß die Gabel in der Bewegungsphase, in der der Hebelstein sich außerhalb des Gabeleinschnittes befindet, trotz des Anzugs durch den Zugwinkel infolge eines momentanen Stoßes zurückschlägt. Durch solch vorzeitiges Zurückschlagen der Gabel würde der Hebelstein nach dem Umkehren auf den Außenteil der Gabel aufschlagen: das System wäre dadurch gestört. Um dies zu vermeiden, bringt man an der Gabel das sogenannte Sicherungsmesser an. Es steht in der Verlängerung der Gabelmitte und legt sich bei eventuellem Zurückschlagen an die Außenwand der Rolle.

Rolle und Hebelstein. Die Rolle hat die Form einer runden Scheibe, die mit der Unruhwelle fest verbunden ist. Sie hat die zweifache Aufgabe, Lager für den Hebelstein zu sein und gleichzeitig als Anschlag

für das Sicherungsmesser zu dienen. Der Hebelstein ist in der Stahl-
rolle eingepaßt. Diese „Steine", meist aus Saphir, werden in billigeren
Werken auch aus Stahl gefertigt.

Einfache und Doppelrolle. Bei der einfachen Rolle, die heute kaum
mehr zur Verwendung kommt, wird derselbe Rollenkörper, der Träger
des Hebelsteines ist, als Anschlag für das Sicherungsmesser verwendet.
Mit zunehmender Rollengröße wird jedoch die Gefahr des Festhakens
des Messers an der Rollenwandung vergrößert. Man wird also bestrebt
sein, die Sicherungsrolle so klein wie möglich zu machen.

Der Forderung größerer Rollendurchmesser für den Hebelstein,
kleinerer Rollendurchmesser für die Sicherung kommt die Doppelrolle
entgegen (Abb. 236). Der Durchmesser der Sicherungsrolle entspricht
etwa dem halben Durchmesser der Hebelsteinrolle.

Die Sicherungsrolle ist an ihrer Außenwandung auf der Linie Dreh-
punkt/Hebelstein ausgespart, um dem Messer den Durchgang beim Umlegen der Gabel zu gestatten. Diese „Durchgangshohlung" soll die nur
unbedingt notwendige Größe haben, da durch ein unnötiges Verbreitern
das Messer nach Austritt des Hebelsteines aus dem Gabeleinschnitt
keine genügende Anlagefläche mehr hat.

Gabelhörner. Die Gabelhörner sind zur Ergänzung der Sicherung
vorhanden, da sich das Sicherungsmesser beim Verlassen des Gabeleinschnittes durch den Hebelstein noch in der Durchgangshohlung befinden kann. Bei der einfachen Rolle ist das Vorhandensein der Hörner
nicht unbedingt notwendig, da sich das Messer schon nach einer geringen
Drehung der Rolle anlegen kann. Durch die nähere Lage der Durchgangshohlung am Drehpunkt bei der Doppelrolle wird der Winkel,
währenddem sich das Messer in der Durchgangshohlung befindet,
gemessen vom Drehpunkt der Unruh aus, beträchtlich vergrößert. Der
Anker wäre in diesem Augenblick ohne genügende Sicherung. Hier
übernehmen die Gabelhörner die Sicherung. Beim Zurückschlagen der
Gabel legen sich die Hörner an den Hebelstein an.

b) Englische Ankerhemmung, ungleicharmig

Eingangspalette

1. Kurzanweisung zur Zeichnung. Als bekannt sollen vorausgesetzt
werden:

r	Ankerradradius (Zahnspitzenkreis)	ϱ	Ruhewinkel
z	Zähnezahl des Ankerrades	ϑ	Hebwinkel
n	Anzahl der übergr. Teilungen	φ	Fall
		ξ	Zugwinkel

Aus diesen Größen läßt sich nach Gl. (6,20) und (6,22) die Führung
an der Palette $\varkappa_k$ und der Ankeröffnungswinkel α berechnen. Punkt R

(s. Abb. 237) ist der Schnittpunkt des halben Ankeröffnungswinkels mit dem Zahnspitzenkreis. S ist der Schnittpunkt des an den halben Ankeröffnungswinkel angetragenen Winkels $\varkappa_k$ mit dem Zahnspitzenkreis (ungleicher Anker!). Von R aus wird der Ruhewinkel ϱ angetragen. Er gibt als Schnittpunkt mit dem äußeren Palettenkreis r_a (der in der Zeichnung als Kreis kaum ersichtlich ist) den einen Punkt der Hebfläche H_e. Im Punkte S muß zunächst nochmals der Ruhewinkel angetragen werden, da die Tangente RD — in Abweichung von der Konstruktion des GRAHAM-Ankers — nicht durch den Punkt S geht, wodurch die Größe des Hebwinkels um den Betrag der Ruhe vermindert würde. Vom Punkte S_1 aus, der also um den Betrag der Ruhe von S entfernt liegt, wird der Hebwinkel angetragen. Der Schnittpunkt des inneren Palettenkreises r_i mit dem unteren Hebwinkelschenkel ergibt den inneren Hebflächenpunkt H_a.

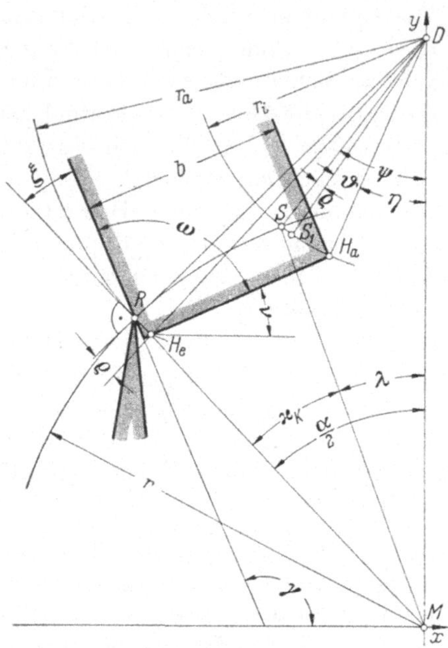

Abb. 237. Zur trigonometrischen Berechnung der Ankergrößen. Engl. Ankerhemmung. Eingangspalette

Trägt man in R den Zugwinkel ξ an, so ergibt der Schnittpunkt des Zugwinkelschenkels mit der bereits erhaltenen Hebfläche (Gerade $H_e H_a$) den vorderen Eckpunkt der Palette. Wie man sieht, wird dadurch die Hebfläche um ein allerdings unbeträchtliches Stück vergrößert.

2. Formeln zur Berechnung von Ankergrößen

a) Zentrale:

$$c = \frac{r}{\cos \dfrac{\alpha}{2}}. \tag{6,40}$$

b) Äußerer Palettenkreis:

$$r_a = r \operatorname{tg} \frac{\alpha}{2}. \tag{6,41}$$

c) Innerer Palettenkreis:

$$r_i = \sqrt{c^2 - 2\,c\,r \cos \lambda + r^2}. \tag{6,42}$$

d) Palettenwinkel ω:

$$\omega = \gamma - \nu$$

oder

$$\operatorname{tg} \omega = \frac{\operatorname{tg}\gamma - \operatorname{tg}\nu}{1 + t\gamma \operatorname{tg}\nu}. \qquad (6,43)$$

Richtungswinkel γ:

$$\gamma = 90° + \frac{\alpha}{2} - \xi.$$

Richtungswinkel ν:

$$\operatorname{tg}\nu = \frac{y_{H_a} - y_{H_e}}{x_{H_a} - y_{H_e}}.$$

$$x_{H_e} = -(r - r_a\varrho)\sin\frac{\alpha}{2},$$

$$y_{H_e} = (r - r_a\varrho)\cos\frac{\alpha}{2},$$

$$x_{H_a} = -r_i \sin\eta = -r_i \sin(\psi - \varrho - \vartheta),$$

$$y_{H_a} = c - r_i \cos\eta = c - r_i \cos(\psi - \varrho - \vartheta),$$

worin

$$\psi = \operatorname{arc} \operatorname{tg} \frac{r\sin\lambda}{c - r\cos\lambda}.$$

e) Palettenbreite b. Sie ergibt sich, wenn man in Gl. (6,38), der Abstandsgleichung eines Punktes von einer Geraden, an Stelle von ν, γ und für x_D bzw. y_D die obigen Koordinaten von x_{H_e} bzw. y_{H_e} setzt.

f) Die Rückführung. Durch Anbringen des Zugwinkels ξ im Punkte R kommt die vordere Ecke der Palette nach E_1 (Abb. 238) zu liegen. Während der Auslösung des Ankers wird das Ankerrad um den kleinen Winkel $\Delta\alpha$ zurückgeführt. Dessen Betrag ist insofern von Interesse, als er nicht größer als der äußere Fall (Fall an der Ausgangspalette) sein darf. Sonst stößt eingangsseitig der nächste Zahn evtl. an der Palette an. Bezeichnen wir den Winkel E_1MD (M Ankerradmittelpunkt, D Ankerdrehpunkt) mit $\alpha'/2$, so beträgt die Rückführung

$$\Delta\alpha = \frac{\alpha'}{2} - \frac{\alpha}{2}.$$

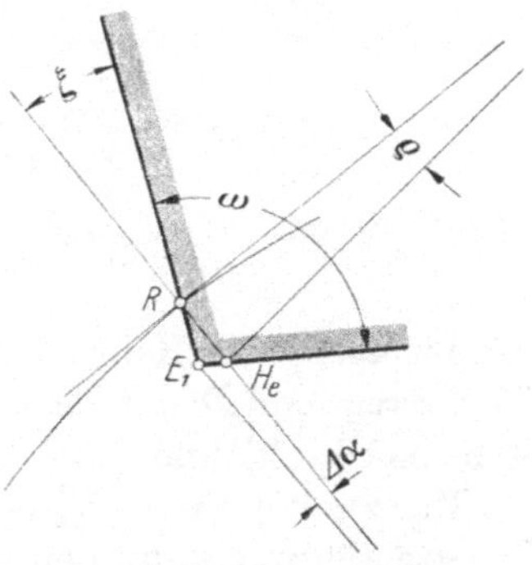

Abb. 238. Zur Bestimmung der Rückführung durch Vergrößern der Eingangspalette beim Anbringen des Zugwinkels

Es ist

$$\frac{\alpha'}{2} = \operatorname{arc} \operatorname{tg} \frac{y_{H_e} - y_R + x_R \operatorname{tg}\gamma - x_{H_e}\operatorname{tg}\nu}{(x_R - x_{H_e})\operatorname{tg}\gamma \operatorname{tg}\nu + y_{H_e}\operatorname{tg}\gamma - y_R \operatorname{tg}\nu}. \qquad (6,44)$$

Für einen Regler mit den üblichen Größen

$$z = 15 \qquad\qquad \varrho = 1^1/_2 \ \text{Grad} \qquad\qquad \xi = 12 \quad \text{Grad}$$
$$\vartheta = 8^1/_2 \ \text{Grad} \qquad \varphi = 2 \quad \text{Grad} \qquad \alpha/2 = 30 \quad \text{Grad}$$

wird

$$\varDelta\alpha \approx 10 \ \text{Bogenminuten.}$$

Ausgangspalette

1. Zeichnungsanweisung. Vom Schnittpunkt V' (Abb. 239) des Schenkels des halben Ankeröffnungswinkels mit dem Zahnspitzenkreis

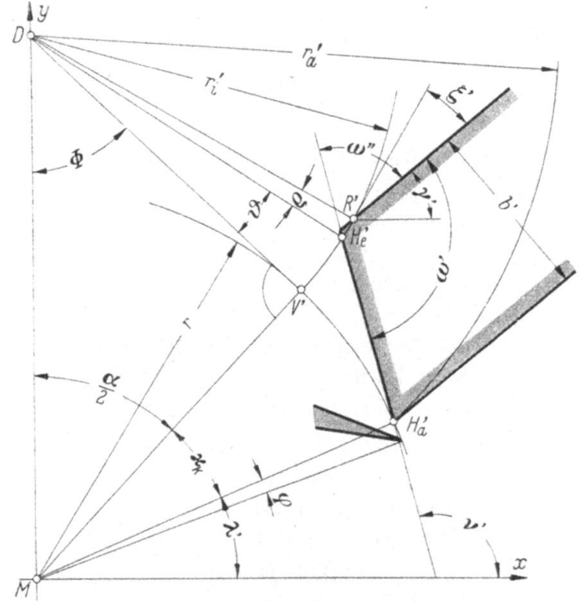

Abb. 239. Zur trigonometrischen Berechnung der Ankergrößen.
Engl. Ankerhemmung. Ausgangspalette

wird zunächst der Hebwinkel ϑ und hieran der Ruhewinkel ϱ angetragen. Der Kreis um D mit dem Radius DV' schneidet die beiden Winkelschenkel in H_e' und R'. H_e' ist ein Punkt der Hebfläche.

Den zweiten Punkt H_a' der Hebfläche erhält man durch Antragen der Palettenführung $\varkappa_k$ an den rechten Schenkel des halben Ankeröffnungswinkels (ungleicharmiger Anker). Im Punkte R' wird der Zugwinkel angetragen. Der *eingangsseitige* Zugwinkel ξ wird beim Herausziehen des Ankers um den Winkel ϱ vergrößert. Soll die Auslösearbeit auf beiden Seiten gleich sein, so muß der *ausgangsseitige* Zugwinkel ξ' zu Beginn der Auslösung $= 12° + \varrho$ (im allgemeinen $= 13^1/_2$ Grad) sein, damit nach beendigter Auslösung ξ' gerade 12 Grad beträgt.

2. Formeln zur Berechnung der Ankergrößen

a) Innerer Palettenkreis: Der innere Palettenkreis der Ausgangspalette ist gleich dem äußeren Palettenkreis der Eingangspalette.

$$r'_i = r \operatorname{tg} \frac{\alpha}{2}. \tag{6,45}$$

b) Äußerer Palettenkreis:

$$r'_a = \sqrt{c^2 + r^2 - 2\,cr\,\cos\left(\frac{\alpha}{2} + \varkappa_k\right)}. \tag{6,46}$$

c) Palettenwinkel ω':

$$\omega' = 180° - \omega'',$$

$$\operatorname{tg}\omega'' = \frac{\operatorname{tg}\gamma' - \operatorname{tg}\nu'}{1 + \operatorname{tg}\gamma'\operatorname{tg}\nu'}. \tag{6,47}$$

Richtungswinkel γ':

$$\gamma' = \Phi + \vartheta + \varrho - \xi'.$$

Richtungswinkel ν':

$$\operatorname{tg}\nu' = -\frac{y_{H'_e} - y_{H'_a}}{x_{H'_a} - x_{H'_e}},$$

$$x_{H'_a} = r\cos\lambda',$$

$$y_{H'_a} = r\sin\lambda',$$

$$x_{H'_e} = r\operatorname{tg}\frac{\alpha}{2}\sin(\Phi + \vartheta),$$

$$y_{H'_e} = c - r\operatorname{tg}\frac{\alpha}{2}\cos(\Phi + \vartheta).$$

d) Palettenbreite b': entsprechend Gl. (6,38), wenn man für

$$\nu \qquad \gamma'$$

$$x_D \qquad x_{H'_a},$$

$$y_D \qquad y_{H'_a},$$

$$x_R \qquad x_{R'} = r\operatorname{tg}\frac{\alpha}{2}\sin(\Phi + \vartheta + \varrho),$$

$$y_R \qquad y_{R'} = c - r\operatorname{tg}\frac{\alpha}{2}\cos(\Phi + \vartheta + \varrho)$$

setzt.

c) Schweizer Ankerhemmung, ungleicharmig

Eingangspalette

1. Zeichnungsanweisung. Die in Abschn. b) beschriebene Englische Ankerhemmung hat den Nachteil, daß die Zähne des Ankerrades stark hinterschnitten, zu spitz und daher bei kleinen Reglern zu sehr der

Gefahr des Verbiegens oder Abbrechens ausgesetzt sind. Man ist daher von ihrer Anwendung fast vollständig abgekommen.

Die Umgehung dieser Nachteile ist mit der Schweizer Ankerhemmung erreicht worden, bei der ein Teil der Hebung auf den Ankerzahn verlegt ist. Dies bedeutet eine Verbreiterung der Ankerradzähne, was eine willkommene Verstärkung mit sich bringt.

Es hat sich als zweckmäßig erwiesen, bei Reglern mittlerer Größe (Taschenuhren) die Führung am Zahn $\varkappa_z$ halb so groß wie die Palettenführung $\varkappa_k$ zu wählen, bei Armbanduhren jedoch $\varkappa_z$ gleich $\varkappa_k$ anzunehmen.

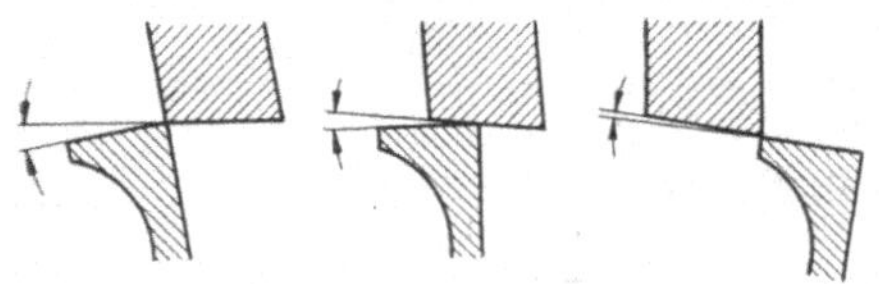

Abb. 240. Stellung von Palette und Ankerradzahn bei der Schweizer Ankerhemmung bei Beginn der Hebung, in Mittelstellung und zu Ende der Hebung

Auch dieser Regler läuft mit Öl. Deshalb muß die Neigung der Hebflächen von Zahn und Palette so gelegt werden, daß beide Flächen nicht an irgendeiner Berührungsstelle in Parallelstellung kommen, da sonst die Gefahr des Klebens besteht (Abb. 240).

Bekannte Größen:

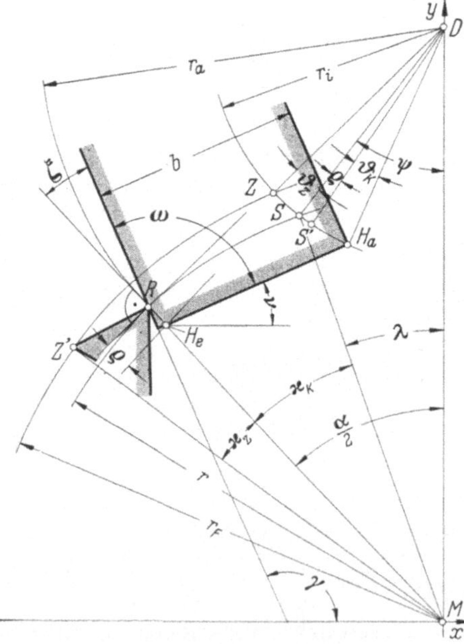

Abb. 241. Zur trigonometrischen Berechnung der Ankergrößen. Schweizer Ankerhemmung. Eingangspalette

r Ankerradradius (Zahnspitzenkreis)

z Zähnezahl des Ankerrades

n Anzahl der übergr. Teilungen

ϱ Ruhewinkel

ϑ Hebwinkel

φ Fall

ξ Zugwinkel

Die Hebung wird in die beiden Anteile

ϑ_k Palettenhebung
ϑ_z Zahnhebung

aufgeteilt.

R ist wiederum Schnittpunkt des Schenkels des halben Ankeröffnungswinkels mit dem Zahnspitzenkreis (Abb. 241). Punkt S ist der Schnittpunkt der an den halben Ankeröffnungswinkel angetragenen Palettenführung $\varkappa_k$ mit dem Zahnspitzenkreis. Die Punkte H_e

und H_a werden wie bei der Englischen Ankerhemmung gefunden. Dabei ist die der Palette zugeordnete Hebung ϑ_k einzuzeichnen.

Den Anteil der Zahnhebung ϑ_z trägt man von S aus auf dem inneren Palettenkreis an. Man kommt so zu Punkt Z, der gleichzeitig ein Punkt des Zahnfersenkreises mit dem Radius r_F ist.

Da der Zahn eingangsseitig nach der üblichen Darstellung auf Ruhe liegen soll, erhält man die Hebfläche des Zahnes durch Antragen des Führungsanteiles $\varkappa_z$ des Zahnes an den Ankeröffnungswinkel und Verbinden des Punktes R mit dem Schnittpunkt Z' des äußeren Schenkels des Winkels $\varkappa_z$ mit dem Zahnfersenkreis.

Wie bereits ausgeführt, soll die Hebung auf Palette und Zahn so verteilt werden, daß in Abfallstellung des Zahnes Zahnfläche und

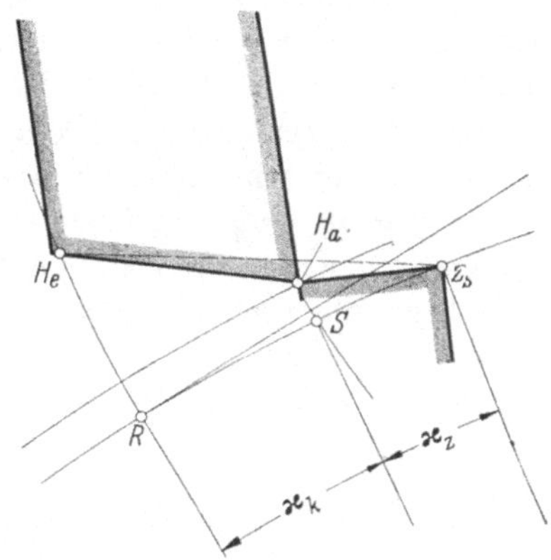

Abb. 242. Aufteilung der Gesamthebung auf Palette und Ankerradzahn bei der Schweizer Ankerhemmung

Hebfläche der Palette noch unter einem kleinen Winkel anstehen. Der Punkt H_a, der mit Punkt Z identisch ist (Abb. 242), muß also unter die Gerade $H_e Z_s$ zu liegen kommen. Je kleiner der Winkel ϑ_z angenommen wird, um so größer ist der Winkel $H_e H_a Z_s$.

2. Formeln für die Berechnung der Ankergrößen.

a) Zentrale
b) Äußerer Palettenkreis
c) Innerer Palettenkreis
d) Palettenwinkel ω } wie bei der Englischen Ankerhemmung.
e) Palettenbreite b
f) Rückführung
g) Zahnfersenkreisradius r_F

Koordinaten des Punktes Z:

$$x_Z = - r_i \sin (\psi + \vartheta_Z),$$
$$y_Z = c - r_i \cos (\psi + \vartheta_Z).$$
$$r_F = \sqrt{x_Z^2 + y_Z^2}.$$

Ausgangspalette

1. Zeichnungsanweisung. Da die Annahme getroffen wurde, daß eingangsseitig der Zahn auf Ruhe gefallen sei, muß von der Ausgangspalette gerade ein Zahn abgefallen sein. Der äußere Eckpunkt H_a' (Abb. 243) muß also auf dem Zahnfersenkreis liegen. Der Anteil der Zahnhebung ist durch den Winkel ϑ_Z' gegeben, der jedoch nicht mit dem Zahnhebungswinkel ϑ_Z an der Eingangsseite identisch ist. Die Länge des durchlaufenen Weges $r_F - r$ ist gleich dem der Eingangsseite, doch wird er in einer größeren Entfernung vom Drehpunkt D (ungleicharmiger Anker) durchlaufen. Es ist also $\vartheta_Z' < \vartheta_Z$.

Soll die ausgangsseitige Gesamthebung gleich der eingangsseitigen Gesamthebung sein, so muß die ausgangsseitige Palettenhebung um den Betrag $\vartheta_Z - \vartheta_Z'$ vergrößert werden. Diese Vergrößerung ergibt sich automatisch, wenn man vom Punkte G aus, der auf dem inneren Palettenkreis liegt, die verlangte Gesamthebung ϑ anträgt.

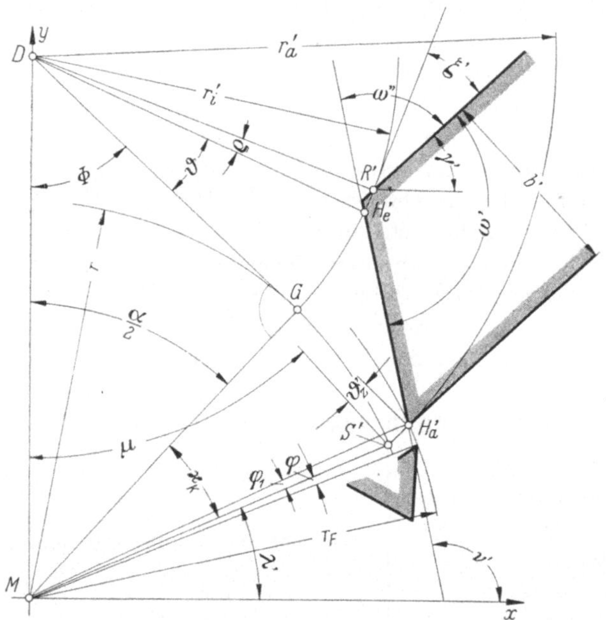

Abb. 243. Zur trigonometrischen Berechnung der Ankergrößen.
Schweizer Ankerhemmung. Ausgangspalette

2. Formeln zur Berechnung der Ankergrößen. Sämtliche Größen können mit den bereits aufgestellten Formeln bestimmt werden. Lediglich die Koordinaten von H_a' erfahren eine Änderung.

Es ist

$$r_a' = \overline{DS'} = \overline{DH_a'} = \sqrt{c^2 + r^2 - 2\,cr\,\cos\left(\frac{\alpha}{2} + \varkappa_k\right)}.$$

Damit wird
$$x_{H_a'} = r_a'\,\sin\left(\mu + \vartheta_Z'\right),$$
$$y_{H_a'} = c - r_a'\,\cos\left(\mu + \vartheta_Z'\right).$$

worin

$$\mu = \mathrm{arc\ sin}\ \frac{r \sin\left(\dfrac{\alpha}{2} + \varkappa_k\right)}{r'_a},$$

$$\vartheta'_Z = \frac{r_F - r}{r'_a}.$$

Gebräuchliche Größen:

$$
\begin{array}{ll}
z = 15 & \vartheta_z = 3^1/_2 \text{ Grad} \\
n = 3 & \varrho = 1^1/_2 \text{ Grad} \\
\vartheta_k = 5 \text{ Grad} & \varphi = 2 \text{ Grad}
\end{array}
$$

d) Die Stiftankerhemmung

Im Gegensatz zur Englischen Ankerhemmung wird bei der Stiftankerhemmung die Hebung fast ausschließlich durch den Radzahn bewirkt. Die Ankerpaletten sind durch runde Stahlstifte ersetzt, an denen die Hebflächen der Ankerradzähne wirken. Im Mittel beträgt der Anteil der Stifthebung an der Gesamthebung ungefähr den 5. Teil.

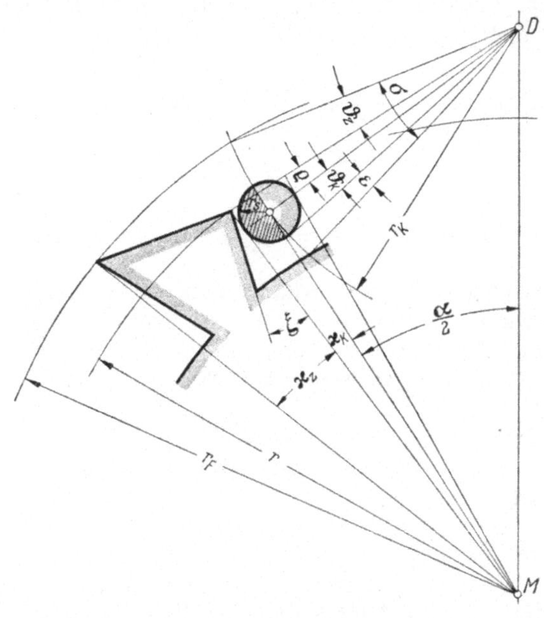

Abb. 244. Stiftankerhemmung. Eingangsseite

Während bei der Englischen bzw. Schweizer Ankerhemmung die Begrenzung des Gabelausschlages durch die Prellstifte erfolgt, wird bei der Stiftankerhemmung die Begrenzung durch den Radzahn selbst vorgenommen. Infolge des Radzahnhinterschnittes ξ (Abb. 244), der durchweg zu 15 Grad angenommen wird, wird der Anker durch den Zahndruck so weit eingezogen (Ergänzung ε), bis die Ankerstifte auf dem Zahngrund aufstoßen. Dies vereinfacht die Herstellung wesentlich, bringt aber insofern für den Betrieb des Reglers eine Unsicherheit mit sich, als sich in den Zahnecken leicht verdicktes Öl festsetzen kann, das ein Kleben der Ankerstifte am Zahngrund begünstigt. Trotz dieses Nachteiles hat die Stiftankerhemmung gerade ihrer einfachen Herstellungsweise wegen vor allem in billigeren Uhren und auch für technische Laufwerke anderer Art verbreitet Anwendung gefunden.

Bei den bisher behandelten Hemmungen wirkte die gesamte Palettenbreite bei der Hebung mit. Somit erstreckte sich auch die Palettenführung $\varkappa_k$ über die gesamte Palettenbreite. Bei der Stiftankerhemmung trägt nur die halbe Stiftbreite (in Abb. 244 und 245 schraffiert), und hiervon nur die untere Hälfte, zur Hebung bei. Für die Berechnung der Ankergrößen ist dies ohne Belang.

Ausgehend von der Gesamthebung ϑ erhält man die Stiftdicke bzw. den Stiftradius r_s, wenn der Anteil des Stiftes an der Hebung ϑ_k beträgt, nach der Formel

$$r_s = r_k\, \vartheta_k.$$

Weiterhin ist

$$\varkappa_k = \frac{r_s}{r}.$$

Somit wird

$$\varkappa_k = \frac{r_k\, \vartheta_k}{r}.$$

Den Ankeröffnungswinkel α bestimmt man nach Gl. (6,22), die Führung am Radzahn $\varkappa_z$ nach Gl. (6,21).

$$\varkappa_z = \frac{\tau}{2} - \varphi - \varkappa_k,$$

$$= \frac{\tau}{2} - \varphi - \frac{r_k\, \vartheta_k}{r},$$

und da $r_k = r\,\mathrm{tg}\,\dfrac{\alpha}{2}$ ist, wird

$$\varkappa_z = \frac{\tau}{2} - \varphi - \vartheta_k\,\mathrm{tg}\,\frac{\alpha}{2}.$$

Die Gesamtdrehung des Ankers und damit der Ankergabel ist gleich

Zahnhebung + Stifthebung + Ruhe + Ergänzung,

oder gleich $\vartheta_z + \vartheta_k + \varrho + \varepsilon$.

Eine Besonderheit weist der Fall auf. Da der Stift während der Hebung um den Weg $r_F - r$ (r_F Zahnfersenkreis) ausgeschwenkt wird (Abb. 245), vergrößert sich der Fall um den allerdings unbeträchtlichen

Winkel φ_1. Diese Vergrößerung des Falles tritt auch bei der Schweizer Hemmung auf (s. Abb. 243, Winkel φ_1). Ihr Wert ist dort insofern

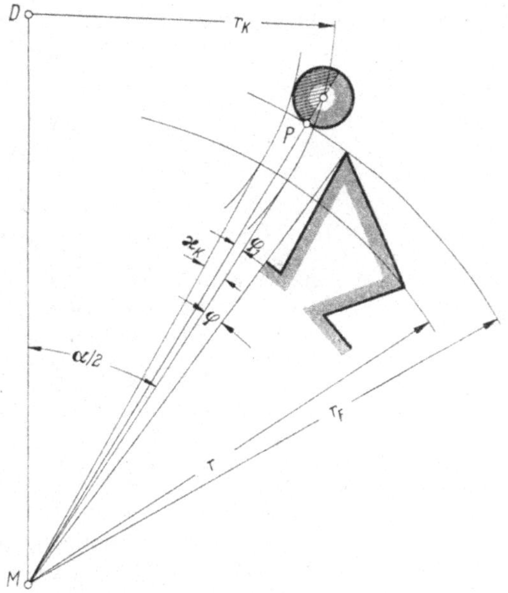

Abb. 245. Stiftankerhemmung. Ausgangsseite

geringer, weil der Anteil der Radzahnhebung an der Gesamthebung geringer ist als bei der Stiftankerhemmung.

Gebräuchliche Größen:

$$
\begin{array}{ll}
z = 15 & \varrho = 2 \text{ Grad} \\
n = 3 & \varphi = 2 \text{ Grad} \\
\vartheta_k = 2 \text{ Grad} & \varepsilon = 3 \text{ Grad} \\
\vartheta_z = 8 \text{ Grad} &
\end{array}
$$

Der Ankeranzug. Nimmt man als Ankerdrehpunkt den Schnittpunkt der Tangente an den Zahnspitzenkreis (an der Stelle halber Ankeröffnungswinkel) mit der Zentrale (MD), so ist der Anzugsweg eingangs- und ausgangsseitig verschieden groß. Dieser Nachteil ist aus Abb. 246a (die keine maßstäbliche Zeichnung darstellt) deutlich zu ersehen.

Es besteht jedoch keinerlei Veranlassung, den Drehpunkt an diese Stelle zu legen. Verschiebt man den Drehpunkt D nach der Radmitte zu (Abb. 246b), so wird der Zug am Eingang kleiner und am Ausgang größer. Bei genügender Annäherung haben sich die Verhältnisse gerade umgekehrt. Es ist jedoch zu beachten, daß der Ankerdrehpunkt nicht beliebig nahe an den Radmittelpunkt herangerückt werden kann, da sonst die Ankerwelle gekröpft werden muß. (Der Ankerdrehpunkt D in Abb. 246b liegt bereits innerhalb des Zahnfersenkreises.)

Man legt den Ankerdrehpunkt so, daß der Stiftmittelpunkt zu Beginn der Hebung und beim Aufliegen des Stiftes am Zahngrund (Ende der Ergänzung) jeweils auf den Schenkel des Ankeröffnungswinkels zu liegen kommt (Abb. 246c). Dann ist der Zug auf beiden Seiten völlig gleich. Der Drehpunkt des Ankers liegt dann auf der Mittelsenkrechten der Verbindungsgeraden der beiden Stiftmittelpunkte.

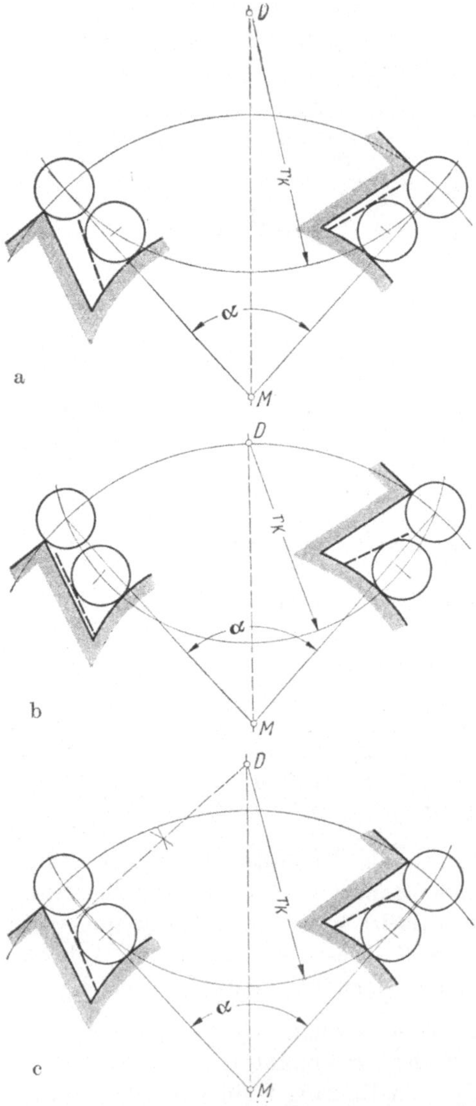

Es hat nicht an Versuchen gefehlt, den Aufbau der Stiftankerhemmung durch Abänderungen der verschiedensten Art zu verbessern. So wurde z. B. vorgeschlagen, zur Vermeidung des Durchziehens des Ankers bis auf den Zahngrund die Begrenzung des Ausschlages dadurch zu erreichen, daß man Unruh-, Anker- und Raddrehpunkt in eine Gerade verlegt. Als Sicherung kann dann die nach der Ankerradseite verlängerte Gabel mit ihrem gespaltenen Ende dienen, das sich bei entsprechender Form an die Ankerradwelle anlegen kann. Vorschläge, die auf ein Verändern der Stift- und Zahnform (Zahnrücken gekrümmt) hinweisen, führten zu keinen wesentlichen Verbesserungen, da sie in keinem Verhältnis zu den dabei entstandenen Herstellungskosten stehen.

Abb. 246a—c. Abhängigkeit des eingangs- und ausgangsseitigen Anzuges von der Lage des Ankerdrehpunktes

Einen völlig neuen Weg hat die Fa. Junghans mit ihrer Konstruktion des „lautlos gehenden Weckers" beschritten. Das Ankerrad besteht hier aus zwei in gleicher Richtung umlaufenden Rädern (b) und (c) (Abb. 247), und zwar sitzt Rad (b) fest auf der Welle (a), während Rad (c) darauf drehbar angeordnet ist. Das innere Ankerrad hat die bekannte Zahnform, das äußere dagegen hat eine entsprechende Innenverzahnung.

Schwingt das Ankerende nach oben, so kommt der Stift (d) auf die Hebfläche des Innenrades: die Hebung beginnt. Danach wird sich der Hebstift (d) an die Ruhefläche des Zahnes (e) von Rad (c) anlegen. Hat er die Zahnspitze des Ankerrades (b) ganz verlassen, so

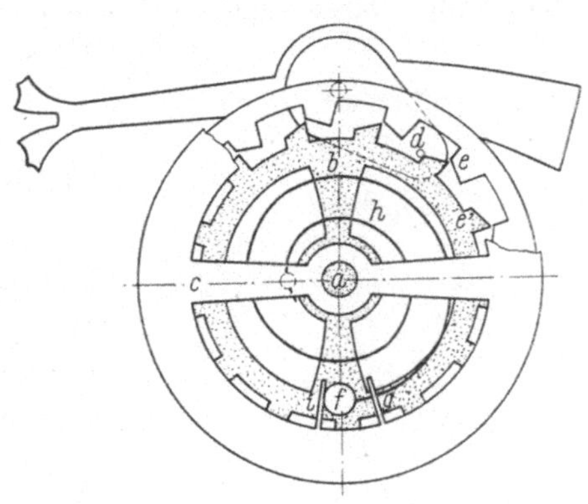

Abb. 247. Aufbau einer „lautlos" arbeitenden Stiftankerhemmung. System JUNGHANS

wird dieses Ankerrad unter dem Einfluß der Antriebskraft weiterbewegt, was üblicherweise als „Fall" bezeichnet wird. Die Drehbewegung des Rades (b) erfolgt so lange, bis der Anschlagstift (f) (in der Abbildung nicht maßstäblich) an der Feder (g) anstößt. Hierbei wird die mit dem Ankerrad (c) fest verbundene Spirale (h), die an dem Stift (f) im Ankerrad (b) eingehängt ist, gespannt. Bei der nun folgenden Rückbewegung der Ankergabel vollzieht sich derselbe Vorgang wie eben beschrieben, nur mit dem Unterschied, daß jetzt der Ankerstift vom Zahn (e) des äußeren Ankerrades (c) dem folgenden Zahn (e') des inneren Ankerrades (b) übergeben wird. Inzwischen erfolgt eine Weiterbewegung des Ankerrades (c) als Fall durch die jetzt gespannte Spirale (h). Die Bewegung wird durch den Stift (f) an der Feder (i) begrenzt.

Da diese Konstruktion nur mit einem Hebstift arbeitet, wird ein ungleicher Zug vermieden.

e) Ankergabeln

Impulsübertrager vom Anker zur Unruh und umgekehrt ist die Ankergabel. Sie ist Träger einer Reihe von Sicherungsorganen, deren einwandfreie Funktion garantiert sein muß. Sie bedarf deshalb einer besonders sorgfältigen Ausführung.

Es sind in der Hauptsache zwei Typen, die heute in der Praxis Eingang gefunden haben. Die Gabel mit Sicherungsmesser und Doppelrolle ist vornehmlich bei der Englischen und Schweizer Ankerhemmung in Gebrauch. Die aus Preisgründen vereinfachte Gabelform finden wir bei der Stiftankerhemmung.

Besondere konstruktive Merkmale. *1. Gabel mit Sicherungsmesser* (Abb. 248). Darstellung nach beendeter ausgangsseitiger Hebung. Die Gabel ist um den Winkel

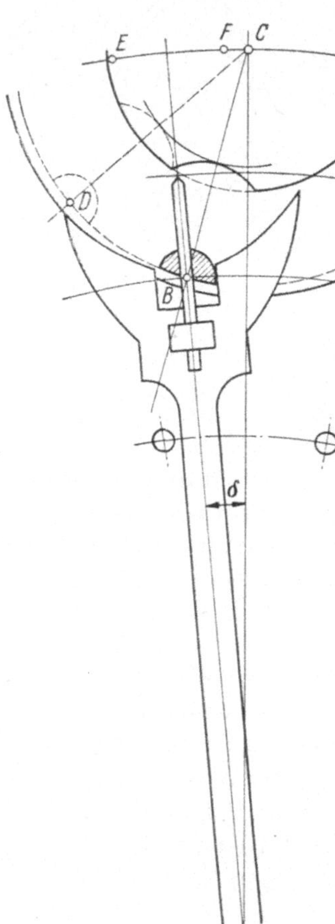

$$\delta = \frac{\text{Ruhe} + \text{Gesamthebung}}{2}$$

aus der Mittellage abgelenkt.

Hebelsteinbreite: etwa 5° (in bezug auf Punkt A).

Durchmesser der Sicherungsrolle: etwa $^3/_5$ des Hebelsteinkreises.

Abstand des Sicherungsmessers von der Sicherungsrolle: $^1/_2$°.

Abstand Gabelwandung—Prellstift, sog. verlorener Weg: etwa 1°.

Durchgangshohlung: Sie muß so gelegt werden, daß das Messer zu Beginn der Auslösung bereits in die Durchgangshohlung eingetreten ist. Ihre Tiefe muß so bemessen sein, daß zwischen Messerspitze und Grund mit Sicherheit keine Berührung möglich ist. Gabelhörner: Sie sollen so lang sein, daß die Gabel während des Durchganges der Unruh durch den Bogen BD durch Anlegen an den Hebelstein an einem Rückschlag gehindert wird, da im Sektor BD das Sicherungsmesser die Sicherung nicht übernehmen kann. Die Innenflächen der Gabelhörner sind Zylinderflächen. Ihre Mittelpunkte sollen aus Gründen des einwandfreien Einschwingens des Hebelsteines nicht auf der Gabelachse bzw. in Zentralstellung nicht im Unruhmittelpunkt C liegen (Punkte E, F).

Abb. 248. Ankergabel mit Sicherungsmesser

Gabellänge: Sie ist charakterisiert durch das Verhältnis äußerer Palettenradius (r_a) eingangsseitig : Gabellänge (AB) : Hebelsteinkreisradius (BC).

	r_a	AB	BC
Kurze Gabel:	1	1,6	0,5
Lange Gabel:	1	2	0,5

Die sogenannte kurze Gabel verlangt aus dynamischen Gründen die schwere Unruh, wohingegen in Verbindung mit der längeren Gabel der Unruh mit dem geringeren Trägheitsmoment der Vorzug gegeben wird.

2. Die einfache Gabel (Abb. 249). Messer und Sicherungsrolle entfallen. Durch Verringern des Hebelsteinradius und durch geeignete Formgebung der Gabelhörner befindet sich der Hebelstein über einem größeren Bereich innerhalb der Gabelhörner, so daß diese die Sicherung übernehmen. Außerhalb dieses Bereiches übernehmen die Gabelspitzen, die sich an den noch vorhandenen Teil der — zum Durchlaß der Gabelspitzen eingefrästen — Unruhwelle anlegen können, die Sicherung. Seitliche Prellhörner begrenzen die Unruhbewegung.

Verwendung in einfacheren Reglern; besonders im Weckerbau anzutreffen.

f) Das Echappement

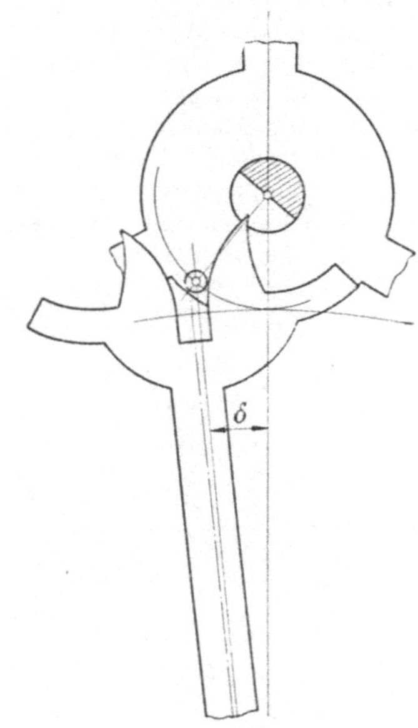

Abb. 249. Ankergabel einfacherer Ausführung

Den Mechanismus eines vollständigen Unruhreglers nennt man ,,Echappement''. Auf Grund seiner getriebetechnischen Eigenschaft existiert es im Laufwerksbau als eine in sich abgeschlossene Baugruppe aus den bereits besprochenen Getriebegliedern Ankerrad, Anker, Ankergabel und Unruh, wobei man weiterhin die Gruppe im geschlossenen Werk und das Einbauechappement unterscheidet.

Nach der Art der Hemmung gruppiert man die Echappements in

1. Ankerechappements mit Englischer oder Schweizer Hemmung für mittlere und höhere Qualitäten,

2. Stiftankerechappements, für Wecker und billigere Kleinuhren.

Entsprechend den Forderungen nach erhöhter Präzision und Regelgenauigkeit gewann das Schweizer Ankerechappement die größte Bedeutung.

Aufbau (Abb. 250). Die Zeichnung zeigt die Draufsicht und den Schnitt durch die Zentrale der Achsenmittelpunkte sowie den Sitz der Schrauben und Stellstifte.

1 Grundplatte, zur Montage der Brücken und Lager.

2 Unruhbrücke. Sie nimmt Spiralrücker und Spiralklötzchen, Unruhlager und Deckplatten auf.

3 Ankerbrücke, zur Aufnahme des oberen Ankerlagers.
4 Ankerradbrücke, zur Aufnahme des oberen Ankerradlagers.
5 Unruhkörper, mit Unruhwelle vernietet.
6 Anker mit Paletten.
7 Ankerrad, mit zugehöriger Welle vernietet.
8 Spiralschlüssel, durch Vernietung mit Rückerzeiger *10* drehbar verbunden.
9 Spirale, innen mit Spiralrolle, außen mit Spiralklötzchen verstiftet.
10 Rückerzeiger.
11 Spiralklötzchen.
12 Spiralstift (Ansteckpunkt der Spirale).
13 Unruhschrauben.
14 Spiralrolle auf Unruhwelle aufgeschoben.
15 Doppelrolle.
16 Ankerwelle, in Ankerkörper eingepreßt.
17 Prellstifte.

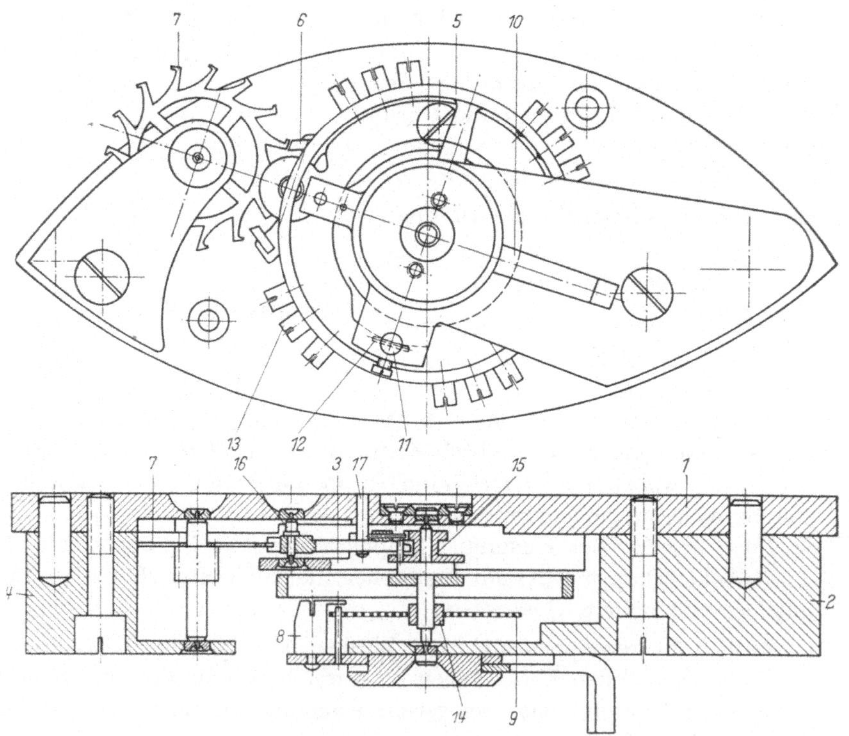

Abb. 250. Aufbau eines Echappements

Grundplatte und Brücken sind durch Zylinderschrauben fest miteinander verbunden. Jede Brücke trägt an ihrer Auflagefläche mindestens zwei eingepreßte Stellstifte, die mit Schiebesitz genau in die entsprechenden Löcher der Grundplatte passen.

Die nachfolgende Aufstellung der wichtigsten Abmessungen der Hauptteile eines Echappements einer Armbanduhr soll einen Überblick über die Größenverhältnisse geben.

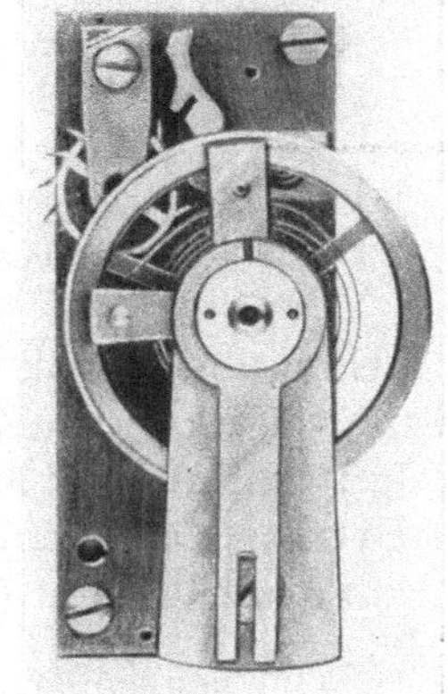

Ankerrad:
Zahnfersenkreis	5,8	mm
Raddicke	0,2	„
Wellendurchmesser	0,25	„
Zapfenstärke	0,1	„
Laufweite	2,8	„

Anker:
Wellendurchmesser	0,4	mm
Zapfenstärke	0,1	„
Palettenbreite	0,3	„
Palettendicke	0,4	„

Unruh:
Außendurchmesser	8,2	mm
Reifendicke	0,6	„
Reifenhöhe	0,6	„
Zapfendicke der Welle	0,08	„
Hebelsteinbreite	0,3	„

Abb. 251. Taschen-uhrechappement. Natürliche Größe

Abb. 252. Echappement eines größeren technischen Laufwerkes. Natürliche Größe

Einbauechappements sind in verschiedenen Größen im Handel. Abb. 251 und 252 zeigen zwei Typen in Originalgröße. Für beide Regler ist $s_G = 300/\text{Minute}$. Notwendiges Antriebsmoment für den kleineren Regler 0,05 pcm, für die stärkere Type 1,5 pcm.

Siebentes Kapitel

Schlagwerke

77. Einteilung der Schlagwerke

Unter einem Schlagwerk verstehen wir denjenigen Teil einer Uhr, der die Aufgabe hat, bei bestimmten Zeigerstellungen diesen Zeigerstand durch ein akustisches Zeichen anzuzeigen. Es lag dabei nahe, hierzu die volle Stunde, weiter die halbe, viertel und dreiviertel Stundenstellung zu wählen. Das Schlagwerk bildet einen vom Zeitwerk unabhängigen Mechanismus.

Man unterscheidet

1. *nach dem Konstruktionsprinzip*:
   a) Schloßscheibenschlagwerke,
   b) Rechenschlagwerke,
   c) Sonderkonstruktionen.

2. nach der Schlagleistung:

    a) das einfache Stundenschlagwerk,
    b) das Stundenschlagwerk mit Halbschlag,
    c) das Stundenschlagwerk mit Ein- bis Dreiviertelschlag,
    d) das Stundenschlagwerk mit Ein- bis Vierviertelschlag.

3. uach Art der Auslösung:

    a) Schlagwerke mit sogenannter „Warnung",
    b) Schlagwerke mit Momentauslösung.

Grunsdätzlich gilt für jedes Schlagwerk: Der Antrieb ist vom Zeitwerk völlig getrennt, die Steuerung des Schlagwerkes geschieht vom Zeigerwerk aus. Der Mechanismus, der die Auslösung und die Steuerung der verlangten Anzahl Schläge, die sogenannte „Anrichtung", bewirkt, nennt man Kadratur (lat. *cadere* „fallen").

Ein gemeinsamer Antrieb von Zeit- und Schlagwerk ist durchaus möglich. Verschiedenen auf den Markt gebrachten Konstruktionen lag dieses Prinzip, z. B. gemeinsames Federhaus, zugrunde. Da jedoch die hierbei auftretenden Nachteile bei weitem überwiegen, haben sie keine praktische Bedeutung erlangt. Sie weisen durch Wegnahme eines Teiles der nutzbaren Windungen des gemeinsamen Kraftspeichers zum Betrieb des Schlagwerkes eine geringere Laufzeit auf bzw. verlangen bei gleicher Laufzeit den Einbau eines Getriebes mit kleinerem Übersetzungsverhältnis zwischen Antrieb und Minutenwelle und somit einen größeren Kraftspeicher. Außerdem liegt bei etwaigem Federbruch sowohl das Zeitwerk als auch das Schlagwerk still.

Der Antrieb des Schlagwerkes kann sowohl durch Gewicht als auch durch Zugfeder erfolgen.

Die Laufzeit des Schlagwerkes wird so gewählt, daß sie größer als die des Zeitwerkes ist. Dies ist bei den zunächst zu besprechenden Schloßscheibenwerken insofern wichtig, als hier bei vorzeitigem Ablauf des Schlagwerkes bei späterem Aufziehen ein Fehlschlagen möglich ist.

78. Schloßscheiben-Schlagwerke (Schlagwerke mit „Warnung")

a) Das Pariser Schloßscheibenwerk

Man findet dieses Werk nur noch bei älteren Federzug-Kurzpendeluhren. Es ist als einfaches Stundenschlagwerk oder Stundenschlagwerk mit Halbschlag ausgeführt. Infolge seiner Nachteile ist es heute vollständig durch das wesentlich betriebssicherere Rechenschlagwerk verdrängt.

Bauteile (Abb. 253)

A_1 und A_2 Auslösestifte auf
dem Viertelrohr

a Auslösehebel

w Warnungsarm (fest mit a)

f_1 erster Fallenhebel

f_2 zweiter Fallenhebel (fest
mit f_1)

b Bügel (fest mit f_1)

S_1 Anlaufstift auf

F Fallenrad (auch 1. Anlaufrad genannt)

S_2 Anlaufstift auf

L Anlaufrad (auch 2. Anlaufrad genannt)

S Schloßscheibe

H Hebnägelrad

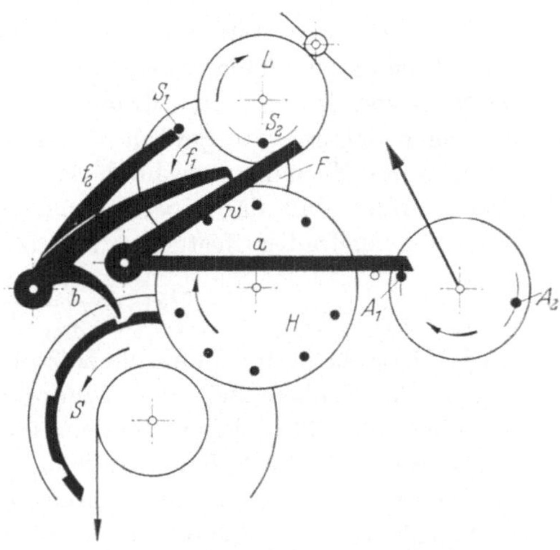

Abb. 253. Getriebeschema eines Pariser Schloßscheibenwerkes

Der Ablauf. In der gezeichneten Stellung (Abb.
253), die eine Prinzipskizze
darstellt, ist das Werk durch das Anliegen des Stiftes S_1 am Fallenhebel f_2 blockiert. Die Auslösung des Schlagwerkes wird durch Hoch-
drücken des Auslösehebels a durch einen der beiden Stifte A_1 bzw.
A_2, die auf dem Viertelrohr sitzen, eingeleitet. Hierdurch wird die
Sperre $S_1 f_2$ aufgehoben: das Werk läuft an. Mit dem Anheben von a
ist aber der Warnungsarm w in den Bereich von S_2 geschoben worden.
Der Stift S_2 schlägt an die vorn abgewinkelte Nase von w (in der Zeichnung nicht ersichtlich) an. Hierbei hat das Anlaufrad L beinahe eine
ganze Umdrehung gemacht, wodurch der Stift S_1 unterhalb des Fallen-
hebels f_2 zu liegen kommt.

Die vorstehend beschriebene Phase des Ablaufes nennt man die
„Warnung“. Schlagwerke dieser Art nennt man, im Gegensatz zu denen
mit momentaner Auslösung, Schlagwerke mit Warnung.

Bei weiterer Drehung des Viertelrohres wird der Stift A_1 so weit
angehoben, daß der Auslösehebel a vom Stifte abfällt. Der Ablauf kann
beginnen; und damit die Drehung des Hebnägelrades H, das mit seinen
Hebnägeln den Hammer (nicht eingezeichnet) betätigt. Der Warnungsarm w steht außerhalb des Drehkreises von S_2, der Fallenhebel f_2 jedoch
wieder im Drehkreis von S_1. Beim Halbstundenschlag ist der Bügel b
nochmals in die Lücke der Schloßscheibe eingefallen, wodurch das
Werk nach einem Schlag durch die Sperre $S_1 f_2$ blockiert wird. Beim
nachfolgenden Stundenschlag läuft der Bügel b auf das nächste Seg-
ment der Schloßscheibe auf. Die Sperre $S_1 f_2$ ist so lange aufgehoben,
bis der Bügel b in die folgende Lücke der Schloßscheibe einfallen
kann.

Übersetzungsverhältnisse. Es ist unumgänglich, daß die Hebnägel nach beendigtem Schlag wieder genau in der Ausgangsstellung stehen, da sonst der Schlag einmal früher oder später einsetzen würde, was an sich ohne Belang wäre, jedoch in der Anlaufphase zu ungleichen Belastungen des Mechanismus durch den Hammerhebel führen würde. Dies setzt voraus, daß das Übersetzungsverhältnis von der Schloßscheibe zum Hebnägelrad so festgelegt ist, daß

$$i_{SH} = \frac{z_s'}{z_s} = \frac{h}{K} = \frac{1}{n}$$

wird. Dabei bedeutet n eine ganze Zahl, h die Zahl der Hebnägel, K die Anzahl der Schläge bei einer Umdrehung der Schloßscheibe, also bei Stundenschlag 78 und bei Stundenschlag mit Halbschlag 90.

Da weiterhin die Anlaufstifte S_1 und S_2 nach Beendigung des Schlages in die Grundstellung zurückkehren müssen, muß das Übersetzungsverhältnis von der Schloßscheibe nach dem Fallenrad F

$$i_{SF} = \frac{1}{K}$$

sein. Hieraus folgt:

$$i_{HF} = \frac{1}{h} \, .$$

Die Anzahl der Umdrehungen des Fallenrades F ist gleich der Anzahl der ausgeführten Schläge.

Für das Übersetzungsverhältnis Fallenrad/Anlaufrad muß gelten:

$$i_{FL} = \frac{1}{\text{Ganze Zahl}} \, .$$

Die Schloßscheibe (Abb. 254). Aufgabe der Schloßscheibe ist es, den Fallenhebel über den Bügel b so lange aus der Bahn des zugehörigen

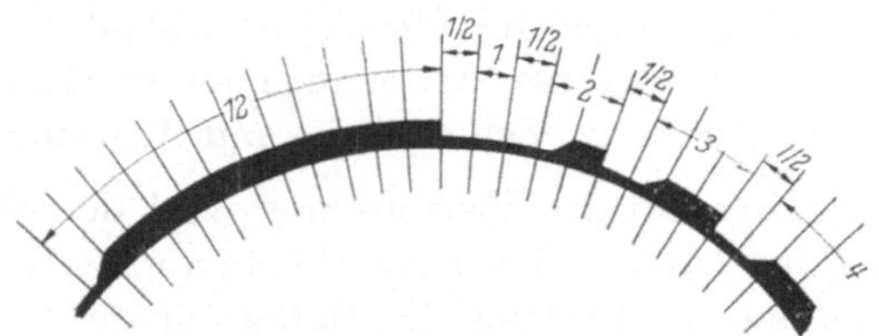

Abb. 254. Die Schloßscheibe des Pariser Werkes

Anlaufstiftes zu halten, bis die verlangte Anzahl Schläge ausgeführt ist. Dies ist bei zwei und mehr Schlägen der Fall. Ein einziger Schlag (Ein-Uhr-Schlag und der Halbstundenschlag) kann ohne Schloßscheibe allein durch Freigabe von Fallenrad und Anlaufrad durch den Auslösehebel und den Auslösestift gegeben werden.

Die Schloßscheibe ist entsprechend den 90 Schlägen (Stunden- und Halbstundenschlag) in 90 Teile geteilt. Dem Halbschlag wird eine volle

Lücke zugeordnet, ebenso dem Ein-Uhr-Schlag. Die Segmente der jeweiligen Stundenschläge beginnen mit einer Abschrägung, um fehlerhaftes Arbeiten durch Ungenauigkeit in Rundlauf und Teilung auszuschließen.

b) Das Schwarzwälder Schloßscheibenwerk

Der Wunsch, die lange Winterzeit durch irgendwelche handwerkliche Tätigkeit auszunutzen, brachte es mit sich, daß man sich im Schwarzwald um die Mitte des 17. Jahrhunderts mit der Anfertigung von Uhren befaßte. Sie wurden zunächst als einfache Zeitwerke — in der Hauptsache aus Holz — gebaut, die unter dem Namen „Waaguhren" bekannt geworden sind. Dem Verlangen, dem Zeitwerk auch ein Schlagwerk beizugeben, konnte man zunächst nicht entsprechen, da das Pariser Schloßscheibenwerk nicht mit den in den Dörfern des Schwarzwaldes vorhandenen Werkzeugen und Maschinen hergestellt werden konnte. Man ersann darum eine Reihe von Vereinfachungen, die auch die Herstellung eines Schlagwerkes mit einfacheren Mitteln und unverminderter Betriebssicherheit gestattete.

Bauteile (Abb. 255)

A_1 und A_2 Auslösestifte
a_1 Auslösewinkel
a Auslösehebel
f Fallenhebel
b Bügel (fest mit f)
N Nockenscheibe auf
F Fallenrad
S_2 Anlaufstift auf
L Anlaufrad
H Hebnägelrad
S Schloßscheibe

Der Ablauf. In der Ruhestellung (s. Abb. 255) ist das Werk durch den Anlaufstift S_2, der am Fallenhebel f bzw. an dessen nach hinten gebogenen Nase anliegt, blockiert. Zu Beginn der Auslösung wird der Auslösehebel a durch den Auslösestift A_1 bzw. über den Auslösewinkel a_1 angehoben

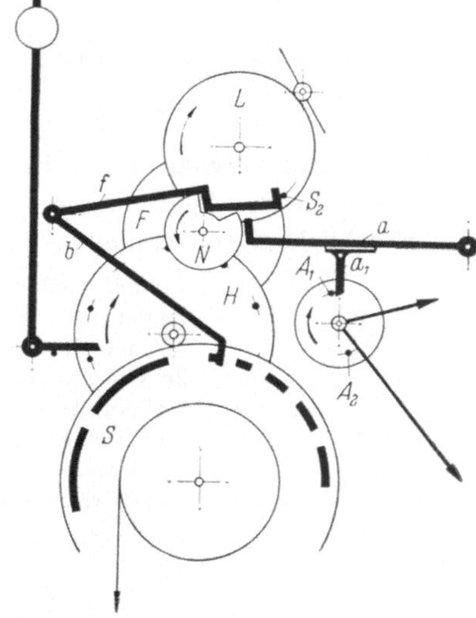

Abb. 255. Schwarzwälder Schloßscheibenwerk. Stellung kurz vor Beginn des Schlagvorganges

(Abb. 256). Dadurch wird das Anlaufrad L, da a gleichzeitig f mitangehoben hat, freigegeben. Da aber die nach hinten abgewinkelte Nase des Auslösehebels a in den Drehkreis von S_2 getreten ist, wird das Anlaufrad bzw. der Anlaufstift nach Durchlaufen eines kurzen Bogens angehalten (Warnung).

Beim Abfallen des Auslösewinkels a_1 und damit auch von a wird der Anlaufstift S_2 freigegeben: das Werk kann anlaufen. Dabei dreht sich auch das Fallenrad F und mit ihm die Nockenscheibe N, die den Fallenhebel f anhebt.

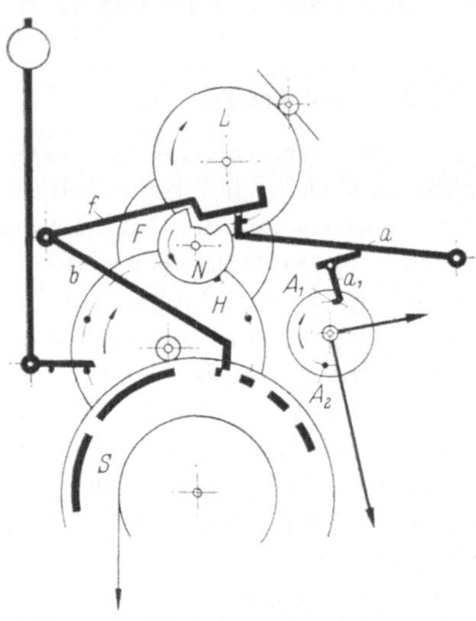

Beim Halbstundenschlag wird sich das Fallenrad einmal drehen, dann fällt der Fallenhebel in die Nockenlücke, da der Bügel b entsprechend der Konstruktion der Schloßscheibe in die zugehörige Lücke einfallen kann.

Beim Stundenschlag (mit Ausnahme des Ein-Uhr-Schlages) kommt der Bügel b auf die Außenfläche des Schloßscheibensegmentes zu liegen. Der Fallenhebel kann beim Durchgang der Nockenlücke nicht in diese einfallen. Erst wenn der Bügel b in die nächste Lücke der Schloßscheibe einfällt, kommt das Werk zum Stillstand.

Abb. 256. Schwarzwälder Schloßscheibenwerk. Beginn der Auslösung

Übersetzungsverhältnisse. Die einzelnen Teilübersetzungsverhältnisse werden wie beim Pariser Schloßscheibenwerk bestimmt. Gebräuchliche Zähnezahlen:

Schloßscheibenrad	90 Zähne,
zugehöriges Kleinrad	9 Zähne.
Hebnägelrad	63 Zähne,
zugehöriges Kleinrad	7 Zähne.
Fallenrad	56 Zähne,
zugehöriges Kleinrad	7 Zähne.
Anlaufrad	56 Zähne,
zugehöriges Kleinrad	7 Zähne.

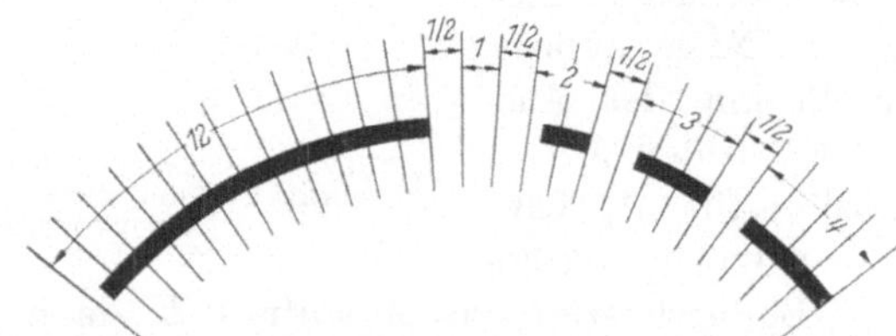

Abb. 257. Die Schloßscheibe des Schwarzwälder Werkes

Die Schloßscheibe. Einteilung der Scheibe wie beim Pariser Werk (Abb. 257). Durch Hereinnahme der Nockenscheibe kann die Abschrägung der einzelnen Segmente unterbleiben. Die Herstellung wird dadurch wesentlich vereinfacht.

Zum Schluß noch das Getriebebild (Abb. 258) und eine Ansicht (Abb. 259) eines der ältesten Schwarzwälder Schloßscheibenwerke.

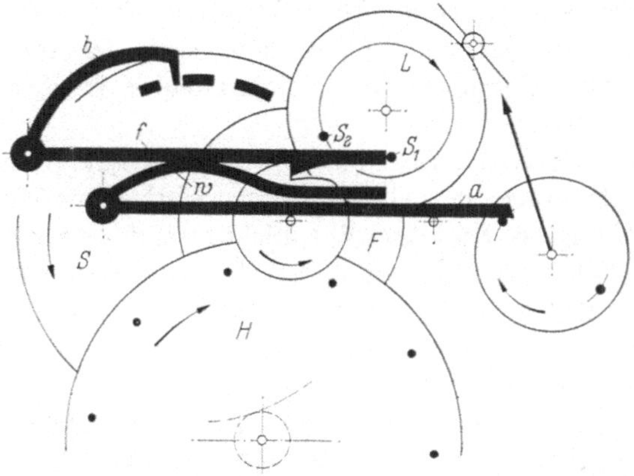

Abb. 258. Getriebeschema eines alten Schwarzwälder Schloßscheibenwerkes

Abb. 259. Altes Schwarzwälder Schloßscheibenwerk. Ansicht

Das Vorhandensein der beiden Anlaufstifte S_1 und S_2, die hier gemeinsam auf dem Anlaufrad L sitzen, und die Hebelanordnungen lassen deutlich die Herkunft vom Pariser Schloßscheibenwerk erkennen.

17*

c) Vor- und Nachteile der Schloßscheibenwerke

Die Art der Konstruktion bringt es mit sich, daß das Schloßscheibenwerk fertigungstechnisch einfacher gegenüber dem noch zu besprechenden Rechenschlagwerk ist. Es handelt sich vorwiegend um Drehteile, einschließlich der Schloßscheibe. Diese Drehteile sind auch in kleineren Betrieben rationell herzustellen, weshalb auch der Hauptanteil der Fertigung dieses Uhrentyps im Schwarzwälder Industriegebiet von Kleinfirmen bestritten wird.

Der Ablauf des Schloßscheibenwerkes ist relativ geräuschlos; hingegen ist die Montage, speziell des Pariser Werkes mit seiner empfindlichen Einstellung der Schloßscheibe, nicht so einfach wie beim Rechenschlagwerk. Als größter Nachteil des Schloßscheibenwerkes gilt, daß die Anzahl der gegebenen Schläge nicht durch die Stellung des Stundenzeigers gesteuert wird, sondern vom Stunden- bzw. Minutenzeiger lediglich die Auslösung des Ablaufes betätigt wird, die Anzahl der Schläge jedoch durch ein vom Zeigerwerk unabhängiges Element, die Schloßscheibe, bestimmt wird. Ist das Schlagwerk abgelaufen, so stimmen bei Weiterlauf des Zeitwerkes und späterem Aufzug des Schlagwerkes die Zahl der abgegebenen Schläge mit der Zeitanzeige nicht mehr überein. Man kann natürlich zur Richtigstellung den Auslösehebel so lange anheben (vorausgesetzt, daß er überhaupt leicht zu erreichen ist), bis die Übereinstimmung wieder hergestellt ist. Solche Manipulationen führen allerdings, da sie meistens von Unkundigen durchgeführt werden, oft zu Beschädigungen. Die einfachste Abhilfe ist, das Drehmoment am Schlagwerk aufzuheben (nur beim Gewichtantrieb durch Anheben des Gewichtes möglich) und das Zeigerwerk so lange durchzudrehen, bis die Übereinstimmung vorhanden ist. Dann muß allerdings das Werk wieder mit dem Schlagwerk gemeinsam auf die richtige Zeit nachgestellt werden, was im ungünstigsten Falle bedeutet, daß die Nachstellung über 11 Stunden weg erfolgen muß.

Diese gewichtigen Nachteile werden bei dem noch zu beschreibenden Rechenschlagwerk völlig vermieden.

79. Rechenschlagwerke (Schlagwerke mit „Warnung“)

Die Entwicklung des Rechenschlagwerkes erfolgte mit aus dem Wunsche heraus, die akustische Zeitangabe nicht nur zur vollen Stunde zu erhalten, sondern sie zu jeder anderen Zeit beliebig oft wiederholen zu können. Die Zeitangabe sollte „repetiert“ werden können (Rechenschlagwerke mit Repetition). Zu einer Zeit, als elektrisches Licht und Radiumleuchtziffern noch unbekannt waren, bestand der begreifliche Wunsch, die Zeitangabe, wenn auch nicht auf die Minute genau, unabhängig von anderen Hilfsmitteln bei Dunkelheit durch mechanische Betätigung, z. B. durch Ziehen einer Schnur (üblichste Art der Repetition), zu wiederholen.

Das Schloßscheibenwerk vermochte diese Forderung nicht zu erfüllen. Beim Anheben des Auslösehebels erfolgt der nächste Stundenschlag und die Uhr bzw. das Schlagwerk kommt „außer Tritt".

a) Rechenschlagwerk mit Halbstundenschlag (Abb. 260)

Bauteile:

A_1 und A_2 Auslösestifte auf dem Viertelrohr
a Auslösehebel
f Falle
s Schöpfer
r Rechen
St Stundenstaffel
H Hebnägelrad
O Schöpferrad
L Anlaufrad

Der Ablauf. Das Werk ist blockiert, da der Schöpfer s auf dem Stifte S_1 des Rechens r aufliegt. Die Freigabe erfolgt durch Anheben

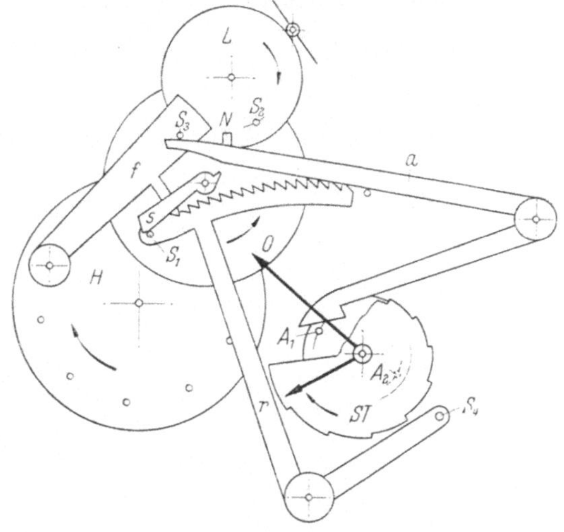

Abb. 260. Rechenschlagwerk

des Auslösehebels a durch den Stift A_1 auf dem Viertelrohr. Durch das Anheben wird die Falle f über den Stift S_3 aus dem Rechen herausgezogen, der so weit nach links abfällt, als es die Stundenstaffel, die auf dem Stundenrohr sitzt, zuläßt. Die Bewegungsbegrenzung erfolgt durch den Stift S_4 auf dem Winkelhebel des Rechens r. Durch den Abfall des Rechens wird die Blockierung des Schöpfers durch Stift S_1 aufgehoben: das Werk kann ablaufen. Die Drehbewegung kommt jedoch kurz darauf wieder zum Stillstand, da sich mit dem Anheben von a die Nase N des Auslösehebels in den Drehkreis des Stiftes S_2, der auf dem Anlaufrad L sitzt, hineingeschoben hat. Die „Warnung" ist beendet (Stellung Abb. 261).

Nach einer weiteren Drehung des Viertelrohres fällt der Auslösehebel a vom Stift A_1 ab, die Falle f fällt in den Rechen, damit wird der Stift S_2 freigegeben: der Ablauf beginnt.

Durch die Drehbewegung des Schöpferrades O wird durch die Schöpferspitze Sp der Rechen jeweils um einen Zahn eingeholt. Dabei gleitet der Rechen unter der Falle durch, die während der Zeit, da die Schöpferspitze außer Eingriff ist, ein Zurückfallen des Rechens verhindert. Dem Zurückholen eines Rechenzahnes entspricht jeweils ein

Glocken- bzw. Gongschlag. Ist der letzte Rechenzahn eingeholt, schlägt der Schöpfer auf dem Stifte S_1 des Rechens auf: der Ablauf ist beendigt.

Der Halbschlag wird durch einen zweiten Stift, A_2, auf dem Viertelrohr ausgelöst. Dieser Stift sitzt etwas näher der Scheibenmitte, so daß der Auslösearm nicht ganz so hoch angehoben wird wie beim Stundenschlag. Das Abheben des Auslösehebels a und damit der Falle f

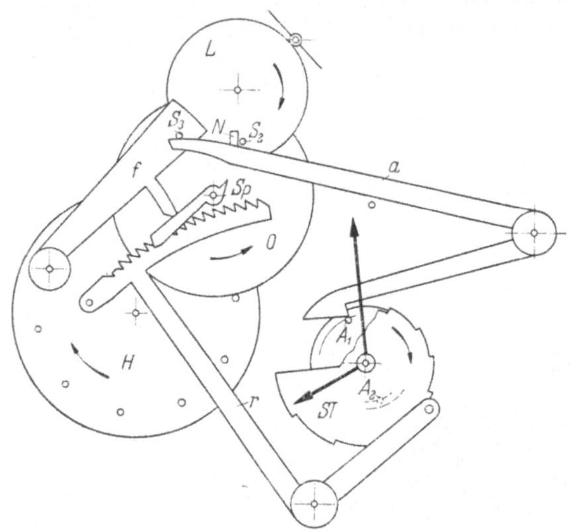

Abb. 261. Rechenschlagwerk vor Beginn des Schlagvorganges

erfolgt nur so weit, daß der erste Zahn des Rechens, der etwas kürzer wie die übrigen Rechenzähne ist, mit Sicherheit unter der Falle hindurch kann, der nächste Zahn jedoch an der Fallenspitze anstößt. Der weitere Bewegungsverlauf ist wie vorstehend beschrieben.

Übersetzungsverhältnisse. Schöpferrad und Anlaufrad sind Träger von Kadraturteilen und müssen somit nach jedem Schlag an der gleichen Stelle stehen. Das Übersetzungsverhältnis Hebnägelrad/Schöpferrad ist somit von der Anzahl der Hebnägel abhängig.

$$i_{HO} = \frac{1}{h} .$$

Das Übersetzungsverhältnis vom Schöpferrad zum Anlaufrad muß

$$i_{OL} = \frac{1}{\text{Ganze Zahl}}$$

sein, damit nach jedem Schlag (einer Umdrehung des Schöpferrades) der Stift S_2 in die gleiche Ruhestellung kommt.

Für das Übersetzungsverhältnis nach dem Windfang gelten die zur Stabilisierung des Ablaufes üblichen Bedingungen.

Die Laufzeiten werden im allgemeinen so bemessen, daß bei Federzuguhren das Schlagwerk mit dem Zeitwerk zum Stillstand kommt. Sie wird bei Gewichtsantrieb so gewählt, daß gegen Ende der Laufzeit die beiden Gewichte ungefähr gleiche Höhe haben.

Die Drehzahl des Hebnägelrades beträgt im Durchschnitt

$$n_H = \frac{K}{12\,h}$$

pro Stunde, wenn h die Anzahl der Hebnägel und K die Zahl aller Schläge in 12 Stunden bedeutet.

Soll das Schlagwerk eine Laufzeit von D Stunden haben und sollen A Aufzüge möglich sein, dann ist die auf die Stunde bezogene mittlere Drehzahl des Federhauses bzw. des Walzenrades

$$n_F = \frac{A}{D}\,.$$

Damit wird das Übersetzungsverhältnis vom Antrieb zum Hebnägelrad

$$i_{FH} = \frac{A}{D}\,\frac{12\,h}{K}\,.$$

b) Werk mit Westminsterschlag

Das Westminsterschlagwerk (auch zur Gruppe der Schlagwerke mit Warnung gehörend) schlägt zur Viertel-, Halb- und Dreiviertelstunde je 1, 2 bzw. 3 Variationen mit je 4 Tönen. Zur vollen Stunde werden vier Melodiestücke gespielt, anschließend folgt der Stundenschlag. Melodie- und Stundenschlag werden von zwei getrennten Werken angetrieben und von zwei unabhängigen Mechanismen ausgelöst bzw. gesteuert, die lediglich durch einen Stundenauslösehebel miteinander verbunden sind.

Werkanordnung und Räder (Abb. 262)

a) Zeitwerk

Federhaus	(1)	80	Zähne
Kleinrad		10	,,
Zwischenrad	(2)	63	,,
Kleinrad		9	,,
Minutenrad	(3)	64	,,
Kleinrad		8	,,
Zwischenrad	(4)	56	,,
Kleinrad		8	,,
Zwischenrad	(5)	80	,,
Kleinrad (Ankerrad)		8	,,

b) Viertelschlagwerk

Federhaus	(6)	84	,,
Kleinrad		14	,,
Zwischenrad	(7)	40	,,

Kleinrad		10 Zähne
Schloßscheibenrad	(8)	70 „
Kleinrad		7 „
Anlaufrad	(9)	70 „
Kleinrad		7 „
Anlaufrad	(10)	84 „
Kleinrad (Windflügel)		7 „

c) Stundenschlagwerk

Federhaus	(11)	72 „
Kleinrad		12 „
Zwischenrad	(12)	60 „
Kleinrad		10 „
Hebnägelrad	(13)	63 „
Kleinrad		7 „
Schöpferrad	(14)	63 „
Kleinrad		7 „
Anlaufrad	(15)	70 „
Kleinrad (Windflügel)		7 „

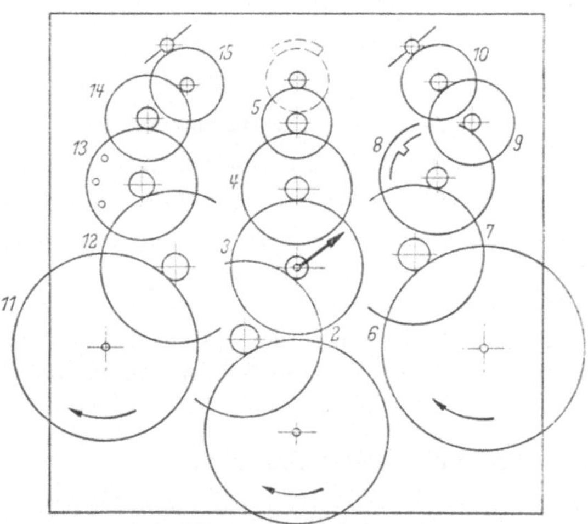

Abb. 262. Getriebeanordnung eines 4/4 Westminsterwerkes

Anordnung der Gongstäbe. Das Schlagwerk hat 5 Gongstäbe. Die Stäbe 1—4 ergeben im Einzelschlag die Melodie, die Stäbe 3, 4 und 5 gemeinsam den vollen Stundenschlag. Das Anschlagen der Melodiestäbe wird durch eine Walze gesteuert, auf der die 5 Melodiestücke aufgetragen sind.

Das Zeitwerk. Es ist ein normales Großuhrwerk mit Pendel oder Unruhe. Das Viertelrohr mit seinem Auslösestern A (Abb. 263) und das Stundenrad mit der Stundenstaffel St bilden die Verbindung der zwei Schlagwerke.

Das Viertelschlagwerk. Der Aufbau des Räderwerkes ist der gleiche wie beim normalen Schlagwerk. Die Auslösung erfolgt nach vorhergehender Warnung (Vorlauf) beim Abfall des Auslösehebels a vom Auslösenocken A des Viertelrohres.

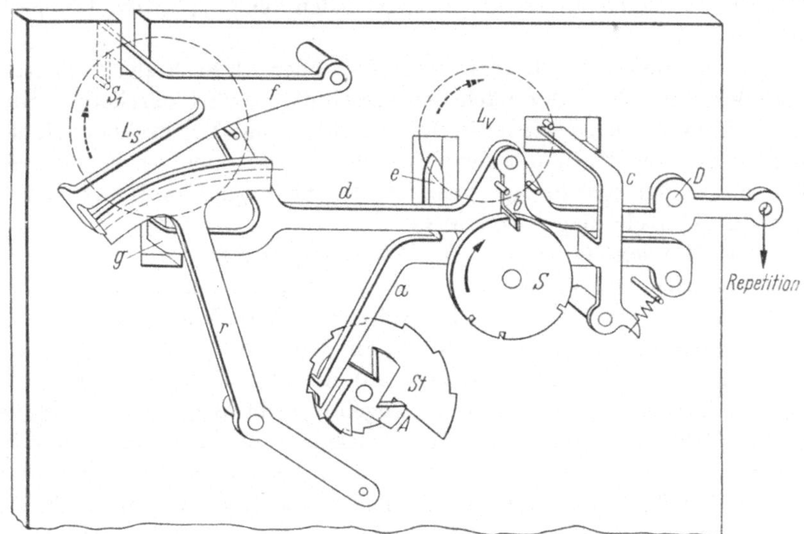

Abb. 263. Detailbild des Westminsterwerkes. Viertel-Schlagwerk

In Ruhestellung liegt der Stift des Laufrades L_v an der Fläche des Hebels c. Hebel b ist drehbar auf Hebel d, jedoch durch zwei Stifte nach zwei Seiten begrenzt. Er liegt im Ausschnitt der Schloßscheibe und wird von dieser nach rechts gegen Hebel c gedrückt und hält diesen in Ruhestellung. Wird nun durch den Auslösenocken A der Hebel a angehoben, so hebt dieser zugleich den Hebel d mit an. Nach einem gewissen Hub des Hebels d verläßt b den Ausschnitt der Schloßscheibe S und wird durch die Feder am Ende des Hebels c nach links gedrückt. Dabei gibt c den Stift des Laufrades L_v frei, L_v beginnt sich zu drehen. Der Stift fällt aber nach etwa $^1/_3$ Drehung des Rades auf die abgewinkelte Fläche e des Hebels a, der inzwischen so weit angehoben wurde, daß der Stift mit Sicherheit aufgefangen wird. Damit ist der Vorlauf (Warnung) beendet.

Hebel a wird aus Sicherheitsgründen noch ein wenig angehoben und fällt ab. Damit fällt auch d ab, aber nicht bis zur Ruhestellung; denn Hebel d liegt auf der Stirnseite der sich drehenden Schloßscheibe auf. Die vier Ausschnitte der Schloßscheibe sind im Abstande von $^1/_{10}$, $^2/_{10}$, $^3/_{10}$ und $^4/_{10}$ des Umfanges eingefräst. Schloßscheiben- und Spielwalzenwelle sind durch ein Getriebe mit dem Übersetzungsverhältnis 1:2 auf der Rückseite des Werkes miteinander verbunden. Macht also die Schloßscheibe $^1/_{10}$ Umdrehung, so dreht sich die Walze um $^1/_5$. Da auf der Spielwalze 5 Melodiestücke „aufgenagelt" sind, wird dabei ein Melodiestück (einem Viertelschlag entsprechend) gespielt. Die Schloßscheibe steuert also das Abspielen der 1, 2, 3 bzw. 4 Melodiestücke.

Ist ein Melodiestück (bzw. sind 2, 3 oder 4) zu Ende gespielt, so fällt der Hebel b in den nächsten Ausschnitt der Schloßscheibe. Hierdurch kommt auch d wieder in die Grundstellung. Der drehbare Hebel b wird durch die Kraft der Schloßscheibe wieder nach rechts gedrückt, bis dieser sich in Ruhelage befindet, den Stift auf L_v auffängt und damit das Viertelschlagwerk stillegt.

Das Stundenschlagwerk. Die Auslösung erfolgt durch den vierten Auslösenocken des Viertelrohres. Dieser ist etwas höher und hebt den Hebel a und damit den Hebel d weiter an. Die Falle f wird von d so weit angehoben, bis sie den Stift S_1 am Laufrad L_s freigibt. L_s macht etwa $^1/_2$ Umdrehung, der Stift fällt auf die abgewinkelte Fläche g des Hebels d. Dieser wird noch weiter angehoben, bis der Rechen r abfallen kann. Fällt nun der Hebel c vom Nocken A ab, so beginnt zunächst der Ablauf des Viertelschlages (siehe oben). Ist dieser beendet, so fällt Hebel b in den Ausschnitt der Schloßscheibe. Damit senkt sich auch der Hebel d und gibt den Stift des Laufrades L_s frei. Es beginnt der Ablauf des Stundenschlages.

Wie schon erwähnt, werden die Hämmer 3, 4 und 5 des Viertelschlagwerkes für den Stundenschlag mitbenützt. Das Anheben erfolgt

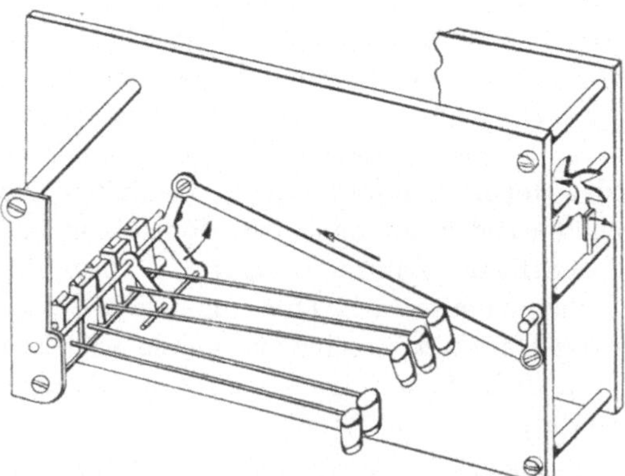

Abb. 264. Steuerungseinrichtung der Hämmer eines Westminsterwerkes

nicht direkt über das Hebnägelrad des Stundenschlagwerkes, sondern über eine Hebelanordnung, welche die drei Hämmer gemeinsam anhebt. (s. Abb. 264).

80. Schlagwerke mit Momentauslösung. Das Weckerwerk

Schlagwerke mit Momentauslösung, als Schloßscheibenwerke und Rechenschlagwerke ausgeführt, haben keine praktische Bedeutung erlangt. Ihr hauptsächlicher Nachteil besteht in dem starken Geräusch, das die Auslösung zu Beginn des Ablaufes verursacht. Da sie lediglich historisches Interesse beanspruchen (z. B. die sogenannte „Wiener springende Auslösung", die vom getriebetechnischen Standpunkt interessant ist), soll darauf nicht näher eingegangen werden.

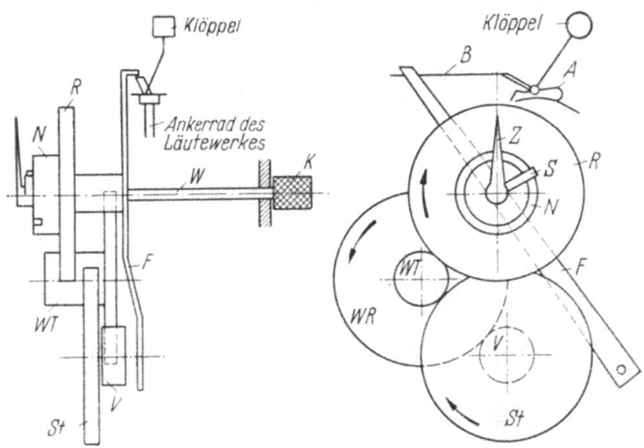

Abb. 265. Weckerwerk einfacher Ausführung

Dagegen darf das Weckerwerk, das auch zu dieser Gruppe zu zählen ist, nicht unerwähnt bleiben.

Da hier lediglich zu einer bestimmten einstellbaren Zeit ein Läutezeichen gegeben werden soll, ist der Mechanismus wesentlich einfacher.

Bei älteren noch gebräuchlichen Ausführungen liegt der Zeiger der Läuteanzeige oberhalb oder unterhalb der Minutenwelle.

Mit dem sogenannten Wechseltrieb WT (Abb. 265) steht außer dem Stundenrad St das Schaltrad R in Eingriff, dessen Zähnezahl der des Stundenrades gleich ist, also in 12 Stunden ebenfalls eine Umdrehung macht. Auf diesem Schaltrad sitzt ein Ring N mit Einschnitt, eine Art Kurvenscheibe. Schaltrad R und die Kurvenscheibe sitzen lose auf der Welle W, die vorne den Einstellzeiger Z und am rückwärtigen Ende den Einstellknopf K trägt. Rad und Kurvenscheibe werden durch eine Feder F nach vorn gedrückt. In Ruhestellung arretiert diese Feder F über einen Flügel B den Anker A und somit das Läutewerk.

Dreht sich das Wechseltrieb WT, dann drehen sich Rad R und Ring N mit. Der Ring N schleift dabei unter dem Stift S, der mit dem

Einstellzeiger Z verbunden ist. Zu der gewünschten Zeit fällt der Einschnitt der Kurvenscheibe über den Stift S.

Infolge des Federdruckes werden Rad und Kurvenscheibe nach vorn geschoben. Die Feder F schiebt sich vom Haltebügel B herunter, der Anker wird freigegeben und der Ablauf beginnt. Anker und Klöppel werden über eine besondere Zugfeder in Bewegung gesetzt. Der genaue Einsatz des Läutevorganges hängt im wesentlichen vom Abfall der

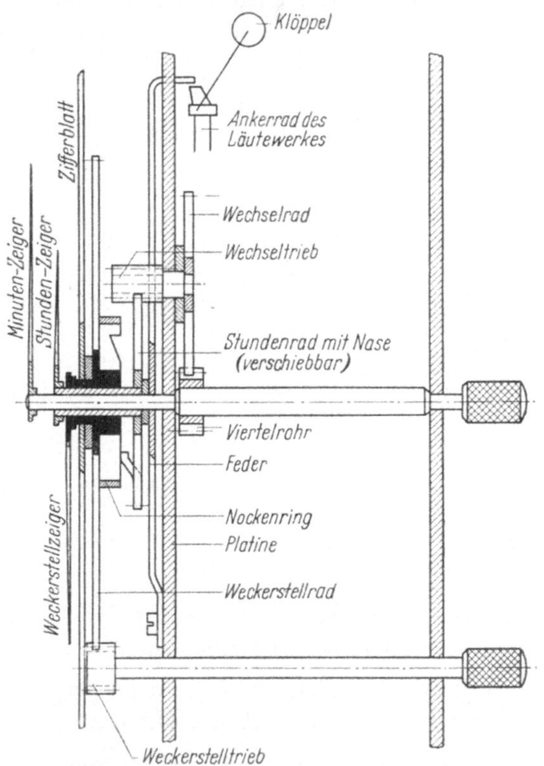

Abb. 266. Weckerwerk mit zentralem Stellzeiger

Kurvenscheibe ab. Drehsinn des Zeigers Z nur in positiver Richtung, da die Kurvenscheibe im Uhrzeigersinn läuft. Beschädigungen sind möglich.

Aus Gründen der Formschönheit erfolgte die Konstruktion des „Weckerstellzeigers aus der Mitte" (Abb. 266).

Hier sitzt das Weckerstellrad, das durch das Weckerstelltrieb von der Rückwand des Weckers aus gedreht werden kann, beweglich auf der Mittelwelle. Das Weckerstellrad trägt gleichzeitig den Nockenring.

Das Stundenrad mit Nase ist ein verschiebbares Teil, das vorn den Stundenzeiger trägt. Es wird durch eine Feder nach vorn gedrückt. Während der Drehbewegung schleift die Nase auf dem Nockenring. Die Feder arretiert an ihrem oberen Ende den Klöppel. Beim Einfallen der Nase in den Nockenring wird das Stundenrad kaum sichtbar nach vorne geschoben. Dabei gibt die Feder den Klöppel frei.

Das unangenehme Einfallen des Wecktones mit voller Lautstärke veranlaßte Konstruktionen, die diese lästige Eigenschaft nicht aufweisen. Der Vollständigkeit halber soll hier eine Ausführung (System Junghans-Bivox) besprochen werden.

Eine Steuerscheibe S (Abb. 267a) wird mit dem Federkern K des Läutewerkes durch Friktion gekoppelt. Beim Aufziehen der Feder in positiver Richtung wird diese Scheibe so lange mitgedreht, bis sich der in der Scheibe sitzende Stift N an den Pfeiler P anlegt. Bei weiterem Aufziehen bleibt die Scheibe S infolge der Friktion in dieser Stellung.

Sobald der Klöppel Kp freigegeben wird, läuft das Weckerwerk ab. Die Steuerscheibe dreht sich dabei mit dem Federkern F in negativer Richtung (Wecker werden meist mit offenen Zugfedern gebaut, daher beim Ablauf die der Aufzugsrichtung entgegengesetzte Bewegung des Federkernes). Hierbei schlägt der Klöppelhaken auf die Steuerscheibe auf und verursacht lediglich ein leises Rasseln. Der Klöppelhammer wird in seinem Schwingen begrenzt. Er kann nicht auf den Bolzen B, der sich im Glokkendeckel befindet, aufschlagen. Dieses Vorwecken dauert so lange, bis die Steuerscheibe ungefähr eine Umdrehung gemacht hat (etwa 5 Sekunden) und ihre Weiterbewegung durch die Nase N, die nun an der anderen Seite des Pfeilers anliegt, zum Stillstand kommt (Abb. 267b). In dieser Lage kann der Klöppel bis zum Bolzen B durchschwingen, da der Klöppelhaken in den Einschnitt der Steuerscheibe einschwingen kann.

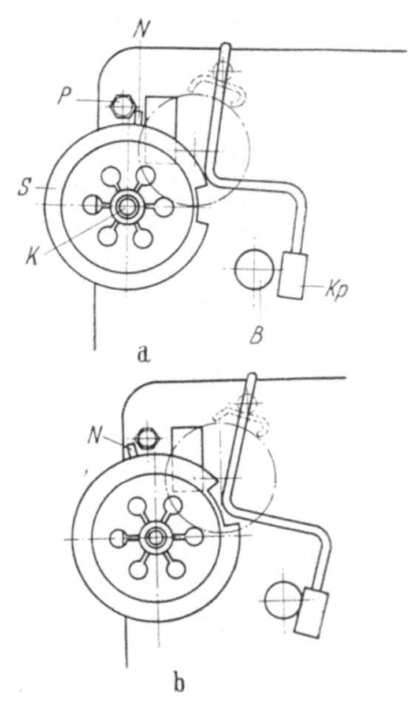

Abb. 267a, b. Leise-Laut-Läutewerk.
System Junghans

81. Schlagwerke in Verbindung mit Vogelstimmenruf

Zur Belebung des Absatzes sind — insbesondere von der Schwarzwälder Heimindustrie — viele Modifikationen auf den Markt gebracht

worden. Es sei nur an Uhren in Verbindung mit Mechanismen wie
Figuren, deren Bewegung von der Pendelschwingung gesteuert werden,
oder Figuren, die beim jeweiligen Stundenschlag sichtbar werden, erinnert. Davon haben sich bis heute in der Hauptsache Uhren mit Vogel-
stimmenruf, besonders die sogenannte Kuckuckuhr, behauptet. In der
Mitte des vorigen Jahrhunderts geschaffen, haben sich diese Uhren einen
so breiten Absatz erobern können, daß ihre Fabrikation noch heute ein
Großteil des Exportes der Schwarzwälder Uhrenindustrie ausmacht.

Bei sämtlichen Werken dieser Art sind zwei Vorgänge zu steuern:
1. das Ausschwenken der Vogelfigur und 2. die Betätigung einer Einrichtung, die die Vogelstimme im Rhythmus des Schlages imitiert.
Diese Imitation erfolgt durch zwei Pfeifen, deren Blasebälge aus Ziegen-
leder bestehen.

a) Schloßscheibenwerk mit Kuckuckruf

Das Ausfahren des Vogels ist bei diesem Werke besonders einfach.
Der Fallenhebel f (Abb. 268), der während der gesamten Schlagzeit
angehoben ist, gibt über den Winkelhebel w das Ausschwenken der
Vogelwelle v frei, deren Drehung durch eine Feder c bewirkt wird.

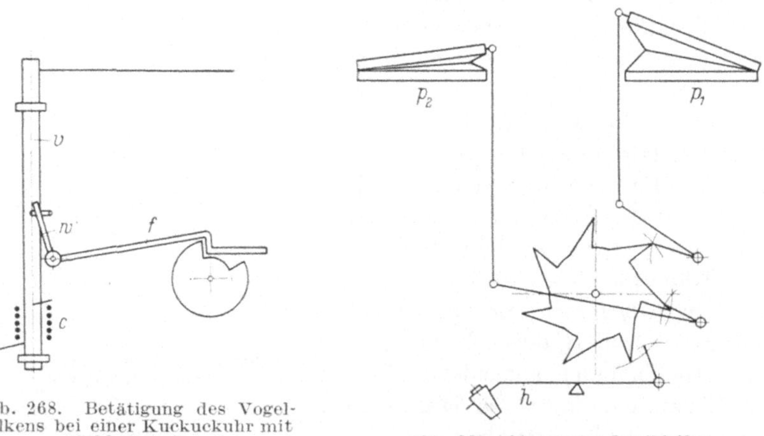

Abb. 268. Betätigung des Vogel-
balkens bei einer Kuckuckuhr mit
Schloßscheibe

Abb. 269. Steuerung der Pfeifen

Ebenso stößt die Betätigung der Pfeifen auf keinerlei Schwierigkeiten (Abb. 269). Das Hebnägelrad, in dem Beispiel in der heute allgemein üblichen Form eines leicht herzustellenden Schaltsternes ausge-
geführt, hebt nacheinander den Hammer h, die erste Pfeife P_1 und die
zweite Pfeife P_2 an. Der Hammer wird durch eine Feder (nicht eingezeichnet), die beiden Pfeifen werden durch Eigengewicht in die Grundstellung gebracht.

b) Rechenschlagwerk mit Kuckuckruf

Auf größere Schwierigkeiten mußte die Kopplung des Vogelmechanismus beim Rechenschlagwerk stoßen. Der Vogelruf wird durch Pfeifen in Verbindung mit dem Hebnägelrad auch hier leicht bewerkstelligt. Beim Rechenschlagwerk fehlt jedoch ein Element, das zu Beginn des Stundenschlages seine Stellung verändert, während des Schlages diese veränderte Lage beibehält und nach Beendigung des Schlages (ähnlich wie beim Schloßscheibenwerk der Fallenhebel) in seine ursprüngliche Stellung zurückkehrt.

Das Ausrücken des Vogels erfolgt bei dem hier beschriebenen Typ (System BADUF) durch Verschieben des Rades r durch den Stift S_1, der auf dem Schöpferrad O sitzt (Abb. 270). Rad r sitzt auf einer Welle, die in der hinteren Platine in einem Lager mit Spiel läuft, vorn jedoch in einem winkelförmigen Ausschnitt gelagert ist. Beim Wegschieben des Rades r wird von dem nach vorn verlängerten Wellenteil die gekröpfte Vogelwelle gedreht. Zur Zurücknahme des Vogels wird die Welle des Rades r durch das obere Ende des Bügels b so weit aus dem Einschnitt

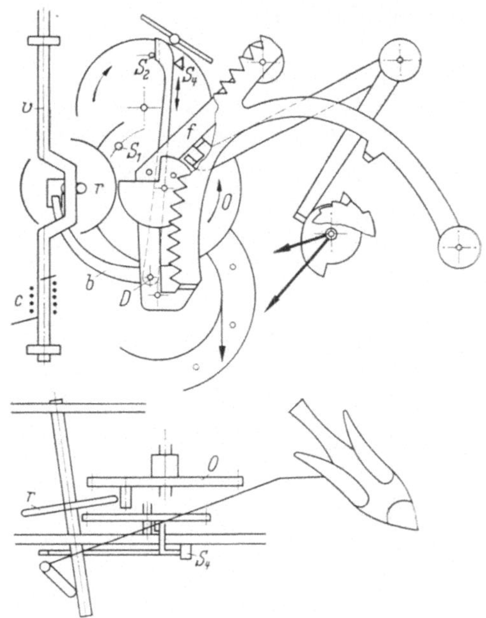

Abb. 270.   Rechenschlagwerk mit Kuckuckruf.
Grundstellung

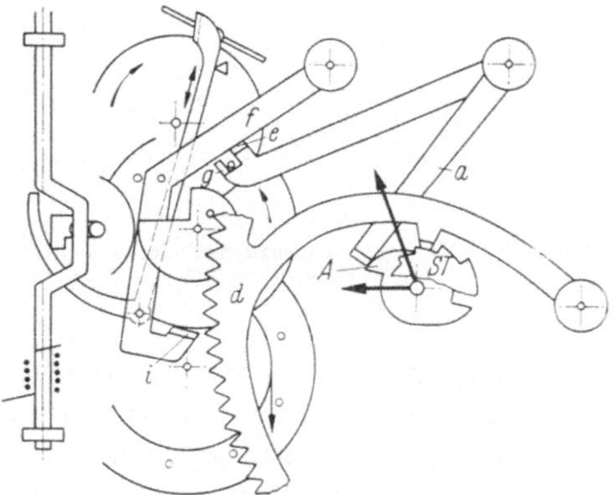

Abb. 271. Rechenschlagwerk mit Kuckuckruf.
Stellung kurz vor Beginn des Schlagens

gehoben, daß sie durch die Feder c in ihre Ruhelage zurückgeführt wird.

Der Ablauf. Das Werk wird durch den Stift S_2 gesperrt, der an der nach rückwärts abgewinkelten Fläche des Bügels b, der im Punkte D

auf der Falle f drehbar gelagert ist, anliegt. Zu Beginn der Auslösung (Abb. 271), die durch den Auslösenocken A über den Auslösehebel a erfolgt, wird die Falle f durch die Nase e angehoben. S_2 kann unter dem Anschlag hindurch, schlägt aber nach einer Vierteldrehung an einer zweiten Nase g des Auslösehebels an. Bei weiterem Anheben des Aus-

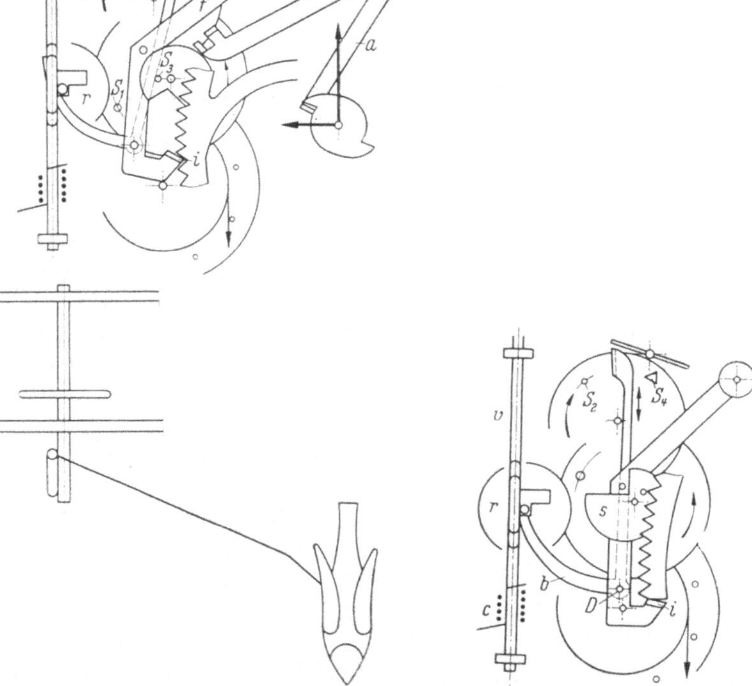

Abb. 272.　Rechenschlagwerk mit Kuckuckruf.
Vogel ausgeschwenkt

Abb. 273.　Rechenschlagwerk mit
Kuckuckruf. Stellung zu Ende des
Schlagvorganges

lösehebels a wird die untere Sperrfläche i der Falle f so weit aus dem Rechen d gezogen, daß er bis zu der Begrenzung durch die Stundenstaffel ST (nur teilweise gezeichnet) abfallen kann.

Fällt der Auslösehebel a vom Nocken ab (Abb. 272), so wird das Werk zum Ablauf freigegeben. Bei der nunmehr erfolgenden Drehung drückt der Stift S_1 das Rad r und damit seine Welle zur Seite, die dadurch in die Lagervertiefung einrastet und dabei den Vogel ausschwenkt.

Erwähnt sei hier noch die besondere Gestaltung von Schöpfer und Falle. Bei der sonst üblichen Form ist die Fallenspitze so konstruiert,

daß bei Zurücknahme des Rechens durch die Schöpferspitze die Fallenspitze über die Rechenzähne gleitet und dadurch das Zurückfallen des
Rechens verhindert. Der Einfall der Fallenspitze in den Rechen gibt
ein Geräusch, das durch die vorliegende Konstruktion vermieden werden
soll. Der Schöpfer s (Abb. 273) hat hier Nockenform. Sie ist so gestaltet,
daß sich zur Zeit des Eingriffes des Schöpferstiftes S_3 in den Rechen
die Sperrfläche i außer Eingriff, beim Austritt des Schöpferstiftes S_3
aus dem Rechen die Sperrfläche i im Rechenzahn befindet. Der Nocken
sorgt für den allmählichen Eintritt der Sperrfläche i in den Rechen.

Nach Einholen des letzten Rechenzahnes tritt die Sperrfläche i
unter die Stirnfläche des Rechens (Abb. 273). Dadurch tritt das obere
Ende des Bügels b in den Drehkreis des Stiftes S_2. Durch den hierdurch
verursachten Schlag von S_2 auf den Bügel b dreht sich dieser um den
Punkt D, bis er an dem in der Platine festsitzenden Stift S_4 anschlägt.
Das obere Ende des Auswerfers von b hebt die Welle des Rades r an,
so daß sie aus dem Winkellager herausspringen kann. Die Feder c dreht
dabei die Vogelwelle v in die Grundstellung zurück.

Namen- und Sachverzeichnis